炼油碳中和

李明丰　吴　昊　等编著

中国石化出版社
·北京·

内 容 提 要

本书从炼油行业现状和低碳发展的环境出发，介绍了炼油厂能耗、碳排放情况以及石化产品碳足迹，分析了炼油行业低碳发展面临的挑战和机遇，详细阐述了炼油行业的碳减排技术，并给出了炼油行业碳达峰碳中和的实现路径。本书旨在提高全社会对我国炼油工业碳达峰碳中和的认识。

本书对于政府、产业和炼油行业相关领域的科研工作者以及从业人员理解炼油工业碳达峰碳中和、开展具体实践部署和科学研究工作具有重要的参考价值。

图书在版编目(CIP)数据

炼油碳中和 / 李明丰，吴昊等编著. — 北京 ：中国石化出版社，2024. 8. — ISBN 978-7-5114-7630-2

Ⅰ. TE62；X511

中国国家版本馆 CIP 数据核字第 2024J8R706 号

中国石化出版社出版发行

地址：北京市东城区安定门外大街 58 号

邮编：100011　电话：(010)57512500

发行部电话：(010)57512575

http://www. sinopec-press. com

E-mail：press@ sinopec. com

北京科信印刷有限公司印刷

全国各地新华书店经销

*

710 毫米×1000 毫米 16 开本 20. 75 印张 396 千字

2024 年 8 月第 1 版　2024 年 8 月第 1 次印刷

定价：158. 00 元

《炼油碳中和》

编委会

前言 PREFACE

我国力争2030年前实现碳达峰，2060年前实现碳中和，这是党中央经过深思熟虑作出的重大战略决策，事关中华民族永续发展和构建人类命运共同体。党和国家科学谋划顶层设计，将碳达峰碳中和纳入生态文明建设整体布局。目前，我国正在加快部署“双碳”顶层设计，基本构建起了“1+N”政策体系，并不断完善，与此同时各行业也都在围绕碳达峰碳中和积极行动。

炼油工业是国民经济的基础产业和重要支柱，在国民经济发展中发挥着不可替代的作用。2021年我国炼油能力已经达到910Mt/a，原油一次加工能力首次超过美国，居世界首位。炼油行业作为重要的基础能源和原材料产业，在我国碳达峰碳中和进程中扮演着重要角色。

为积极响应国家“双碳”重大战略决策，近年来，炼油行业相关研究机构、高等院校、企业积极开展“双碳”科技战略布局，在标准体系、碳核算、数据库以及低碳技术开发等方面建立了较为完备的“双碳”体系。在不断的实践中，行业对碳达峰碳中和有了较为深刻的认识，绿色创新高质量发展路线逐渐明晰。

本书从“如何认识”和“如何实现”两方面回答了炼油行业推进绿色高质量低碳发展的实施路径。一是介绍了炼油行业碳达峰碳中和的背景、低碳发展环境，为认识和理解炼油行业碳达峰碳中和提供了较为全面、深入的观点。炼油行业作为复杂的流程工业体系，在碳减排过程中面临基础数据弱、制约因素多、减排任务重等多重问题，同时也给炼油产业转型升级带来了机遇。二是分析了炼油行业实现碳达峰碳中和的技术和路径，通过完善低碳管理体系、能源与资源高效利用、低碳技术实施等手段可以实现炼油行业的低碳发展，本书通过对这些技术手段的细化描述，为炼油行业的低碳发展提供了具体技术支撑。

本书对炼油行业碳达峰碳中和实现进行了一系列深入的研究，对我国炼油行业实现碳达峰碳中和目标的核心、关键问题进行了系统分析和科学解答，为炼油行业如何开展行动提供了针对性强的方向指引和行动指南。本书是一本兼具专业性和可读性的专业技术读物，旨在提高全社会对我国炼油行业碳达峰碳中和的认识，更好地推动炼油行业做好碳达峰碳中和工作。

本书对于政府、产业和炼油行业相关领域科研工作者及从业人员理解炼油行业碳达峰碳中和、开展具体实践部署和科学研究工作具有重要的参考价值。

由于作者知识局限、时间仓促，书中难免有谬误欠妥之处，敬请读者、特别是炼油相关行业的科研和技术人员提出宝贵意见，以便再版时修改。

目录 CONTENTS

第一章　炼油工业发展现状与趋势

第一节　炼油工业概述

一、炼油工业概况

石油被称为“工业血液”，是目前全球最重要的能源之一，也是近代工业发展的支柱。石油因为开采运输便捷、加工工艺成熟、能量密度相对较高而被广泛应用于各个领域，有力促进了社会生产力的提升。石油影响着世界经济发展、国家安全乃至国际关系，已成为大国在经济、军事、政治斗争中的有力武器[1]。石油是各国最重要的战略资源之一，其工业价值、经济价值和社会价值决定其在未来相当长的时期内仍将是难以被替代的一种能源。

石油是世界经济发展和人类生活水平提高不可或缺的最为重要的能源之一，表 1-1为 2010 年、2020 年和 2022 年世界一次能源消费结构[2]，可以看出石油是占比最高的一次能源，在世界一次能源消费结构中的占比维持在 30%左右。在我国能源结构中，煤炭、石油、天然气等化石能源仍然是能源供应的主体，在保障能源安全方面发挥着重要的支撑作用。2023 年，我国一次能源消费总量为 5580Mtce（3910Mtoe），其中，煤炭占比 54. 8%，石油占比 18. 8%，天然气占比 8. 6%，一次电力及其他能源占比 17. 8%[3]。

表 1-1　2010 年、2020 年和 2022 年世界一次能源消费结构

能源类型	2010 年	2020 年	2022 年
一次能源供应量/Mtoe	12900	14100	15100
石油/%	32. 3	29. 5	29. 7
煤炭/%	28. 5	26. 9	27. 0
天然气/%	21. 3	23. 7	23. 0
可再生能源/%	12. 3	14. 9	15. 7
核能/%	5. 6	5. 0	4. 6

石油是多组分的复杂混合物，主要包括烃类和非烃类，石油不能直接作为产品使用，必须经过炼油加工过程转化为人类社会需要的产品或原料。炼油工业诞生于第二次工业革命，经过一百多年的发展，已经成为世界上最大、最重要的加工业之一，提供人类社会运行所需的交通运输燃料和有机化工原料。石油经过炼制加工后所获得的石油产品和化工产品已被广泛应用于现代社会的诸多重要领域[4]。

石油炼制工业生产燃料、润滑油、沥青、蜡、石油焦等1000多种产品[5]，汽车、飞机、轮船等交通运输工具所使用的汽油、柴油、煤油等燃料几乎都是石油产品，基础有机化工原料三烯三苯也源于石油炼制工业，下游产品如合成树脂（塑料）、合成纤维、合成橡胶等广泛应用于工业、日用品、食品、医药、纺织和农业等领域，石油作为其能源和材料属性的应用已延伸至生活的方方面面，所获得的各类产品在日常的衣食住行中广泛使用。

近年来，炼油行业的重心从欧美地区逐渐转移到亚太地区和中东地区，亚太地区和中东地区新增炼油产能大幅增长，带动全球炼油产能大幅扩张。至2022年末，世界炼油能力达到5120Mt/a，排名前5的炼油大国依次为中国、美国、俄罗斯、印度、韩国，亚太地区和中东地区占全球炼油产能的46.4%，欧美地区占比则下降至36.5%，全球炼油行业呈现出“东升西降”的局面[6]。

世界炼油发展呈现规模化、大型化态势，产业集中度不断提高，世界最大的炼油厂——印度信实公司贾姆纳格尔炼油厂规模达到62Mt/a。全球规模超过20Mt/a的炼油厂达到31座。炼油厂数量减少而平均规模增加，从2000年的5.47Mt/a上升到2022年的6.44Mt/a。

我国炼油工业是国民经济的支柱产业，2023年中国的炼油产能稳居世界第一，达到950Mt/a，炼油厂规模和炼化一体化水平持续提升，千万吨级炼油厂共有36座，一次加工装置平均炼油规模为6.41Mt/a[7]。我国炼油工业综合实力持续增强，为国家现代化建设提供了坚强保障。

我国炼油厂集中度不断提高，集群效应和规模效应明显增强，形成了环渤海湾、长三角、珠三角三大沿海炼化产业集群。炼油厂布局进一步向产品消费地区集中，国内的华东、东北、华南等地区炼油产能持续增长。炼油行业进行“减油增化增特”，结构调整继续优化。炼油企业配套的二次加工、深度精制装置能力进一步提升。表1-2为2020—2022年中国原油二次加工能力构成[8]。

我国炼油市场环境日益开放，各类市场主体发展进入快车道。在炼油能力中，中国石化占30.49%、中国石油占23.05%、中国中化占6.54%、中国海油占5.71%、民营及其他企业占34.21%，参与主体多元化，形成了国有大型企业、民营企业、外资企业百花齐放、百家争鸣的新格局。

表 1-2　2020—2022 年中国原油二次加工能力构成

项目	2020 年		2021 年		2022 年	
	装置加工能力/（Mt/a）	占一次加工能力百分比/%	装置加工能力/（Mt/a）	占一次加工能力百分比/%	装置加工能力/（Mt/a）	占一次加工能力百分比/%
一次加工能力	885.70	—	910.90	—	923.50	—
二次加工能力	1026.56	115.90	1073.86	117.89	1105.06	119.66
催化裂化	247.21	27.91	254.11	27.90	254.91	27.60
延迟焦化	112.11	12.66	114.91	12.61	119.71	12.96
催化重整	118.65	13.40	130.05	14.28	139.65	15.12
加氢裂化	151.54	17.11	167.54	18.39	184.64	19.99
加氢精制	397.05	44.83	407.25	44.71	406.15	43.98

我国炼油行业聚焦智能工厂建设，以人工智能、物联网、大数据、数字孪生等新一代技术为驱动力，加快运用先进过程控制（APC）、在线实时优化（RTO）、智能生产管理执行系统（MES）等，提升炼油厂智能化水平。智能炼油厂的建设有力推动了生产流程的数字化、自动化、智能化以及管控模式的精益化、信息化和安全化，有力促进了企业的节能减排和降本增效，提升了环境保护和绿色低碳水平[9]。

炼油工业的持续进步助推油品质量升级。世界油品标准持续清洁化升级，对硫、芳烃、烯烃等的含量作出了严格限制，欧美等主要发达国家和地区汽柴油质量标准中硫含量均不大于 10μg/g，向低硫、低芳、低烯等方向发展，日趋清洁化。2021 年 7 月 1 日，我国在全国范围内实施重型柴油车国Ⅵ排放标准，2023 年 1 月 1 日，我国汽油油品标准进入国ⅥB 时代，已经达到欧盟现阶段车用油品的标准。

炼油工业的发展促进了社会生产力的提升，为工业化和现代化奠定了坚实的基础，推动了社会经济发展和人类文明的进步。在全球能源市场和产品市场中，炼油行业具有举足轻重的作用，其产业链和供应链的安全稳定、绿色低碳高质量发展是行业追求的目标。我国是油气进口第一大国，2023 年石油对外依存度为 72.9%，“富煤贫油少气”的能源资源禀赋，叠加国际能源危机漫延、新的地缘竞争加剧、全球通胀压力增加等因素，给中国绿色低碳转型发展带来重重挑战。

二、发展历程

1. 炼油技术发展史[10]

(1) 蒸馏釜的诞生

据《美国石油工业史》记述，1849 年加拿大地质学家亚伯拉罕·格斯纳(Abraham Gesner)博士利用煤炭生产出煤油并获得了美国专利。但炼油工业的真正创始者是美国人萨缪尔·M. 基尔(Samu. M. Kier)，他制造出第一台蒸馏釜，成功地生产出石油产品。

(2) 热裂化技术出现

随着汽车大规模生产，市场对汽油的需求迅速增长，汽油取代煤油成为最主要的石油产品。20 世纪初北美大约有 8000 辆汽车，到 1910 年这一数字接近 5 万辆。最初汽油主要使用来自原油蒸馏的直馏产品。通常汽油收率只有 20%左右，辛烷值大约在 50~55。那时的炼油厂只能通过增加加工量来满足增加的需求。这一需求促使印第安纳的标准石油公司(Standard Oil Co.)于 1913 年实现首套热裂化工艺的商业化。这促进了几种具有竞争力的热裂化工艺的快速发展。当时最流行的是杜布斯(Dubbs)工艺。杜布斯工艺由美国环球石油产品公司(Universal Oil Products Co., UOP)授权。杜布斯工艺属于连续热裂化工艺，清洁的原料在炉管中发生裂化，裂化后的重质渣油不断从系统中清除。该工艺于 1913 年获得专利。

第一套延迟焦化装置于 1929 年由标准石油公司建成，主要采用了伯顿热裂解工艺及高压水除焦技术，通过两塔操作实现了连续生产。

(3) 催化裂化技术形成

早期的炼油厂采用热裂化增加汽油供应，在 1943 年也只能满足大约 50%的需求。1925 年引入了四乙基铅，四乙基铅与热裂化的应用使高辛烷值标号(79)汽油的收率接近 60%。但高浓度烯烃和二烯烃导致汽油出现稳定性问题(形成胶质化合物)，又一次迫使研究者改进汽油品质。

尤金·胡德利(Eugene Houdry)发现活性黏土作为催化剂可以把石油转化成高辛烷值汽油。在 20 世纪 20 年代，胡德利发现烧掉积炭后的催化剂活性可得到恢复，这一简单发现成为炼油工业的重大突破，促成了胡德利工艺的开发并最终发展形成流化催化裂化(FCC)工艺。

1933 年，胡德利与太阳石油公司(Sun Oil Co.)签署了联合开发协议，由他领导的工程团队对固定床催化裂化工艺进行商业化。胡德利及其团队开发了一种由裂化、汽提和再生构成的循环工艺。1937 年 3 月，日加工 15000bbl 的胡德利装置在新泽西的 Paulsboro 开工，采用的是胡德利的半再生方法。到 1943 年，有 23 套胡德利装置在运转或建设，总加工能力达 330kbbl/d。

1938 年，新泽西成立了由八家公司组成的研究联盟，目的是开发一种不同于胡德利专利的催化裂化工艺。

1934 年，新泽西公司加拿大分公司(帝国石油公司)建立了一套粉末催化剂的小型流化催化裂化实验装置和一套 5t/a 的中型装置进行试验。试验结果显示：可用密相床从反应器底部抽出催化剂，向液态原料中喷入循环催化剂，装置热量可以自我平衡。

经 Kellogg 公司改造，采用立管和滑阀设计的中试装置于 1941 年 7 月开始试验，为世界首套工业 FCC 装置提供基础数据。首套工业装置于 1942 年 5 月成功运行。到“二战”结束时，美国有 34 套 FCC 装置在运转，总加工能力超过 500kbbl/d。

1962 年，Plank 和 Rosinski 开始在 FCC 催化剂中掺入分子筛进行试验，催化剂活性和选择性的巨大提高促使 FCC 工艺产生了巨大飞跃。含有分子筛的 FCC 催化剂于 1964 年开始应用于 FCC 装置。这种催化剂最初的生产商是 Filtrol 和 Grace Davison 公司。

FCC 催化剂发展可简单地分为两个阶段：合成催化剂和分子筛催化剂。分子筛进入 FCC 催化剂家族后，FCC 面貌很快发生了天翻地覆的变化，这一标志性发现促使无数装置从床层裂化改造为提升管裂化。

1967 年，Texaco 公司推出了提升管催化裂化设计，包括两个弯曲的提升管以便新鲜料和循环料同时裂化。这一装置同时保持了床层裂化能力。

FCC 发展过程的第二个里程碑是于 20 世纪 80 年代开始加工渣油。当时有近 20%的 FCC 原料为渣油。原料渣油中的杂质促使 FCC 装置做出重大改进，并需要提高 FCC 催化剂的水热稳定性和抗钒能力。1981 年，道达尔石油公司在美国堪萨斯城开发了渣油裂化装置。UOP 与 Ashland 石油公司开发了渣油催化裂化工艺，第一套渣油催化裂化装置于 1983 年在肯塔基的 Catlettsburg 投产。

FCC 技术进步的第三个里程碑是 FCC 装置用作石化原料生产平台。20 世纪 90 年代早期丙烯价格的飞涨，促使许多炼油厂专注于最大限度生产丙烯。此外，有些炼油厂开始从 FCC 石脑油中选择性地分离出高价值化学原料。中国石化石油化工科学研究院(以下简称“石科院”)开发了深度催化裂化(DCC)工艺，设计着重于最大化丙烯收率，需要深度热反应。

(4) 催化重整技术

“二战”初期，随着战斗机对高标号汽油需求的增加，热裂化技术已不再满足需求，随着催化裂化技术的出现，UOP 公司的技术人员为了进一步提升油品的产量和质量，并促进油品向化学品的转型，开展了催化重整技术的研究。1949

年，UOP 公司公布了一种利用催化剂进行环烷烃脱氢异构化生产优质汽油的方法，这一创新为提高汽油辛烷值提供了新的途径。开发高效率的催化剂是新工艺的关键，经过多年努力，成功开发出铂催化剂。1949 年 10 月 28 日，在美国密歇根州马斯基根的“老荷兰”炼油厂，建成了世界第一套铂重整装置。UOP 公司在 1951 年公布了另一种铂催化剂，到了 1953 年末，另一套装置也投入了运行。1955 年，出现了两种新的催化重整工艺：胡德利配套催化重整法和 UOP 公司的雷克斯重整法，后者将铂重整同芳烃抽提相结合。到了 20 世纪 60 年代多种催化剂得到发展。20 世纪 60 年代末 UOP 公司开发了连续再生式催化重整工艺，第一套装置于 1971 年投产，生产的汽油辛烷值更高。

（5）加氢技术[11]

20 世纪初，由于战争的需要，德国人利用煤焦油加氢裂化技术生产了汽煤柴等燃料。1925 年，首个以褐煤焦油为原料的加氢裂化装置投产，满足了德国 94%的喷气燃料需求。

20 世纪 50 年代，加氢精制技术在炼油工业中得到应用和发展，20 世纪 60 年代随着催化重整技术的发展和氢气供应的增加，加氢精制技术的应用更加广泛。随着延迟焦化技术的普及，焦化汽柴油收率大多在 50%～60%，且含有较多的烯烃、硫、氮，安定性较差，不能直接车用，必须经过精制，加氢精制成为重要选项。

随着对馏分油需求的不断增加，催化裂化生产的燃料已不能满足高品质车用燃料需求，加氢裂化技术应运而生。20 世纪 50 年代，一些大石油公司开发了馏分油固定床加氢裂化技术。1959 年美国雪弗龙公司开发了 Isocracking 技术；UOP 公司于 1960 年开发了 Lomax 技术。

20 世纪 60 年代后期，加氢催化剂使用了高活性的沸石，重点生产喷气燃料和柴油。至 20 世纪 90 年代，受清洁油品生产推动，加氢裂化技术推出了新工艺，在生产石脑油、喷气燃料和清洁柴油的同时，未转化的尾油用作催化裂化原料直接生产清洁汽油组分，这成为 21 世纪加氢裂化技术的发展方向。

（6）烷基化技术

由于第二次世界大战期间对高辛烷值喷气燃料的需求增加，烷基化技术在 20 世纪 40 年代取得了巨大的进步。英伊石油公司、汉伯尔石油、壳牌公司等在各自的实验室里研究出了烷基化技术，并在 1938 年首次实现商业化。20 世纪 50 年代中期，炼油商对烷基化技术的兴趣从生产喷气燃料转向使用烷基化油作为汽车燃料调和组分。然而，在 20 世纪 50 年代和 60 年代，由于汽油成本较低，烷基化生产能力增长缓慢。美国环境保护局(EPA)在 20 世纪 70 年代和 80 年代的限铅计划进一步增加了对烷基化油作为汽车燃料调和组分的需求。由于世界各地针对炼油行业推出了更多的环境法规，烷基化油作为汽车燃料调和组分的重要性再次被强调。1942 年，UOP 和菲利普斯石油公司开发了氢氟酸烷基化工艺，第一套商业化氢氟酸烷基化工厂在得克萨斯州投产，日产 310m^3。

（7）异构化技术

20 世纪 30 年代，UOP 和壳牌公司开发了将丁烷转化为异丁烷的异构化工艺。以丁烷气为原料，氯化铝为催化剂，或者加上三氯化锑，在氯化氢存在下进行反应，生成异丁烷。“二战”期间，美国建成了超过 40 套异构化装置。到了 20 世纪 90 年代，随着世界各国对汽车和内燃机排放的进一步严格控制，世界炼油业采取了相应的技术措施，加速炼油厂的改造，异构化技术成为众多选择之一。

2. 中国炼油工业发展史

中国的炼油工业起步较晚，中华人民共和国成立时，我国炼油能力仅有 120kt/a。1983 年发展至 100Mt/a，已初具规模。改革开放以来，我国炼油行业不断发展壮大，取得了举世瞩目的成就[12]。

1999 年之后，中国石油、中国石化和中国海油先后组建股份公司或控股上市公司，建立了现代石油公司，为参与国际竞争奠定了基础。2015 年起，国家发展和改革委员会出台了《关于进口原油使用管理有关问题的通知》，逐渐放开了针对地方炼油厂的原油进口权和使用权，非国营企业的原油进口量占比逐年攀升，地方炼油厂快速兴起。2017 年以来，中国海油、中国石油和中国石化变更为有限责任公司。近年来，随着我国体制改革不断推进，炼化行业的垄断局面逐步被打破，随着恒力石化、浙江石化等民营企业借助政策东风进军上游炼化，以及道达尔、埃克森美孚、沙特阿美等外国大公司积极在华投资大型石化项目，已逐渐呈现三足鼎立的态势，形成多元化的竞争格局，促进我国炼化行业的持续发展。2021 年，中国炼油能力首次超过美国，达到 910Mt/a，登顶世界第一[13]。

第二节 发展现状

一、炼油厂规模

截至 2022 年末，全球炼油能力达到 5120Mt/a，乙烯产能达到 220Mt/a，对二甲苯产能达到 73.2Mt/a[6]。全球炼油产品和化学品需求出现分化，油品需求下滑，而化学品需求成为石油需求增长的主要动力。2020—2022 年，亚太和中东地区炼化产能快速扩张，全球炼化产能规模扩张并向东半球集中。截至 2022 年末，全球乙烯产业格局也发生重大变化，亚太和中东地区乙烯产能占比升至

55%，欧美地区占比缩减至37%[6]。

炼化技术的进步推动炼化装置向大型化、规模化、智能化发展，下游产品需求不断增长，促进了炼化一体化。炼油企业向中下游延伸，通过炼化一体化生产高附加值产品，并有效利用废弃资源提升效益，这些是全球炼油企业提高经济效益及市场竞争力的关键。

2023年，中国炼油能力稳居全球第一，同比增长1.3%，总产能达950Mt/a[7]。浙江宁波等大型炼化基地正在形成，中国炼化行业的地位得以提升。中国炼化行业加快转型升级，打造高附加值产业链，发展化工新材料，推动数字化、智能化，致力于实现绿色低碳发展，向炼化强国迈进。

研究表明，炼油厂的规模越大，单位成本越低。在产能过剩、市场竞争激烈的环境下，大型炼油厂具有明显的成本优势，这是炼油厂生存和发展的关键。按照国家发展和改革委员会发布的《石化产业规划布局方案》，七大石化产业基地包括大连长兴岛、河北曹妃甸、江苏连云港、浙江宁波、上海漕泾、广东惠州和福建漳州古雷，全部位于沿海，瞄准现有环渤海湾、长三角、珠三角三大石化集群区，并立足于海上能源资源进口。沿海三大石化产业集群区的合计炼油能力占全国的72.7%，合计乙烯生产能力占全国的64.4%。

炼油和化工行业是能耗和碳排放大户，是全球工业领域减排的重点行业。如果不采取减排措施，到2030年全球炼油厂CO_2排放量将累计达到16.5Gt。随着炼油能力的不断攀升，结构性产能过剩问题愈加突出，表现为炼油开工率偏低、成品油和基础化学品过剩、高端化学品短缺。在解决结构性产能过剩、高端化学品生产能力不足的过程中，还需统筹考虑低碳发展需求[14]。

截至2020年底，我国炼油行业能效优于标杆水平的产能约占25%，能效低于基准水平的产能约占20%[14]。我国炼油企业的能效水平仍有较大提升空间，需要通过多方面优化实现能效提升。炼油厂碳排放强度（加工单位原油的CO_2排放量）因规模和加工流程的不同而不同。燃料型炼油厂约为0.15~0.30t/t，炼化一体化炼油厂约为0.20~0.45t/t[14]。炼油行业向化工转型将导致生产端碳排放大幅升高。

二、装置结构

从炼油厂的装置构成来看，在美国、西欧和日本等相对发达的国家和地区，二次加工装置能力占原油一次加工能力的比例较高，特别是加氢装置的占比较高，反映了这些地区炼油厂的复杂度和清洁化程度较高。中国炼油厂中加氢精制和催化重整产能占比与这些发达地区相比还有不同程度的差距。中东和俄罗斯作为主要产油地区，二次加工装置能力占比相对较低，还有较大的发展空间。近年来，中国炼油装置结构发生了较大变化，主要表现为：①催化裂化和延迟焦化装置仍然是加工重油的主要手段，但催化重整和加氢裂化装置规模迅速提高，占一次加工能力的比例大幅提升；②随着柴汽比下降和化学品需求增长，炼油厂向燃料-化工型转变，成品油收率大幅降低；③随着原油劣质化，加氢精制装置能力大幅增长。

虽然2020年成品油需求受疫情影响有所下滑，但整体仍呈增长态势，预计2025年前后将达到峰值约330Mt/a，柴汽比下降到0.98左右[15]。中国成品油表观消费量变化趋势见图1-1。

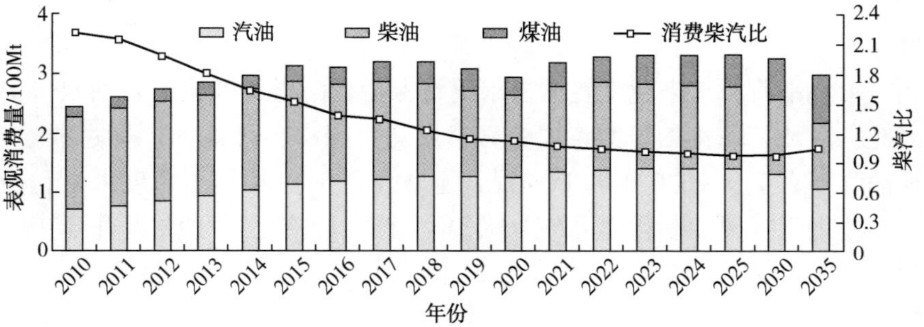

图1-1 2010—2035年中国成品油表观消费量变化趋势

随着油品质量升级、柴汽比下降、化工原料需求增加，我国炼油装置结构不断调整。加氢装置占比提升，加氢裂化从2011年的8.07%增至2022年的19.99%，加氢精制占比达到43.98%，但仍低于世界平均水平。催化重整比例也有所提高，从2011年的7.28%增至2022年的15.12%。催化裂化占比下降，从2011年的30.25%降至2022年的27.60%。延迟焦化占比下降，从2011年的15.98%降至2022年的12.96%[16]。

美国炼油厂二次加工装置结构随着轻质原油产量增加和油品质量升级而调整，加氢装置比例略有提高。2018年加氢裂化和加氢精制占比分别为12.56%和89.72%，2023年占比分别增加至12.69%和90.33%，但催化裂化和催化重整装置能力变化很小[17]，2023年占比分别为29%和19%。近年来，美国热裂化占原油加工能力比例有所上升，2023年达到15.65%，较2011年提升0.8个百分点[16]。

三、产品结构

2022年，中国炼油厂成品油产量为400Mt，同比下降7.7%。炼油厂克服生产运行波动，化工轻油、重质燃料油收率分别提升至17.3%、7.5%。

炼油行业放开后，炼油产能迅速增长，原油加工能力和工艺技术达到世界先进水平。受市场需求萎缩、政策限制、环境压力等多种因素制约，成品油需求增长乏力，而化工轻油需求却呈现出强劲增长势头。因此，炼油企业向化工转型已成为必然趋势。根据中国石油经济技术研究院预测，到21世纪中叶，中国炼油产品需求中，成品油依然占很大比重，但其中汽柴油占比下降，喷气燃料占比上升，同时，化工用油占比将会增长，在2035年前增速较快，之后趋缓。

石油产品的供需矛盾促使炼油向化工转型。随着经济发展和人口增长，石化产品需求增长，化工原料需求的快速增长推动其在石油消费中的比重不断提升。国际能源署（IEA）预测，到2030年，全球化工原料将占石油需求增长的近50%。

从需求侧来看，未来化工轻油需求仍将保持较高增长，化工轻油缺口仍将存在。因此，炼油厂向化工转型将成为必然趋势。现有传统炼油厂通过改造升级，化工轻油收率有望从2020年的15%提升至21%左右。从技术角度来看，新型炼油工艺不断出现，原油制化学品（COTC）化工产品收率已从10%提升至75%，有望达到80%。

炼油行业将压减汽油、柴油产量，多产化工轻油，同时有条件的企业增产特种炼油小产品。炼化企业加速布局化工新材料产业链，中国石化、中国石油、民营大炼化企业和化工巨头纷纷布局。未来炼油行业将持续深化转型升级，走高质量发展之路。

2019年底，民营大炼化项目陆续投产，释放利润，实现历史使命。“两桶油”纷纷上马炼化一体化项目，77.7Mt/a新增产能来自国企或合资公司。中国石油、中国石化、恒力石化、浙江石化、裕龙岛炼化项目的存量炼油厂成品油收率为66%、57%、50%、42%和12%。“两桶油”持续投资存量产能改造，希望将成品油转化为化学品。未来几年“油转化”将是主旋律。

在过去十年中，全球主要石化基础原料（乙烯、丙烯、对二甲苯）的需求年增长率约为4%。这一增长率与同期世界生产总值的增长率非常接近。此外，自2010年以来，燃料需求的增长紧随全球人口变化，每年增长1%。据国际能源署称，石化产品正迅速成为全球石油消费的最大驱动力；到2030年，石化产品将占石油需求增长的三分之一以上，到2050年将占近一半。

在供应方面，从2022年到2026年，乙烯产能预计将增加约42Mt/a（包括潜在的新项目），其中中国的确认产能约为19Mt/a（占全球总产能的58%），其次是北美，约为5Mt/a（占全球总产能的15%）。

鉴于人们对“石油峰值”的共识和化学品需求的增长预期，炼油厂寻求通过获得更高的化学品产量来实现盈利最大化，来平衡燃料和化学品之间的供需。

COTC 代表了炼油石化一体化程度的重大转变，重点是采用能够最大限度地从原油中制取烯烃和芳烃的技术。目前正在建设的新炼油厂可以实现 40%~50%的化学品收率。石科院开发的原油催化裂解 CCPP 技术在扬州石化工业试验结果表明，其化学品收率可达 51%。与此同时，沙特阿美等公司正在寻求将化学品收率提高到 70%~80%的新技术，尽管这些技术目前尚未商业化。

沙特基础工业公司(SABIC)正在研究在沙特阿拉伯 Ras Al-Khair 建立一个将石油转化为石化产品的综合项目。该工厂预计每天可转化 400kbbl 原油，每年可生产约 9Mt 化学品。鉴于其原油加工量和化学品产量，预计该厂的化工产品收率为 50%。该工厂预计于 2025 年投入运营，其预计投资约为 200 亿美元。

COTC 技术可将原油直接转化为高价值的化工产品，而不是传统燃料。大多数计划中或已投入运营的 COTC 装置都位于中国或中东。原油直接制化学品的主要设计目的是提高轻烯烃或芳烃(如苯、甲苯和二甲苯)的收率。

到 2025 年，新的工艺技术可能会改变整个炼化行业的格局。其中，COTC 技术具有最大的潜力，因为它的化学品收率大。中国和中东正在建设许多这样的 COTC 项目，这些 COTC 项目大多是由大型综合油气公司投资的，这些公司希望在石化行业占得一席之地。例如，中东的一个 COTC 综合设施一旦投入运营，每年可生产约 10Mt 化学品。

四、碳排放现状

bp 统计数据显示，全球碳排放总量逐年增加，近几年有增速放缓的趋势，但尚未达到峰值。2000—2021 年全球碳排放总量见图 1-2。

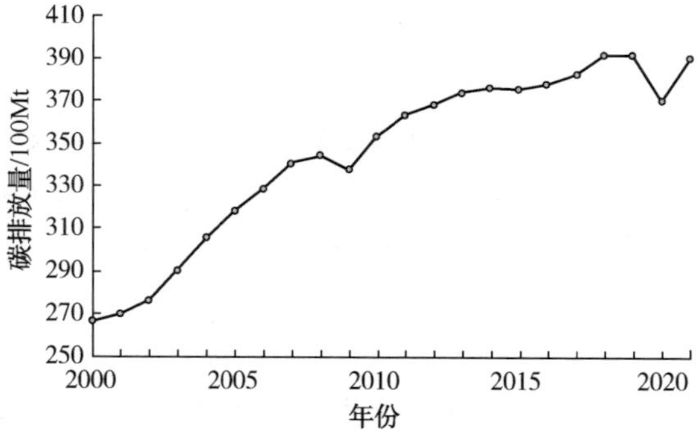

图 1-2　2000—2021 年全球碳排放总量

图 1-3 为 1750—2022 年全球化石燃料 CO_2 排放量。从 CO_2 排放量来看，工业革命之前其排放量极低，直到 20 世纪中期，排放量仍维持在较低水平且增长

相对缓慢。随后 CO_2 排放量快速增长，从 1950 年的 6000Mt 上升至 1990 年的 22760Mt，增长了近三倍，年均增长率达 3.4%。到 2000 年之前，全球 CO_2 排放量仍呈现上升趋势，但增速有所放缓。2001—2008 年，由于全球经济的快速发展，全球 CO_2 排放量再次驶入加速增长车道，从 25670Mt 增至 32090Mt，年均增长率为 3.2%。2009 年受金融危机影响，全球 CO_2 排放量出现回落。2010—2019 年，全球 CO_2 排放量从 33360Mt 增长至 37080Mt，年均增长率下降至 1.2%，这得益于各国在应对气候变化和推进能源绿色低碳发展方面的积极作为。2020 年，受新冠疫情冲击，全球能源需求下降，同时伴随经济严重衰退，CO_2 排放量降低至 35010Mt，同比下降约 5.5%。2021 年，随着新冠疫情的控制和经济刺激政策的推出，CO_2 排放量反弹至疫情前的水平，达到 36820Mt，同比增长约 5.2%。2022 年 CO_2 排放量相较 2021 年仅有小幅增长，达到 37150Mt。

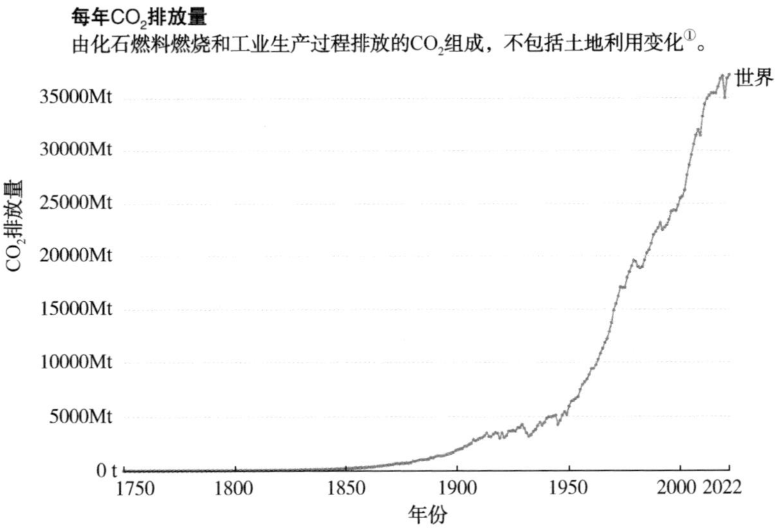

图 1-3　1750—2022 年全球化石燃料 CO_2 排放量

燃料数据来源：全球碳预算(2023)，Ourworldindata.org/co2-and-greenhouse-gas-emission。

注：①化石燃料排放包括化石燃料燃烧排放的 CO_2 和工业生产过程直接排放的 CO_2，如水泥和钢铁生产。化石燃料排放包括从煤炭、石油、天然气、放空燃烧、水泥、钢铁及其他工业生产过程排放的 CO_2。化石燃料排放不包括土地利用变化、森林砍伐、土壤或植被造成的 CO_2 排放量。

分地区来看，2022 年中国、美国、欧盟、印度、俄罗斯和日本这六个国家/地区的 CO_2 排放量接近全球 CO_2 排放量的 70%，如表 1-3 所示。具体而言，2022 年，中国在这六个国家/地区中贡献了最多的 CO_2 排放量，达到了 12667Mt，占这六个国家/地区 CO_2 排放总量的比例为 48.7%。其次为美国，2022 年的 CO_2 排放总量达到 4854Mt，占这六个国家/地区 CO_2 排放总量的比例为 18.7%。欧盟排名第三，CO_2 排放量为 2805Mt，占这六个国家/地区 CO_2 排放总量的比例为 10.8%。剩下的 CO_2 排放大国分别是印度、俄罗斯和日本，在 2022 年分别排放了 2693Mt、1909Mt 和 1083Mt CO_2，占这六个国家/地区 CO_2 排放总量的比例分别为 10.4%、7.3%和 4.2%。2022 年相较于 2021 年，仅美国、印度和日本的化石燃料 CO_2 排放量有所增加，其中印度的相对增幅最大，为 6.5%。

表 1-3　2021 年和 2022 年主要碳排放国家/地区的化石燃料 CO_2 排放量　Mt

国家/地区	2021 年	2022 年	2022 年占比/%
中国	12717.66	12667.43	48.7
美国	4768.87	4853.78	18.7
欧盟	2824.30	2804.81	10.8
印度	2528.13	2693.03	10.4
俄罗斯	1932.70	1909.04	7.3
日本	1075.66	1082.65	4.2
合计	25847.32	26010.74	

炼油作为交通能源和基础化工原材料的重要保障行业，在国民经济发展中发挥着不可替代的作用，但在此过程中也排放了大量 CO_2。在炼油领域，催化裂化作为重质油轻质化的重要手段，在炼油装置的能耗构成中约占 40%，每加工 1t 原料，可排放超 200kg CO_2。在化工领域，化学品品种成千上万，生产过程中能源密集度高，碳排放强度大。而全世界的化学品中，18 种大宗有机化学品的 CO_2 排放量占总化学品 CO_2 排放量的 77%。其中，第一是合成氨，第二是乙烯，第三是甲醇，还有基本有机原料[18]。我国每年石油炼制与基础化学品生产过程的 CO_2 排放量接近 600Mt，占全国 CO_2 排放量的近 6%[14]。2020 年我国石化和化工行业 CO_2 排放量约为 1380Mt，其中重点过程/产品的 CO_2 排放量为 940Mt，重点过程/产品中石油加工 CO_2 排放量约为 410Mt，这包含炼油过程中的 200Mt 的 CO_2 排放量，以及生产化工原材料过程中的 140Mt 的 CO_2 排放量，这两者占重点过程/产品 CO_2 排放量的比例为 36%。

不同类型炼油厂的碳排放也有较大差异，如表 1-4 理论计算模型结果所示，从生产环节来看，燃料型炼油厂碳排放强度（加工单位原油的 CO_2 排放量）为 0.14t/t，炼化一体化炼油厂碳排放强度为 0.31t/t，最大化化学品炼油厂碳排放强度为 0.62t/t。但从产品生命周期来看，从燃料型炼油厂向最大化化学品炼油厂转型时，炼油产品生命周期碳排放强度减少 50%以上。

表 1-4　不同类型炼油厂碳排放强度(理论计算模型)

项目	燃料型炼油厂	炼化一体化炼油厂	最大化化学品炼油厂
化学品收率/%	6.96	42.46	71.76
生产环节碳排放强度/(t/t)	0.14	0.31	0.62
生命周期碳排放强度/(t/t)	2.79	2.07	1.33

如表 1-5 所示，从 2 家实际典型炼油厂的碳排放构成可以看出，燃料型炼油厂与炼化一体化炼油厂的碳排放强度相差较大，分别为 0.181t/t 和 0.346t/t，燃料型炼油厂碳排放强度较低，这主要是因为燃料型炼油厂流程相对较短，装置复杂度相对较低。从排放类型来看，炼化一体化炼油厂的工艺排放显著升高，这主要是由于在化工转型过程中催化裂化烧焦和制氢过程 CO_2 排放量较高[14]，如表 1-6 所示，催化裂化装置和煤制氢装置的 CO_2 排放量分别高达 242.8kgCO_2/t 和 23000kgCO_2/tH_2。

表 1-5　典型炼油厂碳排放构成(实际统计数据)

项目	燃料型炼油厂	炼化一体化炼油厂
直接排放比例/%	79.9	90.9
燃烧排放	50.0	54.6
工艺排放	29.9	36.3
间接排放比例/%	20.1	9.1
碳排放强度/(t/t)	0.181	0.346

表 1-6　炼油厂装置 CO_2 排放量

项目	CO_2 排放量(kg)/吨原料	项目	CO_2 排放量(kg)/吨原料
常压蒸馏装置	15.8	裂化汽油处理装置	28.3
减压蒸馏装置	9.7	馏分油加氢处理装置	25.5
延迟焦化装置	4.7	煤油加氢处理装置	17.6
VGO 加氢裂化装置	73.5	石脑油加氢处理装置	15.5
催化裂化装置	242.8	催化重整装置	143
VGO 加氢处理装置	30.8	煤制氢装置	23000kgCO_2/tH_2

炼油行业所涉及的生产加工流程复杂，排放源广且分散，在探索其绿色低碳转型路径时离不开对碳足迹的研究，但目前我国在碳排放核算与评价方面仍存在

诸多问题。

1. 碳排放核算体系不完备

我国碳排放核算体系尚未完全建立，目前仍在积极开展研究和制定工作。2010年至今，我国先后发布了各行业企业温室气体排放核算相关政策与标准。其中，2022年8月，国家发展和改革委员会、国家统计局、生态环境部联合印发的《关于加快建立统一规范的碳排放统计核算体系实施方案》中指出，建立全国及地方碳排放统计核算制度，完善行业企业碳排放核算机制，建立健全重点产品碳排放核算方法，以及完善国家温室气体清单编制机制。2023年4月，国家标准委等11部门联合发布《碳达峰碳中和标准体系建设指南》，涉及碳排放核算核查、低碳管理和评估、碳信息披露等标准。2024年1月，国家公布《碳排放权交易管理暂行条例》，这是我国首次以行政法规的形式明确碳排放权市场交易制度。

2. 碳足迹基础数据不规范

我国目前尚未建立系统的行业碳足迹数据库，存在数据来源模糊、更新不及时、覆盖范围有限等问题。甚至出现控排企业篡改数据、违规修改参数，核查机构履职不到位、报告结论失真失实等情况，严重影响数据的准确性，违背法律法规和职业道德，破坏正常的市场竞争秩序。我国炼油行业产品碳足迹研究也处于起步阶段，行业层面缺少本土化石化行业碳足迹数据库，技术层面数据精确性较差。这些都在一定程度上制约了对全生命周期碳排放过程的研究。为解决这一问题，2024年7月由中国石化、中国石油、中国海油、国家管网、国家能源集团、中国中化、浙江石化、万华化学八家单位共同发起成立了能源化工产业链碳足迹联盟，致力于建立中国本土化能源化工产品碳足迹数据库。

3. 碳排放管理人才匮乏

相较于其他国家，我国“双碳”工作起步晚、环节多、时间紧、任务重，面临碳排放管理人员数量和质量的双重需求。一方面，我国高校近些年才设立“双碳”相关学科专业，课程设置和教材编写仍在探索中。另一方面，碳排放管理岗位设置也处于起步阶段，相关培训体系和资质认证管理不健全。

4. 碳市场发展建设不完善

碳市场参与主体和交易产品类型单一，市场流动性差、活跃度低。全国和各地方碳市场成交量波动剧烈，具有“潮汐性”。地方碳市场之间相互割裂，发展参差不齐，导致地区间成交价格差异较大。碳市场信息披露不足，影响碳市场的公开透明性和信息获取的及时有效性，参与者交易的积极性受到制约，不利于市场健康发展。碳市场监管体制机制不健全，缺乏切合实际的法律法规，监管过程阻碍重重。

针对上述问题与挑战，提出以下建议：一是加快推动建立规范统一的碳排放核算标准体系。聚焦制定国家标准、行业标准和企业标准，完善石化产品碳足迹核算方法。建立统一的碳标签认证制度，全面普及碳普惠制度，鼓励低碳生活。二是夯实数据基础，加快建立炼油行业碳足迹数据库和温室气体排放因子数据库，形成数据库常态化、规范化更新机制，保证碳排放数据“可测量、可核查、可追溯”，为碳排放核算提供数据保障。三是加快碳核算队伍建设和人才培养。制定科学有效的碳核算、碳管理人才培养方案。深化校企合作，协同培养优秀碳市场专业人才。四是完善碳市场管理运行机制。丰富全国碳市场参与主体，创新碳金融交易产品，推动更多 CCER 项目参与碳市场。建立健全碳市场法律和监管体系，促进碳市场平稳健康运行。

五、技术发展

世界炼油工业已走过了 150 多年的发展历程，逐渐步入成熟的发展阶段。炼油技术在劣质重油加工、清洁燃料生产、炼油向化工转型等方面取得进展。

我国已掌握炼油厂全流程技术，拥有了较高水平的催化裂化、催化裂解、催化重整、加氢裂化等系列炼油技术，重油催化裂解制低碳烯烃、渣油加氢处理等技术达到国际先进水平[19]，部分炼油技术实现了出口，如催化裂化、延迟焦化等，工艺技术推广到多个国家和地区。

1. 劣质重油加工技术

劣质重油轻质化加工技术是炼油行业技术开发一直以来的研究重点，主要的加工技术包括重油催化裂化、渣油加氢和焦化等。

重油催化裂化生产能力已占全世界 FCC 生产能力的 25%以上。以提高目的产品收率和节能减排为主要推动力的多项重油催化裂化工艺技术得到了重点关注，渣油催化裂化催化剂在提高活性中心可接近性、金属捕获能力和产品选择性上不断推陈出新。通过改变催化剂和工艺条件，可满足从掺渣原料中增产不同目标产品(汽油、丙烯、柴油)的需求。

全球渣油加氢技术主要分为固定床、移动床、沸腾床和浆态床四类，且均已实现工业化应用。其中，固定床渣油加氢技术(VRDS)最成熟，其投资和操作费用低、运行安全简单，是目前渣油加氢的首选技术。目前在中国炼油厂内应用的 VRDS 技术主要有石科院的渣油加氢处理工艺技术(RHT)、美国雪佛龙-鲁姆斯公司(Chevron Lummus Global，CLG)的 RDS/VRDS 工艺和 UOP 公司的 RCD Unionfining 工艺等。

近年来，沸腾床加氢工艺和浆态床加氢工艺逐步实现工业化应用，主要特点是对于重劣质原料的适应性比 VRDS 技术更强，同时装置的运行周期更长。渣油沸腾床加氢裂化技术主要有 Axens 公司的 H-Oil 技术、CLG 公司的 LC-Fining 技术和中国石化(大连)石油化工研究院的 STRONG 技术，渣油浆态床加氢技术主要有 UOP 公司的 Uniflex 技术、Eni 公司的 EST 技术、CLG 公司的 LC-Slurry 技术、bp 公司的 VCC 技术和石科院的 RMAC 技术等。沸腾床加氢工艺技术的研究重点在于开发高活性催化剂以提高产品的转化率，以及开发沸腾床加氢与延迟焦化、溶剂脱沥青等技术的组合工艺。浆态床加氢工艺则可以加工比沸腾床更为劣质的原料。二者研发的重点均是如何延长装置的运行周期、提高运转稳定性和加工更劣质的原料[20]。

焦化是重质油加工的重要技术之一，其加工能力占据全球重质油加工总量的30%左右。世界范围内已实现工业应用的焦化技术包括延迟焦化、灵活焦化和流化焦化，其中延迟焦化技术占据主流，在延迟焦化技术方面居领先地位的是美国康菲、Foster Wheeler/UOP 和 Lummus 公司，它们分别开发了延迟焦化与其他装置集成的组合工艺、提高石油焦价值的组合工艺、延迟焦化石油焦的质量和结构控制技术等，同时改进了焦化塔进料结构和焦化加热炉设计，延长了运转周期。流化焦化和灵活焦化技术均为埃克森美孚公司开发，虽然在全球工业装置数量不多，但与常规延迟焦化装置相比，灵活焦化装置具有密闭生产、环境友好、副产清洁燃料等优势。

2. 清洁燃料的生产技术

为满足全球日益增长的汽柴油质量标准要求，国内外大型石油公司和研究机构相继开发了多种清洁燃料生产技术。清洁汽油生产技术主要关注降低汽油中的硫含量和烯烃含量，以及提高汽油的辛烷值；清洁柴油生产技术则着重于降低柴油中的硫含量并提高十六烷值。

主流清洁汽油生产技术包括催化汽油脱硫技术和催化汽油降烯烃技术。代表性的催化汽油脱硫技术包括法国 Axens 公司的 Prime G+加氢脱硫技术和埃克森美孚的 Scanfining 加氢脱硫技术。国内拥有自主知识产权的催化汽油加氢脱硫及改质技术有 RIDOS 技术、RSDS 技术、OTA 技术等。吸附脱硫技术的代表性工艺有 S Zorb 临氢吸附脱硫技术。催化汽油降烯烃技术代表工艺为石科院开发的多产异构烷烃的催化裂化 MIP 工艺。

烷基化油是汽油理想调和组分之一，并且具有辛烷值高、蒸气压低、硫含量超低的优点，烷基化装置成为生产高辛烷值汽油组分的重要加工过程，近年来在国内得到大量推广应用[21]。国内采用的硫酸烷基化技术主要有 DuPont 公司的 STRATCO 工艺、McDermott 公司的 CDAlky 工艺、中国石化的 SINOALKY 工艺[22]。CB&I 公司研发了世界上首套工业规模的固体酸催化剂烷基化装置。中国石油大学(北京)开发的 CILA 复合离子液体烷基化工艺近年来实现工业应用。

清洁柴油生产技术包括柴油脱硫技术、柴油脱芳技术、柴油降凝技术和柴油十六烷值提高技术，主要通过加氢的方法来实现，加氢催化剂目前以负载型催化剂为主，高活性的体相催化剂也得到了应用。为了适应市场对优质中间馏分油的需求变化，多产中间馏分油的加氢裂化技术、将催化裂化 LCO 改质为清洁柴油组分的加氢技术得到发展，为提高加氢技术的经济性，降低投资、能耗和操作成本，液相加氢技术也得到了发展。

3. 炼油向化工转型技术

随着油品市场过剩和化学品需求旺盛，支持炼油产品结构从以交通运输燃料为主转向以化工原料为主的“油转化”炼化技术得到了迅速发展，包括原油直接制化学品、催化裂解技术、加氢裂化技术、烷烃和芳烃分离转化技术等。

炼化一体化装置通过采用蒸汽裂解和催化裂解多产烯烃技术，催化重整和芳烃转化与分离增产苯、甲苯和二甲苯(BTX)技术，以及加氢裂化多产化工原料技术，并配以相应的原料处理和产物加工技术，以及不同的炼油厂结构及流程设计，目前的化学品收率可以达到 30%~50%。新建或改造炼油厂集成创新先进技术提升炼油厂的灵活性，根据市场需求逐步调整产品结构，确保“油转化”进程平稳过渡，并通过短流程降低炼油厂成本，增产高附加值化学品和特种产品，最大化提高炼油厂效益，同时发展绿色低碳技术，减少行业碳排放，实现炼化企业可持续发展。

作为原油直接裂解制化学品技术，原油蒸汽裂解和原油催化裂解是近年来研究攻关的重点。埃克森美孚、沙特阿美、中国石化北京化工研究院已掌握原油蒸汽裂解技术，埃克森美孚在新加坡裕廊岛投产了全球唯一的一套 1Mt/a 原油直接蒸汽裂解制乙烯工业化装置，化学品的收率高达 50%~70%，乙烯的成本比石脑油蒸汽裂解低约 100 $/t。2021 年，石科院原油催化裂解技术实现全球首次工业应用，该技术低碳烯烃和轻芳烃总收率在 50%以上，再辅以中间产物转化单元的情况下，化学品收率可达 70%。

催化裂解技术和加氢裂化技术是重油/渣油深度转化多产化学品的关键技术。重点用于生产烯烃的催化裂解技术包括石科院开发的以重质油为原料多产丙烯的催化裂解 DCC 技术，以及在 DCC 技术基础上开发的增强型催化裂解 DCC-plus 技术、以重质油为原料最大化生产乙烯和丙烯的催化热裂解 CPP 技术和最大化生产丙烯的化工型炼油成套SHMP技术等。目前石科院在劣质重油高效催化裂解(RTC)、直馏石脑油催化裂解(SNCC)等技术开发上也取得了较大进展。中国海油开发了重油碱催化增产化学品DPC技术，以重劣质油品为原料最大化增产乙烯、丙烯、丁烯，同时副产优质炭材料原料。

加氢裂化技术包括蜡油加氢裂化技术和柴油加氢裂化技术，蜡油加氢裂化国外代表性的技术有UOP公司开发的最大化生产石脑油的加氢裂化技术。近年来为逐步压减油品，加氢裂化技术原料呈现轻质化趋势，Axens、CLG、壳牌、UOP等公司都可提供柴油加氢裂化技术，用于生产重整料和裂解料，中国石化开发了LCO加氢裂化生产芳烃料(RLA)技术。

其他多产化工料的转化技术包括丙烷脱氢、轻烃芳构化、重芳烃轻质化制取BTX和LCO生产BTX芳烃等技术；提高化工型炼油厂进料品质的技术包括正异构烷烃分离技术、芳烃与非芳烃吸附分离技术和异构烷烃正构化技术等。

4. 炼油厂碳减排技术

炼油厂的碳减排方面，目前欧美炼油厂通过三种途径进行碳减排：提高能效、生产绿氢和可再生燃料、进行碳捕集与封存。如壳牌Pernis炼油厂具体减排方案如下：①提高能效：除了通过实施热电联产、使用节能设备和先进工艺，该炼油厂还利用炼油厂废热为鹿特丹当地16000户居民供热。②生产绿氢和可再生燃料：在鹿特丹合作建有一个风电场，该风电场于2023年投产，生产绿氢60t/d,不仅可用于助力炼油厂碳减排，也会用来给卡车供氢，以减少产品端的碳排放。此外，还将投资建设产能为820kt/a的生物燃料生产装置，将使用壳牌公司自己的技术，可加工100%油脂等生物进料。③采用碳捕集及封存技术：该炼油厂气化制氢装置目前已有40%的CO_2被捕集用于当地的温室大棚，该公司还在2023年底将该装置剩余的CO_2以及来自可再生燃料装置排放的CO_2捕集后送入位于北海的Porthos碳捕集封存项目进行封存，通过碳捕集与封存降低该炼油厂25%的CO_2排放。

炼油技术的持续进步支撑炼油工业的快速发展，促进了炼油规模的不断扩大和炼油装置的大型化，技术开发的主要目标是提高加工劣质重质原油的适应性、提高石油产品收率和质量、增产高附加值化工原料，从炼油催化剂、工艺和设备装置等方面，为炼油厂的降本增效提供系列技术解决方案。总体而言，在炼油厂碳减排方面，国内外技术开发以提高能效、原料低碳化和CCUS(碳捕集、利用与封存)技术为主，对于低碳技术的研发关注度还不够，相关工作有待进一步开展。

第三节 发展趋势

一、炼油行业总体发展趋势

如表1-7所示，据IEA发布的2022年世界能源展望预测，在既定政策情景下，到2035年，全球石油需求将持续增长，达到5200Mt/a（103Mbbl/d）的峰值；在2040年以前，石油在世界能源结构中占比维持第一；到2050年，石油仍然占能源供应的27%。作为石油的加工过程，炼油工业在全球能源以及原材料工业领域将长期保持重要地位。

表1-7 2030年、2040年和2050年IEA全球各类能源供应占比预测

能源类型		既定政策情景		
		2030年	2040年	2050年
一次能源供应量/10^{11}kgoe		16100	16900	17700
占一次能源的比重/%	石油	29	28	27
	煤炭	22	18	15
	天然气	22	21	20
	可再生能源	20	27	31
	核能	5	6	6

世界能源正向多元化、清洁化、低碳化转型，石油需求增速将逐步放缓。中国能源消费结构亦将呈现清洁化、低碳化特征。我国石油将经历达峰、平台和稳步下降三个阶段，推动炼油工业转型发展。预计2025—2060年，我国一次能源消费结构中，煤炭占比将从51.3%降至4.7%，石油占比将从18.7%降至5.9%，天然气占比将从10.1%降至9.3%，非化石能源占比将从19.9%增至80.0%。基本实现“1+N”政策体系中明确的非化石能源占比目标。预计2025年前后，我国石油需求进入峰值平台期。汽油需求将在2025年前后达峰，2030年汽油、柴油、喷气燃料和化工用油需求分别为148Mt/a、149Mt/a、81Mt/a、70Mt/a。

石油需求仍将持续增长，炼油行业在中长期将继续发展。到2035年，石油仍然是世界上最重要的能源，在交通运输燃料中的占比仍达到85%左右。世界炼油行业仍将继续发展，未来欧美地区炼油厂转型加速，亚太、中东和非洲地区有新增炼油厂产能陆续投放，世界炼油能力将继续增长。2023年，全球炼油能力的增长主要来自亚太地区的印度、泰国和非洲的尼日利亚。2035年前，炼油产

品结构仍以汽柴油为主，但在2035年将下降至54%，2035年化工原料和喷气燃料占比分别增长至8%、7%。石油进一步从燃料属性向原料属性转变，随着产业链向下游延伸，炼化一体化程度不断上升，装置的化学品收率不断提高。未来炼化生产基地将成为清洁化、智能化的能源和材料集散中心[8]。

“双碳”目标的约束进一步明确了国内炼油产业的规模天花板，国务院印发的《2030年前碳达峰行动方案》明确规定，2025年炼油产能控制在1000Mt/a以内，国家发展和改革委员会等四部门发布的《高耗能行业重点领域节能降碳改造升级实施指南(2022年版)》要求依法依规淘汰2Mt/a及以下常减压蒸馏装置，存量产能在碳排放目标的约束下面临更为紧迫的转型压力。如果落后低效产能按计划严格淘汰，国内产能规模基本已提前见顶[23]。

全球能源转型加快演变，成品油市场受到影响，这给我国炼油行业带来冲击。中国炼油工业面临低碳转型任务重、炼油能力过剩、市场竞争加剧等挑战，需要炼油企业加快转型步伐[24]。未来，国内炼油行业将持续深化转型升级，走高质量发展之路，呈现大型化、一体化、基地化、园区化、数字化、绿色化特征，持续推进新旧产能置换，加快世界级炼化基地和现代化产业园区建设。

二、炼油行业低碳发展趋势

全球已就应对气候变化达成合作共识，绿色低碳高质量发展成为主基调。中国承诺2030年前碳排放达峰，并力争于2060年前实现碳中和。能源结构转型是实现碳中和目标的重要途径之一。欧美炼油企业转向生产低碳燃料，如可再生柴油、可持续喷气燃料、生物燃料等。同时也在生产过程中利用更多可再生能源替代传统能源，积极发展塑料循环经济。炼油厂面临“净零”目标和需求变化，需发展多元原料加工、高效低碳、清洁能源、碳捕集及利用等技术。炼油厂将转变为综合性能源和材料中心，生产氢能、电力、石化原料、材料和少量运输燃料等多样化产品。

炼油工业是全球工业领域碳减排的重点行业，CO_2减排受到炼油行业重视。在“双碳”背景下，国家对石化工业节能降碳的要求日益严格，2021年，中央密集出台政策坚决遏制高耗能、高排放(“两高”)项目发展。国家发展和改革委员会等4部门发布的《高耗能行业重点领域节能降碳改造升级实施指南(2022年版)》及《高耗能行业重点领域能效标杆水平和基准水平(2021年版)》提出，到2025年，炼油、乙烯等行业标杆水平产能占比超30%，能效和碳减排水平显著提升，绿色低碳发展能力增强。

2022年，工业和信息化部、国家发展和改革委员会、生态环境部印发的《工业领域碳达峰实施方案》提出，到2025年，规模以上工业单位增加值能耗较2020年下降13.5%，单位工业增加值CO_2排放下降幅度大于全社会，重点行业碳排放强度明显下降。石化行业要更加突出节能提效的优先定位和战略作用，优化用能结构、实施节能降碳改造、推动低碳原料替代，实施深度脱碳等技术示范工程，到2025年，新建炼化一体化项目成品油占比降至40%，加快碳捕集、利用与封存。

炼油行业在加工过程中消耗大量化石燃料，是国家减排行动的重点行业，需要将温室气体排放控制在合理水平，持续推进绿色低碳发展，从节能降耗向全方位减排发力。炼油行业的减碳路径众多。能效提升、工艺改进可降低生产过程碳排放，但不足以实现“净零”排放。CCUS技术是实现“净零”排放的关键，但其应用受限、经济性有待提升。行业需多措并举，探索多种技术组合进行减排[25]。从排放来源分析，可通过能效提升、替代原料、绿电等方式减少直接排放；通过循环经济、绿色产品、优化运输等方式减少间接排放；通过CCUS、碳抵消等方式减少全生命周期碳排放[25]。

对于炼油厂来说，减少碳排放的有效措施包括节能降耗，提高工业炉热效率，减少燃料消耗；创新隔热材料，强化炉管传热，降低烟气温度，使用大负荷炉；装置间热联合，合理利用能级，抑制热损失，减少余热浪费；推广工厂电气化，提升电能转换效率[26]。

石油化工与煤化工融合是节能降碳的重要途径，如石脑油与煤基甲醇耦合制烯烃、煤化工与绿氢或储能过程耦合、煤气化主产一氧化碳技术等。生物基燃料、循环经济、低碳基础化学品将支撑石化行业碳达峰，并为构建低碳产业链做好准备。

三、炼油行业技术发展趋势

共加工技术是利用现有炼油装置，将生物质油与石油原料进行联合处理，生产含有可再生成分的汽柴油、喷气燃料等油品的技术。生物质油由生物质原料经过热解等处理方式获得。共加工技术具有环保和降本作用，是近年炼油企业重点投资开发的技术，为炼化企业绿色转型提供了方向[27]。

未来燃料标准将进一步升级，以电动汽车为代表的新能源汽车将加快发展，油电混合动力汽车是汽车减碳过程中的合理选择，炼油企业要生产高效清洁的汽油和柴油，以助力车用内燃机实现碳减排目标。同时，生物燃料，包括乙醇汽油、生物柴油、生物喷气燃料等在能源结构中所占的比重将逐步增加。这为开发适应更苛刻燃油标准的汽油、柴油、喷气燃料的工艺和催化剂提供了新的机会。

废弃高分子材料的回收利用与炼油过程耦合，不仅可以实现高效资源回收和部分碳闭环循环，减少碳排放，还能降低我国原油的对外依存度。近年来，各大炼油企业陆续进军废塑料化学循环技术研究领域。国内外大学和研究机构正积极寻找 CO_2 制燃料、化学品和材料的新途径，广泛开展 CO_2 的光催化、电催化等研究，助力循环经济的快速发展。

氢能具有清洁、高效、安全等特点，可作为清洁能源、能源载体和化工原料。国外石油石化公司正在加快部署“绿电—绿氢—炼化”一体化示范项目。利用绿氢和绿电协同重构以化石能源为主的炼化工艺流程，需要变革性技术作为支撑，对炼化工艺流程进行适应绿电、绿氢再造，加快高效电解水制氢、多种可再生能源耦合、电加热再沸器替代、电解水制氢耦合制取化学品、低碳新反应过程等前沿技术研究开发，发展绿氢炼化[28]。

石油炼制过程在碳高效利用、碳氢优化分布、低碳化等方面仍有较大的改进空间。其中，发展低碳催化新技术是关键，随着研究的深入和发展，逐渐衍生出“靶向催化”“接力催化”“等级催化”等新思路，这些新思路的核心是利用反应耦合、过程耦合以及能量耦合来设计高效的多相催化过程和高性能的多相催化剂。需要研究和发展能兼顾精度和效率、原位模拟多相催化过程的动力学新方法[29]。

基于分子炼油理念，研制新催化材料和新催化剂、创新工艺过程与技术是推动石油炼制领域低碳化发展和深度油转化的动力源泉。未来需要发展基于“分子炼油”的低能耗炼油技术。从分子水平加深对石油加工过程的认识，突破传统原油切割，开发馏分、组分耦合炼制技术，将萃取、吸附与化学反应相结合，提高碳、氢原子的利用率，减少无效循环，大幅度提升单程转化效率和目标产物收率，降低生产成本。

低能耗炼油是未来研发重点。基于催化新材料和新型催化剂，深入开展计算机辅助炼油复杂反应系统理论与模型研究，创新开发适配的新型反应器，耦合过程强化技术，包括超重力强化、精馏强化、微化工强化、换热强化、微界面传质强化技术等，形成新的炼油工艺与工程技术。构建石油大数据平台，包含石油基础物性、反应机理和过程强化等模型数据。针对高端精细化学品和高性能材料的研发需求，形成若干材料基因工程专用数据库，实现材料的高效设计[4]。

炼油企业将持续推进“减油增化增特”，不断优化产品结构，使其持续向多产运输燃料、化工原料和特色产品并重的方向发展。目前，我国化工新材料的自给率为 70%，部分关键配套单体国内尚未工业化生产。2022 年，工业和信息化部等六部门联合印发的《关于“十四五”推动石化化工行业高质量发展的指导意见》提出，到 2025 年化工新材料保障水平在 75%以上，强调了新材料产业的必要性和重要性。光伏发电设备背板、胶膜、光伏玻璃均为化工产品。风电设备对材料强度和性能要求高，推动特种树脂等化工材料需求增长。车辆轻量化设计过程中，塑料和塑料基复合材料的使用量将会增加，以减轻质量、增加行驶里程。

对于我国炼油企业，需充分结合自身原油特点和市场需求，持续做好产业布局和加强关键技术攻关，以分子炼油、新催化体系和短流程技术为主要突破口，发展原油直接产品化、材料化技术，推动原油从生产成品油为主转向主要生产基本有机化工原料、高附加值产品和高端材料，如高端碳材料、特种润滑油、化工新材料聚萘二甲酸乙二醇酯(PEN)、聚酰亚胺(PI)等。与此同时，围绕光伏风电、复合材料、工程塑料等产业发展需求，炼油行业也将为新能源领域各个产业发展提供重要支撑，为我国构建现代能源体系、推动能源领域高质量转型发展提供强大动能。

“数智炼油厂”建设是炼油企业未来发展的重点。云计算、大数据、人工智能、数字孪生、分子模拟优化等技术将加速炼油行业进入智能化时代。石化智能制造将数字孪生等信息技术与石化工艺技术深度融合，以工艺装置为核心，以数据和模型为驱动，以工业互联网平台为支撑，实现降本、增效、绿色、安全、转型 5 大核心价值。APC、RTO、MES 等在炼化企业推广应用，推进生产流程数字化、自动化、智能化，生产管理精益化、信息化、透明化、智能化。未来炼油企业将在自主学习、智能预测等方面加强炼油厂智能化技术的研发与应用。

未来 15~20 年内，石油仍将在全球能源体系中占据主导地位，炼油工业仍然是能源领域的重要行业，炼油行业将加快转型升级，坚持科技创新，实现绿色低碳发展。

参 考 文 献

[1] 董凌云．石油资源的全球战略地位与中国石油安全问题[J]．对外经贸实务，2013(6)：18-21.

[2] IEA. World Energy Outlook 2023[EB/OL]．[2024-04-23]．https：//www.iea.org/reports/world-energy-outlook-2023.

[3] 中国石化集团经济技术研究院有限公司．中国能源展望 2060[M]．北京：中国石化出版社，2023：12.

[4] 曹湘洪．炼油行业碳达峰碳中和的技术路径[J]．炼油技术与工程，2022，52(1)：1-10.

[5] 徐春明，杨朝合．石油炼制工程[M]．4 版．北京：石油工业出版社，2009：1.

[6] 徐海丰，王婧．全球炼油化工产业发展新态势及启示[J]．国际石油经济，2023，31(4)：37-45.

[7] 孙仁金，石红玲，董秀成．2023 年中国成品油行业运行特点与近期展望[J]．国际石油经济，2023，32(3)：29-37.

[8] 余国，陆如泉．2022 年国内外油气行业发展报告[M]．北京：石油工业出版社，2023：127.

[9] 戴厚良，陈建峰，袁晴棠，等．石化工业高质量发展战略研究[J]．中国工程科学，2021，

23(5)：122-129.
[10] 王才良，周珊．炼油工艺技术发展史话[J]．石油知识，2013(2)：32-36.
[11] 丁秀涛，关宝安，代旭，等．简述加氢裂化发展历史[J]．辽宁化工，2017，46(5)：481-482.
[12] 李月清．艰难的崛起——随着“五朵金花”相继绽放，我国石油化工品种达到542种，自给率达到100%，彻底终结了洋油时代[J]．中国石油企业，2019(9)：33-35.
[13] 徐海丰．世界炼油行业发展状况与趋势[J]．世界石油工业，2022，29(2)：23-29.
[14] 李明丰，吴昊，李延军，等．我国炼油行业低碳发展路径分析[J]．石油炼制与化工，2023，54(1)：1-9.
[15] 杨维军，孙会东，吕清龙．炼油厂工艺装置结构调整趋势[J]．油气与新能源，2021，33(3)：116-120.
[16] 宋倩倩，慕彦君，侯雨璇，等．中美两国石油化工产业实力对比分析[J]．化工进展，2020，39(5)：1607-1619.
[17] 张海桐，崔继荣，白雪松，等．美国炼油产业研究分析与对中国的启示[J]．化学工业，2021，39(2)：15-20.
[18] 中华人民共和国国家发展和改革委员会. 炼化行业“绿化”路径进一步明晰[EB/OL]. [2023-04-11]. https：//www. ndrc. gov. cn/xwdt/ztzl/ghnhyjnjdgzsj/zjgd/202304/t20230411_1353483_ext. html.
[19] 边思颖，张福琴．我国炼油行业及技术发展展望[J]．石油科技论坛，2018，37(2)：4-8.
[20] 李雪静，乔明，魏寿祥，等．劣质重油加工技术进展与发展趋势[J]．石化技术与应用，2019，37(1)：1-8.
[21] 舟丹．炼油技术进展及趋势[J]．中外能源，2021，26(6)：46.
[22] 汪燮卿．中国炼油技术(下册)[M]．4版. 北京：中国石化出版社，2021：6-7.
[23] 中国石化集团经济技术研究院有限公司．2023中国能源化工产业发展报告[M]．北京：中国石化出版社，2022：73.
[24] 边振昱，刘初春．中国炼油业现状探析及发展建议[J]．当代石油石化，2023，31(1)：10-13.
[25] 中国石化石油化工科学研究院，Deloitte. 迈向2060碳中和—石化行业低碳发展白皮书[R]．2022.
[26] 刘初春，杨维军，孙琦．中国炼油行业碳减排路径思考[J]．国际石油经济，2021，29(8)：8-13.
[27] 吴玉超，史军军，王辉国，等．炼化企业在“双碳”背景下的技术探讨[J]．石油炼制与化工，2022，53(1)：1-6.
[28] 刘佩成．我国石化工业推进绿氢炼化的思考[J]．当代石油石化，2022，30(4)：36-42.
[29] 刘志成，伊晓东，高飞雪，等．绿色碳科学：双碳目标下的科学基础——第292期“双清论坛”学术综述[J]．物理化学学报，2023，39(1)：99-107.

第二章　炼油工业低碳发展环境分析

第一节　国际环境

一、《联合国气候变化框架公约》

我们赖以生存的地球是一个极其复杂的系统，地球气候系统是构成地球系统的重要一环。在悠久的地球演变过程中，气候一直处于持续性的变动状态。产生这种现象的原因可以归纳为两大部分：自然因素导致的气候波动和人为影响导致的环境变化。首先，自然因素如太阳辐射强度、火山喷发等都可能导致气候发生变化；其次，人为因素也对气候产生了显著影响，例如通过燃烧化石能源或砍伐森林导致大气中的温室气体浓度升高。

大量的科学证据显示，过去的100年来由于人的行为导致全球气温上升的现象越发严重[1]。联合国政府间气候变化专门委员会第四次评估报告第一工作组报告的决策者摘要指出，人类活动与近几十年气候变化的关联性达到90%[2]。

对于人类行为如何影响大气中的温室气体浓度的探讨，其历史可追溯至19世纪末。1898年，来自瑞典的科学家斯万特·阿尔赫率先提出了关于CO_2排放与全球升温的关系，此后众多科研人员纷纷加入了这一领域的探索。从工业化时代开始至今，地球温室气体浓度不断攀升，同时全球温度也在逐渐升高。为了应对气候转变并推动可持续发展的进程，我们需要减少温室气体的产生并且适应这种环境的变化。

瑞威拉等在1957年发表了一篇论文，内容涉及增加大气中温室气体浓度可能引起气候变化。同年，美国夏威夷的观象台开始了对CO_2浓度的观测，从而正式开启了人类对气候变化的研究。

气候变化是一项全球性的问题，影响着每个人的生活。人们对气候变化应该由谁来解决和承担责任这个问题长期以来就有争议。《联合国气候变化框架公约》是国际社会为应对全球气候变化问题而制定的一项重要协议。随着全球气候变化问题日益加剧，世界各国都意识到必须采取行动来减缓气候变化的影响，以保障人类社会的可持续发展。

1.《联合国气候变化框架公约》的起源

《联合国气候变化框架公约》的起源可以追溯到1972年瑞典斯德哥尔摩会议，这是首个由各国政府代表参与的环境议题研讨会。会议通过了《联合国人类环境会议宣言》(简称《人类环境宣言》)，呼吁各国政府和人民为维护和改善人类环境，造福全体人民和后代而共同努力。当时，联合国环境规划署(UNEP)首次提出了全球气候变化的概念，并呼吁各国政府采取行动来应对这一问题。此后，国际气候变化问题逐渐被人们所关注。

斯德哥尔摩会议之后，科学家们发现气候的变化对地球产生的影响越来越明显。随着时间的推移，人类活动和社会的快速发展使得温室气体的排放量越来越多，加剧了气候变化的影响。人们开始讨论应该采取什么措施来防止气候变化的加剧。

1988年，UNEP和世界气象组织(WMO)共同组建了联合国政府间气候变化专门委员会(IPCC)，IPCC的首要职责是评估全球气候变化的影响，并提出相应的行动方案。1990年，IPCC发布了第一份评估报告，该报告引起了世界各国政府的关注。基于此研究报告，联合国环境与发展会议决议制定了《联合国气候变化框架公约》(United Nations Framework Convention on Climate Change，简称《框架公约》，英文缩写UNFCCC)，《框架公约》是世界上第一个为全面控制 CO_2 等温室气体排放，以应对全球气候变暖给人类经济和社会带来不利影响的国际公约，也是国际社会在应对全球气候变化问题上进行合作的基本框架。

《框架公约》旨在加强国际社会对气候变化问题的认识并促进国家间合作，通过国际合作来减缓温室气体的排放，协助受影响国家适应气候变化，并促进技术转移和可再生能源的开发。公约内容将成为未来减缓气候变化的路线图，它于1992年6月4日在里约热内卢举办的联合国环境和发展大会上正式签署。按照第23(1)条规定，《框架公约》于1994年3月21日正式生效。公约明确规定了全球温室气体排放量必须得到有力控制以避免对气候变化的不利影响。此后，各方通过联合国气候变化大会进行协商，制定了多项具体措施和计划，其中最为重要的就是《京都议定书》(Kyoto Protocol)和《巴黎协定》(The Paris Agreement)。

2.《框架公约》的目标

《框架公约》的主要原则包括：

① 公平和共同但有区别的责任原则：公约要求各国根据其历史贡献和能力，

采取适当的减排和适应措施。

② 可持续发展原则：公约强调在应对气候变化的过程中，应促进经济的可持续发展，保护生态环境，改善民生福祉。

③ 减缓和适应并重原则：公约要求各国采取减缓和适应气候变化的措施，以降低气候风险，减少对自然和人类系统的负面影响。

《框架公约》的目标是通过全球行动来应对气候变化问题，以保障人类社会的可持续发展。其主要目标包括以下三个方面：

（1）控制温室气体排放量

控制温室气体排放量是《框架公约》的核心目标。为实现这一目标，各国在公约中约定了具体减排目标，并承诺采取一系列措施来实现这些目标。例如，各国承诺在特定时间内将其排放量降至特定水平以下。

（2）适应气候变化

气候变化对人类社会造成的影响日益严重，因此适应气候变化也成为《框架公约》的重要目标之一。各国承诺在公约中加强适应能力，采取措施应对气候变化的影响，如建立抵御气候变化的基础设施，提高农业生产的适应性等。

（3）加强技术合作

《框架公约》还强调加强技术合作，在减排和适应气候变化方面实现技术转移和共享。各国承诺为发展中国家转移相应的技术和资金，以帮助这些国家提高其减排和适应能力。

3.《框架公约》发展历程

自公约生效以来，缔约方每年都召开会议，就气候变化问题展开深入讨论和合作。1997 年，《京都议定书》被签署，这是一个针对温室气体排放的具体协议。根据《京都议定书》，发达国家必须将其温室气体排放水平在 1990 年的基础上平均减少 5.2%。其他发展中国家并不需要实现这个目标，但可以获得发达国家的技术和财政支持。

2000 年，联合国首脑会议提出了“联合国千年发展目标”，其中包括减缓气候变化。为了实现目标，各国政府开始采取措施减少自己的温室气体排放以及促进可再生能源等新技术的研究和开发。

但是，随着时间的推移，一些国家对于气候变化的重视程度不断下降，某些国家甚至开始质疑气候变化的存在和人类活动对气候变化的影响。2015 年，《框架公约》第 21 次缔约方会议（COP21）在法国巴黎召开，各国领导人再次确认了应对气候变化的必要性，并签署了《巴黎协定》。

《巴黎协定》旨在将全球平均温度上升控制在 2℃以下，并努力争取将温度上升控制在 1.5℃以内。各国将采取自愿性减排承诺，根据自身情况设定减排目标，并定期向联合国汇报实现情况。同时，联合国还将提供技术和财政支持，帮助发展中国家加强应对气候变化的能力。

目前，全世界逐步达成温室气体减排的共识。2017 年，瑞典率先宣布于 2045 年达成“净零”排放的目标，并在国内实施相关法规，使其成为世界上首个制定此类政策的国家。英国与欧盟紧随其后，也各自颁布了相应的法律法规来支持“净零”排放及碳中和计划。受此影响，包括中国在内的其他重要气候行动者纷纷加入这一行列，如南非、日本、韩国和加拿大等国均已公开表示致力于实现“净零”目标。2020 年 9 月，中国做出重大承诺，要在 2060 年前实现碳中和。2021 年 1 月，美国拜登政府上台之后，确认美国到 2050 年实现“净零”排放。这表明，面对气候变化日益严峻的影响，国际社会正在重拾积极应对危机的决心和意志，推动全球碳中和目标实现已经成为当前全球气候治理的共识和潮流，全球气候治理进入了一个新阶段。

虽然气候变化协议的起源可以追溯到几十年前，但各国政府和公众对于气候变化的重视程度仍在不断增强。世界各国需要采取更加积极的措施，减缓温室气体排放，推进可再生能源的开发，并加强合作。

中国作为《框架公约》的重要缔约方之一，始终积极参与全球气候治理进程。中国政府高度重视气候变化问题，采取了一系列积极措施应对气候变化挑战。同时，中国还积极与其他国家开展合作，共同推动全球气候治理取得更大成效。

根据 IPCC 第六次评估报告的结果，若地球温度在接下来的数十年甚至更久之后上升超出 1.5℃，部分后果可能无法挽回。为了达成把全球气温升高限制在 1.5℃以下的目标，我们需要确保到 2050 年全球的 CO_2 排放量能达到“净零”排放。这种对气候变化紧迫性的认识促使世界各国加大应对力度。

二、碳边境调节机制

1. 碳边境调节机制简介

碳边境调节机制，是根据英文 Carbon Border Adjustment Mechanism（简称 CBAM）直接翻译而来的，也被翻译为碳关税或边境调控税。最早由法国于 2006 年提出碳边境包容机制（Carbon Border Inclusion Mechanism），对可能面临碳泄漏或不公平国际竞争风险的产品采取边境税措施。

2007 年，当时的法国总统希拉克提出欧盟应该对《京都议定书》未签约国家的进出口商品收取“碳关税”。2009 年，美国国会批准了一项名为《美国清洁能源及安全法案》的法律，其条款中包括向来自非签约国家的、以高碳为主要特征的

进口商品征收 CO_2 特殊排放费，并自 2020 年的第一天起正式启动“碳关税”政策。然而，这个“碳关税”计划触动到能源公司的经济利益，这些公司所支持的共和党人在参议院占据着主导地位，最终导致这项法案未能获得共和党的同意，无法真正执行下去。

提出碳关税的公开理由，是基于防止在跨国商品交易中产生“碳泄漏”，确保区域外进入一个区域市场的产品，与区域内生产的相同产品具有相同的碳排放成本，以保障区域内外的同类商品竞争的公平性，同时堵塞“碳泄漏”风险。

许多研究者，特别是来自发展中国家的专家强调，西方发达国家提倡的碳关税表面看似乎是在处理“碳排放外溢”的问题，实际上却试图让发展中国家和发达国家承受同等水平的碳减排责任，这违背了《框架公约》所确定的发展中国家和发达国家在应对气候变化时应负有的“共同但有区别”的责任基础及准则。因而，发展中国家至今都对以欧盟为主提出的 CBAM 持反对态度[3]。

在美国国会 2022 年 6 月 7 日的会议上，由谢尔登·怀特豪斯等四名参议员共同提出的名为“清洁竞争法”的碳税法律提案被正式提交。该法案旨在建立美国的碳边境调节制度，即所谓“美国版”CBAM。

2. 欧盟碳边境调节机制

欧盟于 2019 年出台了《欧洲绿色协议》，欧盟 CBAM 作为其中组成部分，旨在推动欧盟碳市场(EU ETS)改革，消除相关方对逐步收紧免费配额数量的反对意见，以加强对欧盟企业的碳排放限制，提升欧盟在全球气候治理体系中的领导力和话语权。

简单地说，欧盟 CBAM 是指欧盟对从第三国进口的碳排放水平较高的产品，根据进口产品的碳排放进行收费。作为第一个征收“碳关税”的经济体，欧盟宣称，这是其在推动碳减排方面达到的另一个里程碑。但是其他国家认为，这意味着在应对气候变化和国际贸易等方面增加了更多的不确定性。欧盟通过这一立法，将开启推进全球碳减排的另一个重要轨道，而且这个轨道完全绕过了《框架公约》的相关原则和要求。

2019 年 12 月，欧盟委员会将碳关税列入未来三年工作计划并稳步推进。2021 年 3 月，欧洲议会通过设立 CBAM 的原则性决议；2022 年 6 月 22 日，欧洲议会“一读”通过 CBAM 立法修正意见；2022 年 12 月 12 日，欧盟委员会、欧盟理事会和欧洲议会就 CBAM 未决的几个关键问题达成协议，确定了 CBAM 关键细节问题，为最终通过 CBAM 立法奠定了基础。

2023 年 4 月 18 日，欧洲议会投票通过了 CBAM 草案；2023 年 4 月 25 日，欧盟理事会批准了 CBAM 草案。至此，欧盟的 CBAM 走完了全部立法程序，2023

年5月16日，CBAM法案最终文本发布于欧盟公报。CBAM在公告后第二日即告生效，而非通常的20天后生效(与CBAM同时公告的其他四项法规仍为20日后生效)。CBAM于2023年10月启动、2026年正式实施，过渡期从2023年10月至2026年1月，“碳关税”将从2026年至2034年逐步实施。

首批被纳入的行业包括水泥、钢铁、电力、铝、化肥和氢。在这个阶段，这些行业只需要完成报告职责，也就是每年必须提交进口商品隐含的碳排放数据，而无须支付相关费用。同期，EU ETS也逐步削减免费配额计划，且覆盖的行业温室气体排放到2030年应相比2005年减少62%。

此外，同期通过的EU ETS改革方案，欧盟计划在2027年开启针对道路交通和建筑部门“独立的新碳市场(EU ETSII)”，通过“独立定价”的方式，扩大欧盟碳市场覆盖范围。EU ETSII启动后，将采用拍卖方式有偿分配配额，并将所得收益注入“欧盟社会气候基金(SCF)”，以支持那些容易受到道路交通或建筑碳定价影响的小微企业和中低收入人群。

欧盟推行CBAM有多重目的，一般而言是为了保持欧洲企业相对于外国企业的竞争力，防止可能导致的“碳泄漏”。CBAM通过缩小欧盟企业与外国企业间的减排负担成本差异，减少推行欧洲碳排放交易体系改革所面临的社会和立法阻力。可以看到，CBAM的实施与欧盟碳排放交易体系中的免费配额逐步取消之间是匹配的。同时，基于CBAM的抵免机制，欧盟希望能够激励其他国家实行碳定价政策或提高碳价水平。

尽管欧盟声称CBAM是“一种环境政策工具”，并非关税，并通过名称和具体制度设计等来试图消除关税的标签，但对于其他相关国家而言，这就是对进口货物征收的一项费用。作为一项单边措施，CBAM不符合《框架公约》“共同但有区别的责任”原则。尤其是在现有经济发展和技术水平下，发展中国家难以在短期内建立碳定价政策和降低相关产品的碳排放量，必然会因为CBAM而提高产品成本。俄罗斯早在2020年7月参加金砖国家会议时就指出，碳边境调节机制是借气候议程之名建立贸易壁垒。

CBAM要求申报产品的碳排放量，除个别产品涉及前驱体外，仅限于相关行业的生产加工过程，不涉及上下游，也并非“全生命周期碳足迹”。其中，钢铁、铝、氢气仅核算直接排放(范围一)，水泥、电力、化肥需核算直接排放(范围一)及在特定情况下核算间接排放(范围二)。以钢铁制品为例，CBAM仅适用于钢铁冶炼初级产品的生产过程，不涉及上游铁矿石开采或下游制成品加工过程的碳排放。中国出口欧洲的一般商品，包括新能源汽车、光伏组件等均不在CBAM直接申报和管制范围。CBAM并非唯一与产品碳足迹有关的管制办法，应全面关注欧洲相关法规的进展。

3. 美国碳边境调节机制

2022年6月7日，由谢尔登·怀特豪斯等四名参议员共同提出了一项新的碳税法律——美国的CBAM版本，即所谓《清洁竞争法》(Clean Competition Act，CCA)[4]。CCA是CBAM的一种形式，旨在减少气候污染，同时通过新的激励措施加强美国清洁制造业的竞争力。与欧盟CBAM类似，CCA对进口商品征收CO_2排放费用，并将收入提供给发展中国家。但由于美国没有统一的碳价，CCA的独特之处在于：公司将只为超过行业平均水平的排放量支付碳税，征收的对象不仅包括进口商，还包括美国国内生产商。

在CCA中，碳税的征收对象主要是能源密集型的初级产品，包括石油开采、天然气开采、地下煤矿开采、纸浆厂、造纸厂、新闻纸厂、纸板厂、炼油厂、沥青铺路混合物和砌块制造、沥青瓦和涂料制造、所有其他石油和煤炭产品制造、石油化工制造、工业气体制造(限于氢)、乙醇制造、其他基础有机化工制造(限于己二酸)、氮肥制造、玻璃、水泥、石灰、石膏产品制造、钢铁、铝等。如上所述，征收对象既包括上述的进口产品，也包括美国本土生产的上述产品。

生产上述初级产品的美国企业，如需要向美国环境保护局(EPA)报告温室气体排放义务，则须同时向美国财政部报告其排放量、电耗和产量。美国财政部将根据这些数据计算出每一种美国产品的平均碳含量(包括直接排放和间接排放)，并以此作为基准线。2025—2028年，这个基准线每年下调2.5%；从2029年起，基准线每年下调5%。

对于进口商品的碳足迹计算，美国采用了其原始制造国行业的平均碳强度。若原始制造国的碳排放信息存在问题或者难以核实，美国将使用该国家的“全经济碳强度”(Economy-wide Carbon Intensity)。当涉及那些来自清晰明了经济体的产品时，美国可以直接利用它的碳强度，无须依赖行业均值，这种做法实际上也预示着美国可能通过实施碳关税来应对像中国这样的被认为是“非市场化”的国家。

征收的碳关税=(进口产品碳排放量-美国产品平均碳排放量)(tCO_2)×55(\$/tCO_2)(55\$/tCO_2这个碳税标准每年上浮5%)

美国CCA的目的是对在美国市场上销售的高碳强度的产品收税，但对这些产品在生产地是否已经支付过减碳费用并不关心。不同于欧盟的CBAM，这可能会带来双重征收碳税的问题。

4. CBAM对石化行业的影响

CBAM是对进口商品征收的一种环境税，主要是针对那些在生产和运输过程中产生大量CO_2排放的商品。这项税收政策的目的是促进欧盟成员国经济的转型，减少对化石燃料的依赖，降低碳排放量，以应对全球气候变化。

石化行业是一个高能耗、高污染的行业，其生产过程中需要大量的能源和化学品，同时也会产生大量的 CO_2 排放。因此，如果欧盟碳关税扩大至石化产品，对石化行业的影响是显而易见的。

CBAM 将会增加石化行业的成本。由于石化行业需要大量的能源和化学品，因此其生产成本本来就比较高。如果再加上碳关税，那么石化企业的成本将会更高，这将会对其盈利能力产生一定的影响。此外，碳关税还可能导致石化企业的产品价格上涨，这将会影响到消费者的购买意愿。

CBAM 将会促使石化行业加快转型升级。由于碳关税的存在，石化企业将会面临更大的压力，需要加快转型升级，减少 CO_2 排放。这将会促使石化企业加大对清洁能源和环保技术的投入，推动其向更加环保和可持续的方向发展。

CBAM 还将会对石化行业的国际竞争力产生影响。由于碳关税的存在，欧盟国家的石化企业将会面临更大的成本压力，这可能会导致其在国际市场上的竞争力下降。同时，碳关税还可能会促使其他国家采取类似的环境税收政策，这将会对全球石化行业产生影响。

CBAM 对石化行业的影响是复杂的。虽然碳关税将会增加石化企业的成本，但同时也将会促使其加快转型升级，推动其向更加环保和可持续的方向发展。

三、全球能源行业发展趋势

满足经济发展及人口增长对能源需求不断增长的要求，以及降低碳排放以减缓气候变化的要求正在推动全球经历一场前所未有的能源变革，使得能源格局处于转型的“十字路口”。

经济发展和人口增长将推动全球能源需求持续增长。根据中国石油经济技术研究院发布的《2050 年世界与中国能源展望》报告数据，预计 2015—2050 年全球 GDP 年均增长 2.9%，到 2050 年将增长近 3 倍。2050 年，世界人口预计将达到 97.7 亿，比 2015 年增加 32.4%。在经济进步与人口增加的驱动下，能源需求将会继续扩大。预计到 2050 年，一次能源的需求量会增至182×10^{11}kgoe，年平均增长率约为 0.89%。而亚太地区的能源消耗比例则会有明显的提升，预计在 2030 年前后，该区域的人均国内生产总值(GDP)能超过 1 万元，这意味着其世界的一次性能源消费份额会在 2030 年后跨越 45%，并有望在此后的很长一段时间里保持在这个水平之上。

全球能源需求增长放缓，能源结构将发生重大变化。能源消费结构正在向低碳化、清洁化和多元化方向发展，转型速度将超出预期。到 2050 年，清洁能源的比例将超过 50%。石油作为交通燃料和化工原料的需求将继续增长，并在

2035 年左右达到 5110Mt 的峰值。石油的应用也将加快向非燃烧领域转变，石化行业将成为未来需求增长的重要推动力，预计到 2030 年，化工原料将占据石油新增需求的三分之一以上，到 2050 年这个比例将达到近 50%。电气化水平的提升是未来能源转型的重要指标，预计到 2040 年，电力将占到最终能源消费增长的 40%，而可再生能源如光伏发电将占据新增需求的 70%以上。目前制约可再生能源发展的障碍正在被逐一突破，因此可再生能源将成为未来增长最快的能源类型，其发展具有很大的潜力。新能源的发展催生了新的能源业态，智能化、分布式能源模式显现。具体来讲，全球能源行业呈现以下发展趋势。

（1）能源需求增长放缓，石油消费将达峰值

由于能效的提高、新能源汽车的快速发展以及出行方式的改变，世界对石油的需求增长将逐渐减缓。预计到 2035 年，石油需求将达到 5110Mt 的峰值，到 2050 年将降至 4930Mt。交通部门对石油的需求预计将在 2030 年左右达到 3Gt 的峰值水平，并缓慢下降到 2. 84Gt，但其在全球石油需求中的比例仍将超过 50%。2015—2050 年，亚太地区和非洲地区将是石油需求增长的主要地区。

（2）能源结构转型加速

根据 bp 公司发布的《bp 世界能源展望》，到 2050 年，在“净零情景”下，化石能源在一次能源中的占比将下降至 20%以下，能源系统中的净碳排放量接近零。这反映了全球能源结构转型的加速推进。能源系统电气化进程加速，电力增长速度持续超过能源总需求的增长速度。到 2050 年，终端电力需求在“当前路径情景”下将增加 75%左右，而在“净零情景”下将增加 90%。

（3）清洁能源投资持续增长

全球清洁能源投资持续增长，特别是在太阳能、风能等可再生能源领域。据预测，2024 年全球清洁能源投资将首次突破 3 万亿美元大关，其中大部分资金用于清洁能源技术及其基础设施建设。随着技术的进步和规模效应的显现，清洁能源设备的成本持续下降，使得清洁能源项目在经济性上更具吸引力。

（4）新能源技术不断创新

新能源技术的不断创新和突破是推动能源产业发展的重要动力。风能、太阳能、生物质能、地热能以及氢能等新能源技术不断取得突破，推动新能源产业快速发展。新能源技术的应用范围不断拓宽，从发电领域扩展到交通、建筑等多个领域。

（5）能源消费模式智能化与多元化

新一轮全球科技和产业变革将迅速展开，互联网、大数据、云计算等信息科技将与能源科技深度融合。随着智能电网、智能家居等技术的发展，能源消费模式日益智能化。能源消费模式呈现多元化趋势，消费者可以根据自身需求选择不

同的能源产品和服务。

（6）能源安全与可持续发展并重

能源安全成为各国政府关注的重点之一，通过多元化能源供应、加强能源基础设施建设等措施提高能源安全水平。在保障能源安全的同时，各国政府也注重能源的可持续发展，推动清洁能源的广泛应用和低碳经济的发展。

（7）能源政策与法规不断完善

各国政府纷纷出台一系列鼓励新能源发展的政策措施，包括财政补贴、税收优惠、绿色信贷等。能源领域的法规建设不断完善，为新能源产业的发展提供法律保障。

四、全球石化行业面临的形势与挑战

能源转型发展面临着双重挑战，存在所谓"三元悖论"。能源公司既要保证低价和安全的能源供应，又要满足绿色、低碳和清洁的要求。目前来看，世界能源发展现状与发展目标之间还存在着巨大差距：能源需求与供应的矛盾、能源结构不合理、能源利用效率低下、能源转型的挑战、国际合作与协调不足等。

温室气体过度排放，地球冗余度已到极限。随着全球平均气温的升高，全球气候危害正在加剧，势必会推动能源转型，对石化行业产生较大影响。化石燃料和可再生能源之间的可替代性将进一步增强，为市场、商业模式以及消费方式带来深远影响。

传统能源行业在面临双重挑战的同时也面临着能源转型的发展机遇。具体来讲，全球石化行业面临的形势与挑战表现在以下五大方面。

（1）全球石化行业格局重构

全球各大区域的炼油产业呈现出不同的趋势：美国的炼油行业正加速整合，这使得独立炼油企业的产能比例持续上升。自 1998 年以来，大中型独立炼油企业占总产能的比例由约 10%增长至超过 25%，到了 2018 年这一比例已经达到约 50%；而西欧和日本的炼油工业则仍在优化结构，它们把更多的资金投入化学品制造领域；"一带一路"共建国家和地区的炼油设施建设项目进展顺利，且它们的炼化产业发展迅速；而在中东地区，新的炼化项目如雨后春笋般涌现出来，这些国家的目标是通过扩大炼油产品的销售量以实现更高的价值增值，同时，一些中东的国家石油公司也在亚洲寻找合作的机会，这种行为是对能源变革带来潜在威胁的一种回应，同时也反映了它们对其上游业务的忧虑。

（2）石化行业处于景气周期后半段

从 2015 年起全球的石油加工行业进入了一个新的繁荣时期，受益于生产速度减慢、市场对产品的需求恢复和价格逐渐上涨，全球炼油行业的利润状况得到了改善，工厂运行效率提高，这标志着继上一次全球经济大衰退之前的 2004 年的“黄金年代”后又一“白银时代”的到来。然而，从 2019 年至今，尽管炼油能力的增加超过了市场的需求，但其盈利水平却一直处于下滑状态。长远看来，由于世界各地的炼油厂都存在产能过剩的问题，预计未来几年内燃料的需求量会达到顶峰并逐步减少，从而使得炼油企业的收益继续降低。2020 年，世界炼油能力增加到 5109Mt/a，产能处于过剩状态。疫情导致了油品需求的大幅度减少，全球炼油厂的产能平均使用率在过去 20 年中从 80%～90%降低到了大约 72%，这是历史上最低的。2019 年世界主要炼油中心毛利为 3.8＄/bbl；2020 年全球炼油综合毛利约为 1.5＄/bbl。2023 年全球炼油总能力达到 5180Mt/a，尽管情况好转，但产能利用率和炼油毛利难以恢复到疫情之前的水平。随着能源利用效率的增加，新能源汽车的迅猛发展以及出行方式的改变，预计到 2030 年左右，交通领域对石油的需求将逐渐减缓，达到 3000Mt 左右的巅峰水平。

（3）炼化一体化深度融合

经过多年的演变，炼化一体化的概念已经由最初简单的独立整合扩展到一种更高级别的集成模式，包括炼油及石油化工材料之间的相互供应、能源资源和公共设施的使用共享。这种新型的融合方式被全球各大石化公司视为优化资源分配、减少投入和制造费用、增加商品价值、加快产业转型和利润率提升的重要策略。尽管如此，化学工业仍然具有巨大的成长潜力，特别是在乙烯、丙烯和芳烃等基本有机合成材料方面存在产能短缺问题，而对高品质化学品的需求正在不断上升。“减油增化”成为发展新常态，炼化一体化模式将更加多元化。

（4）向智能化与数字化发展

在全球数字化、智能化的背景下，各行各业都在探索利用智能化升级让自身迅速实现数字化转型。积极迎接数字革命所带来的挑战，并快速进行数字化转型，乃是传统产业提升质量、升级发展必然的选择和必经之路。

（5）向低碳-循环-可持续方向发展

全球多个国家和地区提出碳中和目标，对石化行业产生深远影响。应对气候变化、控制废塑料污染等议题，将推动能源转型，将影响全球石化的宏观环境，推动石化行业向低碳、循环和可持续方向发展。挪威船级社与德国劳氏船级社（DNVGL）报告显示，石化行业正在加快能源转型，以应对碳减排压力，助力实现国家和国际气候变化目标。

第二节　国内环境

一、政策环境

2020年，中国正式宣布"CO_2 排放力争于2030年前达到峰值，努力争取2060年前实现碳中和"的"双碳"气候目标。党中央、国务院高度重视应对气候变化工作，持续强化顶层设计，将碳达峰碳中和纳入生态文明建设整体布局。2020年提出"双碳"目标以来，我国已经完成了碳达峰碳中和顶层设计，基本构建起"1+N"政策体系。这个"1"就是要出台一个实现碳达峰目标与碳中和愿景的指导性文件，"N"就是根据不同的领域，出台一系列指导性的政策和方案，并持续完善碳达峰碳中和"1+N"政策体系，涉及多个行业领域的N个配套政策文件正在加快出台。提出建立统一规范的碳排放统计核算体系；提出要大力发展新能源，加快构建新能源供给消纳体系；提出要提高煤炭清洁高效利用水平。推动重点行业能效达标改造，加快先进适用技术研发和推广，积极发展绿色金融，规范发展碳市场。坚决遏制高耗能、高排放、低水平项目盲目发展。引导绿色低碳消费，倡导绿色出行，开展绿色低碳社会行动，使绿色生活方式成为社会新风尚。开展多双边对话交流和务实合作，推动构建公平合理、合作共赢的全球环境治理体系。

"N"涉及的十大领域，包括能源绿色转型领域、节能降碳领域、工业领域、城乡建设领域、交通领域、循环经济领域、科技降碳领域、碳汇巩固领域、全民低碳行动领域以及其他支持领域。截至目前相关领域政策数量已经超过300项，特别是各地区政策已经超过270项，如图2-1所示。除地方政策外，其他相关政策如表2-1所示。

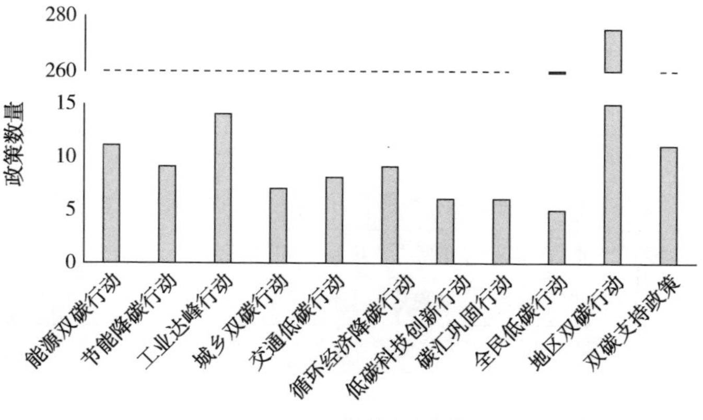

图2-1　不同领域政策数量

表 2-1　我国相关“双碳”政策

政策分类	政策文件	发布时间
顶层设计	《关于完整准确全面贯彻新发展理念做好碳达峰碳中和工作的意见》	2021. 10. 24
	《2030 年前碳达峰行动方案》	2021. 10. 26
能源绿色转型领域	《关于完善能源绿色低碳转型体制机制和政策措施的意见》	2022. 02. 10
	《“十四五”现代能源体系规划》	2022. 03. 22
	《氢能产业发展中长期规划(2021—2035 年)》	2022. 03. 23
	《煤炭清洁高效利用重点领域标杆水平和基准水平(2022 年版)》	2022. 05. 10
	《关于促进新时代新能源高质量发展的实施方案》	2022. 05. 30
	《“十四五”可再生能源发展规划》	2022. 06. 01
	《能源碳达峰碳中和标准化提升行动计划》	2022. 10. 09
	《关于进一步做好新增可再生能源消费不纳入能源消费总量控制有关工作的通知》	2022. 11. 16
	《关于进一步规范可再生能源发电项目电力业务许可管理有关事项的通知》	2023. 05. 25
	《国家能源局关于加快推进能源数字化智能化发展的若干意见》	2023. 03. 31
	《加快油气勘探开发与新能源融合发展行动方案(2023—2025 年)》	2023. 03. 22
节能降碳领域	《“十四五”节能减排综合工作方案》	2022. 01. 24
	《高耗能行业重点领域节能降碳改造升级实施指南(2022 年版)》	2022. 02. 11
	《节能增效、绿色降碳服务行动方案》	2022. 04. 21
	《关于统筹节能降碳和回收利用　加快重点领域产品设备更新改造的指导意见》	2023. 02. 23
	《重点领域产品设备更新改造和回收利用实施指南(2023 年版)》	2023. 02. 23
	《减污降碳协同增效实施方案》	2022. 06. 10
	《关于严格能效约束推动重点领域节能降碳的若干意见》	2022. 10. 21
	《重点用能产品设备能效先进水平、节能水平和准入水平(2024 年版)》	2024. 02. 07
工业领域	《关于产业用纺织品行业高质量发展的指导意见》	2022. 04. 21
	《“十四五”工业绿色发展规划》	2021. 12. 03
	《关于化纤工业高质量发展的指导意见》	2022. 04. 21
	《工业水效提升行动计划》	2022. 06. 21

续表

政策分类	政策文件	发布时间
工业领域	《四部委关于深入推进黄河流域工业绿色发展的指导意见》	2022.12.12
	《工业能效提升行动计划》	2022.06.29
	《关于促进钢铁工业高质量发展的指导意见》	2022.02.07
	《关于"十四五"推动石化化工行业高质量发展的指导意见》	2022.04.07
	《关于推动轻工业高质量发展的指导意见》	2022.06.17
	《工业领域碳达峰实施方案》	2022.08.01
	《有色金属行业碳达峰实施方案》	2022.11.15
	《关于组织开展2023年度工业节能监察工作的通知》	2023.04.21
	《绿色航空制造业发展纲要(2023—2035年)》	2023.10.01
	《工业领域碳达峰碳中和标准体系建设指南(2023版)》	2023.05.22
城乡建设领域	《"十四五"推进农业农村现代化规划》	2022.02.11
	《"十四五"建筑节能与绿色建筑发展规划》	2022.03.11
	《建材行业碳达峰实施方案》	2022.11.07
	《城乡建设领域碳达峰实施方案》	2022.07.13
	《关于扩大政府采购支持绿色建材促进建筑品质提升政策实施范围的通知》	2022.10.24
	《六部门关于开展2023年绿色建材下乡活动的通知》	2023.03.20
	《环境基础设施建设水平提升行动(2023—2025年)》	2023.07.25
交通领域	《"十四五"现代综合交通运输体系发展规划》	2022.01.18
	《绿色交通"十四五"发展规划》	2022.01.21
	《交通领域科技创新中长期发展规划纲要(2021—2035年)》	2022.03.28
	《绿色交通标准体系(2022年)》	2022.08.18
	《关于加快内河船舶绿色智能发展的实施意见》	2022.09.28
循环经济领域	《关于加快推动工业资源综合利用的实施方案》	2022.02.10
	《关于组织开展可循环快递包装规模化应用试点的通知》	2021.12.08
	《关于加快推进废旧纺织品循环利用的实施意见》	2022.04.11
	《关于促进退役风电、光伏设备循环利用的指导意见》	2023.07.21

续表

政策分类	政策文件	发布时间
科技降碳领域	《“十四五”能源领域科技创新规划》	2022. 04. 02
	《科技支撑碳达峰碳中和实施方案(2022—2030 年)》	2022. 08. 19
	《交通领域科技创新中长期发展规划纲要(2021—2035 年)》	2022. 03. 28
	《关于进一步完善市场导向的绿色技术创新体系实施方案(2023—2025 年)》	2022. 12. 28
	《贯彻落实碳达峰碳中和目标要求　推动数据中心和 5G 等新型基础设施绿色高质量发展实施方案》	2021. 12. 28
	《“十四五”生态环境领域科技创新专项规划》	2022. 11. 02
碳汇巩固领域	《关于落实全国人大常委会对 2020 年度国有自然资源资产管理情况专项报告审议意见的报告》	2022. 05. 18
	《关于推进国家公园建设若干财政政策的意见》	2022. 09. 29
	《“十四五”大小兴安岭林区生态保护与经济转型行动方案》	2022. 01. 05
	《关于加强新时代水土保持工作的意见》	2023. 01. 03
	《温室气体自愿减排交易管理办法(试行)》	2023. 10. 20
	《黄河生态保护治理攻坚战行动方案》	2022. 08. 05
全民低碳行动领域	《加强碳达峰碳中和高等教育人才培养体系建设工作方案》	2022. 05. 07
	《关于实施储能技术国家急需高层次人才培养专项的通知》	2022. 08. 31
	《深入开展公共机构绿色低碳引领行动促进碳达峰实施方案》	2021. 11. 19
	《公共机构绿色低碳技术(2022 年)》	2022. 12. 30
	《绿色低碳发展国民教育体系建设实施方案》	2022. 11. 08
其他支持领域	《关于推进中央企业高质量发展做好碳达峰碳中和工作的指导意见》	2021. 12. 30
	《关于引导服务民营企业做好碳达峰碳中和工作的意见》	2022. 02. 16
	《关于做好 2022 年企业温室气体排放报告管理相关重点工作的通知》	2022. 03. 15
	《财政支持做好碳达峰碳中和工作的意见》	2022. 05. 30
	《银行业保险业绿色金融指引》	2022. 06. 02
	《关于完整准确全面贯彻新发展理念　为积极稳妥推进碳达峰碳中和提供司法服务的意见》	2023. 02. 17
	《碳达峰碳中和标准体系建设指南》	2023. 04. 01
	《关于统筹运用质量认证服务碳达峰碳中和工作的实施意见》	2023. 10. 12
	《建立健全碳达峰碳中和标准计量体系实施方案》	2022. 10. 18

1. 能源绿色转型领域

能源领域是实现碳达峰、碳中和的主战场。近年来，我国能源绿色发展成绩显著，能源利用效率明显提高，能源结构向低碳化方向加快转变。但同时，中国以煤为主的能源结构并未发生根本性转变，可再生能源发展不够充分，能源利用效率有待提高。能耗强度是世界平均水平的 1.5 倍左右，能源活动产生的 CO_2 排放占比达 80%。

加快构建清洁低碳安全高效的能源体系是实现碳达峰、碳中和的重要一环，实施能源绿色低碳转型行动是“碳达峰十大行动”之首，进一步确立了能源绿色低碳转型的路线图和施工图，对能源领域全面贯彻国家战略意图，科学把握工作方向，统筹推进碳达峰、碳中和与能源高质量发展具有重大指导意义。

实施能源绿色低碳转型是推进能源革命的具体行动。在能源消费方面，实施节能降碳增效，推动能源消费革命，建设能源节约型社会；在能源供给方面，积极发展新能源、水电、核电等非化石能源，加快建设新型电力系统，切实保障国家能源安全；在能源技术方面，大力推进绿色低碳科技创新，加强太阳能发电、风电、氢能、储能等科技攻关和推广应用；在能源体制方面，充分发挥市场作用，完善市场化机制，深化能源体制改革，形成有效激励约束；在国际合作方面，坚持内通外畅的方针，统筹做好应对气候变化等事宜。

2. 节能降碳领域

节能降碳是目前主要的降碳手段。节能降碳在推动可持续发展、应对气候变化、促进产业升级和转型等方面具有重要的地位。节能降碳领域的政策主要体现在以下几个方面。

节能降碳工作已经纳入国家战略。2021 年 10 月，中共中央、国务院印发《关于完整准确全面贯彻新发展理念做好碳达峰碳中和工作的意见》，提出大力推动节能减排，全面推进清洁生产，加快发展循环经济，加强资源综合利用，不断提升绿色低碳发展水平。《2030 年前碳达峰行动方案》将节能降碳增效行动作为“碳达峰十大行动”之一，《“十四五”现代能源体系规划》《工业领域碳达峰实施方案》提出更大力度强化节能降碳。

重点领域初步建立起以能效水平引领绿色低碳发展的政策体系。我国工业能源消费量约占全国总体消费量的三分之二，钢铁、有色、石化、化工、建材等行业是工业能耗和排放的主体。2023 年 7 月 4 日，国家发展和改革委员会等五部门发布《工业重点领域能效标杆水平和基准水平(2023 年版)》，在原有的 25 个领域基础上又增加了 11 个领域，要求依据能效标杆水平和基准水平，分类实施改造升级，对于不能按期改造完毕的项目进行淘汰。

推进重大节能降碳技术攻关。《"十四五"全国清洁生产推行方案》提出围绕能源清洁高效低碳安全利用等方向，突破一批核心关键技术，研制一批重大技术装备。《高耗能行业重点领域节能降碳改造升级实施指南(2022年版)》明确要充分利用高等院校、科研院所、行业协会等单位创新资源，推动节能减污降碳协同增效的绿色共性关键技术、前沿引领技术和相关设施装备攻关。

加快完善节能降碳体制机制。2022年1月，国务院发布《"十四五"节能减排综合工作方案》，提出进一步健全节能减排政策机制，推动能源利用效率大幅提高。2022年6月工业和信息化部等六部门印发《工业能效提升行动计划》，提出加快完善节能提效体制机制，健全完善工业节能有关政策、法规、标准，强化节能监督管理和诊断服务，夯实工业能效提升基础。

3. 工业领域

工业领域是实现碳达峰、碳中和目标的关键领域之一。为了推动工业绿色低碳转型，我国已经出台了一系列政策措施，包括《工业领域碳达峰实施方案》《关于"十四五"推动石化化工行业高质量发展的指导意见》《工业能效提升行动计划》等。

在这些政策的推动下，我国工业领域在节能减排、资源循环利用、低碳发展等方面取得了一定的进展。例如，我国已经建成世界上最大的清洁煤电供应体系，煤炭消费的比重有所下降，可再生能源开发利用规模不断扩大，工业能效提升、绿色制造发展等取得积极成效。

但是，在实现碳达峰碳中和目标的过程中，工业领域仍面临许多挑战。例如，我国传统工业占比较高，高耗能、高排放、高污染的问题仍然存在，企业绿色转型的成本和难度也较大。同时，一些关键核心技术和设备仍需进口，自主创新能力有待提高。

为了解决这些问题，我国将继续出台相关政策措施，推动工业领域实现碳达峰碳中和目标。例如，将加强节能减排标准制定和实施，提高能源利用效率，推广可再生能源和低碳技术，推动企业加强绿色生产和管理，加强国际合作和交流等。

实现碳达峰碳中和目标是一个长期而艰巨的任务，需要全社会的共同努力。工业领域作为实现这一目标的关键领域之一，必须采取有力措施，加强政策引导和监管，推动企业加强技术创新和管理升级，为实现碳达峰碳中和目标做出贡献。

二、能源变革

中国的能源产业正面临能源需求压力巨大、清洁能源供给制约较多、核心技术研发不足以及产业链协同性不强四大难题。需要通过加强技术研发、优化产业结构、完善市场机制和政策体系等措施推动能源产业的高质量发展，实现能源的安全可靠供应和可持续发展。

一是能源需求压力巨大。随着中国经济的快速发展和人民生活水平的提高，能源需求持续增长。然而，我国人均能源消费量相较于发达国家仍有较大差距，未来能源消费还将保持刚性增长。特别是在迎峰度夏、度冬等用能高峰时段，保障能源的安全可靠供应面临巨大压力。需要加快构建多元化能源供应体系，提高能源自给率，同时加强国际合作，拓宽能源进口渠道。此外，还需推动能源节约和高效利用，降低单位 GDP 能耗。

二是清洁能源供给制约较多。新能源(如风电、光伏等)虽然发展迅速，但在用地、电力系统承载力、灵活调节能力等方面仍面临诸多制约。新能源发电受季节、天气变化影响大，存在输出不稳定问题，且储能、智能电网等配套设施建设尚不完善。需要加大新能源技术研发和投入力度，提高新能源发电的稳定性和可靠性；加快储能、智能电网等配套设施建设；推动能源结构转型，提高清洁能源在能源消费中的比重。

三是核心技术研发不足。新能源行业的技术创新是行业发展的核心驱动力。然而，我国在新能源领域的关键技术研发方面仍存在短板，尤其在高效储能、智能电网等领域与国际先进水平相比有较大差距。需要加强新能源领域的技术研发投入，设立专项资金、建设研发平台、培养创新人才；推动产学研用深度融合，加快科技成果转化；加强国际合作与交流，引进先进技术和经验。

四是产业链协同性不强。新能源行业的发展需要上下游产业链的紧密配合。目前我国新能源产业链中的各个环节发展不均衡，存在信息不对称、协同性差等问题。这导致新能源项目的开发成本高昂且难以形成规模效应。需要优化产业链布局，促进上下游环节的深度融合；加大政府引导和支持力度，推动产业链各环节协调发展；建立信息共享平台提高产业链信息的透明度，降低开发成本；鼓励企业加强合作，形成产业联盟共同应对市场挑战。

虽然传统的石油和天然气等非可再生能源仍然会在短时间内提供稳定的供应并为社会做出贡献，但是仅依赖这些资源来达到“能源自给”的目标是不现实的。因此，我们需要积极推动新能源的发展，以配合现有的化石燃料使用，这才是中国达成“能源自主”目标的关键路径和必经之路。在这个新的科技创新及工业变革的大环境中，通过“清洁煤炭、稳定石油产量、增加天然气利用率，同时全力推进新能源开发”的方式，抓住了实现“能源独立”的历史时机。具体来说，中国能源行业呈现八大趋势。

（1）能源结构持续优化，非化石能源比重提升

近年来，中国非化石能源发电装机容量持续增长，占比不断提升。《中国能源发展报告 2024》数据显示，2023 年非化石能源发电装机容量达到 1570GW，占比达到 53.9%，其中风电、光伏装机已突破 1000GW。为实现“双碳”目标，中国将继续加大非化石能源的开发利用力度，提高其在能源消费中的比重。

（2）新能源技术快速发展，创新能力不断提高

中国在新能源技术领域取得了显著进展，如可控换相直流换流装置、燃料组件池边检查系统、构网型纯新能源电网一体化控制等技术的加速迭代升级。随着技术的不断成熟，新能源技术的商业化应用也将进一步加快，从而推动新能源行业的快速发展。

（3）新型储能产业爆发式增长

2023 年中国新型储能新增规模约 22.6GW，是 2022 年末新型储能规模的 2.6 倍。随着新能源发电占比的提高，储能技术在解决电力供需平衡、提高电力系统灵活性和稳定性方面的作用日益凸显，市场需求将持续增长。

（4）能源消费持续增长，电气化水平不断提升

中国能源消费总量持续增长，2023 年达到 5.72Gtce，同比增长 5.7%。提高电气化水平，减少煤炭等化石能源的直接燃烧利用，是推动能源低碳转型的重要途径。

（5）能源政策体系不断完善，市场机制逐步健全

中国政府出台了一系列政策措施，推动能源转型和低碳发展，如《关于推动能耗双控逐步转向碳排放双控的意见》等。电力市场交易电量不断增加，碳市场升级扩容，为能源行业的市场化发展提供了有力支撑。

（6）国际合作加强，绿色能源合作成果丰硕

中国积极参与全球能源治理和绿色能源合作，与多个国家和地区在新能源、储能、智能电网等领域开展合作。一批具有示范意义的国际合作项目相继落地，推动了中国能源行业的国际化进程。

（7）能源利用效率持续提高，节能降碳工作深入推进

中国持续推进重点领域节能降碳工作，通过提高能源利用效率、优化能源消费结构等方式，减少能源消耗和碳排放。技术进步是提高能源利用效率的重要手段，包括高效节能技术、智能制造技术等在能源领域的广泛应用。

（8）氢能等前沿能源技术加快布局，未来发展潜力巨大

氢能作为清洁能源的一种，具有高热值、无污染等特点，被视为未来能源的重要方向之一。中国正加快氢能基础设施建设和氢能产业布局。在氢能生产、储

存、运输和应用等方面，中国正积极推动技术创新和产业升级，为氢能产业的快速发展提供有力支撑。

三、绿色进程

绿色是大自然的底色、是生命的象征，而优质的环境则是人们对幸福生活所期望的基石。绿色的进步代表了人类和大自然之间的平衡相处，它以最低的自然资源消耗来实现最大的经济和社会收益，是一种高品质且持续性的成长模式，这已然成为全球各国的普遍认识。

绿色发展是以生态环境保护和资源要素节约为前提与特质的发展，体现着经济社会发展和人口、资源、环境的协调统一，彰显出人与自然的和谐共生。绿色发展已成为世界演进的一种基本的趋势，而在今天的中国，“绿色发展”一词炙手可热，推动绿色发展成为全社会的基本共识和普遍行动。

1. 中国绿色转型的进程

推动经济社会发展绿色化、低碳化，是新时代党治国理政新理念新实践的重要标志，是实现高质量发展的关键环节，是解决我国资源环境生态问题的基础之策，也是建设人与自然和谐共生现代化的内在要求。随着全球气候变化和环境污染问题的日益严峻，中国作为世界第二大经济体和最大的发展中国家，承担着重要的国际责任和国内发展任务，绿色转型成为必然选择。

中国绿色转型的进程是一个全方位、多领域、系统性的过程。中国绿色转型已经取得了积极进展，在政策体系、能源结构、产业绿色低碳转型、绿色交通和城乡建设、生态环境质量、科技创新和制度创新以及全民参与等方面都取得了显著成效。

近年来，中国政府高度重视绿色转型，制定了一系列战略规划和政策措施。其中，最具标志性的是中共中央 国务院《关于加快经济社会发展全面绿色转型的意见》(以下简称《意见》)，该《意见》于 2024 年 8 月 11 日正式发布，是中央层面首次对加快经济社会发展全面绿色转型进行系统部署。

《意见》提出了两个阶段性目标：到 2030 年，重点领域绿色转型取得积极进展，绿色生产方式和生活方式基本形成；到 2035 年，绿色低碳循环发展经济体系基本建立，绿色生产方式和生活方式广泛形成，减污降碳协同增效取得显著进展。为实现这些目标，《意见》围绕构建绿色低碳高质量发展空间格局、加快产业结构绿色低碳转型、稳妥推进能源绿色低碳转型、推进交通运输绿色转型、推进城乡建设发展绿色转型五大领域，以及实施全面节约战略、推动消费模式绿色转型、发挥科技创新支撑作用三大环节，部署了加快形成节约资源和保护环境的空间格局、产业结构、生产方式、生活方式的各项任务。

2. 发展循环经济

发展循环经济不仅是提高资源利用率的要求，更是环保要求。发展循环经济可以提升产能、节省开支并削弱对资源的过度依赖所带来的风险，同时还能有效地减少温室气体的产生及其他环境的影响，从而为经济增长与新增岗位创造条件。随着全球减排活动的推进，借助循环经济来促进经济绿色的成长及应对气候变化的目标已经成为一种潮流和普遍认识，各国的循环经济策略也在不断优化，正积极建立起一套完善的废弃物再利用系统，以此来增强资源的使用效益，进而确保社会的长期繁荣稳定。据相关数据统计，到 2030 年循环经济可以创造出价值 4.5 万亿美元的经济效益。欧盟在发展循环经济方面较为领先，近年来，欧盟持续推动循环经济的发展并且稳步朝着 2050 年的“净零”排放目标前进。根据相关的研究机构预测，假如欧盟能在 2030 年前成功地进入循环经济发展的道路，那么它将在交通运输、住宅建设及食物产业链方面降低 15%的资源成本，从而节约出高达 5350 亿欧元的资金。

全球废弃物中，45%是厨余及有机质废弃物，17%是废纸材，11%是废塑料，其余包括玻璃、金属等废弃物。全球每年塑料生产会消耗约 6%的石油资源，从 20 世纪 50 年代至今全球塑料总产量接近 10000Mt，其中仅有不到 10%被回收利用，大量废塑料被弃于环境中，造成了严重的生态污染。UNEP 预计，到 2050 年全球塑料累计产量将增长到 34000Mt。全球每年新增 200Mt 低值废塑料，垃圾填埋场中废塑料约有 3000Mt，可通过化学回收处理，所得油气产品相对于原油和天然气来说减少了勘探开采环节，更加低碳；相比焚烧进行化学循环降碳幅度更大。

欧盟对塑料的循环应用给予高度关注。现阶段，欧盟已建立起一套由一项策略（即欧洲塑料战略）、五项法律法规（《关于包装和包装废弃物的指令》《废弃物框架指令》《欧盟一次性塑料指令》《欧盟塑料袋指令》和《欧盟关于塑料废弃物运输的指令》）、两项提案（《欧盟塑料税》《欧盟碳边境调节机制》）构成的全面立法架构。其中，欧盟塑料战略作为首个覆盖全欧范围的政策计划，采用了特定的材料生命周期视角，把循环设计的理念融入了整个塑料产业链之中。

中国当前存在的废塑料总量大约为 1000Mt。每年会新增超过 60Mt 的废塑料，其中有 30%会被回收再利用，34%会被用于焚烧发电，而剩下的 36%会被填埋或者随意抛弃。与欧盟相比，我国虽然也出台了一些废塑料相关的政策，但还没有形成成熟的法规和标准体系来推动废塑料回收等循环经济的发展。业界对废塑料化学回收可能存在的污染物认识不统一。消费者对再生料认知不正面，尚需转变消费习惯。废塑料回收方面关键是缺少相关的行业政策、产品标准以及法规。存在原料获取难度大、全产业链统筹能力不足等问题，相关技术有待进一步工业示范验证。

此外，在废轮胎、废机油、废织物等方面，要求提升废弃物利用水平，发展循环经济的趋势也越来越明显，都需要国家制定相关的政策、标准和认证体系等，通过技术研发和示范等来推动循环经济产业链的形成，从而推动废弃物的循环利用，充分利用油气资源。

自生态文明理念被提出后，中国对推进绿色发展的意识和行动力都得到了极大的提升，美丽中国建设正稳步向前，我国的生态环境建设也取得了前所未有的突破性进展，这无疑是世界的环保奇迹和绿色发展的奇迹。

第三节 石油公司碳达峰碳中和行动

一、英国石油公司

英国石油公司(bp)作为全球顶尖的能源企业之一，始终致力于推进低碳能源转型以及降低温室气体排放。为了应对世界范围内的气候变化问题，bp 已经制定出了碳达峰和碳中和行动计划，目标是实现零碳排放。

1. 碳达峰碳中和目标

早在 2020 年 2 月，bp 就已公开宣布公司的长期愿景，即计划于 2050 年前将其所有经营活动所导致的温室气体排放降低至零。为了达成这个目标，bp 设定了五个关键的“净零”指标作为参考。另外设定了五个目标帮助世界实现“净零”排放[5]。

① 到 2050 年或更早的时间，所有 bp 运营的业务都将以绝对减排为基础实现“净零”排放，这一目标涉及范围一和范围二的温室气体排放。

② 到 2050 年或之前，在 bp 的石油和天然气生产项目中，以绝对减排为基础实现“净零”排放。

③ 到 2050 年或之前，将 bp 所有销售商品的碳排放强度降低 50%。

④ 2023 年，所有 bp 的石油和天然气生产地点都已安装甲烷检测设备，并将甲烷的逸散强度减少 50%。

⑤ 随着时间的推移，逐渐提高非石油和天然气项目的投资占比。

2. 重塑公司架构，成为更加专注、一体化公司

bp 的组织结构始终以业务为主导，包括上游、下游和其他业务。为了达成

新的长远规划和目标，bp 将进行一次彻底的改革，这包括引入全新的组织架构、新的领导团队和新的工作模式。

目前存在的独立业务单位（如上游及下游部分）将会被分解并重新整合为一个更为聚焦且一体化的新机构，该新机构将包含 11 个团队，涵盖 4 个主要的业务领域（即生产运营、客户与产品、天然气与低碳能源以及创新与工程），三大集成组织（分别为战略与可持续发展、地区事务与城市低碳解决方案、贸易与航运），最后是通过 4 项核心职能（财务、法务、人才与文化、企业传播与政府事务）支持业务运营。

3. 投资清洁能源

bp 计划在未来几年内增加对可再生能源的投资。公司将加大对太阳能和风能等可再生能源的开发和利用，并积极探索新兴的低碳技术和解决方案。此外，bp 还将支持并投资碳捕集、利用与封存（CCUS）技术、氢能源和电动汽车等领域，以促进能源转型。

在生物能源方面，bp 计划大幅发展其现有的生物能源业务，计划在 2030 年将其沼气供应量增加 6 倍，达到每日 7 万桶油当量。在氢能源、可再生能源方面，bp 的目标是成为全球氢能领域领先的公司，到 2030 年，bp 预计将每年生产 500~700kt 绿氢。在新能源车和充电桩方面，目前 bp 拥有 22000 个电动汽车充电站，公司计划到 2030 年约 90%的充电桩采用快充技术。

4. 减少石油和天然气的使用

bp 将逐步减少对石油和天然气的依赖，推动可再生能源的替代。公司计划增加对电动汽车充电基础设施的投资，以支持电动汽车的普及。此外，bp 还将提高井场采油和天然气生产的效率，减少泄漏和浪费。

5. 加强合作

bp 将与政府、学术界、行业合作伙伴和社会各界共同努力，推动碳达峰碳中和目标的实现。公司将与相关机构合作，共同研究和开发低碳技术和解决方案。此外，bp 还将积极参与国际气候变化谈判和合作，推动全球碳减排行动。

bp 的碳达峰碳中和行动计划旨在应对全球气候变化挑战，实现“净零”排放目标。通过加大对可再生能源的投资、减少石油和天然气的使用、加强合作等措施，bp 致力于推动全球能源转型，并为可持续发展做出贡献。

bp 计划每年投入大约 50 亿美元用于低碳领域项目，相较于目前每年的低碳业务总投资金额高出 10 倍之多。bp 旨在打造一体化低碳技术的商业模式，涵盖风力、生物质能源、氢能和 CCUS 等多个方面。预期至 2030 年，bp 将建立起超过 50GW 的风电产能，相比 2019 年的规模增长超过 200 倍；同时，其服务消费者的人数也能翻一番，达至2000万人/d。而油气日产量计划将至少减少100万桶油当量，相当于在2019年的水平上减少40%，预计其剩余的油气业务组合将更具成本韧性和碳排放韧性。到2030年，bp的目标是将其运营活动产生的碳排放绝对量以及其上游业务油气生产过程中产生的碳排放绝对量分别降低30%~35%和35%~40%。

bp的投资重点主要为太阳能、生物燃料及移动出行能源供应领域，如图2-2所示。这些投资补充了其核心业务和庞大的燃料零售网络。除了继续扩大对氢能源的投入外，bp还计划对其与太阳能合资公司Lightsource BP共同创立的澳洲绿氢生产基地加大资金支持力度。这个项目利用1.5GW的风力和太阳能资源来驱动制造过程，所产生的氢气将会被转化成氨并销往全球市场。据预测，在接下来的10年时间里，bp预期将在主要市场上把其氢能业务的市场占有率提升至10%。

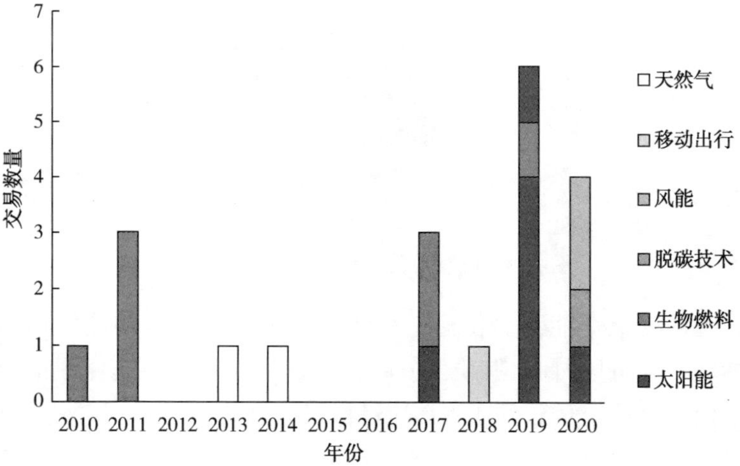

图2-2 bp不同新业务领域交易数量

数据来源：IHS

bp坚信，在未来10年，全球将迎来与气候变化抗争的关键时期。bp将大幅增加低碳能源业务，并对其现有的移动出行和便利店零售服务进行改革。此外，bp还将集中精力减少其石油、天然气和炼油业务在业务组合中的比重，以持续为利益相关方创造长期价值。

二、壳牌

1. 壳牌集团“净零”目标

壳牌于2020年4月宣布了在2050年之前实现“净零”排放。壳牌的战略转型将从天然气、低碳电力、石油石化产品和碳捕集四方面出发，即促进天然气与氢气和生物燃料共同使用，加大投资于可再生能源的低碳电力业务，同时重点投资低成本的石油资产与石化产品生产，并加速加强投资碳捕集和封存(CCS)以及基于自然的解决方案(NbS)。

壳牌将其“净零”计划分为三个不同社会角色，并给出每一个角色的独特目标，来支持其最终2050年或者更早实现“净零”排放的愿景，见图2-3。

图2-3　壳牌集团“净零”计划战略目标

(1) 壳牌作为一个能源提供商，将致力于推动其自身的能源产品实现低碳化，并且推动整个市场向低/零碳化方向发展。为此壳牌对其原先的整体目标进行了调整，使其更符合最新的1.5℃的目标，壳牌将在2035年减少30%净碳足迹，长期目标是在2050年前减少其能源产品65%的净碳足迹。图2-4中阴影部分是联合国IPCC科学情景目标范围，1.5℃情景的目标区间为50%~80%，即在2050年前减少全球碳强度的50%~80%。

壳牌将通过转换其能源利用类型，更多地采用天然气、可再生能源、生物质能源、氢能等，以降低其产品的碳强度，达到减少产品碳足迹的目标。

(2) 作为能源使用者，壳牌将在运营方面做到去碳化，涉及范围一和范围二排放。壳牌的“净零”足迹包括自身业务和公司消耗的能源，以及其销售的能源产品所产生的范围一和范围二排放，但不包含非能源产品，如化学品、润滑油等，但壳牌表明未来将要把此类非能源产品相关的排放逐步纳入“净零”计划中。

(3) 作为能源使用去碳化的合作伙伴，壳牌将帮助石油石化行业的相关客户在全产业链减少能源产品的排放，在2050年甚至更早实现“净零”排放。值得注

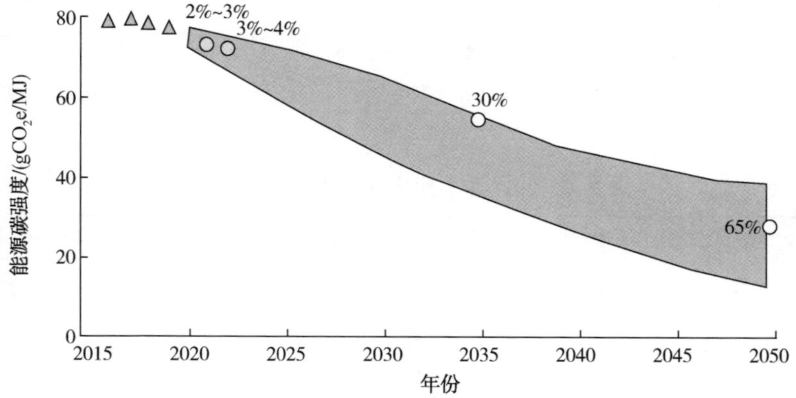

图 2-4　壳牌碳足迹目标计划(数据来源：公司官网)

意的是，壳牌宣布将在解决范围一和范围二排放问题的基础上，力争解决范围三排放问题(即壳牌产品购买者所产生的排放)，壳牌曾表示希望能形成新的行业联盟，来真正实现其范围三的“净零”排放目标。考虑到其客户碳排放的不可控性，壳牌并未明确将范围三排放问题列入 2050 年“净零”排放计划的具体实施目标。

2. 壳牌的碳减排主要举措

目前，壳牌在石油领域更着眼于短期投资，天然气业务仍是其相当长时间内的投资重点。一方面，壳牌认为到 2030 年左右，石油需求将出现达峰；另一方面，使用天然气的碳排放强度只有煤的一半左右，氧化氮、氧化硫等污染物排放不到煤的十分之一，且天然气容易与风、光等新能源实现项目组合。因此，壳牌表示，从当前到 21 世纪中叶，天然气仍将在公司油气资产组合中保持较高比例，但同时会力争提高绿色能源(例如氢气、合成甲烷、生物质甲烷)的产量。届时，公司业务收入中天然气将占 50%、石油占 30%、绿色能源占 20%。

如表 2-2 所示，事实上，壳牌近几年一直致力于天然气业务的培育发展，在战略上，其近几年的战略更新对天然气地位的强调逐渐提升；在举措上，壳牌 2015 年大举收购 BG 集团，2016 年初将天然气一体化与新能源组合为单一业务单元，目前其天然气业务收入和资产均已超过原油。2016—2019 年，壳牌斥资约 23 亿美元通过直接投资、兼并购等方式进入光电、风电、碳捕集、充电桩等业务。足以显示其早已有转型的计划，且决心很大。

近年来，壳牌集团每年平均投资 10 亿~20 亿美元用于新能源领域。壳牌将投资重点放在电力方面，包括电力生产、电力服务、电力输送等整个产业链。其不断提高新能源投资比例，每年调拨专项资金来投资风能、太阳能等相关业务；

对自身产品不断升级，让它们具备更高的能效、更低的排放；同时，加大科研，加强数字化等新技术的利用。据英国巴克莱银行估计，为了实现其“净零”目标，到2050年壳牌将需要投资约1800亿美元，甚至更多，虽然数字庞大，但并非不切实际。

表2-2 2019年、2020年壳牌战略更新情况

2019年6月以前	2019年6月更新	2020年10月更新
现金增长引擎（油品、传统油气和天然气一体化业务）	上游核心（深水油气勘探开发、页岩油气资源和传统油气业务）	上游业务为战略提供资金支持
增长优先级（深水油气勘探开发、化工业务）	引领转变/过渡（天然气一体化、化工和油品业务）	转型业务（天然气一体化、化工和油品业务）使战略实现成为可能
未来机遇（页岩油气资源、新能源业务）	新兴力量（与社会转型引领消费者需要更高电气化水平相关的创新业务模式）	增长业务（市场营销、电力、氢气、生物燃料）是能源的未来

目前，壳牌在风能、数字化与提效技术、运输与移动能源供应及氢能领域投资较为积极，见图2-5。壳牌的投资反映了它要通过创建能源生态系统，逐步成为一家“大能源”公司的目标。

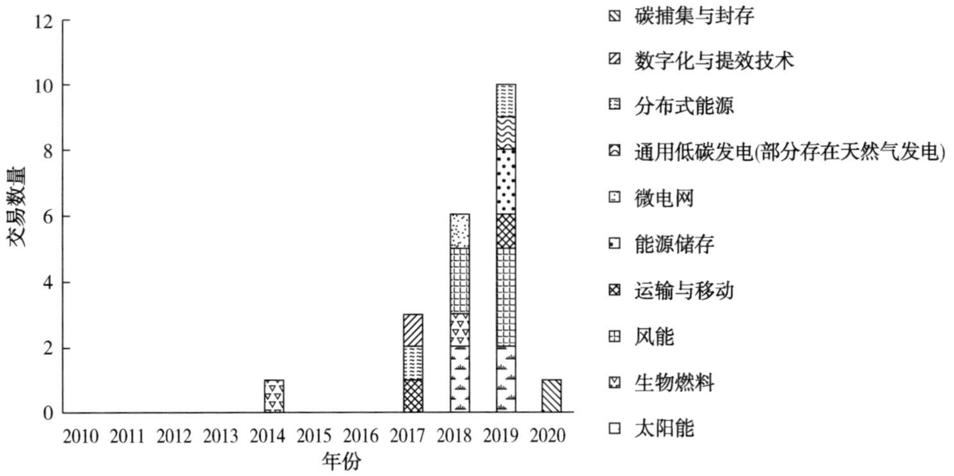

图2-5 壳牌不同新业务领域交易数量

数据来源：IHS

壳牌投资的领域与油气业务相辅相成，并逐步融入其他业务中。比如，壳牌集团通过购买德国的太阳能电池制造企业Sonnen、英国的零部件提供商Limejump以及电动车充电服务公司NewMotion，同时对储能系统的研发与锂离子电池生产厂商 Corvus 进行了注资，这些举措都是为了进一步扩大其广泛的燃油销售网络。

同时，壳牌购买了美国硅谷公司的 43% 股权、东南亚装机企业 Cleantech Solar 及澳洲 ES OPacific 公司各 1/4 的股份，并且成功竞得了一个总容量达 759MW 的风力发电厂项目，这表明其对光伏和风能领域的持续投入是为了满足自身零售网点及其潜在消费者的需求。壳牌还将与合作伙伴在鹿特丹港建立一个绿色枢纽，利用海上风电场提供的可再生电力来生产氢气。

壳牌前期在气候变化领域的积极尝试已经取得了丰硕成果。2019 年，壳牌温室气体排放量降至 2016 年以来最低水平。在碳捕集方面，截至 2019 年 5 月，壳牌参与的阿萨巴斯卡油砂项目在启动不到 4 年中，已捕集并安全储存了超过 4Mt 的 CO_2。壳牌 Cansolv 研发的胺溶液碳捕集技术已经广泛被 CO_2 示范项目认可和采用。2019 年 12 月，壳牌和莱斯大学合作开发碳氢化合物零排放技术，碳氢化合物将被分解成清洁的氢燃料和可用于建筑、汽车、服装等的固体碳材料，而不是作为燃料燃烧并释放 CO_2。壳牌也是油气行业气候倡议组织（OGCI）的主要发起者。

2020 年，壳牌、道达尔以及挪威国家石油公司已决定投资 6.8 亿美元进行“北极光”CCS 项目。该项目是欧洲首个商业规模的碳捕获与储存项目，将分两个阶段开发：第一阶段每年将捕获和储存多达 1.5Mt 的 CO_2，第二阶段产能将提高到 5Mt。该项目进一步加强了壳牌的全球 CCS 投资组合，将对整个欧洲碳捕获项目产生影响。

三、道达尔

跟随 bp 和壳牌的步伐，道达尔预测了两个关键的发展方向：一是持续上升的能源需求；二是达到“净零”排放的目标。因此，公司将两者相结合，在增加能源供应的同时，减少碳排放，致力于将公司定位为一家广义上的“大能源公司”，逐步打造集石油与天然气、低碳电力、碳中和解决方案业务于一体的大型能源公司。道达尔坚信，集团的低碳战略可带来竞争优势，为股东创造长期价值。该公司为实现这一目标的五大路径包括更节能的运营、天然气产业链的整体增长、加大对低碳电力的投入、发展可持续生物燃料和碳捕集、封存。

1. 道达尔集团“净零”目标

道达尔于 2020 年 5 月宣布了其到 2050 年实现“净零”排放的目标。能源市场当前正受到气候变化、技术和社会期望的驱动影响，道达尔表示为 2050 年或之前实现“净零”排放目标，设定了三方面的具体目标：

① 2050 年或更早，道达尔全球业务“净零”排放，见图 2-6，涉及范围一和范围二。

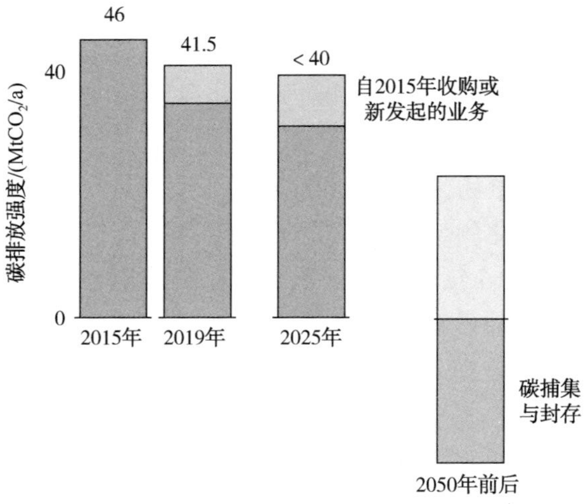

图 2-6　道达尔集团源于油气运营设备的范围一和范围二排放

② 2050 年或更早，集团在欧洲范围内所有生产业务及客户所使用的所有能源产品实现“净零”排放，涉及范围一、范围二和范围三。

③ 2050 年或更早，道达尔全球客户所使用能源产品的平均碳排放强度降低 60%或以上，即降至低于 27.5gCO_2/MJ——过渡阶段：到 2030 年降低 15%，2040 年降低 35%，见图 2-7，涉及范围一、范围二和范围三。

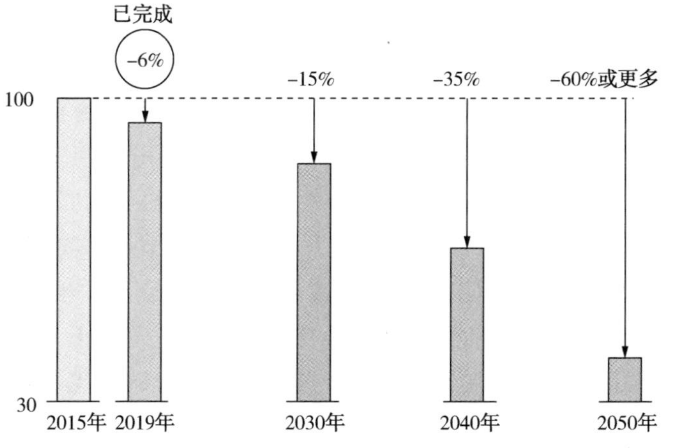

图 2-7　道达尔能源产品的平均碳排放强度降低计划

道达尔自 2015 年开始实施低碳战略，在上述平均碳排放强度降幅方面，以 2015 年为基准年(基数为 100)，该年净碳强度为 71gCO_2/MJ，2019 年已削减了

6%的碳排放。集团公布的目标位列所有能源巨头中最高，即到 2050 年削减至 27.5gCO_2/MJ 以下。

2. 道达尔的碳减排主要举措

道达尔在业务定位上以实现 2050 年"净零"承诺为依托，计划在未来 10 年内将公司的石油产品销售额削减近 30%。未来的销售组合将包含 30%的石油产品、5%的生物燃料、50%的天然气和 15%的电力业务。公司认为，在油气项目投资选择上应与减排路径相一致，并且通过发展天然气一体化业务来实现"净零"目标。更多关于各业务发展方向和目标的详细信息请参见表 2-3。

表 2-3 道达尔各业务发展方向及目标

业务类型	未来发展方向
油气项目	• 未来将专注于低成本项目，更注重价值而非产量 • 预计 2019—2025 年，上游产量将保持每年 2%的增速 • 持续优化石油项目的资产组合，保证油价在 50＄/bbl 时，所有项目的利润率均保持在 15%以上
LNG	• 在当前 20Mt/a 的基础上，到 2025 年 LNG 总销量将达到 50Mt/a • 通过规模、价值链一体化等优势创造价值，在50＄/bbl的情况下，到 2025 年，LNG 一体化业务的现金流将增长 40%，达到 40 亿美元以上
电力	• 在 2020 年建立的强劲动力基础上，道达尔将成为世界可再生能源领域的领导者，2025 年将总发电能力提高到 35GW(其中 70%已经在投资组合中)，并在未来每年增加大约 10GW • 通过打造产销储贸易的一体化商业模式，到 2025 年向 900 万客户提供 50000GW · h 的净产能和 80000GW · h 的销量 • 到 2025 年，可再生能源发电业务有望为公司带来每年超过 15 亿美元的现金流 • 目前，公司在低碳发电方面的资本支出占比超过 10%，是几大领先石油公司中占比最高的。未来公司计划进一步增加资本支出，在 2030 年或更早之前将比例提高到 20%
燃料和电动出行	• 根据市场需求，灵活调整炼油和销售的适应性，特别是在欧洲 • 进一步增加生物燃料的生产和销售，旨在实现"净零"排放目标。到 2025 年，可再生柴油产量预计将超过 2Mt/a • 未来 10 年，着眼于电动汽车革命，将在电池制造和电动汽车充电方面投资逾 10 亿美元，在 2025 年前建成 15 万个充电站

未来，道达尔将专注于低成本的油气项目，更看重其价值而非产量。预计在 2019—2025 年，上游的产量将维持每年 2%的增长速度。道达尔需要不断优化石油项目的资产配置，以确保在油价为50＄/bbl时，所有项目的利润率都能维持在

15%或更高。

LNG在目前已有20Mt/a的基础上，预计到2025年将达到50Mt/a的总销量。在油价为每桶50 $的情况下，到2025年，LNG一体化业务将通过规模和价值链一体化等优势创造价值，并预计实现超过40亿美元的现金流增长，增幅达到40%以上。

在电力方面，道达尔将在2020年所建立的强劲动力基础上，成为可再生能源领域的世界领先者。到2025年，总发电能力将增加到35GW（其中70%已经在投资组合中），并且未来每年将增加约10GW。到2025年，道达尔将以一体化的商业模式打造产销储贸易，并向900万客户提供净产能50000GW·h以及销量80000GW·h。预计公司的可再生能源发电业务将在2025年之前产生超过15亿美元的年度现金流。

现在，公司在低碳发电领域的投入占比超过了10%，是所有先进石油企业中最高的。未来，公司计划进一步提升资本投入，并在2030年或更早之前将其占比提升至20%。根据市场需求，燃料和电动出行的炼油和销售适应性可以灵活调整，尤其在欧洲。

为了达到“净零”排放目标，道达尔计划进一步扩大生物燃料的生产与销售规模。根据预测，到2025年，可再生柴油的年产量将超过2Mt。

在未来的10年里，道达尔将专注于电动汽车革命，并计划在电池生产和电动汽车充电领域投资超过10亿美元，以便在2025年前建立15万个充电站。

在2020年度，道达尔积极参与了包括陆地与海洋风力发电、太阳能光伏、电池储存及充电设备、电动汽车出行、CCUS等多项新能源领域的协作活动，全面推进其绿色能源的发展进程并降低碳排放量。这些项目的投资主要聚焦于欧洲地区，但也在如印度、韩国、卡塔尔等亚洲国家有所涉及。最大规模的新能源项目位于西班牙，借助多方公司的联合力量，道达尔计划将其在西班牙的光伏发电产能扩大到5GW以上，这将满足该公司在整个欧洲地区的工厂供电需求。

在油气业务上，道达尔目前天然气占其油气总产量的一半。由于购买了ENGIE的上游LNG资源，道达尔已经晋升为世界第二大的LNG经营者，并且现阶段正在执行相关合同，包括在俄罗斯的北极LNG 2号工程、在美国的Driftwood LNG项目和在巴布亚新几内亚的巴布亚LNG项目等。此外，通过对阿纳达科在非洲的项目实施有条件的收购后，莫桑比克LNG也将会是其未来发展的焦点和关键点。

对于新能源和环保领域来说，当“净零”战略公布时，道达尔设定了至2025年的目标：使风力、太阳能等清洁电力产能增量提升至全球范围内的25GW规模。当前的年度绿色项目资金预算是每年 15 亿~25 亿美元(占全部总投资额度的 10%)，尽管面临着价格下降的风险，但并没有阻碍道达尔对可持续发展项目的持续支持力度——这使得公司在整个化石燃料产业中处于领先地位并致力于推进环境变革进程。未来几年内，道达尔预计会继续扩大绿色的财政开销以实现这一增长趋势，并在可能的时间点前把这个比例推高至至少 20%。

落实到投资布局中，道达尔投资了多种可再生能源资产和新技术，主要集中在太阳能、运输与移动能源供应及能源储存领域，见图 2-8。道达尔以 14 亿美元收购美国 SunPower 公司 60%股权，跻身太阳能领域前三强，成为全球太阳能产业的领先企业。在早期聚焦生物燃料和太阳能之后，道达尔扩大了其投资范围，致力于构建能源生态系统。近年来，增加了在能源储存、运输与移动能源供应领域的投资，道达尔收购世界领先的高科技工业电池设计开发及制造商 Saft 公司，为工业、航天、海洋、航空和地面设备提供先进的电池解决方案。而且在氢能和风电领域也有所布局，近期道达尔收购了威尔士附近 96MW Erebus 浮式风电场项目 80%的股权，以及北海 1140MW 风电项目 51%的股份。

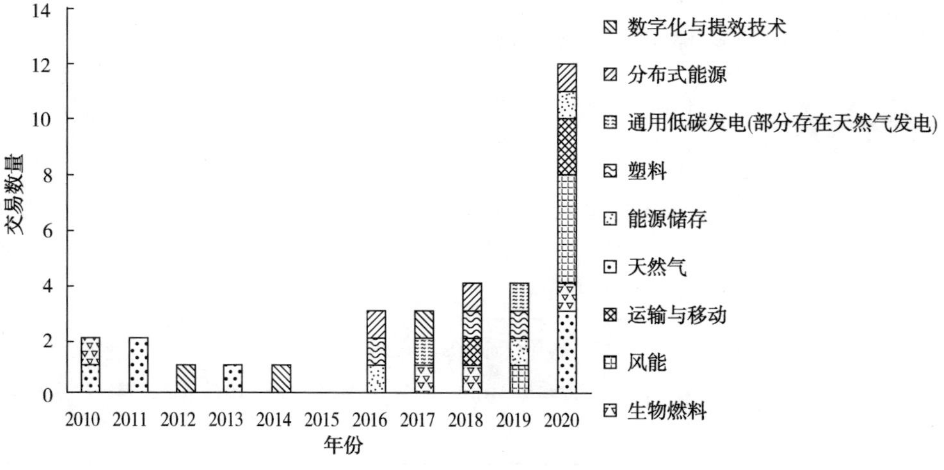

图 2-8 道达尔不同新业务领域交易数量

数据来源：IHS

2020 年，道达尔通过建立低碳业务组合依然保持在新能源市场的领先地位，见表 2-4。据 IHS 数据，截至 2020 年 8 月，道达尔已完成了五项光伏、风电、储能等新能源业务的收购，以及三项股权投资，预计到 2040 年，道达尔的低碳业务在其总份额中将占 15%~20%。为增大新能源的份额，道达尔不断发展可再生能源领域的新业务、新活动和前沿技术，特别是通过其 Total Solar、Total Eren、Total Quadran、SunPowe 子公司，持续满足不断增长的电力需求。

表 2-4　2020 年道达尔低碳能源发展动向

业务类型	2020 年动向
风能发电	收购拥有 1GW 总装机容量资产的法国风能公司 Global Wind Power France
海上风电	参与英国首个漂浮式海上风电场项目，与 SSE Renewables 公司签署协议，收购后者在苏格兰北海地区总装机容量为 1140MW 风电项目的 51%股份，与 Macquarie在韩国合作开发 2GW 浮式海上风能项目，购入 Eolmed 位于地中海 30MW 浮式风电项目 20%的股权
太阳能发电	2020 年 2 月，通过收购总装机容量合计 2GW 的多个项目进入西班牙太阳能市场；2020 年 9 月，与西班牙公司 Ignis 合作开展 3.3GW 光伏发电项目，由此在西班牙开发的光伏项目总容量超过 5GW，作为与印度阿达尼集团公司（Adani Group）组建 50/50 合资企业的一部分，收购印度 2GW 太阳能发电厂 50%的总装机容量；2020 年 10 月，双方宣布扩容至 2.35GW 并达成协议，在卡塔尔建设大型太阳能发电厂（800MW），旗下位于美国的太阳能公司 SunPower 分拆 Maxeon Solar Technologies 计划最终定案，获得法国 67MW 的太阳能项目
天然气发电	收购 EDP 公司为 250 万住户提供能源的资产和两处天然气联合循环发电厂，联合发电能力接近 850MW
电池/储能	启动位于敦刻尔克的法国电网最大电池电力存储项目（25MW），启动位于欧洲的一家试点工厂，从 2023 年起以最高能源指标技术水平生产电动汽车电池
电力交通	与标致雪铁龙集团（PSA）合资成立汽车电池公司，致力于为欧洲电动汽车开发和生产电池，收购伦敦最大的电动汽车充电网络运营商 Blue Point London，旗下运营 1600 多个充电枪
CCUS	确定对挪威“北极光”CO_2 运输和储存项目进行投资，与阿布扎比国家石油公司联合研究、开发和部署 CCUS 项目，与合作伙伴 LH 公司推进科罗拉多 CCUS 项目

为了推动其绿色转型的进程，2016 年道达尔成立了天然气、可再生能源与电力业务板块，大力推进低碳战略。同时还参与诸如“未来能源联盟”和“零排放联盟”等多项环境保护组织，以实际行动来配合并执行相关政策措施降低温室气体排放，并且通过合作的方式同各个领域的机构共同努力实现全球范围内的碳减排目标。

四、中国石油

中国石油于 2022 年 6 月 5 日正式公布了《中国石油绿色低碳发展行动计划 3.0》

（以下简称《行动计划》），根据该计划，中国石油的行动目标将分为三个阶段：

第一阶段是2021—2030年，主要侧重于推动清洁能源替代，加速推进地热和清洁电力业务的产业化发展，加强氢能全产业链以及战略布局碳捕集、利用和封存等方面，力争到2025年新能源产能比重达到7%。

第二阶段为2031—2040年，中国石油将进入低碳跨越阶段。在这个阶段，中国石油将积极推广地热和清洁电力，推动氢能和CCS/CCUS业务的产业化发展，大幅增强清洁能源的生产和供应能力，并减少碳排放。到2035年，中国石油将实现新能源和新业务与传统油气业务并驾齐驱，实现热电氢对油气业务的战略接替。

第三阶段为2041—2050年，中国石油将进入绿色发展阶段。中国石油设定了2050年碳排放中和的目标。为了实现碳排放的中和，中国石油将持续扩大地热、清洁电力、氢能以及CCS/CCUS等新型能源业务的发展规模。到2050年，力争热电氢能源的比例达到约50%，从而推动绿色低碳转型的进程。

《行动计划》明确指出，中国石油应专注于加速降低温室气体的直接和间接排放量，目标是在2025年左右实现碳达峰，2035年相较于2025年的碳排放水平下降20%，最终到2050年实现"接近零排放"的目标。同时，中国石油也全力以赴地降低能源产品的整个生命周期的碳排放强度，预期在2035年相比于2020年的能源产品全生命周期碳排放强度下降30%，到2050年进一步降低至2020年的55%。此外，中国石油还积极推动CCUS产业链的发展，预计在2035年其埋存能力超出100Mt，并希望能在2050年形成引领CCS/CCUS产业发展的能力。

为了达成上述目标，《行动计划》提出碳循环经济理念，同时明确了转型路线图和工程部署，计划实施"三大行动"和"十大工程"。"三大行动包括"推行"绿色企业建设引领者行动""清洁低碳能源贡献者行动""碳循环经济先行者行动"。其中，"绿色企业建设引领者行动"将实施节能降碳工程、甲烷减排工程、生态建设工程和绿色文化工程；"清洁低碳能源贡献者行动"将实施"天然气+"清洁能源发展工程、"氢能+"零碳燃料升级工程和综合能源供给体系重构工程；"碳循环经济先行者行动"将实施深度电气化改造工程、CCUS产业链建设工程和零碳生产运营再造工程。

五、中国石化

中国石化已全面启动碳达峰碳中和行动，制定实施《中国石化2030年前碳达峰行动方案》，全面开启绿色低碳转型新航程。继续推动CO_2减排工作，减少碳排放总量，降低碳排放强度，我国首个百万吨级CCUS项目——齐鲁石化-胜利油田百万吨级CCUS示范项目建成并投入运营。

中国石化将加强对甲烷排放管控，推行国内上游油田企业甲烷控排行动，并与其他企业合作成立中国油气企业甲烷控排联盟。同时，进行碳资产管理和产品碳足迹研究，率先在国内大型央企进行基于排放源的全系统碳盘查工作，成立国内首个负责碳全产业链的科技公司，积极争取减排项目和参与碳交易。

据悉，中国石化始终坚持在开发过程中保护，同时也在保护过程中进行开发，这样才能维护自然生态的安全边界，实现人与自然的和谐共存。保护生态和生物多样性，减少施工作业和生产经营环节的生态干扰，有序实施生态敏感区生产设施关停退出和渔业补偿，促进人与自然和谐共生。“十三五”期间，中国石化致力于创建绿色环保的企业典范，共增加了 $1187.4\times10^4m^2$ 的新绿地面积，并种植了超过 948 万株植物，同时还成功推出了塞罕坝生态示范区项目，产生了积极的社会影响。

此外，中国石化还借力“互联网+”，提升能源管理、环保管理、碳排放管理水平，在蒸汽动力模型在线优化、污染物排放在线监控、异味网格化溯源等方面走在行业前列。做强科技化支撑，聚焦绿色科技创新，研发高效污染治理技术，探索节能降耗、减污降碳前沿技术，使绿色低碳发展的技术根基更加牢固。

中国石化成立 40 多年来，始终牢记“爱我中华、振兴石化”“为美好生活加油”的初心和使命，始终坚持“开发与节约并举，节约优先”的方针，在提供绿色产品的同时，积极做好环保工作，总体上保持了清洁生产。该公司 2012 年发布了我国工业企业第一份《环境保护白皮书》，为工业企业推进生态文明建设作出表率；2013 年启动“碧水蓝天”专项治理行动，累计投入资金 210 亿元，完成了 800 多个环保治理项目；2014 年启动“能效倍增”计划，计划到 2030 年将公司能效大幅提升，目前进展顺利。

2018 年 4 月，中国石化启动了全产业链绿色企业创建行动——绿色企业行动计划。截至 2023 年，绿色企业行动第一阶段计划确定的 5 大目标、25 项重点工作任务已全面完成，113 家企业完成绿色企业创建，绿色采油气管理区、绿色装置、绿色加油站等 10 类绿色基层创建比例达 85%，2023 年，63 家单位被评为 A 级绿色企业，“清洁、高效、低碳、循环”的绿色企业基本建成，为中国石化开启绿色高质量发展新篇章奠定了坚实基础。中国石化于 2024 年 4 月 1 日在北京正式启动绿色企业行动第二阶段计划，将围绕降碳、减污、提效、增绿四大行动制定 22 项措施，力争到 2028 年绿色生产体系基本建成、绿色竞争力显著提升，高端化、绿色化、智能化石化产业体系建设迈上新台阶，推动中国石化实现绿色转型发展。

六、中国海油

中国海洋石油公司于 2022 年 6 月 29 日发布了《中国海油“碳达峰、碳中和”

行动方案》，旨在争取在 2028 年前碳排放达峰，并在 2050 年达成碳中和的目标，同时确保到 2050 年其非化石能源产量超越传统的石油与天然气的总产量，全面建成世界一流清洁低碳综合能源产品和服务供应商，成为实现我国碳达峰碳中和目标及保障国家能源安全的中坚力量。

“零碳愿景、赋能未来”作为发布会的主题，展示了一份关于如何达到碳排放目标的具体计划，包括时间节点、路线图及责任清单等内容，这被视为引领企业高质量可持续发展的重要指南与鼓舞人心的信号，象征着中国海油正式迈出了全速推进节能降碳变革的新步伐。

多年来，中国海油始终坚持执行中央政府的决策，致力于实施环保与低碳的发展策略。作为生产过程中的绿色行动倡导者，同时也是清洁能源开发的前驱力量，中国海油不仅保证了国家的能源供应，而且通过多年的努力探索，成功构建了一个包括海上天然气、陆上非传统气体、国际 LNG 资源和国内新能源在内的多元化低碳产业结构，并打造出独具中国特色的低碳发展方式。

为了执行中央政府关于碳排放减少的目标，推动公司的环保可持续发展策略，加快向清洁能源转变，以达到碳减排的目的，中国海油已经制定了多项行动计划，如强化管理团队、优化高层规划、设立专门部门等。

根据“双碳”计划的执行步骤，中国海油将会采取三个阶段的战略来实现其环境友好型的发展目标，即通过清洁能源替换和逐步降低温室气体排放量以达到更环保的目标。

第一阶段是进入清洁替代阶段(2021—2030 年)。在这个阶段，国家实现碳排放峰值的关键时刻已经到来，主要特征包括碳排放达峰、碳强度降低，产业结构调整取得了显著的成果，负碳技术取得重大突破。

第二阶段为低碳转型期(2031—2040 年)。这一阶段是公司实现低碳转型的关键时期，其主要特征包括油气行业进行转型、新能源快速崛起，以及碳排放总量有序降低，并且负碳技术已经开始商业化应用。

第三阶段为绿色发展期(2041—2050 年)。此阶段正是企业完成建设具有中国特色的全球顶级能源公司的关键时刻，主要特点在于推动碳排放量的稳定减少直至达到零排放的目标，同时逐步建立起多元的低碳能源供应系统、智能且高效率的能源管理模式以及规模化发展的碳封存和碳循环利用体系。

同时，中国海油计划实施稳定石油增加天然气供应、能量效率整体提高、能源洁净替换、工业结构优化改革、环境保护及科技创新引领 6 个主要项目，并制定了确保我国石油与天然气的安全供应、加速推动国内天然气行业的发展等 23 项关键任务。预计“十四五”时期，中国海油的温室气体排放量目标是降低 10%～18%，而新一代技术如太阳能等的新兴领域投资比例应达总资本支出的 5%～

10%。预计至 2050 年，该公司的新能源等清洁能源产值将会超越传统的石油与天然气产值，最终成为全球领先的清洁低碳综合能源产品的供应商。

第四节 低碳发展是炼油行业的必然选择

全球经济增长推动了对能源的需求。虽然石油在一次能源中仍占比最高，但是世界正在经历能源系统从化石能源向太阳能等非化石能源转变的第三次重大变革。为应对气候变化带来的威胁，世界各国通过协议承诺减少温室气体排放。2015 年 12 月 12 日，《联合国气候变化框架公约》近 200 个缔约方在巴黎气候变化大会上达成《巴黎协定》，一致认为世界将尽快实现温室气体排放达峰，21 世纪下半叶实现温室气体"净零"排放。在第 26 届联合国气候变化大会(COP26)前后，约有 150 个国家提交了更新后的 21 世纪中叶国家自主贡献(NDCs)和长期温室气体低排放发展战略(MCS)。这标志着占全球经济和碳排放总量 75%的国家和地区承诺在 21 世纪中叶实现碳中和，碳达峰和碳中和已成为全球共识。"双碳"目标的提出，将绿色发展道路推向新的战略高度，必然成为我国未来数十年社会经济发展的主基调之一。

化石能源的大量使用导致大气中 CO_2 浓度的增加是全球变暖的主要原因，已成为许多国家制定能源政策的依据。中国一贯重视应对气候变化，是气候行动的积极推动者和坚定践行者。2020 年 9 月，我国提出力争 2030 年前实现碳达峰，2060 年前实现碳中和。2020 年 12 月，中国宣布，到 2030 年，单位国内生产总值 CO_2 排放比 2005 年下降 65%以上，非化石能源占一次能源消费比重达到 25%左右，森林蓄积量比 2005 年增加 $60\times10^8m^3$，风电和太阳能发电总装机容量将达到 1200GW 以上。碳达峰碳中和是我国实现可持续高质量发展的内在要求，2021 年 2 月，国务院《关于加快建立健全绿色低碳循环发展经济体系的指导意见》提出，发展要立足于资源高效利用、生态环境严格保护、有效控制温室气体排放的基础上，统筹推进高质量发展、高水平保护，确保实现碳达峰碳中和目标。

工业化和城镇化的推进，促进了经济发展和人民生活水平的提高，但同时也伴随着环境问题的出现和碳排放量的增加。经济发展水平、产业结构演变、能源结构调整等与碳排放存在诸多联系，碳排放水平与经济增长方式密切相关。随着经济社会的发展，经济增长方式将逐步从依赖能源和资源消耗向更具可持续性、包容性的高质量发展新模式转变。在这种模式下，经济规模扩张将逐渐与碳排放脱钩，进而拉低碳排放。因此，不同经济发展阶段的碳排放强度是不同的，而这种差异与经济发展阶段的经济增长方式密切相关。能源输出效率的提高与产业结构升级相互影响。碳排放强度与经济的资源禀赋和产业结构密切相关。随着产业技术的创新和转型升级，过度依赖能源消耗的经济增长方式将逐步转变为使用低碳能源和可再生能源的方式。以天然气替代煤炭、使用可再生能源已成为遏制碳排放增长的重要选择。在能源调整过程中，行业逐步实现转型升级，在可持续发展中获得碳减排的多重收益。

为实现2030年前CO_2排放达峰和2060年前实现碳中和的“双碳”目标，我国相继制定了一系列产业政策和行业规划，限制或淘汰CO_2排放强度明显高于行业平均水平的工艺技术和设备。出台《石化化工重点行业严格能效约束推进节能减碳行动方案》(2021—2025年)，提出炼油行业能效以8.5kgoe/(t·Ef)为基准水平，以7.5kgoe/(t·Ef)为标杆水平。到2025年，炼油行业产能达到标杆水平的产能比例要超过30%，对能效低于标杆水平的项目将限制其用能。“十四五”期间严格控制煤炭消费量，“十五五”期间逐步降低煤炭消费量。突出碳减排源头治理，实施污染减排与碳减排协同治理，推动经济社会发展绿色转型和生态环境持续改善。出台《关于加强高耗能、高排放建设项目生态环境源头防控的指导意见》，将碳排放影响评价纳入环境影响评价体系。从目前来看，“十五五”期间石油化工行业很可能被纳入全国碳排放权交易体系。国际上，发达国家不断提高绿色壁垒，限制高排放、高环境风险产品的生产和使用。2023年4月25日，欧盟理事会通过了CBAM决议。如果与欧盟有贸易往来的国家未能遵守碳排放相关法规，欧盟将对从这些国家进口的商品征收碳关税。从内外部环境分析，炼油是重要的石化产业，能源结构向低碳转型迫在眉睫。减少碳排放已成为企业生存和实现高质量发展的必然选择。

在能源安全战略指引下，我国正在加紧建设绿色低碳、安全高效的能源体系，积极推进能源结构低碳转型，为实现碳中和目标奠定基础。中期来看，煤炭的使用将受到限制，而天然气作为化石能源向非化石能源过渡的桥梁，预计在2035年达到峰值，之后逐步减少使用。从长远来看，到2060年，我国非化石能源发电比重将从目前的34%提高到90%以上。在此情景下，炼油厂的低碳能源结构就是逐步实现清洁替代和电气化替代，即用天然气和炼油厂干气替代石油、煤炭和焦炭，逐步减少煤炭等高碳能源的使用。大幅提高电气化比重，加大“绿色电力”使用，以零碳能源替代化石能源。国家制定了《2030年前碳达峰行动方案》，国家有关部委出台相关政策措施，积极推进经济绿色低碳转型和可持续发展，大力调整能源结构，着力提高能源利用效率加快低碳技术研发，完善低碳发展体制机制。

炼油作为重要的石化产业，向低碳能源结构转型迫在眉睫。减少碳排放已成为企业生存和实现高质量发展的必然选择。化石能源消费结构转型与可再生能源利用率提高同步推进。参照已碳达峰的国家，化石能源消费结构呈现出对天然气的需求大幅增加、煤炭资源比重迅速下降的趋势。同时，随着电动汽车市场份额的增加，未来对原油的需求也会逐渐下降。

近年来，国家对石化行业的安全和环保要求越来越严格，相继出台了《中华人民共和国水污染防治法》《中华人民共和国大气污染防治法》《土壤污染防治行动计划》《中华人民共和国固体废物污染环境防治法》《石化行业 VOCs 污染源排查工作指南》《石油炼制工业污染物排放标准》《石油化学工业污染物排放标准》等一系列环保法规。同时，CO_2 排放权交易与捕集、封存和利用将成为石化企业未来必须面对的现实问题，石化行业能源消耗仍以化石能源为主，碳排放量年均增长率较高。随着石化行业的快速发展，石化行业碳排放量保持上升趋势，2010—2020 年，排放量年均增长率达到 10%。重点产品排放量继续上升、占比较大。2010—2020 年，随着石化行业转型升级步伐逐步加快，四大重点子行业(炼油、乙烯、丙烯、PX)碳排放量均呈现持续增长态势，2020 年其碳排放总量占石化行业碳排放总量的 55.06%[6]。培育发展低碳产业和绿色经济，全面提升绿色低碳发展水平，加快形成绿色发展新方式，已成为实现高质量发展的紧迫任务。中国石油、中国石化、中国海油、国家能源集团等能源企业相继开展碳排放达峰和碳中和战略研究。2021 年 1 月 15 日，17 家石油和化工企业、园区等联合签署并发布了《中国石油和化学工业碳达峰与碳中和宣言》。在新能源快速发展和碳达峰碳中和背景下，石油消费需求在达峰后将呈较快下降趋势。目前，虽然石油消费渐近峰值，但在 2030 年之前，随着炼油行业向化工方面的转型发展，原油加工深度的增加，炼油行业的碳排放量将进一步增加，预计在 2030 年前达峰。2030—2040 年是炼油行业碳排放量下降的较快时期。2040—2050 年中国一次能源消费结构中非化石能源占比将达到 65%以上，届时原油需求将维持在 400Mt 左右，随着 CCUS 技术的不断进步，炼油行业的碳排放将趋于“净零”排放。在实现炼油厂零碳排放这一过程中，炼油企业需要准确把握行业发展趋势，充分依靠科技创新，统筹转型发展节奏，向化工型炼油厂转型。

未来 10 年，我国将迎来石油消费高峰，交通用油将在 2030 年前后进入高峰平台期，石化原料需求仍有很大增长空间，这是炼化一体化发展的黄金时期。在此期间，传统燃料型炼油企业必须加快转型升级，适应不断变化的产品需求结构，满足成品油清洁化需求，生产更多化工原料和高附加值产品。同时，炼油企业在绿色低碳生产过程中将面临更大挑战。到 21 世纪中叶，随着可再生能源的发展和储能技术的成熟，能源结构将加速向多元化、清洁化和低碳化转变。我国发电结构中非化石能源比重将不断提高，有望推动氢能发展。同时，电力在我国交通能源消费中的比重将大幅提升。我国石油需求将逐步回落，交通用油需求将逐步减少，石油原料性能将有较大改善。

无论是在目前产能过剩的国内市场突围发展，还是在有机会新增或扩大产能的国外市场抢占市场份额，应对产品需求不断变化的机遇与挑战、日趋严格的环保要求和未来新能源开发，为了在激烈的竞争中生存，中国炼油化工行业需要充分认识自身优势和劣势，不断提升竞争力。目前，我国仍处于中高速发展阶段，炼化行业作为保障国民经济发展的支柱产业之一，发展潜力依然巨大。炼化行业以化石能源的加工利用为基础，行业规模大、能耗大、碳排放量大。围绕实现“双碳”目标，迫切需要贯彻新发展理念，探索新发展模式，实现低碳排放、低碳转型发展。面向未来，建设低碳社会，风电、太阳能发电快速发展，交通结构调整加快，车辆轻量化，建筑节能，对含碳化学品和各种含碳高分子材料的需求也将同步增长。石油的碳氢比决定了石油最适合生产含碳化学品和含碳高分子材料，不仅生产成本低，而且生产过程中的 CO_2 排放量也低。未来社会对石油产品的需求决定了炼油行业将长期存在。

参考文献

[1] 张庆阳(编译). IPCC 第 4 次气候变化评估报告要点[J]. 气象科技，2007，35(2)：235.

[2] 沈永平 . IPCC WGI 第四次评估报告关于全球气候变化的科学要点[J]. 冰川冻土，2007，29(1)：156.

[3] 刘夏青，梁本凡，丁晓涵 . 新绿色贸易壁垒：欧盟碳边境调节机制对中国纺织服装行业发展的影响[J]. 价格月刊，2023(3)：23-31.

[4] 姚颖，刘侃，费成博，等 . 美国碳边境调节机制工作进展及思考[J]. 环境保护，2021，49(10)：71-76.

[5] Getting to Net Zero. https：//www. bp. com/.

[6] 庞凌云，翁慧，常靖，等 . 中国石化化工行业二氧化碳排放达峰路径研究[J]. 环境科学研究，2022，35(2)：356-367.

第三章　炼油厂能源消耗

炼油厂加工能耗导致的碳排放约占石油产品全生命周期碳排放量的 10%，主要包括燃料、水、电和蒸汽等的消耗，其来源既包括炼油厂内燃料燃烧消耗，也包括工艺过程能源消耗(如烧焦)，还包括外购电力和蒸汽等产生的能耗。由于目前消耗的能源主要是化石能源，而化石燃料生命周期碳排放较大，因此能耗越大，碳排放量就越高。据中国石油和化学工业联合会数据，2020 年，我国原油加工产生的 CO_2 排放量约为 220Mt，烯烃(石油基)生产产生的 CO_2 排放量约为 110Mt，两者合计约占我国 CO_2 排放总量的 3%。典型炼油厂碳排放主要包括直接排放和企业外购电力和蒸汽产生的间接排放。直接排放约占 90%～95%，间接排放约占 5%～10%。其中，直接排放又包括燃烧排放、逸散排放和工艺过程排放[1]。炼油厂碳排放主要来自炼油厂的耗能过程，提高能效是现阶段降低炼油厂 CO_2 排放量的主要途径。

第一节　能源消费与消耗

一、炼油综合能源消费量与综合能源消耗量

在能源统计中，存在针对地域性的能源统计和针对行业和企业的能源统计。其中，针对地域性的能源统计被称为“能源消费总量”，它指的是在一定地域内，国民经济各行业和居民家庭在一定时期内消费的各种能源的总和。而与炼油行业相关的两个概念则分别是“企业法人边界综合能源消费量”和“炼油综合能源消耗量”。其中，“企业法人边界综合能源消费量”被用来评估某企业的用能权。而“炼油综合能源消耗量”则被用于计算炼油(单位)综合能耗和单位能量因数能耗。其中，炼油(单位)综合能耗=炼油综合能源消耗量/原油及外购原料油加工量。其中，原油及外购原料油加工量是原油加工量和外购原料油加工量的总和。外购原料油加工量是指企业从外部购买的并进入装置加工生产石油产品的原料油的数量。单位能量因数能耗=炼油(单位)综合能耗/炼油能量因数(Ef)。对于某新建炼油企业，其炼油(单位)综合能耗和单位能量因数能耗需要满足炼油单位产品能耗准入值的指标要求。

二、原油加工企业综合能源消费量

根据《原油加工企业综合能源消费量核算与报告指南(试行)》，原油加工企业的综合能源消费量是指报告期内，核算边界内企业生产活动中涉及的各种能源消费量的总和，各种能源消费量需根据标准折算为标准煤当量。其中，耗能工质不包含在企业法人边界综合能源消费量的计算范围内。原油加工企业法人边界的综合能源消费量计算公式为：

$$E=E_d+E_z+E_r-E_w \tag{3-1}$$

式中 E——原油加工企业的综合能源消费量，tce；

E_d——电力消费量，tce；

E_z——热力消费量，tce；

E_r——原燃料消费量，tce；

其中，原燃料消费量是原燃料消耗实物量的折合标准煤量，原燃料消耗实物量=期初库存+购入-期末库存-外供。

E_w——原油加工企业外供能源，tce。

原油加工企业综合能源消费量主要用于考察用能单位的能源消耗总量。综合能耗与用能单位总产值或增加值(可比价)的比值即为单位产值综合能耗，单位通常为千克标煤每万元(kgce/万元)或吨标煤每万元(tce/万元)等。单位产值综合能耗主要用于考察用能单位的能源效率或能源强度。企业综合能源消费量和单位产值综合能耗正是能耗双控的两个控制指标。

三、炼油综合能源消耗量

炼油综合能源消耗量与企业综合能源消费量不同，前者是指统计报告期内，炼油生产所消耗的各种能源及耗能工质的实物量，是按规定的计算方法折算为标准油后的总和。炼油综合能源消耗量应根据《炼油单位产品能源消耗限额标准》(GB 30251—2013)进行计算。炼油能源消耗统计范围包括燃料(含催化烧焦)、电、蒸汽及耗能工质的使用量，但不包括作为原料用途的能源的使用。炼油综合能源消耗量的统计边界包括炼油生产装置以及为其服务的辅助系统的全部耗能。其计算公式为：

$$E=\sum M_iR_i+Q \tag{3-2}$$

式中 E——炼油综合能耗，kgoe；

M_i——第 i 种能源的实物消耗量；

R_i——第 i 种能源的折算标油系数；

Q——与非炼油系统交换的热量折算为标油的代数和，kgoe，规定向炼油输入的热量计为正值，而从炼油输出的热量则计为负值。

炼油综合能耗是炼油厂生产过程中消耗的能源总量，该值越大，则代表炼油厂的能耗越高。单位能量因数能耗是生产单位产品所消耗的能源量，该值越小，则代表炼油厂的整体用能水平越高。对于某新建炼油企业，其炼油能耗需满足炼油(单位)综合能耗和单位能量因数能耗准入值要求。《炼油单位产品能源消耗限额》(GB 30251—2013)规定新建炼油企业的炼油单位产品能耗准入值为：炼油(单位)综合能耗≤63kgoe/t，单位能量因数能耗≤8.0kgoe/(t·Ef)，炼油单位产品能耗先进值的指标采用单位能量因数能耗，其值应≤7.0kgoe/(t·Ef)。

第二节　能耗构成与碳排放

一、碳排放总量与强度双控的内涵

国际上主要地区、国家和机构在进行能源统计时，一般将能源划分为能源用能和非能源用能，能源用能通常指燃料用能，这部分用能最终被燃烧掉，以 CO_2 的形式被排放到大气中。而非能源用能则指用于非燃烧目的的能源，一般包括具有以下三类用途的能源产品：①被用作生产化工产品(如烯烃、甲醇和氨等)的原材料，也可表述为“用作生产《能源产品国际标准分类》(SIEC)范围以外产品的原材料”；②直接(不经过化学转化)用其物理性质，如润滑油、沥青等；③用作溶剂，如石油溶剂油。

在我国《能源统计工作手册》中，原料用能(与国际上的非能源使用范围相当)是指能源产品不作能源使用，也就是不被作为燃料和动力使用，而是被作为生产另一种非能源产品的原料或作为辅助材料使用，作原料使用时通常是构成所产产品的实体。能源用能是指能源产品当被用作加工转换时，投入的是能源，产出的主要产品还是能源(或产出的产品属于加工转换过程中产生的不作能源使用的其他副产品和关联产品)。原料用能被用作原材料时，投入的是能源，产出的主要产品是能源范畴以外的产品，包括产出的某种产品在广义上可以用作能源(如可以燃烧用于提供热量)，但通常意义上不作能源使用的产品。

根据《能源统计工作手册》，企业在进行综合能源消费量统计填报时，需将原料用能统计在内。原料用能作为加工转换的能源投入时，其产出产品是能源统计规定中能源产品之外的产品，因这些产品不属于能源产品，所以不被计入能源统计范围，因此原料用能部分都被统计到一定时期内的能源消费总量中，实际上，这部分原料用能并没有被消耗掉，而是以非能源产品的形式固定，但这在能源消费统计中却并没有得到体现，目前的统计方法实际上并不能反映出该地区或国家在一定时期内能源消费的真实情况。

近年来，随着消费增长以及化工及其相关联产业的稳步发展，原料用能在我国能源消费中的占比持续提升。据中国石油和化学工业联合会的初步统计，在我国石化化工行业2021年约为7.2×10^{11}kgce的能源消费总量中，原料用能占比已达30%[2]。因此，将原料用能纳入能源消费总量统计和控制，不能准确地反映相关行业和企业的能源实际消费情况，也不能为能源消费总量控制策略提供合理依据。

此外，能源消费与碳排放具有很强的关联关系，能源统计工作可与碳排放核算工作进行关联，但是用作燃料的能源和用作原料的能源在碳排放水平上存在明显的不同。在IPCC推荐的国家级温室气体排放核算导则中，鉴于用于燃料的能源都以CO_2的形式排放，而用于原料的能源大部分以化工产品的形式将碳固定，IPCC将用于燃料和原料的能源加以区分，对两者给出了不同的碳排放核算方法。IPCC给出的碳排放计算公式如下：

$$\text{能源用能碳排放量}=\text{活动数据(AD)}\times\text{排放因子(Ef)} \quad (3-3)$$

$$\text{非能源用能碳排放量}\ E_{\text{NEU}}=\sum_{i=1}^{n}NEU_iC_i(1-f_i) \quad (3-4)$$

式中 E_{NEU}——非能源用能产生的CO_2排放量；

NEU_i——第i种非能源用能的消耗量；

C_i——第i种非能源用能用作燃料时的单位排放因子；

f_i——第i种非能源用能的固碳因子，即所产产品储存的碳占非能源用能的碳的比例。

可见如果将原料用能单独统计，则可以将能源统计和碳排放核算进行对应，不仅可以与国际接轨，更可以大幅减少碳核算的工作量。

我国的碳排放核算也需与国际接轨，可参考IPCC碳排放核算方法，应先将原料用能分开统计。对此，我国已经提出了指导意见。2021年12月，中央经济工作会议指出，新增可再生能源和原料用能不纳入能源消费总量控制，应创造条件尽早使现行的能耗“双控”向碳排放“双控”转变。国家发展和改革委员会和国家统计局发布的《关于进一步做好原料用能不纳入能源消费总量控制有关工作的通知》中明确指出，原料用能是指用作原材料的能源消费，也就是能源产品不被用作燃料、动力使用，而是将其作为生产非能源产品的原料、材料使用。例如，将煤炭、石油、天然气及其制品等用来生产非能源用途的烯烃、炔烃、芳烃、醇类化合物和合成氨等产品时，就属于原料用能范畴；如果这些产品被作为燃料、动力使用，那么就不属于原料用能范畴。2024年7月30日，国务院印发《加快构建碳排放双控制度体系工作方案》，进一步加快了我国由能耗“双控”向碳排放“双控”转变的步伐。

二、炼油厂能源消耗的主要环节

因各炼油厂所用原料、加工规模、工艺流程、产品方案、能源介质、用能设备等存在不同，其能耗也存在较大差异。一般来讲，能耗主要来自加热炉所用燃料，催化裂化和催化裂解装置的催化剂烧焦，以及机泵和压缩机等消耗的电、蒸汽和水等。通常情况下，加热炉的燃料消耗用能最大，约占炼油能耗的30%~40%。其次为催化烧焦用能，约占10%~40%。电消耗用能约占20%~30%。蒸汽消耗用能约占10%~20%[3]。

炼油厂内所用燃料种类不同对碳排放的影响也不同，常见化石燃料的特性参数缺省值见表3-1[4]。

炼油厂耗能工质主要包括新鲜水、软化水、压缩空气、氧气和氮气等。对于炼油厂各种耗能工质，也给出了相应的折标系数和碳排放系数，各耗能工质折标系数和碳排放系数见表3-2[5]。

表3-1　常见化石燃料特性参数缺省值

燃料品种		低位发热量/(GJ/t)	单位热值含碳量/(kg/GJ)	燃料碳氧化率/%
固体燃料	无烟煤	20.304	27.49	94
	烟煤	19.570	26.18	93
	褐煤	14.080	28.00	96
	洗精煤	26.334	25.40	93
	其他洗煤	8.363	25.40	90
	型煤	17.460	33.60	90
	焦炭	28.447	29.40	93
液体燃料	原油	42.620	20.10	98
	燃料油	40.190	21.10	98
	汽油	44.800	18.90	98
	柴油	43.330	20.20	98
	一般煤油	44.750	19.60	98
	石油焦	31.998	27.50	98
	其他石油制品	41.031	20.00	98
	焦油	33.453	22.00	98
	粗苯	41.816	22.70	98

续表

燃料品种		低位发热量/(GJ/t)	单位热值含碳量/(kg/GJ)	燃料碳氧化率/%
气体燃料	炼油厂干气	46.050	18.20	99
	液化石油气	47.310	17.20	99
	液化天然气	41.868	17.20	99
	天然气	389.31GJ/10^4Nm^3	15.30	99
	焦炉煤气	173.540GJ/10^4Nm^3	13.60	99
	高炉煤气	33.000GJ/10^4Nm^3	70.80	99
	转炉煤气	84.000GJ/10^4Nm^3	49.60	99
	密闭电石炉炉气	111.190GJ/10^4Nm^3	39.51	99
	其他煤气	52.270GJ/10^4Nm^3	12.20	99

表 3-2 各耗能工质折标系数和碳排放系数

耗能工质	折标系数/(kgoe/t)	碳排放系数/(kgCO_2/t)
水		
新鲜水	0.170	0.632
循环水	0.100	0.351
除氧水	9.200	1.194
除盐水	2.300	8.076
软化水	0.250	0.669
电	0.228kgoe/(kW·h)	0.610kgCO_2/(kW·h)
蒸汽		
3.5MPa	88.000	309.005
1.0MPa	78.000	266.939
0.35MPa	66.000	231.765
燃料干气	950.000	2220.000
氮气	0.150kgoe/Nm^3	0.401kgCO_2/Nm^3
净化风	0.038kgoe/Nm^3	0.102kgCO_2/Nm^3
催化剂烧焦	950.000	3520.000
低温热	1.000kgoe/kgoe	3.512kgCO_2/kgoe

三、主要炼油装置的能耗水平

《炼油单位产品能源消耗限额》(GB 30251—2013)中给出了各类炼油生产装置的能耗定额，可以将其作为典型炼油装置的能耗水平参考，具体见表3-3。

表3-3　部分炼油生产装置的能耗定额

装置名称	能耗定额/(kgoe/t)
常减压蒸馏装置	10
重油催化裂化装置	55
双提升管催化裂化装置	59
延迟焦化装置	25
预处理和连续重整装置	90
预处理和固定床重整装置	80
预处理和组合床重整装置	85
加氢裂化装置	33×[1.3-x(加氢裂化尾油收率)]
蜡油加氢处理装置	16
渣油加氢处理装置	20
中压加氢改质装置	28
制氢(含氢气提纯)装置	1100(气体)
	1100(轻油)
	1500(重油)
溶剂脱沥青装置	26
烷基化装置	105(硫酸法)
	129(氢氟酸法)

由于各炼油厂的装置结构存在差异，其能耗构成也不尽相同。下面以国内某千万吨级炼油厂为例介绍其各装置的能耗情况。该炼油厂原油总蒸馏能力为11Mt/a，当产能利用率为84.5%时，各装置加工量、综合能耗及其占全厂能耗比例情况见表3-4[5]。

从表3-4中的数据可见，该炼油厂中装置能耗最大的为催化裂化装置，其次为常减压蒸馏、连续重整、加氢裂化、天然气制氢装置和气体分馏装置。

表 3-4 国内某千万吨级炼油厂装置能耗及其占比情况

装置名称	加工量/(10kt/a)	综合能耗/(10^4toe/a)	能耗占比/%
催化裂化装置	280.531	16.777	29.0
常减压蒸馏装置	930	9.222	16.0
连续重整装置	100	8.738	15.1
加氢裂化装置	235.673	6.230	10.8
天然气制氢装置	3.752	4.204	7.3
气分装置	56.59	3.824	6.6
延迟焦化装置	149	3.243	5.6
蜡油加氢装置	141.305	1.669	2.9
柴油加氢装置	114.022	1.516	2.6
烷基化装置	7.081	0.799	1.4
干气提纯提浓装置	16.158	0.673	1.2
S Zorb 装置	133.72	0.627	1.1
煤油加氢装置	113.207	0.444	0.8
硫黄回收装置	3.083	-0.172	-0.3
总计	—	57.794	100.0

四、公用工程装置及辅助系统的能耗

炼油厂公用工程系统通常包括蒸汽发生锅炉、蒸汽管网系统(包括蒸汽透平)、燃气及氢气系统、电力系统和水系统等，它是每个企业的能源转换部门，为整个企业供应能源。具体来讲就是将外部的一次能源(如煤炭、石油、天然气、新鲜水等)转化为内部工艺生产过程所需的蒸汽、电、水、气(如燃气及氢气等)和风等二次能源。

国内某炼油厂(当年加工量 9.3Mt/a，综合能耗 57.79×10^4toe/a)公用工程的能耗构成如下：电力、水、低温热、蒸汽对应的能耗占全厂综合能耗的比例分别为 18.28%、6.00%、2.54%和-10.31%。其中蒸汽消耗量为负值，这主要是因为该炼油厂催化裂化、天然气制氢、硫黄回收等装置副产的蒸汽量大于炼油过程的蒸汽总消耗量[5]。

炼油辅助系统主要包括：原油、半成品及成品油的储运系统、供排水系统、污水处理系统、空气压缩站、空气分离站、化验、研究、消防和生产管理等。根据某公司旗下炼油厂运行数据，从整体看，污水处理能耗占炼油综合能耗的比例约为0.4%，空分装置能耗占炼油综合能耗的比例约为3%，储运系统能耗占比约为7%。

五、节能空间与减排空间

炼油能耗主要包括燃料气消耗、催化烧焦、蒸汽消耗和电力消耗。行业水平差异较大，先进产能与落后产能并存。《工业重点领域能效标杆水平和基准水平(2023年版)》给出的炼油能效标杆水平值为7.5kgoe/(t·Ef)，给出的基准水平值为8.5kgoe/(t·Ef)。截至2020年底的数据显示，我国炼油行业能效情况优于标杆水平的产能约占25%，能效情况低于基准水平的产能约占20%。

2022年2月，国家发展和改革委员会等四部门联合发布《高耗能行业重点领域节能降碳改造升级实施指南(2022年版)》，在其附件《炼油行业节能降碳改造升级实施指南》中就明确提出炼油行业的节能方向，要求到2025年，在炼油领域，达到能效标杆水平以上产能比例应达到30%。该指南给出具体节能方向：一是要加强前沿技术的开发和应用，推动渣油浆态床加氢等劣质重油原料加工、先进分离、组分炼油及分子炼油、低成本增产烯烃和芳烃、原油直接裂解等深度炼化技术开发应用。二是要加快成熟工艺的普及推广，有序推动改造升级：如采用智能优化和先进控制技术、CO燃烧控制技术、先进机泵调速技术、冷再生剂循环催化裂化技术等绿色工艺技术，加快节能设备推广应用，进行能量系统优化和氢气系统优化[6]。

2021年某公司旗下炼油厂主要炼油装置中最高能耗与最低能耗的差值见表3-5，从表中数据看，还有很大的节能空间。

表3-5 2021年某公司旗下炼油厂主要装置能耗水平

装置名称	能耗最高-能耗最低/(kgoe/t)	装置名称	能耗最高-能耗最低/(kgoe/t)
常减压蒸馏装置	6.4	连续重整装置	66
催化裂化装置	72	蜡油加氢装置	19
加氢裂化装置	27	渣油加氢装置	14
延迟焦化装置	22	制氢装置	1245
异构化装置	18		

石科院对一个千万吨级炼油厂可采用的各节能措施的节能潜力和碳减排潜力进行了分析，见表3-6[7]。

表 3-6 千万吨级炼油厂各节能措施的节能和碳减排潜能

技术名称	节能/(kgoe/t)	碳减排/(10kt/a)
换热网络集成优化	1~3	2~5
蒸汽动力系统优化技术	13~19kgoe/t 蒸汽	2.5~6
低温余热高效利用技术	低温热回收提高 10%	4
氢气资源高效利用技术		2~3
原油催化裂解生产化工原料技术		与轻油蒸汽裂解+重油催化裂解集成技术相比，碳减排 30%以上
低生焦催化裂化技术		5(2Mt/a 的 FCC 装置)
低能耗柴油液相加氢精制技术		减碳 50%以上
低碳强度生产化工原料的加氢裂化技术	10%~20%	5(2Mt/a 装置)
高效设备降低催化裂化工艺排放		11(2Mt/a 的 FCC 装置)
分离系统智能优化技术	0.5~2.1	1.0~4.2
反应装置模拟优化技术	2%~15%	2%~15%碳减排
组分炼油		45

参 考 文 献

[1] 李大东．我国炼油工业转型发展的技术策略[C]//2023 中国石油炼制科技大会. 北京，2023.

[2] 经济参考网. 原料用能不纳入能源消费总量控制为高质量发展腾出用能空间[EB/OL]. (2022-11-02). http：//www.jjckb.cn/2022-11/02/c_1310672668.htm.

[3] 王北星，田涛，陈清林，等. 炼化企业全厂能量系统优化节能技术研究与应用实践[J]. 当代石油石化. 2011(11)：13-17，32.

[4] 国家发展和改革委员会. 中国石油化工企业温室气体排放核算方法与报告指南(试行).

[5] 曲宏亮. 脱碳型炼油厂全流程碳排放分析及减排策略[J]. 当代石油石化. 2022，30(5)：26-32.

[6] 炼油行业节能降碳改造升级实施指南[S/OL]. (2013-12-18). https：//www.zunyi.gov.cn/zwgk/zdlygk/gyfz/202206/P020220614350536162325.pdf.

[7] 中国石化石油化工科学研究院，德勤中国. 迈向 2060 碳中和石化行业低碳发展白皮书[EB/OL]. 北京：石油化工科学研究院(2022-04-24).https：//mp.weixin.qq.com/s/MGPp-theirwMWBXW8XOyLDQ.

第四章　炼油厂碳排放

炼油和化工行业是能源消耗和碳排放的大用户[1]。据统计，全球化工和石化行业的温室气体排放量占总排放量的 5.8%，其中 3.6%来自能源使用，2.2%来自工业过程。炼油厂在生产过程中消耗大量的能源，同时产生大量的温室气体，主要是 CO_2，占总排放量的 99%以上[2,3]。本节重点介绍原油加工过程中的 CO_2 排放。

第一节　碳排放统计

2020 年，一项对中国经济和社会体制变革有重要影响的政策是中国“双碳”目标的发布，该目标旨在实施中国碳排放量的有效控制并深度保护环境，与世界接轨。中国炼化行业规模大、化石能源消耗高、碳排放总量大，炼化行业发展的“双碳”目标面临严峻挑战，迫切需要落实新的发展理念，探索新的发展模式，实现低碳转型与发展[4,5]。

实现“双碳”目标将会有力促进高质量发展，推动保护环境的产业结构调整，加快资源节约，推动生产方式和生活方式的转变，促使经济社会全面向绿色转型，因此当前中国经济发展必须坚定地走绿色低碳的高质量发展道路。当下是我国碳排放高峰期、重要窗口期和生态环境质量从量变到质变的关键时期[6-8]。

2020 年，世界范围内实现碳达峰的国家仅有 50 余个，这些国家的碳排放约占全球排放量的 40%[9,10]。目前正式宣布碳中和目标的国家和经济体已有 100 多个。能源活动是全球温室气体排放的主要来源[11]。根据 bp 能源统计数据，2016 年全球能源使用产生的 CO_2 排放量为 33020Mt，其中中国为 9230Mt[12]，占 28.0%；其余为美国(15.3%)、34 个欧洲国家(12.9%)、印度(6.5%)和俄罗斯(4.6%)。五年后的 2021 年，全球能源消费的 CO_2 排放量约为 33880Mt，中国的排放量为 10520Mt，上升到 31.1%，其次是美国(13.9%)、34 个欧洲国家(11.2%)、印度(7.5%)和俄罗斯(4.7%)。这表明，全球 CO_2 排放量呈现出区域性调整，亚太地区继续增长，而欧美逐步降低，中国 CO_2 排放比例居首位。根据世界资源研究所的数据，2017 年全球约 73%的碳排放来自能源。中国碳排放量最高的行业是电力能源、工业、交通和建筑。根据 CEADS 的数据，2017 年，电力能源部门占总排放量的 46.6%，工业部门占 27.9%，交通部门占 9.7%，建筑部门占 5.0%。

2016 年全球炼油产能约为 49.15×10^8t/a，其中中国炼油产能为 7.42×10^8t/a，美国炼油产能为 9.27×10^8t/a。五年后的 2021 年，全球炼油产能约为 50.75×10^8t/a，中国炼油产能为 8.46×10^8t/a，美国炼油产能为 8.93×10^8t/a。全球炼化产业的区域结构正在悄然发生变化[13]。国际石油大公司已经从炼油和化工行业转移了阵地，而中国企业继续增持股份，炼油工业保持强劲发展势头。中国成品油需求即将达峰，化工需求是石油需求增量的主要来源。据有关预测，中国石油需求的峰值将由 2027 年提前到 2025 年。在产品结构上，降低燃油产品比重，提高化工产品比重，成为当前中国炼化行业应对“双碳”目标的共识。在能源消费结构方面，以国内某集团为例，2019 年，能源消费主要立足于煤炭、石油和天然气，其中煤炭约占 40.2%、石油约占 46.8%、天然气约占 11.4%、外购电力约占 5.1%，见表 4-1。其能源结构以化石能源为主，煤炭占比较大。

表 4-1 2019 年某集团能源消费结构情况表

名称	占比	备注
煤炭	40.2%	不含煤化工企业
石油	46.8%	含炼油厂干气、原油、石油焦、液化石油气、燃料油等油品
天然气	11.4%	
外购电力	5.1%	
外购热力	-3.5%	外供
合计	100.0%	

在低碳发展目标下，预计 2030 年该集团能源消费结构将有新的格局：新增可再生能源占比，煤炭和石油占比降低，天然气占比略有增加，外购电力占比较之前增加约一倍，见表 4-2。

表 4-2 2030 年某集团能源消费结构情况表

名称	占比	备注
可再生能源	3%	自用
煤炭	38%	不含煤化工企业
石油	35%	含炼油厂干气、原油、石油焦、液化石油气、燃料油等油品
天然气	13%	

续表

名称	占比	备注
外购电力	10%	
外购热力	1%	
合计	100%	

预计2050年该集团能源消费结构中将继续增加可再生能源占比，煤炭和石油占比进一步降低，天然气和外购电占比将有较大的增幅，见表4-3。

表4-3　2050年某集团能源消费结构情况表

名称	占比	备注
可再生能源	5%	自用
煤炭	10%	不含煤化工企业
石油	25%	含炼油厂干气、原油、石油焦、液化石油气、燃料油等
天然气	15%	
外购电力	40%	
外购热力	5%	
合计	100%	

在低碳发展目标下，中国石化紧紧围绕原油高效利用与油转化战略，预计2030年高碳情景下加工原油283.15Mt，低碳情景下加工原油270.65Mt，高碳情景下生产乙烯25.98Mt，低碳情景下生产乙烯21.48Mt。2050年，中国石化预计高、低两种情况下的原油加工量分别为150.85Mt和138.35Mt，而乙烯产量则保持不变，见表4-4。

表4-4　中国石化远期业务发展规划情况

名称	2030年	2050年
上游业务		
原油产量/(Mt/a)	35	35
天然气产量/(10^8Nm^3/a)	500	500
炼化业务		
原油加工量/(Mt/a)	270.65/283.15	138.35/150.85
乙烯产量/(Mt/a)	21.48/25.98	21.48/25.98

面对严峻的产能过剩形势，炼化企业正在加快转型步伐。在中国石化“一基

两翼三新"产业模式发展战略下，更多的炼化企业开始拓展下游化工业务，减油增化，向下游产业链延伸，并逐步以新材料、新能源进一步拓展产业空间，以新能源的投入降低生产过程碳排放，以增产化工品降低产品生命周期碳排放、降低产业链碳排放。

一、碳排放类型

所谓碳排放，即温室气体的排放。温室气体中最主要的气体是二氧化碳（CO_2），因此用碳代表。虽然使用碳排放替代温室气体排放并不完全精准，但它是帮助公众迅速理解温室气体排放概念的有效方法。

碳排放伴随着社会生活和生产过程的始终，每个生产单元在整个过程中累计排放的温室气体的 CO_2 当量称为动态碳排放，不同批次的产品会产生不同的动态碳排放量，炼油厂碳排放结构见图 4-1。

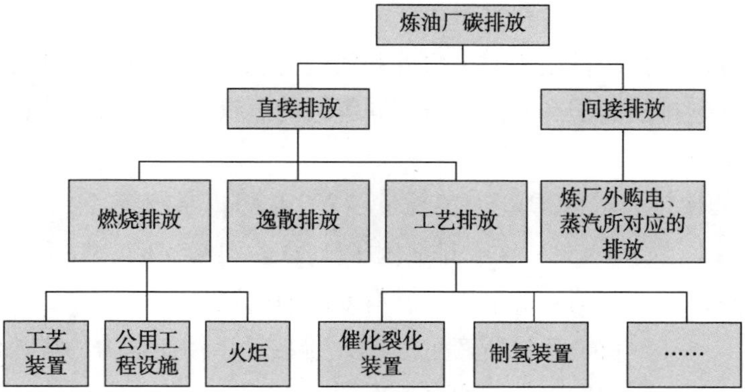

图 4-1　炼油厂碳排放结构

1. 直接排放

直接温室气体排放发生在该组织的边界内，由该组织拥有或控制的源或汇产生。

直接排放又分为以下三种：

（1）燃烧排放

炼油消耗的燃料包括燃料油、燃料气、煤和石油焦等。在计算中，应计算炼油厂自用燃料气、燃料油、石油焦和煤的消耗量数据，并结合低位热值和 CO_2 排放系数的参考数据，计算各种燃料燃烧产生的碳排放量。

（2）工艺排放

炼油过程中工艺碳排放是指原料中的碳最终以 CO_2 的形式排放出来，主要来源是催化裂化装置和制氢装置。其计算方法详见本章第三节。

(3) 逸散排放

逸散排放是从提取、处理、储存和运输化石燃料的系统(如法兰、阀门、连接和螺纹连接)中直接、无组织的排放。

直接排放量是指企业或个人直接排放的 CO_2，如燃烧化石燃料、工业生产、交通运输等。直接排放量计算公式如下：

$$\text{直接排放量}(tCO_2e)=\text{燃烧排放}+\text{工艺排放}+\text{逸散排放} \tag{4-1}$$

2. 间接排放

间接排放包括外购电力、热能、蒸汽、冷却介质和压缩空气等公用工程介质产生的界区外的排放。它不包括与燃料有关的所有上游排放(如从摇篮到发电厂门)、发电厂建设的排放，以及运输和配送过程的排放。外购电力的间接排放，包括与本组织生产和消费外购电力有关的温室气体排放。来自外购能源的间接排放，包括与生产组织通过管网(高压蒸汽、中压蒸汽和压缩空气等)消耗的能源相关的温室气体排放，但不包括电力。

炼油过程的间接碳排放主要来自外购的电力和蒸汽。间接碳排放量可根据不同地区的电网碳排放因子和不同年份不同等级的蒸汽碳排放因子计算。间接排放量计算公式如下：

$$\text{间接排放量}(tCO_2e)=\text{消耗量}(kW\cdot h\text{、}kg\text{等})\times \text{排放因子}[tCO_2e/(kW\cdot h)\text{、}kg\text{等}] \tag{4-2}$$

式中　消耗量——实际消耗的电力、燃料或能源的数量；

排放因子——单位消耗量所产生的 CO_2 排放量，例如电力的排放因子会因不同的发电方式而有所不同。

值得注意的是，碳排放量的计算结果受工业、地区、生产过程、能源结构等多种因素的影响。因此，在计算碳排放量时，必须根据具体情况选择合适的计算方法，尽可能准确地获取和处理数据。

二、碳排放范围

政府部门以及温室气体管理项目组织者应该按照温室气体核算方法及其指导原则，对企业的碳排放进行统一核算和报告。由世界资源研究所和世界可持续发展工商理事会联合发布的《温室气体核算体系》作为第一个针对具体公司或项目的温室气体报告准则，提供了与衡量和报告温室气体排放量有关的核算方法。

为说明碳排放的直接和间接来源，为排放清单提供指导，《温室气体核算体系》中针对核算和报告确定了三个“范围”。

范围 1(直接排放)：由企业直接控制的燃料燃烧活动和物理化学过程所产生的温室气体直接排放。移动或固定燃烧、化学或生产过程，以及无意释放的自逃逸源排放通常是典型范围 1 排放。在范围 1 中的过程排放是指工业过程和现场制造过程中的温室气体排放。例如，水泥生产过程产生的 CO_2、工厂烟雾、化学品等。温室气体排放分布构成见图 4-2。

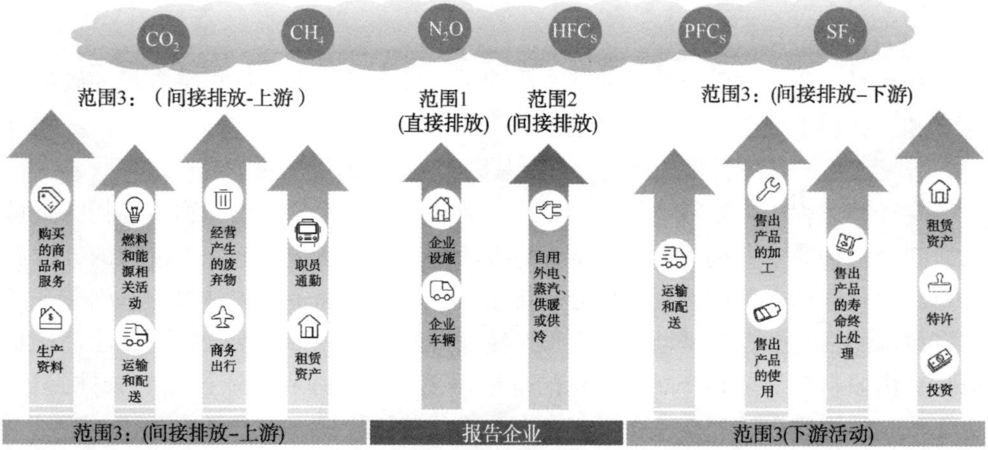

图 4-2 温室气体排放分布构成

范围 2(间接排放)：为企业外购能源产生的温室气体排放，包括光、电、热水、蒸汽、空调等。典型的范围 2 中发电过程的温室气体排放，不包括发电厂上游或下游的排放。

范围 3(价值链上下游各项活动的间接排放)：上游或下游活动种类繁多。例如上游活动包括购买货物和服务、与生产资料、燃料和能源有关的活动、运输和分销；下游活动包括加工已售出的产品、对已售出产品的使用以及报废处理等。

对于大多数涉及温室气体核算的披露制度，范围 1 和范围 2 是强制性的，范围 3 是可选的。ISO 14064—2018 提供了范围 3 上游或下游排放的分类，这些排放都是范围 2 以外的间接排放，包括来自运输的排放、公司使用产品的碳足迹，以及使用这些产品所产生的碳排放。

通过将排放量划分为不同的范围，一个组织可以逐步建立其整个碳足迹，帮助确保排放量不会大规模重复计算。温室气体排放或排放清单对碳足迹和环境影响十分重要，也是设定减排目标和化石燃料使用目标的基准。此外，计算温室气体排放量对企业本身也有好处，这个过程将帮助企业和社会管理者深入公司业务的每一个部分，包括生产运营、产品的生命周期、供应和价值链、利益相关者关系以及所有有关的其他相关活动。

第二节　碳排放核算

随着碳排放定量化研究的不断深入，针对不同研究对象的碳排放核算方法也越来越多[14]。目前，广泛应用于碳排放核算的方法主要分为物料平衡法、实测法和排放因子法[15]。

（1）物料平衡法

物料平衡法核算碳排放量的基本原理是碳投入量等于全过程碳含量和碳损失量之和。物料平衡法计算碳排放量的公式如下：

$$\sum 投入碳量=\sum 产品碳含量+\sum 损失碳量 \tag{4-3}$$

在计算过程中，物料平衡法涵盖了工业排放源、工艺过程和物质能耗的碳排放。它是一种简单实用的碳排放量计算方法，不仅适用于整个生产过程的碳排放总量，而且适用于生产过程的部分碳排放量。目前，大多数碳排放的基础数据和碳排放源的估算数据都是通过物料平衡法获得的。然而，使用物料平衡法仍然难以计算由原料较复杂和产品多样化的炼油厂生产的汽油和柴油产品的碳排放量，也无法具体说明汽油和柴油在生产各个阶段的碳排放量。

（2）实测法

实测法是通过监测和连续测量获得碳排放数据的一种统计计算方法。根据气体流量和 CO_2 浓度的数据，利用监测数据计算总碳排放量。实测法计算碳排放量的具体公式如下：

$$G=k\times q\times c \tag{4-4}$$

式中　G——CO_2 排放量；

k——CO_2 单位排放系数；

q——气体流量；

c——CO_2 浓度。

实测法通过对具有代表性的样本进行实地监测，可以获得最准确的碳排放数据，从而获得一些基础数据。然而，由于代表性样本的不确定性和测试数据的高精度，使得数据的获取非常困难和昂贵，因此不能得到广泛的应用。

（3）排放因子法

排放因子法是计算每单位生产过程所排放温室气体数量的统计平均值方法，也是估算碳排放量的方法。在量化碳排放的方法时，IPCC 提供了相应的排放因子用以估算碳排放，即把活动数据乘以一个碳排放因子得出碳排放估计值，同时也给出了以排放因子法计算碳排放量的公式[16]：

$$G=AD\times EF \tag{4-5}$$

式中　AD——碳排放源在过程中的消耗量(活动数据)；

EF——单位此排放源使用时排放的温室气体量(碳排放因子)。

排放因子法是碳排放估算的一种简便方法，是目前应用最广泛的碳核算方法。这种方法适用于国家、省、市等宏观层面的核算，可以粗略地对某一特定地区的总体情况进行宏观调控。然而，在实践中，由于各地区能源质量和机组燃烧效率的差异，常使得碳核算结果出现误差。

一、碳排放因子

碳排放因子作为衡量单位生产、经营、消费和其他人类活动的温室气体排放量或清除量的一种措施，用于计算特定或所有人类活动产生的排放量或清除量，是一种有效的工具。目前，温室气体排放的行业核算方法主要有物料平衡法、实测法和排放因子法。排放因子法是应用最广泛的碳核算方法之一。碳排放因子是碳核算中不可缺少的因素。

1. 定义

排放因子是用于量化每单位活动的温室气体排放量或清除量的系数。排放系数通常源自采样测量或统计分析，代表在特定活动水平下的温室气体排放或清除数据[17]。

在碳核算中，排放因子是温室气体排放因子，它表示与活动水平数据相对应的单位活动的温室气体产生或清除量，而碳排放因子是温室气体类型为 CO_2 时的温室气体排放因子。碳排放因子是碳核算的基本数据。

一般来说，排放因子的来源可分为官方机构数据、行业数据、主要生命周期评价(LCA)数据库数据和研究机构披露数据。行业公开数据是当局、政府部门等公布的排放因子的参考值。例如，IPCC 公布的排放因子、温室气体核算系统官方网站提供的排放因子清单，以及国家发展和改革委员会发布的企业温室气体排放核算方法与报告指南，或国家及省级主管部门、IPCC 等建议的排放因子。除了公共数据，企业还可以通过主要生命周期评估数据库和研究机构披露的排放因子数据库来选择所需的碳排放因子。

在实践中，排放因子会因地区、技术水平和工艺流程的不同而发生很大变化，直接影响到碳核算的准确性。企业在选择碳排放因子时可以遵循“近似原则”，即时间相近、空间相近。优先选择与核算年度公布的排放因子最接近的和与排放源的地理范围相对应的排放因子，优先使用供应商提供的测量数据，其次是区域数据、国家数据和国际数据。

以国内企业选取碳排放因子为例：

① 优先采用物料平衡法或生命周期分析法研究碳排放因子，确定生产阶段的碳排放因子；

② 其次考虑国内数据，如研究中特定项目和特定地区的排放因子。国内数据按照不同来源的优先顺序是：国内权威监测机构>国内行业技术文件数据>国内具体研究数据；

③ 在缺乏国内数据的情况下，应收集国际数据，并选择国际主管部门公布的碳排放因子。

2. 炼油行业常用碳排放因子

目前，国内碳排放因子尚缺少系统有序管理，不能实现及时更新，且数据来源分散、数值差异较大。国家发展和改革委员会发布了 24 个行业企业温室气体排放核算方法与报告指南，并陆续发布了国家标准《工业企业温室气体排放核算和报告通则》(GB/T 32150—2015)以及 17 个行业的《温室气体排放核算与报告要求》(GB/T 32151 系列标准)。燃料发热量、单位发热量碳含量和碳氧化率等参数的编制涉及不同的行业核算准则或标准，来源多，数值不同，企业在选择数据时需加以判断。

(1) 电力系统碳排放因子

国内电力碳排放因子，按区域水平可分为全国平均碳排放因子、区域平均碳排放因子和省级平均碳排放因子。因此，国家、地区和省三级电网的排放因子有三个，这些排放因子并没有具体说明在什么情况下使用哪一个电网排放因子。生态环境部、国家统计局于 2024 年 4 月发布了 2021 年全国、区域和省级的电力平均碳排放因子。

为了在中国的主要减排领域和符合 CDM 规则的中国自愿温室气体减排项目(CCER 项目)中开发更加准确、便捷的 CDM 项目，自 2006 年以来，国家生态环境部应对气候变化司公布了我国区域电网年度减排项目的基准排放因子。为方便厘定中国清洁发展机制及碳排放研究中心发电项目的基准排放因子，按照区域精细划分为华北、东北、华中、华东、西北、西南及南方区域电网，西藏、香港、澳门及台湾地区除外，见表 4-5。

在《关于做好 2023—2025 年发电行业企业温室气体排放报告管理有关工作的通知》中生态环境部公布了 2022 年全国电网平均排放因子为 0.5703tCO_2/MW · h，与 2022 年《关于做好 2022 年企业温室气体排放报告管理相关重点工作的通知》中公布的排放因子 0.5810tCO_2/(MW · h)相比，下降了 0.0107，这代表着随着国家电力能源结构的升级，现在每 1000kW · h 电力可减少 10.7$kgCO_2$ 排放。

表 4-5 区域电网覆盖省市区及减排项目的基准线排放因子(2023 年)

电网名称	覆盖省市区	电量边际排放因子/[tCO_2/(MW·h)]	容量边际排放因子/[tCO_2/(MW·h)]
华北区域	北京、天津、河北、山西、山东、内蒙古	0.9350	0.3020
东北区域	辽宁、吉林、黑龙江	1.0472	0.2070
华东区域	上海、江苏、浙江、安徽、福建	0.7703	0.2030
华中区域	河南、湖北、湖南、江西	0.8771	0.2696
西北区域	陕西、甘肃、青海、宁夏、新疆	0.9014	0.3597
南方区域	广东、广西、云南、贵州、海南	0.7738	0.1981
西南区域	四川、重庆	0.5959	0.0634

（2）蒸汽系统碳排放因子

《炼油单位产品能源消耗限额》(GB 30251—2013)和《石油化工设计能耗计算标准》(GB/T 50441—2016)中均提供了石油化工领域通常使用的 9 个等级蒸汽的统一能源折算值以及每个蒸汽等级所适用的压力范围，如表 4-6 所示。根据统一的能源折算值可以按照消耗单位标油的碳排放量来计算蒸汽系统碳排放因子。

表 4-6 炼油厂蒸汽能源折算值

序号	类别	能源折算值/(kgoe/t)	备注
1	10.0MPa 级蒸汽	92	7.0MPa≤P
2	5.0MPa 级蒸汽	90	4.5MPa≤P<7.0MPa
3	3.5MPa 级蒸汽	88	3.0MPa≤P<4.5MPa
4	2.5MPa 级蒸汽	85	2.0MPa≤P<3.0MPa
5	1.5MPa 级蒸汽	80	1.2MPa≤P<2.0MPa
6	1.0MPa 级蒸汽	76	0.8MPa≤P<1.2MPa
7	0.7MPa 级蒸汽	72	0.6MPa≤P<0.8MPa
8	0.3MPa 级蒸汽	66	0.3MPa≤P<0.6MPa
9	<0.3MPa 级蒸汽	55	—

（3）常见化石燃料碳排放因子

《炼油单位产品能源消耗限额》(GB 30251—2013)强制标准中提供了石油化工领域常见化石燃料特性参数推荐值。根据此推荐值，可以按照消耗 1kgce 碳排放 2.46kg 的基准来计算常见化石燃料的碳排放因子。

《碳排放核算与报告要求 第 15 部分：石油化工企业》(GB/T 32151.15—2023)

提供了石油化工企业中常见化石燃料特性参数缺省值。根据这些数据可以按照消耗单位标油的低位热值和碳排放量来计算常见化石燃料的碳排放因子。

在《石油化工生产企业 CO_2 排放量计算方法》(SH/T 5000—2011)推荐标准中提供了石油化工生产企业常用的各种燃料的低位热值及对应的 CO_2 排放因子数据，见表4-7。

表4-7　各种燃料的低位热值及对应的 CO_2 排放因子

燃料种类	低位热值/(MJ/kg)	CO_2 排放因子/(kg/MJ)	碳含量/(g/MJ)
标准煤	29.271	0.0840	—
原油	41.816	0.0711	20.0
燃料油	41.816	0.0755	21.1
汽油	43.070	0.0675	18.9
煤油	43.070	0.0694	20.0
柴油	42.652	0.0726	20.2
液化石油气	50.179	0.0616	17.2
炼油厂干气	46.055	0.0482	15.7
油田天然气	38.931MJ/Nm^3	0.0543	15.3
煤矿瓦斯气	14.636~16.726MJ/Nm^3	0.0373	12.1
焦炉煤气	18.003MJ/Nm^3	0.0373	12.1
石油焦	28.032	0.0957	29.2
国网供电	—	0.86kg/(kW·h)	—
企业自用电站供热	—	150kg/GJ	—

(4) 主要耗能工质排放因子

《综合能耗计算通则》(GB/T 2589—2020)提供了主要耗能工质的单位耗能工质耗能量和对应的折标准煤系数的参考值，见表4-8。

表4-8　主要耗能工质的单位耗能工质耗能量和相应的折标准煤系数

耗能工质名称	单位耗能工质耗能量		折标准煤系数
新鲜水	7.54MJ/t	1800kcal/t	0.2571kgce/t
软化水	14.24MJ/t	3400kcal/t	0.4857kgce/t
除氧水	28.47MJ/t	6800kcal/t	0.9714kgce/t
压缩空气	1.17MJ/m^3	280kcal/m^3	0.0400kgce/m^3
氧气	11.72MJ/m^3	2800kcal/m^3	0.4000kgce/m^3
氮气(作副产品时)	11.72MJ/m^3	2800kcal/m^3	0.4000kgce/m^3

续表

耗能工质名称	单位耗能工质耗能量		折标准煤系数
氮气(做主产品时)	19.68MJ/m^3	4700kcal/m^3	0.6714kgce/m^3
二氧化碳	6.28MJ/m^3	1500kcal/m^3	0.2143kgce/m^3
乙炔	243.76MJ/m^3	58220kcal/m^3	8.3143kgce/m^3
电石	60.92MJ/kg	14550kcal/kg	2.0786kgce/kg

3. 企业实测碳排放因子

哈佛大学、中国科学院等国内外科研机构积极参与了碳排放因子的实测研究，这些研究涵盖中国科学院的多个研究基金项目，包括气候变化试点项目、碳预算认证及相关科学问题、中国碳排放核算项目等。尽管如此，中国碳排放因子的计量仍存在企业碳排放因子的计量不统一、缺乏相应的标准和规范、实测值与实际碳排放因子不能很好匹配等问题[18]。

为解决这些问题，可以建立碳排放因子标准化数据库。可以借鉴欧洲地区报告温室气体排放系数的年度指导方针，并在国家层面上编制和管理一个碳排放因子数据库，针对不同的核算主体，如地区、企业、项目和产品，以及不同的控制和控制目的，明确界定各种碳排放系数的值，并为其使用提供明确的指导方针，对不同类别排放系数的定义和使用情景进行区分。应每年更新碳排放因子数据库，特别是国家、地区、碳足迹和其他动力排放因子，以及碳足迹在不同生命周期阶段的相关参数。随着科学技术的进步和高质量的发展，生产和生活模式不断变化，能源结构趋向清洁化，每个因素的参数也在动态变化。因此，有必要在时空维度上推进碳排放因子数据库的精细化核算管理，不断提高其科学性和系统性，提高温室气体核算的准确性，以实现国际和国内碳排放责任的公平分担，促进全社会的低碳行动。

二、碳排放核算方法标准

碳核算是有效减少碳排放和实现绿色经济转型的基本前提，也是积极参与国际气候变化谈判的重要支持。为了提高不同行业温室气体排放量化基本原则的一致性、可信性和可靠性，近年来，国内外许多研究机构制定并公布了相关的量化标准、规范或方法[19-22]。

1. 国际方法标准

国际上，国际组织或协会主要依靠各国政府和企业自行核算和报告来计算碳核算的结果。自上而下的核算是根据IPCC气候小组的《IPCC国家温室气体清单编制指南》进行的，而自下而上的核算则使用《温室气体核算体系》系列标准。这些非政府组织标准和准则鼓励国家、城市和企业积极报告和交流结果，以确保公开报告的一致性。以国际能源署的碳核算报告为例，主要数据来源是各国向国际能源署能源数据中心提交的月度数据、来自世界各地电力系统运营商的实时数据以及各国政府发布的统计数据。国际标准化组织（ISO）于 2006 年根据《温室气体核算体系》制定了 ISO 14064 管理标准体系，为温室气体信息和数据的管理、报告和验证提供了统一的模型。

尽管国际社会有公认的原则和标准，但对其数据来源、收集和测量方法、数据表示方法和报告方法的具体实施却有不同的关注点。

（1）IPCC 指南

2006 年 IPCC 指南按排放气体类型衡量碳排放量。在燃烧过程中，大部分碳以 CO_2 的形式释放出来。并不是所有的碳都以 CO_2 的形式进入大气，有些以其他形式排放到大气中，如 CO 和 CH_4。作为 CO_2 以外的气体排放的大部分碳最终以非 CO_2 的形式存在于大气中，可以使用非 CO_2 模型进行估算。

（2）ISO 14064

ISO 是全球最大的非政府国际标准化组织，成立于 1947 年 2 月，拥有多个技术委员会。该国际组织的主要任务之一是为各个行业制定国际标准，并协调世界范围内的标准化工作。在 1992 年 5 月 6 日举行的联合国环境与发展大会中将可持续发展作为各国环境的一个重要问题。ISO/IEC 环境管理技术委员会是根据一个咨询小组的建议于 1993 年 6 月成立的，目的是制定国际环境管理（ISO 14000）系列标准，并开展国际环境管理工具和系统的标准化工作。

（3）GHG Protocol

《温室气体核算体系》（GHG Protocol）的要求和指引于 2011 年 9 月发布，于 2012 年初发布最终版本。《温室气体核算体系》以 ISO 14044 系列生命周期评估标准和 ISO 14020 系列环境标签标准为基础。通过综合方法测量和对温室气体管理，该标准可以帮助公司或组织在设计、制造、销售、购买和使用产品时减少碳排放，为可持续发展寻找更多机会。

温室气体核算制度不是一个单一的核算制度，而是由一套标准、准则和核算工具组成，用以量化和报告企业、组织、项目等的温室气体排放量。所有的标准、准则和工具都是各自独立同时又相辅相成，是企业、组织和项目核算以及按需求报告温室气体排放量的依据和法规，也是助力全球实现低碳经济目标的必要保证。

2. 国内方法标准

2022 年，国家发展和改革委员会等三个部门发布了《关于加快建立统一规范的碳排放统计核算体系实施方案》(以下简称《方案》)，该《方案》全面部署了我国“双碳”工作领域的相关工作。碳排放核算系统复杂而庞大，涉及多个层次、多个主题、多个维度，其核算边界和核算方法因核算对象不同、用途不同而有所区别。

按照《联合国气候变化框架公约》规定，中国需要按时发布和递交国家信息通报，因此加强和完善各地方政府及行政区域温室气体清单编制能力刻不容缓，为此在国家发展和改革委员会气候司的统一组织和协调下，由相关领域专家依据IPCC 指南中的理论和核算方法，编制出台了《省级温室气体清单编制指南(试行)》，现已在国内华南的广东、华中的湖北以及华北的天津等全国有代表性的 7 个行政区域开展相关试点工作。

国家发展和改革委员会委托国家应对气候变化战略研究和国际合作中心编制了国内 24 个重点行业，企业温室气体排放核算方法与报告指南为建立与世界接轨的企业温室气体排放数据体系提供了制度保障。

根据国际标准 ISO 14064—2006，中国质量认证中心、中国标准化研究院、国家发展和改革委员会能源研究所等相关研究机构共同制定了我国碳排放量计量的国家标准。国内主要温室气体排放行业，如钢铁、水泥、石油化工等行业也推出了针对具体行业的温室气体量化方法标准的编制。中国石化经济技术研究院在与有关单位合作的基础上，编制并颁布了《石油化工生产企业 CO_2 排放量计算方法》(SH/T 5000—2011)行业标准。核算边界示意图见图 4-3。

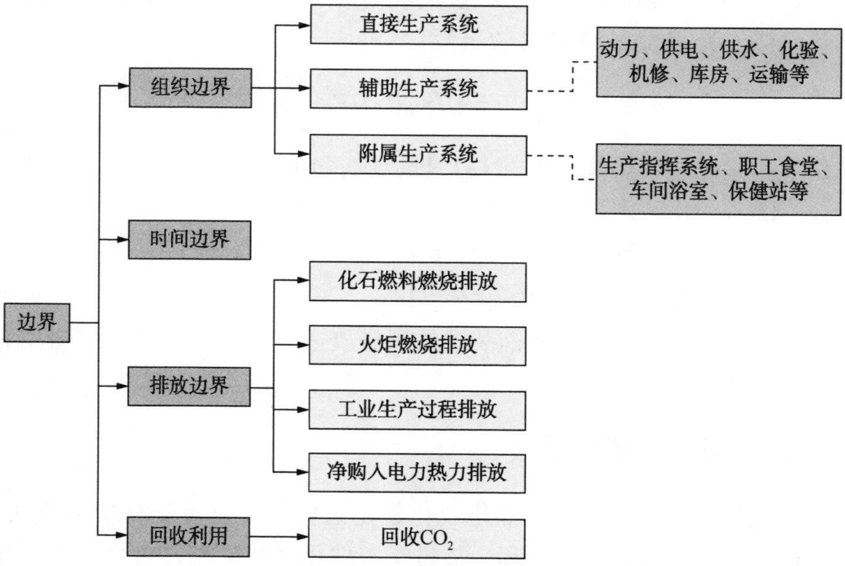

图 4-3 核算边界示意图

第三节　主要炼油装置碳排放强度

碳排放强度是指单位 GDP 或单位原料、产品加工过程产生的碳排放量。若国家单位 GDP 的碳排放量下降，而其经济总量增长，这种意味着该国正在追求低碳和绿色发展模式。

炼油厂生产过程主要涉及的装置包括：常减压蒸馏装置、催化裂化装置、催化重整装置、制氢装置、加氢装置等。炼油厂生产过程的 CO_2 排放量应当等于各装置生产过程的 CO_2 排放量之和。

$$炼油厂碳排放 = \sum_j \sum_i E_{i,j} \tag{4-6}$$

式中　j——产生过程排放的装置类型；

i——第 j 类装置的装置编号；

$E_{i,j}$——第 j 类装置中第 i 套装置产生的 CO_2 排放量，tCO_2。

一、常减压蒸馏装置碳排放

常减压蒸馏装置是炼油厂加工的第一个工艺装置，它主要是应用蒸馏的工艺与工程技术，将原油切割成不同馏程的馏分油和渣油，在生产某些石油产品(如直馏喷气燃料、直馏柴油等)的同时，为催化重整、催化裂化、加氢裂化、润滑油基础油生产装置和各类重油加工装置等提供原料。常减压蒸馏装置碳排放包括加热炉燃料燃烧产生的直接排放，以及消耗电力、蒸汽等公用工程产生的间接排放。燃料燃烧 CO_2 排放量按式(4-7)计算。

$$E_{燃料燃烧} = AD \times CC \times OF \times \frac{44}{12} \tag{4-7}$$

式中　$E_{燃料燃烧}$——燃料燃烧产生的 CO_2 排放量，tCO_2；

AD——化石燃料的消耗量，t；

CC——化石燃料的含碳量，tC/t；

OF——化石燃料的碳氧化率，%。

通过对国内数十套常减压蒸馏装置的碳排放进行核算，其碳排放强度通常在 $20 \sim 30kgCO_2/t$ 原料。

二、催化裂化装置碳排放

催化裂化是指重质油在热和催化裂化催化剂作用下进行裂化反应生成气体、汽油、柴油、重质油及焦炭的过程。该过程因催化剂结焦需要再生，因此烧焦过程会产生 CO_2 排放。催化裂化装置碳排放包括催化剂烧焦产生的工艺排放，以及消耗电力、蒸汽等公用工程产生的间接排放，其工艺排放量按式(4-8)计算[23]。

$$E_{连续烧焦}=MC\times CF\times OF\times\frac{44}{12} \tag{4-8}$$

式中 $E_{连续烧焦}$——连续烧焦产生的 CO_2 排放量，tCO_2；

MC——催化裂化装置烧焦量，t；

CF——催化剂结焦的平均碳含量，tC/t；

OF——焦炭的碳氧化率,%。

烧焦量 MC 推荐采用实测数据，无法实测的可从生产记录或统计台账中获取；焦炭的碳含量 CF 优先推荐采用实测数据，如无实测数据可默认焦炭碳含量为 100%(指南缺省值)，焦炭的碳氧化率 OF 推荐取缺省值 98%。

通过对国内数十套催化裂化装置的碳排放进行核算，其碳排放强度通常在 210~270kgCO_2/t 原料。

三、催化重整装置碳排放

催化重整是指在一定温度和压力下，碳氢化合物分子发生重排，并在催化剂的作用下，使环烷烃和烷烃转化为芳烃和异构烷烃，这是生产高辛烷值汽油和轻芳烃(苯、甲苯、二甲苯)以及产生氢气和液化气副产品的重要石油加工过程。催化重整过程中的催化剂因结焦和失活而需要再生，而焦炭燃烧过程中会排放 CO_2。

催化重整装置碳排放包括加热炉燃料燃烧产生的燃烧排放，消耗电力、蒸汽等公用工程产生的间接排放，以及催化剂烧焦产生的工艺排放。

烧焦如果采用连续烧焦方式，按式(4-8)对其烧焦过程 CO_2 排放量进行核算；如果采用间歇烧焦方式，其 CO_2 排放量按式(4-9)计算。

$$E_{间歇烧焦}=MC\times\left(CF_{前}-\frac{1-CF_{前}}{1-CF_{后}}\times CF_{后}\right)\times OF\times\frac{44}{12} \tag{4-9}$$

式中 $E_{间歇烧焦}$——间歇烧焦产生的 CO_2 排放量，tCO_2；

MC——待烧焦的催化剂量，t；

$CF_{前}$——烧焦前催化剂上的含碳率,%；

$CF_{后}$——烧焦后催化剂上的含碳率,%；

OF——焦炭的碳氧化率,%。

待烧焦的催化剂量 MC 由实测获取。炼油厂应在每次烧焦过程中实测催化剂烧焦前及烧焦后的含碳率 $CF_{前}$ 及 $CF_{后}$，焦炭的碳氧化率 OF 可取缺省值 98%。

通过对国内数十套催化重整装置的碳排放进行核算，其碳排放强度通常在 115~170kgCO_2/t 原料。

四、制氢装置碳排放

炼油厂通常通过碳氢化合物蒸汽转化、部分氧化或变压吸附法从天然气、炼油厂干气、轻油、重油或煤中生产氢气。通常用碳质量平衡法来计算制氢过程中的 CO_2 排放量，见式(4-10)。

$$E_{制氢}=[AD_r\times CC_r-(Q_{sg}\times CC_{sg}+Q_w\times CC_w)]\times\frac{44}{12} \tag{4-10}$$

式中 $E_{制氢}$——制氢装置产生的 CO_2 排放量，tCO_2；

AD_r——原料投入量，t；

CC_r——原料的平均含碳量，tC/t；

Q_{sg}——合成气产量，10^4Nm^3；

CC_{sg}——合成气含碳量，$tC/10^4Nm^3$；

Q_w——残渣产量，t；

CC_w——残渣含碳量，tC/t。

制氢装置的原料投入量 AD_r、合成气产量 Q_{sg} 及残渣产量 Q_w 优先采用实测数据，无法取得实测数据时可根据生产记录或统计台账获取相关数据，原料的平均含碳量 CC_r、合成气含碳量 CC_{sg} 及残渣含碳量 CC_w 采用实测数据。

五、加氢装置碳排放

加氢装置碳排放包括加热炉燃料燃烧产生的直接排放，以及消耗电力、蒸汽等公用工程产生的间接排放。

采用排放因子法分别对国内数百套不同类型的加氢装置进行了碳排放核算，其中航煤加氢装置的碳排放强度通常在 14~22$kgCO_2$/t 原料，柴油加氢精制装置的碳排放强度通常在 20~30$kgCO_2$/t 原料，蜡油加氢精制装置的碳排放强度通常在 25~35$kgCO_2$/t 原料，渣油加氢精制装置的碳排放强度通常在 45~68$kgCO_2$/t 原料，蜡油加氢裂化装置的碳排放强度通常在 60~85$kgCO_2$/t 原料。

六、焦化装置碳排放

焦化是以渣油为原料、在高温下进行深度热裂化反应的一种热加工过程，反应产物有焦化气体、焦化石脑油、焦化柴油、焦化蜡油和石油焦。焦化装置包括延迟焦化装置、流化焦化装置和灵活焦化装置等不同形式。可采用式(4-8)连续烧焦碳排放计算法核算流化焦化装置流化床燃烧器的 CO_2 排放量，并计入过程排放。延迟焦化装置和灵活焦化装置的过程排放不计算，灵活焦化装置燃烧低热值燃气所产生的排放计入化石燃料燃烧排放中。

通过对国内数十套延迟焦化装置的碳排放进行核算，其碳排放强度通常在 48~71kgCO_2/t 原料。

七、硫黄回收装置碳排放

硫黄回收装置的功能是采用适当的工艺方法，从炼制过程产生的含硫化氢的酸性气体中回收硫黄，实现清洁生产，化害为利，化废为宝，减少污染，保护环境。硫黄回收装置碳排放包括加热炉燃料燃烧产生的燃烧排放，消耗电力、蒸汽等公用工程产生的间接排放，以及酸性气中含有的 CO_2 气体的工艺排放，其工艺排放量按式(4-11)计算。

$$E_{硫黄}=Q_{酸性气}\times D\times\frac{44}{22.4}\times 10 \tag{4-11}$$

式中 $E_{硫黄}$——硫黄回收工艺过程中的 CO_2 排放量，tCO_2；

$Q_{酸性气}$——酸性气体数量，10^4Nm^3；

D——酸性气体 CO_2 含量,%(体积分数)。

由于硫黄回收过程会产生大量蒸汽，用排放因子法对其过程碳排放进行核算，其碳排放强度约为-240kgCO_2/t 原料。

八、燃煤燃焦锅炉碳排放

燃煤燃焦锅炉碳排放除了化石燃料燃烧产生的 CO_2 排放，还包括烟气脱硫过程的 CO_2 排放。燃煤燃焦锅炉通常在燃烧过程加入石灰石来实现降低烟气中二氧化硫含量的目的，此过程产生的 CO_2 排放按式(4-12)计算。

$$E_{石灰石}=Q_{石灰石}\times 0.44 \tag{4-12}$$

式中 $E_{石灰石}$——石灰石工艺过程中的 CO_2 排放量，tCO_2；

$Q_{石灰石}$——石灰石用量，t。

九、其他生产装置催化剂再生过程碳排放

炼油生产过程中还有其他需要使用催化剂和烧焦再生的设施。如果这些烧焦过程发生在炼油厂内部，则需要计算碳化过程的 CO_2 排放量。连续烧焦再生过程按式(4-8)和相关数据采集方法计算，间歇烧焦再生过程按式(4-9)和相关数据采集方法计算。

十、碳排放分析

炼油厂每吨原油碳排放量的差异是由产品结构、加工工艺、装置能耗等方面

的差异造成的。每吨原油的碳排放通常在0.20~0.55tCO_2/t。主要影响因素如下：其一，受氢气来源的影响，天然气、干气和煤制氢比例较大的炼油厂每吨原油的碳排放量较高，煤制氢的碳排放量高于天然气和干气，不同制氢工艺每吨氢的碳排放量见表4-9；其二，使用煤炭、石油焦等高含碳量燃料比例高的炼油厂每吨原油的碳排放量较高；其三，催化裂化加工量占比较大的炼油厂吨油碳排放量较大；四是能源利用效率较低的炼油厂，吨油碳排放量较高。

表4-9 不同制氢工艺碳排放量

产氢工艺	氢气碳排放量/(tCO_2/tH_2)	产氢工艺	氢气碳排放量/(tCO_2/tH_2)
煤制氢	24.33	氯碱副产氢	1.77
天然气制氢	10.06	苯乙烯副产氢	1.64
干气制氢	9.55	重整副产氢	0.23

某燃料型炼油厂2020年的原油加工量为11.08Mt，产生CO_2排放量3.87Mt，加工每吨原油CO_2排放量为0.35t，其中燃烧排放占65.8%，工艺排放占30.5%。各类型CO_2排放量见表4-10。

表4-10 某燃料型炼油厂各类型CO_2排放量

排放类型		排放量/10^4t
燃烧排放(含火炬排放)	气体、液体燃料	107.42
	煤	4.43
	石油焦	142.34
工艺排放	催化裂化	64.16
	天然气制氢	38.88
	连续重整	0.19
	汽油吸附脱硫	0.01
	硫黄	5.81
	石灰石	8.94
间接排放	外购电	14.37
合计		386.55

国家"双碳"目标推动炼油生产过程向低碳过渡，对低碳清洁炼油生产过程提出了更高的要求，迫切需要通过提高能效、调整能源消费结构和终端处理来减少碳排放。

第四节　不同类型炼油企业碳排放

炼油单元装置通常包括常减压蒸馏、催化裂化、加氢裂化、催化重整、加氢处理、溶剂脱沥青、延迟焦化、产品精制，以及与润滑油生产有关的装置等。根据原油的性质和目标产品的需要，炼油厂的整个石油炼制过程是一个由不同单元装置组成的过程。一般的加工流程根据生产的产品类型进行分类通常可分为燃料型、燃料-润滑油型、燃料-化工型等。

一、典型炼化企业加工流程及碳排放分析

1. 燃料型炼油厂加工流程

燃料型炼油厂主要生产汽油和柴油的成品油。一般成品油(汽油+煤油+柴油)的收率在60%以上。汽油和柴油的产量视具体成品油市场的需求而各有侧重。例如，欧洲大量消耗柴油，其加工工艺多为生产柴油方案。美国汽油消耗量大，其加工工艺多为生产汽油方案。

汽油的主要调合组分包括催化汽油、异构化油、重整汽油、MTBE、烷基化油和石脑油等。柴油的主要调合组分为直馏柴油、焦化柴油、加氢裂化柴油和催化裂化柴油等。燃料型炼油厂蜡油和渣油加工路线选择的目标是生产尽可能多的汽柴油混合组分。在以加工低硫石蜡基原油为主的燃料型炼油厂加工流程中，石脑油去催化重整装置生产汽油调合组分，常压渣油直接去催化裂化装置生产汽油和柴油的加工流程为短流程，是深加工的典型代表。20 世纪 80 年代，我国大多数炼油厂都采用了这一加工处理流程。

(1) 催化裂化-延迟焦化加工流程

采用减压深拔技术可以最大限度地提高蜡油的收率。蜡油经过加氢处理后通过催化裂化工艺生产汽油和柴油，减压渣油通过延迟焦化工艺处理加工。该工艺流程对原油适应性强，可加工劣质原油，其加工流程如图 4-4 所示。该工艺流程采用焦化工艺加工减压渣油路线，碳排放量相对较低。

(2) 加氢裂化-催化裂化-延迟焦化方案加工流程

该工艺流程中的常减压蒸馏也可采用减压深拔技术最大限度地提高蜡油收率。轻蜡油去加氢裂化加工，重蜡油和焦化蜡油加氢处理后去催化裂化加工，减渣去延迟焦化加工。该加工流程对原油适应性强，可以加工劣质原油。该加工流程中设置了加氢裂化装置，通过调整加氢裂化操作模式，可以多生产喷气燃料，可以调整汽油和柴油收率，对调整产品结构有一定的灵活性。其加工流程如

图 4-5所示。该工艺流程由于引入加氢裂化，碳排放量较催化裂化-延迟焦化加工流程高。

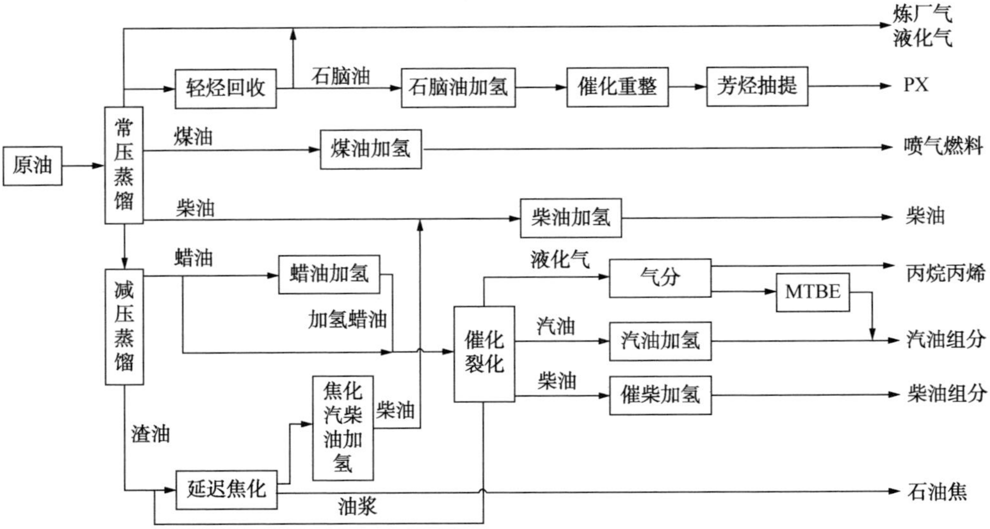

图 4-4　催化裂化-延迟焦化加工流程

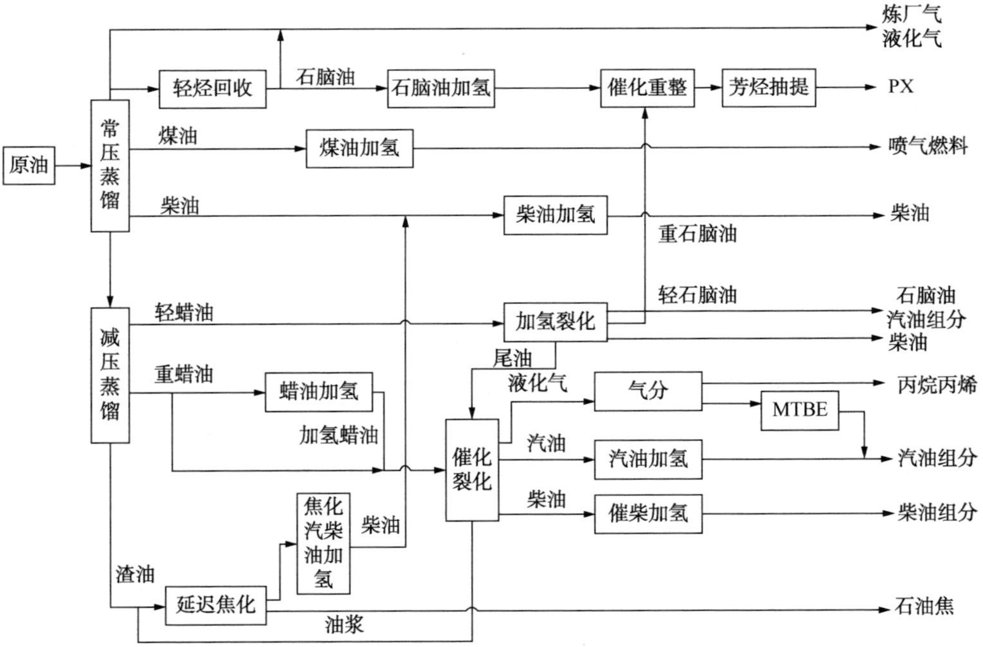

图 4-5　加氢裂化-催化裂化-延迟焦化方案加工流程

（3）VRDS-催化裂化加工流程

该工艺为加工含(高)硫原油的深加工短流程，由于 VRDS 对原料性质有一定的要求，该加工流程不能加工过于劣质的原油，其加工流程如图4-6所示。该工艺流程由于重油均采用VRDS加工，消耗大量氢气，造成制氢过程碳排放量高，且重油全部经催化裂化加工，产生大量工艺排放，因此该路线碳排放量在三种典型路线中最高。

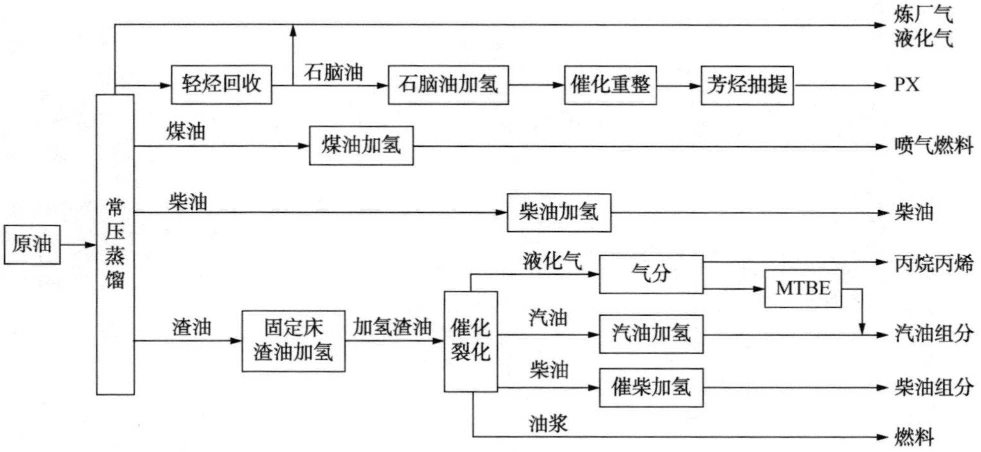

图4-6　VRDS-催化裂化加工流程

2. 燃料-润滑油型炼油厂加工流程

燃料-润滑油型炼油厂除生产燃料产品外，润滑油基础油也是主要产品之一。润滑油基础油理想组分为长碳链异构烷烃(C_{20})和带有异构烷基的环烷烃，其生产目标是最大限度地提高理想组分的比例。润滑油基础油生产工艺主要有两类，一是以物理过程为主的"老三套"生产工艺，二是以全加氢为主的生产工艺。

(1)"老三套"工艺加工流程

"老三套"工艺以物理分离为主，该工艺路线以生产Ⅰ类油为主，少量生产Ⅱ类油。

采用该工艺对原油性质要求较高，全球以"老三套"工艺生产润滑油基础油的企业，原油多以石蜡基原油为主，少量为环烷基原油。我国采用"老三套"工艺技术来生产润滑油基础油的企业，绝大部分以大庆原油为原料，在生产润滑油基础油的同时得到石蜡产品。典型的以"老三套"工艺为主的燃料-润滑油型炼油厂加工流程见图4-7。该流程中部分减二线、减三线、减四线作为基础油生产原料，去糠醛精制装置。部分减五线和减压渣油经过溶剂脱沥青加工后，脱沥青油去糠醛精制装置，作为生产光亮油的原料。其他蜡油和渣油作为催化裂化原料。由于"老三套"装置能耗较低，因此该工艺流程的碳排放量较低。

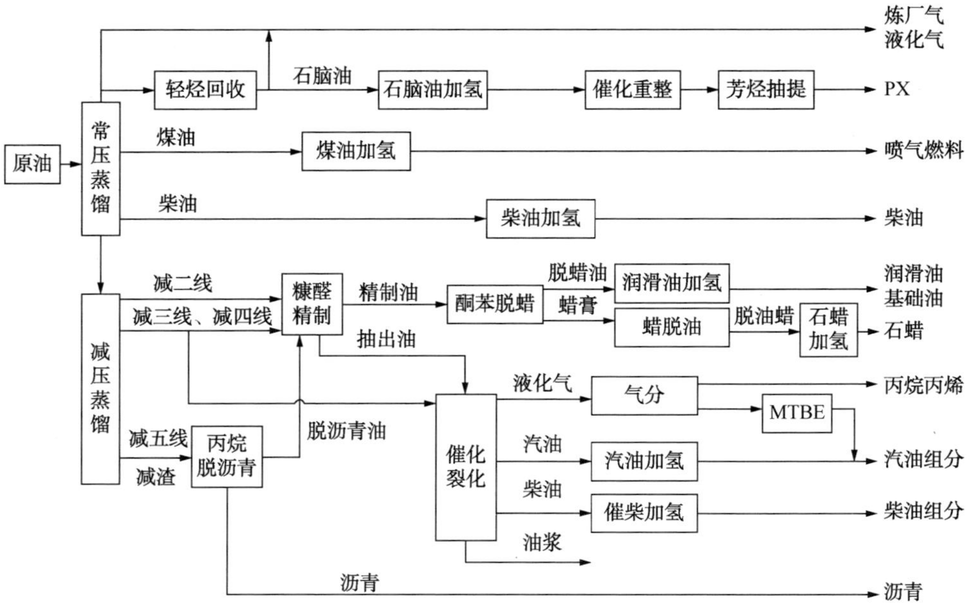

图 4-7 燃料-润滑油型(老三套)炼油厂加工流程

(2) 全加氢工艺流程

由于“老三套”工艺对原油性质要求高，同时产品质量难以满足市场越来越高的要求，全加氢工艺路线(高压加氢裂化+高压加氢异构)生产基础油被越来越多的企业采用。该工艺对原油性质要求不高，可以降低原油成本，同时产品质量好，可以生产Ⅱ类基础油。采用全加氢型工艺的燃料-润滑油型炼油厂加工流程见图 4-8。全加氢型工艺流程由于消耗大量氢气，且加氢装置一般操作压力高，能耗高，因此该工艺流程的碳排放量较高。

3. 燃料-化工型炼油厂加工流程

我国石油化工原料主要来自炼油厂，因此部分炼油厂生产中需要兼顾燃料产品和化工原料生产，谓之燃料-化工型。燃料-化工型炼油厂的成品油收率在30%~60%，化工原料收率约占 30%，规模小的企业占比较高。炼油厂生产的化工原料有两类，一类是乙烯裂解原料，原料范围较宽，包括轻烃、石脑油、加氢裂化尾油等，其中占比较大的是石脑油馏分；另一类是生产 PX 的原料，主要是石脑油馏分。因此，燃料-化工型炼油厂应配置加氢裂化装置，重点提高石脑油收率。干气经过分离后的乙烯气和富乙烷气作为乙烯原料，液化气和轻石脑油也可进行正异构分离，以提供优质乙烯原料。

燃料-化工型根据后续化工目标产品不同，也可分为燃料-乙烯型、燃料-芳烃型和燃料-乙烯-芳烃型。燃料-乙烯型炼油厂，主要生产乙烯原料，绝大部分石脑油用作乙烯裂解原料，催化重整规模相对较小。加氢裂化多采用一次通过模式，多生产加氢裂化尾油。燃料-乙烯型加工流程见图 4-9。

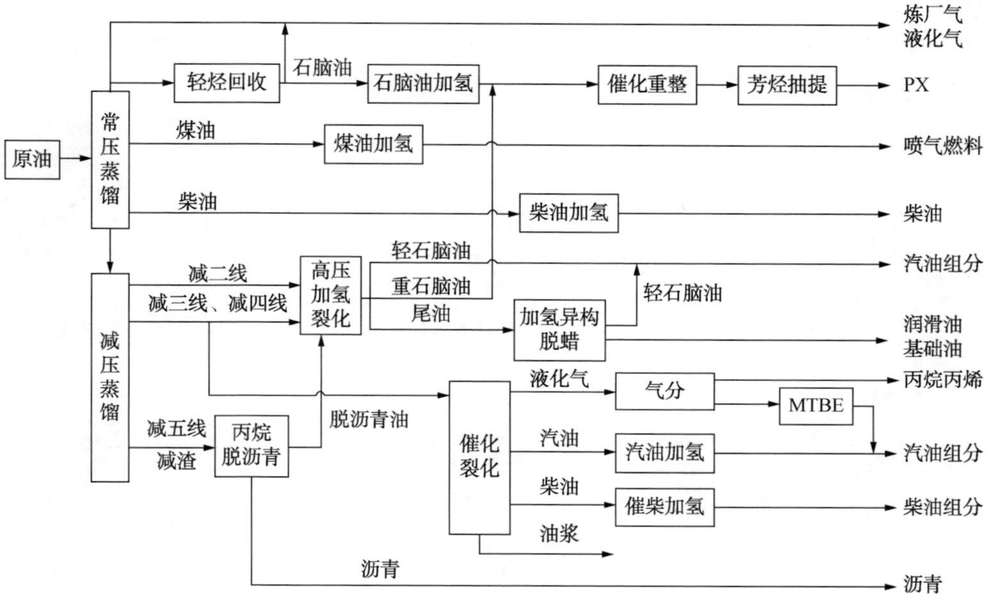

图 4-8　燃料-润滑油型(全加氢)炼油厂加工流程

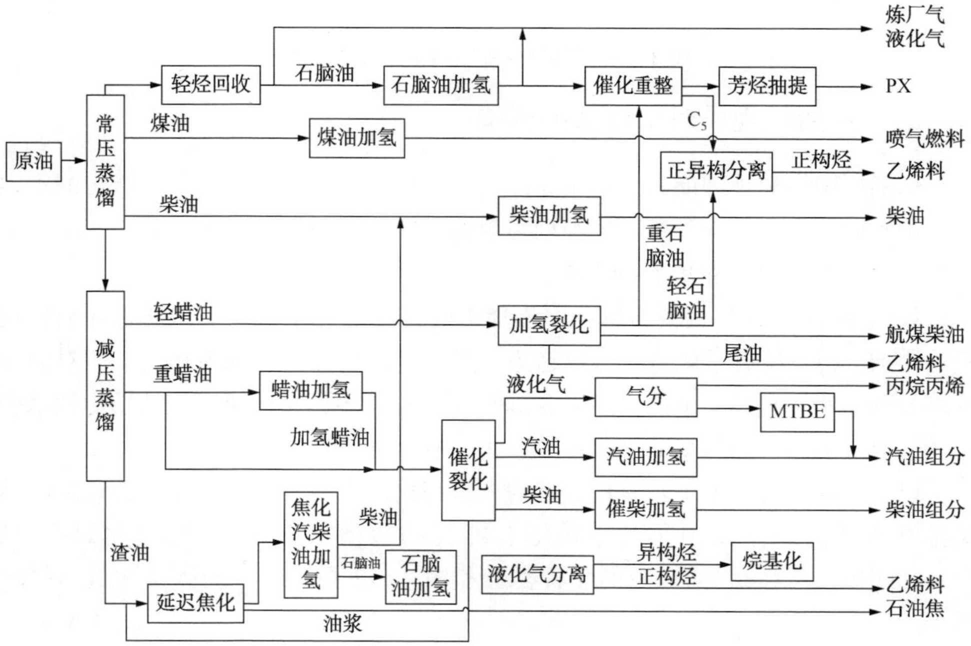

图 4-9　燃料-乙烯型加工流程

燃料–芳烃型炼油厂中加氢裂化多采用全循环模式，主要多产催化重整需要的石脑油，其加工流程见图 4–10。通常化工品收率越高，其碳排放量越高。根据计算，化工品收率为 70%时碳排放量是 40%时的 2 倍，而化工品收率为 40%时碳排放量是 10%时的 2 倍。可以看出，随着化工品收率的提升，碳排放量呈非线性快速升高。

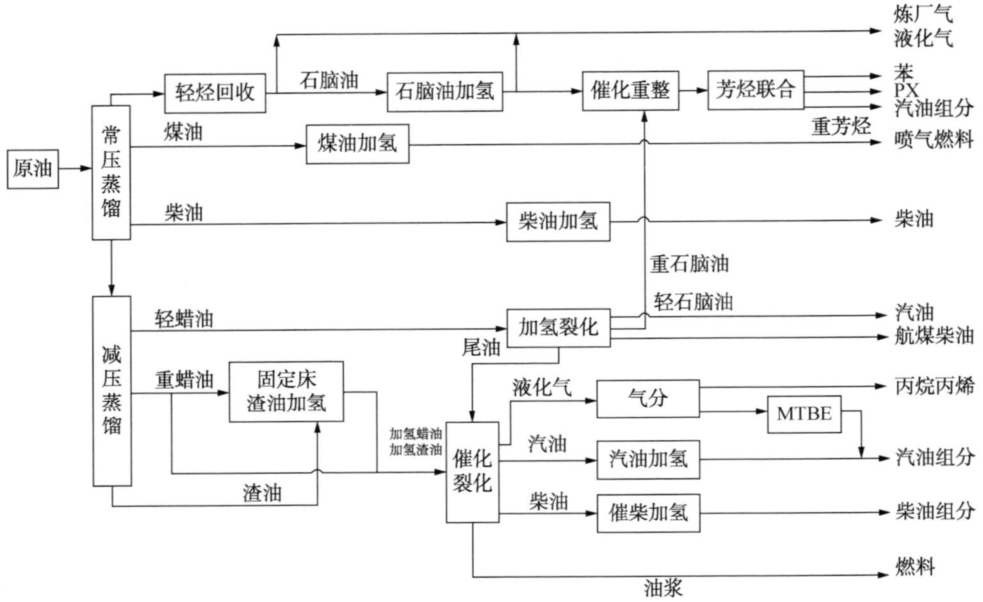

图 4–10　燃料–芳烃型加工流程示意图

二、炼油厂规模对碳排放的影响

炼油厂因原油处理能力、加工原油类型、加工工艺流程以及产品结构的不同而分为不同类型，其中，炼油厂类型与规模、能耗水平、原油硫含量和 API 度等都是炼油厂 CO_2 排放量的影响因素。

如图 4–11 炼油厂规模与单位原油加工碳排放统计结果显示，随着炼油厂规模的增加，CO_2 排放系数呈现递减趋势，主要原因是炼油厂规模越大，相对的能源综合利用水平越高，节能与 CO_2 减排效果较好，单因耗能小、炼油厂能耗水平较低，对应的单位加工量的排放系数也小一些。

以一家在装置类型上较有代表性的大型炼油厂为例，各炼油加工装置反映其碳排放强度的碳排放因子与单位综合能耗的数值的分布呈现出相似性，见表 4–11中所表示的炼油厂中的装置类型和图 4–12 中各装置的碳排放量与排放因子。

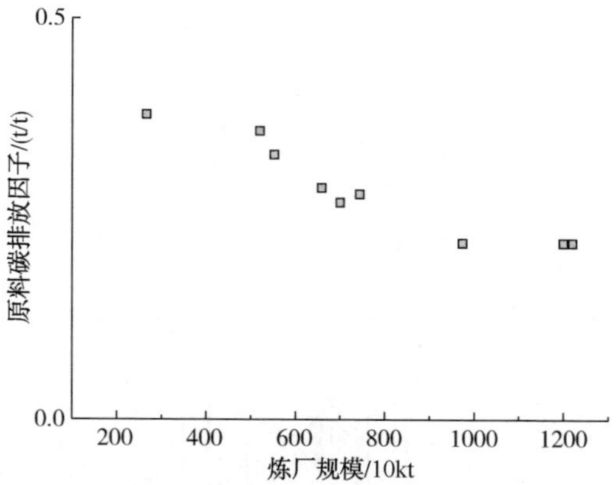

图 4-11　炼油厂规模与单位原油加工碳排放统计结果

表 4-11　炼油厂中的装置类型

装置类型	符号	装置类型	符号
1 套常减压蒸馏装置	A	2 套 S Zorb 装置	K
2 套常减压蒸馏装置	B	煤油加氢装置	L
连续重整装置	C	柴油加氢装置	M
延迟焦化装置	D	气体分馏装置	N
1 套催化裂化装置	E	烷基化装置	O
2 套催化裂化装置	F	天然气制氢装置	P
中压加氢裂化装置	G	干气提浓提纯装置	Q
高压加氢裂化装置	H	1 套硫黄装置	R
蜡油加氢装置	I	2 套硫黄装置	S
1 套 S Zorb 装置	J		

各炼油加工装置的碳排放量与其装置的加工量和碳排因子有关，从某炼油厂的碳排放构成分布来看，见图 4-12，2 套催化裂化装置（即图中 F）和天然气制氢装置（即图中 P）所造成的碳排放量约占全炼油厂 CO_2 排放总量的一半，也是炼油厂各装置中最大的碳排放源，其中又以制氢装置的碳排因子（>9tCO_2/t 原料）远远高于其他装置（0.02～0.2tCO_2/t 原料）。

一般炼油厂的规模越大，装置类型更为多样，氢气来源更广泛，催化裂化等装置的加工比重也易于调整，各装置之间的能量相互利用，放热反应装置产生的大量热量更方便被综合回收利用，以及在节能降耗方面采取措施更便于实施，从而有助于炼油厂降低 CO_2 排放。

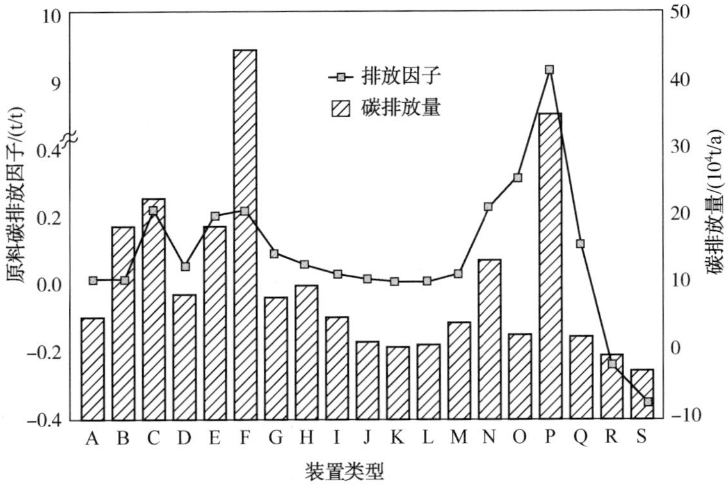

图 4-12　典型炼油厂中各装置的碳排放量与排放因子

三、炼油厂重油加工方式对碳排放的影响

1. 加氢型炼油厂碳排放分析

氢气作为清洁原料，价格昂贵，重整副产氢是目前炼油厂的低价氢源，但对于氢气需求量大的全加氢型炼油厂来讲，重整氢产量远远不能满足全厂需求，导致炼油厂必须负担较高的制氢成本。处理加工重质油是炼油厂创效增收的根本，重质油经过加氢处理过程可以为催化裂化提供更优质的原料，提升炼油厂经济效益。目前重油加氢技术主要有 VRDS 技术、浆态床渣油加氢技术、沸腾床渣油加氢技术。

(1) VRDS 技术

VRDS 方案中部分减压蜡油(VGO)采用加氢裂化技术处理，其余 VGO 与减压渣油(VR)采用 VRDS，加氢重油用作催化裂化原料。

(2) 浆态床渣油加氢技术

浆态床方案中部分 VGO 采用加氢裂化技术处理，VR 采用浆态床加氢技术处理，加氢重油与其余 VGO 经蜡油加氢处理后作为催化裂化原料，浆态床加氢的未转化油作为产品出厂。

(3) 沸腾床渣油加氢技术

沸腾床方案中部分 VGO 采用加氢裂化技术处理，VR 采用沸腾床加氢技术处理，加氢重油与其余加氢 VGO 作为催化裂化原料。沸腾床加氢的未转化油由于收率较高，通常由另外单独一套装置加工，如溶剂脱沥青装置，造成其整体能耗高于浆态床方案。沸腾床加氢技术方案碳排放量高于浆态床加氢处理方案。随着加氢规模增加，炼油厂加工环节的碳排放量均呈现上升趋势。

2. 焦化型炼油厂碳排放分析

焦化型炼油厂是典型的脱碳流程炼油厂，核心装置包括常减压蒸馏、加氢裂化、连续重整、催化裂化、加氢精制、延迟焦化等。其中碳排放因子较高的装置有：催化裂化、制氢、连续重整等装置。由于延迟焦化装置具有固碳作用，同时焦化加工过程中的氢耗较少，使得焦化型炼油厂碳排放因子低于加氢型炼油厂。

四、炼油厂碳排放主要影响因素

原油的性质对炼油厂的碳排放系数和碳排放总量均有重要影响。在选择原油加工品种和制定炼油厂产品结构时，既要考虑经济效益，又要考虑碳排放[24]。虽然加工硫、氮含量高的低品质原油可以降低原料油成本，但产品质量将会受影响，要生产出符合质量要求的产品，需要在工艺配置上选择能源密集型工艺，从而导致更多的碳排放。因此，在选择炼油厂原油加工类型时，应充分考虑未来碳税在企业经营成本方面的影响。

化石燃料制氢过程排放是炼油厂碳排放的主要来源之一，产生的氢属于灰氢。用绿氢代替灰氢用于炼油厂中的用氢单元装置是降低炼油厂碳排放的有效举措。通常可利用可再生电力实现水电解制取绿氢。目前，绿氢炼化的最大障碍是绿氢成本高，但随着风力发电、水电解制氢技术的进步和生产规模的扩大，预计绿氢成本将大大降低。未来十年将是绿氢技术成熟的时期，炼油与绿氢生产的耦合将大大促进炼油厂的碳减排。以生物质为原料生产的燃料或化学品的生命周期碳排放量低于传统的化石燃料。在传统炼油工艺中加大生物质原料的利用，不仅可以扩展原料来源、降低成本，而且可以有效减少炼油厂生产过程中的碳排放。废旧高分子材料回收与炼油工艺相结合是资源化的有效途径，不仅可以解决废旧塑料/橡胶对环境造成的污染问题，而且可以扩大炼油原料的使用范围。

从中长期来看，“减油增化”是调整炼油产品结构的主要途径。根据计算结果，基本有机化学原料生产过程的碳排放系数较成品油为高。为了控制炼化过程中的碳排放，需要研发新型催化剂，针对反应和分离工程进行创新，对现有的重油催化裂化、加氢裂化和轻石脑油催化重整等工艺进行升级，以生产更多化工原料。此外，近年来原油直接生产烯烃工艺在工业应用中取得了长足发展，虽然仍受到原油质量的限制，但在生产更多的化工原料、降低投资、简化工艺和控制碳排放方面潜力巨大。

提高油品质量需要更多的能源和氢消耗，油品质量的提升应在绿色、清洁的基础上实现低碳。节能是减少碳排放、实现绿色发展的最有效途径。经过多年的发展，我国炼油厂的综合能耗已经明显下降，但大多数炼油厂的能耗水平仍然落后于国际先进水平。

五、炼油厂碳减排主要措施

在能耗方面，炼油厂中能耗较高的装置通常为催化裂化、连续重整、制氢、气分、加氢裂化和延迟焦化等。主要的能源消耗和碳排放源来自加热炉内燃料燃烧。经计算，燃料燃烧的能耗约占炼油厂总能耗的40%~50%，主要来自加热炉消耗。炼油厂可以通过应用先进的节能技术、优化换热网络、燃料低碳化和生产能源的电气化(甚至绿色化)来减少碳排放。

催化裂化催化剂再生烧焦过程是炼油厂第二大碳排放源。降低催化剂焦炭产量是炼油节能降碳的重要措施之一。从裂化催化剂的角度出发，可以采取进一步降低生焦的举措，提高产品的氢含量来助力催化裂化装置碳减排。从反应的角度来看，原料与高温再生剂之间快速、均匀地接触也可以增强反应和传质的效果，从而减少结焦。近年来，催化原料乳化技术取得了很大进展，高附加值产品收率提高，焦炭产量减少。微纳米传质强化技术可以进一步提高催化剂的乳化和转化效果。因此催化裂化装置碳减排应通过优化换热网络和中低温余热回收，重视催化剂焦炭燃烧的热回收等途径来实现。

加氢装置也是炼油厂中的能耗大户。如滴流床反应器传统加氢工艺需要采用大氢油比，反应后大量过剩氢经循环氢气压缩机加压反复通过加氢反应器，由于压力、温度升高和温度降低，氢循环的能耗较高。液相循环加氢技术以较低的能耗、投资和较高的氢资源利用率，取代了滴流床加氢技术所要求的大型氢循环系统。制氢过程的高温高压属性势必导致化石燃料制氢过程中产生大量CO_2。在绿色制氢技术广泛应用之前，炼油厂生产氢气可以利用气化联合循环技术，同时生产廉价的电力和蒸汽，合成气中的大量能源可回收利用，实现节能降碳的目的。

促进CCUS技术的推广和应用是实现碳减排的有力抓手。目前炼油厂的碳排放主要集中在燃料燃烧、化石燃料制氢和裂化催化剂烧焦再生等方面。为了进一步降低碳排放，炼油厂应重视CCUS技术的深度研发和及时工业转化应用，在碳排放集中处理厂增设CCUS设施，有效减少CO_2排放。

第五节　企业碳盘查与碳履约

全球变暖和气候变化已得到广泛共识，当今许多国家希望通过有关政策和制度的指导来减少企业的温室气体排放。此外，舆论的影响使得绿色商业模式逐渐成为国际主流，加速了国际社会对这一问题的普遍关注，随着投资者、媒体和其他利益相关者开始要求企业披露其温室气体排放信息，商业格局正在发生变化，越来越多的消费者开始选择绿色产品。应对气候变化，制定未来的温室气体排放标准，成为企业在未来一段时间迫切需要考虑和关注的问题，以及用以实现满足不同利益相关者的期望目标。温室气体核算方法的建立，有助于企业透过量化管理，了解气候变化对生产和经营的影响，从而制定减少碳排放和实现向低碳经济过渡的目标[25]。

根据国家发展和改革委员会发布的《关于切实做好全国碳排放权交易市场启动重点工作的通知》，全国碳排放权交易市场迫使企业管理层更加重视碳资产在战略层面和实施层面对企业生存和发展的影响。目前，不同于国际碳市场，中国碳交易市场主要采取自愿减排和现货交易的方式。减排量、碳排放权及其衍生物成为企业的资源，具有商品价值属性，被称为碳资产。碳资产可以被使用、交易、储存和抵押。目前，随着研究和实践的深入，碳资产不仅包括政府碳排放目标的定期配额分配、通过 CDM 认证项目实现的温室气体减排量和通过交易获得的碳资产，这些本身就能给企业带来直接利益，还应包括碳管理技术、概念、政策等。碳资产的定义是动态和广泛的，除了传统的定义，碳资产还包括企业在清洁生产过程中使用的低碳技术、重新选择能源密集程度较低的原材料、间接减少碳排放的生产过程和消费模式、废物回收和管理以及其他增加碳减排价值的管理方法，更包括提高这一清洁生产过程效率的重大影响。可见，碳资产的范畴不仅包括具有显性效益的直接资产，还包括具有隐性效益的间接资产，即能够实现碳减排价值的资源总和。清洁生产可以作为一个具体的量化指标，明确其对企业效益的提高。管理人员可以评估数据的质量和重要投入和产出的敏感度分析，衡量特定过程对环境的影响，采取定性和定量措施改善企业的投入和产出，实现清洁生产的目标。企业的碳资产管理是其绿色低碳发展的必要组成部分，对碳资源的精细化管理是大势所趋。有针对性地规划和管理的实施，是实现碳资产价值保值增值的关键路径。

在不久的将来，在“双碳”目标的背景下，企业在发展和经营过程中必须完成改善低碳管理、实现碳减排的任务[26]。对于企业来说，有效碳管理的第一步也是最关键的一步是碳清单盘查，是其制定出合理的减排计划的根基。

只有熟悉政策和标准，精确掌握相关的碳排放技术，碳排放规划、核算、核查和评估工作才能做好，从而更好地完成碳排放管理这项复杂工作。“碳排放管理员”专业人员将在碳核查的巨大市场需求中完成碳排放管理、交易和其他活动，是有效促进温室气体减排的必要保障。

标准化和系统化的碳盘查审计是促进企业参与碳披露项目(CDP)，提升品牌影响力的必要保证，企业社会责任和可持续发展报告中包含碳盘查审计结果是企业打造低碳形象的必要因素；满足合作伙伴的低碳管理要求；监测自身温室气体排放，为未来低碳项目提供数据；遵守国内外法规，采取有效措施降低绿色贸易壁垒风险是标准化和系统化的碳盘查的特性功能。

准确的碳排放统计和核算可以帮助行业和企业了解自己的碳排放背景，帮助其快速识别主要排放源，做出减排战略决策，有针对性地开展各项减排工作，最终实现碳达峰和碳中和的目标。借助碳资产管理工具将助力企业在不同时期高效地分析减排潜力，制定减排计划，最大限度地发挥碳资产的属性。石科院开发的 VISPRO 软件系统可以在炼油过程模型的基础上建立碳排放评价模型，实现全厂碳库存、产品碳足迹计算和碳流量优化。基于碳排放模型，可以实现炼油厂原料和碳流量的双目标优化，为碳排放绩效和碳资产管理提供可靠保障，见图 4-13。

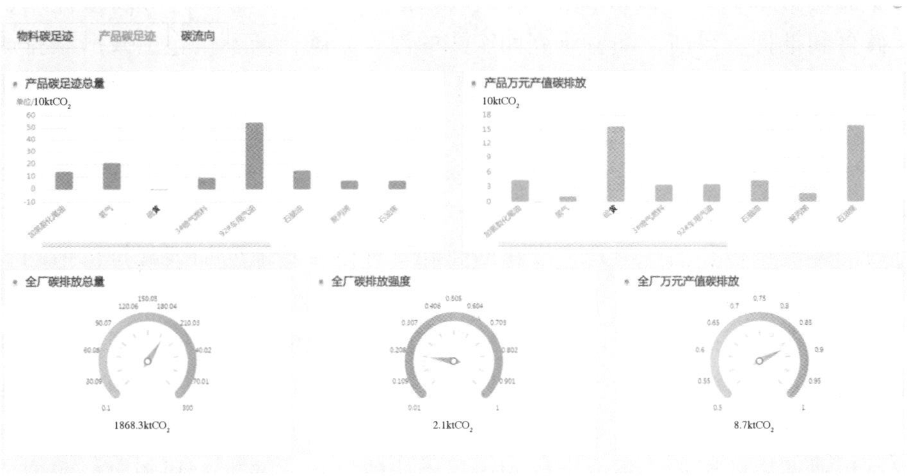

图 4-13　VISPRO 碳排放计算

完成碳清单后，除了选择信息披露，还要对清单中的碳数据进行全周期管理，从数据中发现问题，找出碳排放的关键点和关键制约因素。优化工艺流程、工艺技术和管理，同时从数据中为碳交易提供基础和预测模型，以降低管理和运营成本。发展碳减排资产实现碳资产增值。在此基础上，企业可以不断完善碳排放核算的方法和标准体系，参与顶层设计过程。

此外，在碳市场上，企业很难获得资金来减少碳排放。金融机构可以在激活市场和流动资金方面发挥重要作用，可以为企业提供新的融资工具，帮助企业降低融资成本。随着碳市场的不断发展和完善，以及碳市场金融属性的不断完善，碳融资可以发挥越来越多的功能，为支持和促进绿色低碳经济的发展，特别是企业融资提供额外的激励和工具。在大型能源企业中，碳履约成本分析和应对策略研究显得尤为重要。通过碳交易体系的建设，实现碳资产的统一管理和交易，增强减排意识，提高碳资产管理能力和效率，降低合规成本，振兴碳资产，帮助企业实现碳减排目标。

立足于金融角度，可将碳市场本身视为一个巨大的金融市场，需要开发相关金融衍生品进行资本转换和风险控制等。我国碳市场坚持稳中求进、先易后难的原则。由于 CO_2 排放的“主力军”多为大型能源企业，使得这些能源企业在减少碳排放中必须承担起更大的社会责任[27]。企业生产经营的新压力源于全国碳市场的开放，因此，除了支持相关机构，企业还需要深入系统地研究合规履约成本的影响因素，有针对性地制定良好的应对策略，信息化手段可以助力企业摸清碳资产家底并确定底线，形成集团优势激活碳资产，在对外贸易中为最大限度地降低合规履约成本必须提高碳资产管理的整体管理能力和效率。

参考文献

[1] 贾睿，孟蕾．国内石油公司碳资产管理的实践及建议[J]．商业会计，2015(12)：7-9.

[2] 刘江波．中国石化加快推进碳资产管理[J]．中国石化，2013(12)：46-47.

[3] 王燕．石化行业碳资产管理系统设计及应用[J]．石化技术，2018，25(2)：176-178.

[4] 马亚男，高学明，吴杰．油气企业碳资产管理体系构建研究[J]．财会通讯，2022(20)：109-113.

[5] 陈江宁，夏苇，刘晟铭，等．从“双碳”目标认知到碳资产管理[J]．企业管理，2021(11)：58-60.

[6] 袁谋真．“双碳”战略目标下碳资产专业化管理研究[J]．暨南学报(哲学社会科学版)，2022，44(08)：122-132.

[7] 张彩平．碳资产管理相关理论与实践问题研究[J]．财务与金融，2015(3)：60-64.

[8] 孙志斌．应对气候变化与碳资产管理[J]．石油石化节能与减排，2015(1)：1-8.

[9] 王丹，孙舫，吴苏祥．中海油碳资产管理初探[C]//中国石油石化节能减排技术交流大会．2015.

[10] 张亚连，张夙．构建企业碳资产管理体系的思考[J]．环境保护，2013(8)：46-47.

[11] 中国双碳大数据指数白皮书(2020)．https：//www. esensoft. com/industry - news/dx - 5922. html

[12] 世界能源统计年鉴(2020)．https：//newenergy. in-en. com/html/newenergy-2386560.

[13] 刘朝全，姜学峰主编．2018 年国内外油气行业发展报告[M]．北京：石油工业出版社，2019.

[14] 温室气体-组织机构应用 ISO 14064-1 标准导则的温室气体排放量化和报告：ISO/TR 14069—2013[S].

[15] 刘明达，蒙吉军，刘碧寒．国内外碳排放核算方法研究进展[J]．热带地理，2014(2)：248-258.

[16] 刘娜．建筑全生命周期碳排放计算与减排策略研究[D]．石家庄：石家庄铁道大学，2014.

[17] 中国石油化工企业温室气体排放核算方法与报告指南(试行)，国家发展改革委办公厅.

[18] 张明婷．基于碳排放因子现状研究构建企业碳排放因子计量体系[J]．中国计量，2022，325(12)：42-43，79.

[19] 庄智．国外碳排放核算标准现状与分析[J]．粉煤灰，2011，23(4)：42-45.

[20] 杨宏伟．IPCC 能源清单指南进展及其对中国的影响[J]．气候变化研究进展，2006(6)：273-276.

[21] 段志洁．国内外碳排放方法浅析[J]．认证技术，2011(07)：25.

[22] 王荣婧．国内外温室气体排放核算标准体系现状与分析[J]．科技展望，2014，303(10)：32.

[23] 杨铁男，吴昊，任晔，等．催化裂化装置碳排放影响因素分析[J]．当代石油石化，2023，31(7)：30-33，38.

[24] 杨铁男，吴昊，赵晓敏，等．催化裂化装置碳排放特征及减排措施分析[J]．石油炼制与化工，2023，54(3)：90-95.

[25] 孟宪玲．石油化工生产企业 CO_2 排放量计算方法：SH/T 5000—2011[S]．中华人民共和国工业和信息化部，2011.

[26] 温素彬，石路凤，陈晨．碳资产管理绩效评价及其在企业的应用[J]．会计之友，2017，566(14)：132-136.

[27] 郑磊．大型能源企业碳履约分析与信息化应用[J]．建筑技术，2021，52(10)：1234-1236.

第五章　石化产品碳足迹

第一节　定义与意义

碳足迹(Carbon Footprint)是一种衡量企业、组织、消费者等行为所造成的温室气体排放量的指标，可反映这些行为对全球变暖的影响。碳足迹的概念起源于William E. Rees 和 Mathis Wackernagel 在 20 世纪 90 年代提出的“生态足迹”，碳足迹最常见的定义是指人类活动过程排放的影响气候变暖的一定数量的气体。最初的碳足迹定义是模糊的，既没有明确碳足迹研究对象的气体种类，也没有给出测量或者量化碳足迹的统一方法。随后，有多个研究机构给出了不同的碳足迹概念，其共同的特点是把 CO_2 气体作为碳足迹的考察对象。全球生态足迹网络(Global Footprint Network，GFN)把碳足迹视为生态足迹的一部分，将碳足迹解释为“化石燃料足迹”或者“CO_2 吸纳面积需求量”。2007 年，GFN 定义碳足迹为通过光合作用吸收容纳来自化石燃料燃烧排放的 CO_2 的生物容量需求量；bp 定义碳足迹为人类经济活动中排放的 CO_2 气体总量；Energetics 组织定义碳足迹为经济活动导致的直接和间接排放的 CO_2 气体总量，尽管 CO_2 计算范围扩大了，但仍然仅包括 CO_2 温室气体。Wiedmann 等提出了碳足迹的概念，认为碳足迹是一种专门用于测量一项活动引起的直接和间接排放的 CO_2 总量或者测量一种产品整个生命周期过程累积排放的 CO_2 总量的方法[1]。这里的活动主体包括个人、群体、政府、公司、组织、各生产过程以及工业部门，产品包括商品和服务，并且强调了所有直接排放和间接排放的 CO_2 都要考虑在内。随着对碳足迹的研究深入，碳足迹所包括的时空范围不断扩大，不再仅局限于产品或者活动的直接碳排放，但温室气体仍然只针对 CO_2 气体。

2007 年，Carbon Trust 组织定义碳足迹为一种以碳当量估算产品生命周期中所有温室气体(Greenhouse Gas，GHG)总排放量的方法，产品的整个生命周期包括从产品制造所需原材料的生产一直到产品消费的最后处置阶段(排除使用阶段排放)，碳足迹从之前仅计算 CO_2 温室气体扩展到所有的 GHG 排放[2]。2012 年，ISO 认为碳足迹是指商品由主要原料获得、生产、运送、分销、利用以至废物处置阶段直接和间接形成的温室气体排放总和，这一概念扩展完善了 Carbon Trust

关于碳足迹的概念，碳足迹的时间范畴涵盖了商品的全部生命周期，并对间接排放量的 GHG 作出了测算，碳足迹的概念日趋规范完善，尤其生命周期思想现已进一步发展成碳足迹评估的一种特征。基于 LCA 思想的碳足迹概念已被越来越多的学者所接受。此外，由碳足迹内涵的不断演变可以看出，目前碳足迹概念侧重于产品或者服务过程的研究，尤其从全生命周期的角度评价产品或者服务活动在全生命周期各阶段的温室气体排放强度。不同研究对象的碳足迹的衡量单位和核算方法不同，通常用 CO_2 质量当量表示 GHG 排放导致的全球变暖效应，且采用 100 年时间尺度的 GWP 当量因子进行计算。

政府间气候变化专门委员会(IPCC)建立了温室气体排放核算机制。度量不同温室气体的全球变暖潜势值(GWP)是 IPCC 核算机制的核心。GWP 反映了给定质量的温室气体对全球变暖的贡献大小，并指定 CO_2 的值为 1，每种气体可根据各自的 GWP 值转化成二氧化碳当量。《京都议定书》指出，六种最重要的温室气体，包括二氧化碳、氧化亚氮、甲烷、氢氟碳化物、全氟化碳和六氟化硫，都可能导致全球性的气候变化。

产品碳足迹采用碳足迹概念对企业产品进行温室气体排放量核算，可以计算出企业产品的温室气体排放情况，从而更好地了解其整个生命周期碳排放，并且可以预测其对环境的潜在影响。实施产品碳足迹评估是企业掌握所生产产品对环境造成影响的重要手段。另外，碳足迹标签还能够作为一种有效的方法，更好地推动社会的绿色消费。

碳足迹的核算依据是产品的加工流程，它反映出物料在不同阶段的消耗情况，以及转换过程。为了更好地评估产品的碳足迹，研究人员开发了一种基于单元过程的方法。这种方法能够反映生产过程中的产品方案和能耗规律，帮助企业更好地了解由调整产品结构带来的碳排放变化，从而更有针对性地生产低碳产品。

产品碳足迹以碳标签的形式日益广泛地应用于产品供应链，通过影响企业和消费者行为而有效地促进全球碳减排。

第二节　石化产品碳足迹核算方法与标准

一、碳足迹核算方法

目前，国内外产品碳足迹核算方法主要有 LCA 法、投入-产出(Input-Output：I-O)法以及基于 IPCC 清单核算法等。

1. 生命周期评价法

生命周期评价(Life Cycle Assessment，简称 LCA)是对一个产品系统的生命周期中输入、输出及其潜在环境影响的评价。LCA 被形象地称为“从摇篮到坟墓”的评价。LCA 通过对产品整个生命周期内能源和物料的使用以及环境排放的辨识和定量，评估产品对资源和能源消耗以及对人类健康和生态环境的影响。

国外关于生命周期评价的研究已发展了近半个世纪，其发展大致经历了下面四个阶段：

① 1969 年，可口可乐公司开展了一项重大的研究，深入探索从原材料采集到最终废弃处理的全过程及其对环境的影响。这一研究成果为碳足迹研究的开端奠定了坚实基础。

② 20 世纪 70 年代，全球面临着严峻的石油危机，因此，研究重心从温室气体转向了可持续发展，并且在审计和能源分析领域引入了 LCA。

③ 20 世纪 80 时代，LCA 的方法论研究取得了重要进展，美国、欧洲等国家的专家学者纷纷投身于探索，以期更好地识别资源消费及环境排放潜在影响。英国公司开展了大量的清单分析研究，它们的成果不仅丰富了生命周期评价的理论框架，也极具参考价值。

④ 20 世纪 90 年代，国际环境毒理与环境化学学会(SETAC)在第一次国际会议上首次提出了 LCA 的理念与技术框架，并在随后的几年中，通过标准化与规范的实施，最终实现了环境管理的全面标准化。1993 年，ISO 14000 标准正式制定，为环境管理行业的蓬勃发展打下了扎实的基础。1997 年，ISO 14040 发布，详细描述出 LCA 的基本原则及框架。随着时间的推移，ISO 14041~ISO 14043 等新的规范也相继出台，涵盖了该组织的全部要素。

当核算对象的体系边界较为易于界定、核算结果容许一定量的截断偏差，且实际流程的有关信息能够获得时，可采取生命周期法开展碳足迹测算。生命周期的结论更具针对性，适用于微观系统的碳足迹核算。为完善和推进碳足迹核算在企业中的广泛应用，国际标准化组织、英国标准协会和世界资源研究所等机构和行业已制定或开始制定碳足迹核算的国际标准。其优势在于拥有详尽的测算流程，算法准确度较高，易于找出大气污染重点、确定污染来源。但生命周期评价法存在边界问题，即仅有直观的和个别的因素被考量在内，结果存有截断偏差。在阐述某一物品在制造、使用、报废及回收再利用等环节导致的温室气体排放量时，生命周期法以过程分析为工作出发点，通过清单分析的方法得到目标各个环节和流程的输入输出数据清单，包含每一环节的能量输入、主要原材料输入、产品输出、废弃物输入输出等各种输入输出统计信息，进而求得产品的全生命周期碳足迹。因此为取得详尽的清单统计信息，投资的人力、物力资源较大，数据信息采集和计算过程投入较大。

生命周期评价的步骤由以下四步组成：

① 目标定义和范围界定。目标定义和范围界定是生命周期评价工作的开端，同时也是清单分析、影响评价和结果解释这三个部分工作的起点与基础，直接影响着后续工作的展开和最终评价结果的准确性。在定义目标和范围时不仅需要明确 LCA 的研究目的、研究背景以及研究理由，还要对分析过程中涉及的假设条件、约束条件进行说明。设定功能单位是定义目标和范围时的一项重要工作，是保证 LCA 结果可比性的关键。功能单位的作用是为所有的输入和输出过程提供参照基准，是对产品系统输出功能的量度。

② 清单分析。LCA 理论的一个重要组成部分是清单分析，旨在研究产品从原材料提取、加工到最终销售、使用和废弃处理的全过程，以确定其能源、资源消耗、环境负荷物质的排放量。

③ 环境影响评价。环境影响评价是以生命周期清单分析为基础建立的。通过清单分析中数据与环境的相关性，对生命周期内各类环境问题造成的潜在环境影响的严重程度进行评价。以臭氧层破坏、温室气体效应等环境影响项目为标准将生命周期清单数据进行分类，并评价每类数据的影响程度。

④ 结果解释与改进。LCA 的结果解释过程旨在综合考虑两个步骤：清单分析、环境影响评估，从而得到最终的结论。然而，由于研究的范围、系统的边界的确立、特征化的程度的差异，最终的结果也会存在差异，所以，为了获得更准确的结论，需要仔细核查相关信息，保证可靠性、精度和可比性，从而更好地满足清单分析的需求。通过 LCA 分析，可以找到生命周期内对环境产生影响的关键因素，以便针对性解决问题。

2. 投入产出法

华西里·列昂惕夫 1936 年首次将投入产出分析方法引入美国[3]，他利用数学模型，构筑了一套完整的、可靠的投入与产出模式，从而更好地反映不同部门(产业)之间的联动性。采取该方法，能够准确地估算每一个部门温室气体排放情况，以及它们对全球环境的贡献。

$$B=b(I-A)^{-1}Y \tag{5-1}$$

式中 B——不同部门对于达到最终要求的 Y 所造成的温室气体排放量，可以是直接的或者通过间接的方式进行的；

b——直接排放系数矩阵，其代表某部门每单位货币产出直接排放的温室气体量；

I——单位矩阵；

Y——最终需求向量。

通过使用投入产出分析法，研究者可以从宏观角度来估测和评估不同国家和地区的碳排放情况，通过“自上”，可以有效地计量各个部门的能源消费、碳排放量，并利用“自上”中的每年一次的投入产出报告，建立起相互补充的数学模型，从而更好地预测各个产品的环境影响。这种方法通常被广泛应用于衡量各个部门和企业的整体效率，较少应用于针对某个特定的工业产品进行评估。

目前，这种方法在农业领域得到了普遍的使用，包括对农作物的生长情况和供给量进行预估。利用列昂惕夫逆矩阵，可以完整地研究农业生产的不同环节，包括直接、间接的能源需求，并利用相关的能源碳排放因子，估计其所释放的温室气体。然而，目前该方法仍然只限于考察农作物的收获、加工、运输以及其他环境影响方面，对于如 CH_4、N_2O 的排放计算仍然依赖传统的生命周期法[4]。该方法受到投入产出表的制约，一方面由于该表间隔数年定期发布，时效性不强；另一方面，表中的部门不一定能够很好与评价对象相互对应。故而一般无法评价一个具体产品，同时也不能够完整核算整个产品生命周期的排放。

3. IPCC

IPCC 清单核算法采用 IPCC 编制的国家温室气体清单以及对应排放因子来计算各种 GHG 的排放量。IPCC 清单核算法优点是数据获取方便，计算过程较为简便，但是无法计算隐含的间接 GHG 排放，且由于各地区技术水平、能源品质等差异，使得区域性排放因子选取存在困难。该方法是一种“自上而下”的分析方法，在研究资源-环境问题时，以整个经济系统为边界进行碳足迹研究，根据投入-产出数学模型将生产部门或区域间的经济关系转换为温室气体排放的实物关系，综合反映经济系统内各部门直接和间接的碳排放关系，属于宏观层面碳足迹核算方法，不适于产品层面的碳足迹核算。

为了减少人类活动对环境造成的影响，降低工业生产过程的温室气体排放，目前在运输、产品等有关行业都开展了产品生产过程的温室气体排放研究。目前国内已对碳足迹进行了多方面的研究报道，但针对石化产品炼制生产阶段进行碳足迹的研究还比较少。石化产品生产过程碳足迹为石化产品生命周期中生产过程阶段的碳足迹，生产过程碳足迹评价为石化行业生产过程中能源消耗量与利用效率提供一种评价方法。

已有的碳足迹评价方法虽然考虑生命周期的碳排放，但对于石化产品的碳足迹有特殊性。石化产品生产过程复杂，同一产品可以有许多不同的生产工艺路线，同时目前缺少直接相关的核算细则方法及标准。因此需要重点考虑生产过程碳足迹评价，从而弄清生产各个环节的碳排放情况，进而有针对性地指导石化产品生产过程碳减排。

过程碳足迹的核算应采用生命周期方法，以过程分析为出发点，通过清单分析获得研究对象所有阶段和过程的输入输出数据清单，包括每一阶段的能源输入、原料输入、中间产品输出、废弃物输出等全部输入输出数据，进而计算石化产品生产过程的碳足迹。相对其他方法，LCA 法作为近年来国际公认的主流碳足迹核算方法，主要依据有 PAS 2050、ISO 14067 与 GHG Protocol 等产品碳足迹核算的标准，同时结合石油炼制行业的特点，根据国家标准《碳排放核算与报告要求　第 15 部分：石油化工企业》(GB/T 32151.15—2023)以及国家发展和改革委员会于 2014 年制定的《中国石油化工企业温室气体排放核算方法与报告指南(试行)》等进行碳排放核算。

二、碳足迹核算标准

1. PAS 2050 标准

《PAS 2050：2011 产品与服务生命周期温室气体排放评价规范》被认定为全球最早的碳足迹核算标准，它可以帮助企业准确地衡量其在整个使用寿命中的温室气体排放，该标准由英国标准协会(BSI)编制，并在 2008 年 10 月 29 日正式发布。该标准主要应用于对产品和服务在整个生命周期中所产生的温室气体排放量进行核算与评估，这里的生命周期指的是产品从原材料的收集到产品的加工生产、后期产品的市场分配和销售、消费者使用以及产品废弃后废弃物处理的全过程。2011 年，PAS 2050 的新版本发布，与 2008 年的旧版本相比，它的功能和应用范围大幅扩展，不仅能够支持特定的应用要求，而且还能够适应各种类型的企业和政府部门的需要。该标准的碳足迹评估包括五个步骤：

① 建立生命周期流程图。流程图应包括产品整个生命周期，包括材料、能源和废料，根据产品生命周期不同阶段编制相应的流程图，在建立流程图之前要确定所选产品对象属于 B2C 还是 B2B。

② 确定产品边界。根据 ISO 14025 系列标准的相关规定确定产品边界，产品边界要与其所规定的系统边界保持一致。

③ 收集数据及碳排因子。收集该产品整个生命周期全部阶段中的生产活动数据和碳排放因子。

④ 计算产品碳足迹。使用碳足迹计算公式进行计算，注意质量守恒，保证所有输入、输出及废弃物均计入计算公式，确保没有遗漏。

⑤ 检验不确定性。不确定度评估不是必要的，可自行决定是否进行，但检验不确定性有利于了解收集数据的质量，从而进一步提高计算结果的准确程度。

2. GHG Protocol 标准

GHG Protocol 全称为《产品生命周期核算和报告标准》，是一项由 WRI 和

WBCSD 共同提出的国际标准，于 2011 年 10 月首次发布。GHG Protocol 国际标准基于 ISO 14044，可以提供评估产品的生命周期碳排放的报告，从而有效地指导和支持企业和机构采取有效的碳减排措施，促进经济健康可持续发展。2010 年，GHG Protocol 标准草案正式发布，随后，超过 60 家企业参与了实践应用，其中，关于碳足迹核算的相关条款、要求以及指引都得到了极大的改善，成为全球领先的碳足迹核算技术。

3. ISO 14067 标准

国际标准化组织（ISO）于 2006 年发布了《ISO 14040：2006 环境管理 生命周期评价原则与框架》《ISO 14044：2006 环境管理 生命周期评价 要求与指南》两个标准，为 LCA 提供了基本框架结构和概念，为碳足迹的核算以及核算标准的建立奠定了基础。

2013 年正式出台的 ISO 14067 依据 PAS 2050 标准发展而来，从最初构建到正式出台历时 4 年。最初草案由环境管理技术委员会（ISO/TC207）2009 年 6 月提出，而后 ISO 官方网站在 2012 年 10 月公布了国际标准草案版。ISO 14067 的主体部分是依照 ISO 14040 和 ISO 14044 提出的生命周期评价的基本步骤和框架。其中有两个小章节则部分引用和参照了 PAS 2050（2011）和 GHG Protocol："特殊过程的处理"来源于 PAS 2050（2011）、"回收分配"来源于 GHG Protocol。从整个产品碳足迹的发展历程看来，在 ISO 14040 和 ISO 14044 提供的生命周期评价的基本框架和原则之上，PAS 2050 首先提出专门针对产品碳足迹核算的相关规范，可视作产品碳足迹标准的始祖。GHG Protocol 则是在前面两者的基础上，完善补充了前面两者的不足，主要为企业、公司核算产品碳足迹提供详细指导和规范，相对来说，更加针对性地服务于企业的商业目标。在前面两个碳足迹标准的基础上，ISO 14067 出台，其步骤和结构实质上与 LCA 基本一致，内容上部分参考了前面的两套标准，不过它的出台与发布使得产品碳足迹核算的全球影响力得到了提高。

ISO 14067 是以 ISO 14040 和 ISO 14044 为基础，发展制定的专门针对产品碳足迹的生命周期评价标准，因此其核算步骤与 LCA 的四个基本步骤保持一致，但是在各步骤的具体内容上有一定的调整：

① 目标和范围界定，该标准特别强调产品种类规则（Prouduct Category Rules，PCR），即针对每一类产品，应当依据或建立专门的 PCR 进行目标和边界设定；

② 清单分析，该标准针对碳足迹计算，在 ISO 14040 和 ISO 14044 的基础上增添了相关特殊碳排放过程的处理规定，比如清单中是否应当包含生物碳、化石碳和土壤碳，以及如何具体核算；

③ 影响评价，由于该标准仅针对性地评估碳足迹的环境影响，因此对于生命周期过程中引起的其他多种环境影响的处理（如归一化、特征化、加权等），在此标准中不再考虑和涉及，即在此仅涉及两个步骤：一是将之前计算得到的温室气体排放乘以相应的全球变暖潜能值（GWP）以得到各种温室气体排放的 CO_2 当量，二是将所有温室气体排放的 CO_2 当量进行加和，得到最后的碳足迹；

④ 结果解释，该标准于这一步骤上基本与 LCA 的第四步骤内容一致。

4. 产品碳足迹标准对比分析

从标准的服务对象、概念规定、方法及参数等相关规定以及标准的指导作用等方面对三个标准的主要特征进行对比分析。

PAS 2050 既可用于商业认证（企业），也可以服务于消费者和组织等，具备良好的实用性。其优势为清晰简洁的概念以及具体细致的指导，具体表现在三个方面：①概念更加简单明确，例如，在数据类型的选择上，不像其他标准那样按照直接测量和间接获取的数据获取方式来对数据进行分类，而是直接针对计算所需要采用的活动数据（activity data，简称 AD）和排放因子（emission factor，简称 EF）进行明确规定：活动数据多为初级数据，排放因子多为次级数据。这样的规定让标准的操作使用人员更容易理解并进行数据收集工作。②方法相对具体细致，例如，对于产品延迟排放（在使用过程或废弃物处置过程的排放）加权平均影响的计算，三个标准中只有 PAS 2050 给出了具体的核算方法公式。③参数设置了具体指标，例如：截断规则规定了超过总排放 1%的过程或物质排放应纳入核算范围；初级数据在数据收集中的占比应不小于 10%等。综上所述，PAS 2050 是非常实用且容易执行的标准。

GHG Protocol 主要是服务于公司企业的商业目标，其概念全面并且具备较强的灵活性，主要表现在以下两个方面：①概念层面：概念全面并且分类精细。例如分析单位可以分为两类：基准流和功能单位，前者为中间产品的分析单位，而后者则作为最终产品的分析单位。数据可分为 3 大类型：直接测量数据（按照其获取方式定义：直接观测或测量）、AD 和 EF。其中 AD 包括过程和财务两种数据类型，EF 包括由投入产出法获得的和过程生命周期评价获得的两类数据。此外，不确定性分析包括 3 种类型：参数、场景和模型。其中参数的不确定性又包括四类参数：直接测量数据、活动数据、排放因子以及 GWP。在目前的三个产品碳足迹标准中，GHG Protocol 的概念和分类最为细致全面。②方法层面：该标准数据收集、计算等方法相对开放灵活，选择性强。例如，该标准的截断规则规定：可将对某一过程、生命周期某一阶段或者全生命周期的总质量、体积、碳排放不重要的排放源排除在外。“不重要”的定义和参考方式灵活多变，基于具体核算目的而定。由此，GHG Protocol 在具体操作层面非常灵活，可以让企业针对自身核算的商业目的比较自由地选取需要核算的过程和排放源。但是同时由于限制少，不可避免地会增加核算的主观性，也有可能会造成结果的对比性相对降低。

ISO 14067 标准，因由国际标准化组织(ISO)制定出台，具有一定的普适性，其服务对象不仅包括商业认证和目标，也包括个人的科研工作等。①概念层面，该标准建立在 ISO 14040 和 ISO 14044 的生命周期评价的基本步骤和框架基础上，省略了部分生命周期影响评价(LCIA)的内容，同时添加了处理碳排放的特殊过程的相关指导，增强了标准的针对性和目的性。②方法和参数层面，ISO 14067 目前在某些方面缺乏明确的方法参考和定量的参数规定，例如关于含碳产品延迟排放的影响，该标准规定产品延迟 10 年以上的排放应当考虑延迟时间的影响，但是却没有提供任何核算方法，只要求如果核算请列举使用的方法。在有些方面，例如是否考虑固定资产的影响方面缺乏相关的阐释和描述。这给标准使用人员，尤其是没有受到过严格培训的人员的标准使用带来了较大的困难，使其在解读过程中产生歧义而最终引起计算结果的不确定性。

根据表 5-1，可以看出三种不同的碳排放量核算流程大体上是相似的：确定目标、选择合适的产品、邀请供应商参与；制作工作流程、明确界限和优先排序；收集数据及碳足迹计算；进行碳排放量的审定及不确定性评估；发布核查或核算报告。三种标准对核算要素规定的差异见表 5-2[5]。

表 5-1　三种不同碳足迹标准核算步骤对比

PAS 2050	ISO 14067	GHG Protocol
确定目标和范围	商业目标、原则、确定范围	设定目标、选定产品
清单分析	边界设定、数据收集和质量评估、分配	流程图绘制、检查边界、收集数据
影响评估	计算清单结果	碳足迹计算
影响解释	不确定性、绩效追踪、报告	检查不确定性
报告与严格审查	保证、报告	审定结果、减排、碳足迹通报

表 5-2　三种标准对核算要素规定的差异

产品碳足迹的核算要素	核算要素的含义	产品碳足迹标准的相应设定		
		PAS 2050	ISO 14067	GHG Protocol
截断原则	按照重要性阈值排除不重要的贡献的规则	定量规定	无定量规定	无硬性定量规定
固定资产	产品生命周期需要的机械、设备和基础设施的生产维护引起的碳排放	排除	无规定	不强制、可核算

续表

产品碳足迹的核算要素	核算要素的含义	产品碳足迹标准的相应设定		
		PAS 2050	ISO 14067	GHG Protocol
场所运行	场所如工厂和零售店的照明、温度控制等过程的排放	核算	无规定	不强制、可核算
雇员交通	雇员通勤交通引起的排放	排除	无规定	不强制、可核算
碳存储	产品所含碳，如林产品中所含的生物碳或生命周期过程中吸收的碳（如水泥使用阶段）	核算	排除	核算
消费者交通	消费者购买产品的交通过程中引起的排放	排除	无规定	不强制、可核算
废物焚烧能量回收	废弃物焚烧产生的能量回收利用（如用于发电或供暖等）	排除	核算	核算
延迟排放加权系数	用于估算随时间推移延迟排放的加权平均影响的系数	不强制、可核算	无规定	排除

第三节　典型石化产品碳足迹

炼油行业碳排放来源主要包括化石燃料的直接燃烧、工业过程的排放、企业购入电力和热力造成的间接排放，其中以化石燃料及工业过程相关排放为主，占比近八成。炼油厂由于加工总流程差异、产品结构不同，消耗的能源结构不同，造成了加工每吨原油产生的碳排放量差异较大，通常吨油碳排放量在 0.20～0.55t。石油产品碳足迹与炼油厂的碳排放量密切相关，影响碳排放量的主要生产因素包括：①受制氢方式影响，天然气、干气制氢和煤制氢占比较大的炼油厂由于制氢过程会产生大量的 CO_2，导致全厂吨油碳排放量通常较高；②受能源结构影响，燃料结构中煤炭、石油焦等高含碳量能源占比较大的炼油厂吨油碳排放量通常较高；③催化裂化烧焦量占比较大的炼油厂吨油碳排放量较高；④能源利用效率较低的炼油厂，吨油碳排放量较高；⑤炼油厂流程复杂度越高，随着原油加工深度的增加，炼油厂的吨油碳排放量越高。

以一个典型燃料型炼油厂和一个典型炼化一体化炼油厂为例，开展典型石化产品从大门到大门的碳足迹计算并进行数据对比，考察不同流程复杂度炼油厂的碳排放情况。根据各炼油厂装置实际能耗，在各厂加工量 10Mt/a 的情况下进行全厂碳排放量及各产品碳足迹计算。

某燃料型炼油厂全年加工量为 10Mt 时，主要生产装置年度能源消耗数据如表 5-3 所示，主要生产装置能源单位消耗数据如表 5-4 所示。

表 5-3 某燃料型炼油厂主要生产装置年度能源消耗数据

装置名称	新鲜水/10kt	循环水/10kt	软化水/10kt	除盐水/10kt	除氧水/10kt	电/MW·h	3.5MPa蒸汽/10kt	1.0MPa蒸汽/10kt	0.5MPa蒸汽/10kt	燃料气/10kt	催化烧焦/10kt
常减压蒸馏	20.00	2630.00				47700.0			16.20	6.78	
煤油加氢	0.24	215.46				5254.2			-0.16	0.28	
柴油加氢		1250.53		14.11		58631.0	22.58	-14.11		0.45	
加氢裂化	16.59	2882.13	26.07			113317.9		36.26	-24.18	1.96	
蜡油加氢	1.52	566.06	15.16			33643.4	14.19	-10.31		0.56	
延迟焦化	6.46	2040.14		8.61	15.06	37316.5		15.06	-17.22	4.30	
气体分馏	1.14	1289.61	10.71			6068.1		2.61	5.88		
连续重整	8.12	3216.58	31.47		33.13	79503.6	20.89	-2.95	-15.15	8.22	
催化裂化	19.16	4981.98			61.74	55866.3	-19.16	-10.65	-2.13	0.95	10.73
硫黄回收	2.47	899.82			35.05	14516.8	-30.24		9.26	0.55	
S Zorb	0.21	356.79			0.25	9678.1		1.59		0.32	
聚丙烯	0.11	1779.16		0.21		35618.1		3.07			
MTBE	0.56	521.43				2034.3		7.18	1.56		
乙苯		2180.21	13.46			12242.5		0.88	-13.46	2.66	
苯乙烯		902.76				3640.7	4.05	8.00	7.33	0.54	
天然气制氢	0.45	496.10		52.82		13652.7			-18.39	4.01	
脱硫脱硫醇	2.05	772.96				11491.8		35.57			

表 5-4　某燃料型炼油厂主要生产装置能源单位消耗数据

装置名称	新鲜水/(t/t)	循环水/(t/t)	软化水/(t/t)	除盐水/(t/t)	除氧水/(t/t)	电/(kW·h/t)	3.5MPa蒸汽/(t/t)	1.0MPa蒸汽/(t/t)	0.5MPa蒸汽/(t/t)	燃料气/(t/t)	催化烧焦/(t/t)
常减压蒸馏	0.02	2.63				4.77			0.02	0.01	
煤油加氢	0.00	3.42				8.34			0.00	0.00	
柴油加氢		4.43		0.05		20.77	0.08	-0.05		0.00	
加氢裂化	0.07	12.16	0.11			47.81		0.15	-0.10	0.01	
蜡油加氢	0.01	3.36	0.09			19.97	0.08	-0.06		0.00	
延迟焦化	0.03	9.48		0.04	0.07	17.34		0.07	-0.08	0.02	
气体分馏	0.03	37.34	0.31			17.57		0.08	0.17		
连续重整	0.05	19.42	0.19		0.20	48.00	0.13	-0.02	-0.09	0.05	
催化裂化	0.09	23.40			0.29	26.24	-0.09	-0.05	-0.01	0.00	0.05
硫黄回收	0.20	72.90			2.84	117.61	-2.45		0.75	0.04	
S Zorb	0.00	3.50			0.00	9.50		0.02		0.00	
聚丙烯	0.01	172.42		0.02		345.18		0.30			
MTBE	0.09	85.49				33.35		1.18	0.26		
乙苯		323.38	2.00			181.59		0.13	-2.00	0.40	
苯乙烯		147.60				59.52	0.66	1.31	1.20	0.09	
天然气制氢	0.16	171.88		18.30		473.00			-6.37	1.39	
脱硫脱硫醇	0.03	11.30				16.80		0.52			

该燃料型炼油厂各装置年度碳排放数据如表 5-5 所示。

表 5-5 燃料型炼油厂各装置年度碳排放

装置名称	装置碳排放量/10kt
常减压蒸馏	26. 89
煤油加氢	1. 26
柴油加氢	9. 90
加氢裂化	20. 63
蜡油加氢	6. 14
延迟焦化	16. 17
气体分馏	3. 07
连续重整	33. 09
催化裂化	40. 09
硫黄回收	-2. 63
S Zorb	2. 29
聚丙烯	4. 66
MTBE	2. 66
乙苯	6. 14
苯乙烯	7. 11
天然气制氢	8. 26
脱硫脱硫醇	10. 86
合计	196. 59

某炼化一体化炼油厂，全年加工量为 10Mt，主要生产装置年度能源消耗如表 5-6 所示。

该炼化一体化炼油厂装置主要生产装置能耗单位消耗数据如表 5-7 所示。

该炼化一体化炼油厂装置各主要装置年度碳排放如表 5-8 所示。

表 5-6　某炼化一体化炼油厂主要生产装置年度能源消耗数据

装置名称	新鲜水/10kt	循环水/10kt	软化水/10kt	除盐水/10kt	除氧水/10kt	电/MW·h	3.5MPa蒸汽/10kt	1.0MPa蒸汽/10kt	0.5MPa蒸汽/10kt	燃料气/10kt	催化烧焦/10kt
常减压蒸馏	20.00	2630.00	20.00			57700.0		62.00	9.00	8.30	
轻烃回收		95.77		0.08		1580.1		0.55			
煤油加氢	0.41	284.38				8024.8		0.24		0.35	
加氢裂化	0.09	2246.38		90.79		69250.2	38.84	−56.23	120.49	2.46	
柴油加氢	0.14	485.96		5.84		39427.8	20.74	18.85		1.20	
催化裂化	0.53	2416.94		316.85		107150.0	−186.99	−2.32	−1.93	0.60	29.24
渣油加氢		3161.13		27.11		92711.4	64.38	−71.09	−13.38	4.24	
液化气脱硫	0.36	133.96				1991.6		6.16			
PSA						18226.7					
连续重整	7.18	4357.82		51.30		27645.0	1.47	−21.99		8.50	
催化液化气脱硫	2.31	869.19				12922.5		40.00			
汽油脱硫醇	0.01		2.49	0.08		874.5				0.05	
S Zorb	0.62	236.07		0.92		11299.1		1.81		0.54	
其他干气脱硫	0.69	258.23				3839.2		11.88			
天然气制氢	0.01	93.64		15.60		3546.5	1.27	0.27		2.15	
异构化		1223.20				4056.5		2.87		0.18	
硫黄回收	12.86	845.26		1.33	23.60	15256.9	20.12	−3.64	4.04	0.41	

续表

装置名称	新鲜水/10kt	循环水/10kt	软化水/10kt	除盐水/10kt	除氧水/10kt	电/MW·h	3.5MPa蒸汽/10kt	1.0MPa蒸汽/10kt	0.5MPa蒸汽/10kt	燃料气/10kt	催化烧焦/10kt
催化干气脱硫	0.37	139.13				2068.5		6.40			
气体分馏	0.06	5467.47				7771.6		3.62			
VPSA						68982.2					
聚丙烯	0.00	2833.08		0.03		73691.2		6.19			
MTBE	4.34	4032.60				15732.7		55.50			

表 5-7　某炼化一体化炼油厂主要生产装置能源单位消耗数据

装置名称	新鲜水/(t/t)	循环水/(t/t)	软化水/(t/t)	除盐水/(t/t)	除氧水/(t/t)	电/(kW·h/t)	3.5MPa蒸汽/(t/t)	1.0MPa蒸汽/(t/t)	0.5MPa蒸汽/(t/t)	燃料气/(t/t)	催化烧焦/(t/t)
常减压蒸馏	0.02	2.63	0.02			5.77		0.06	0.01	0.01	
轻烃回收		0.49		0.00		0.80		0.00			
煤油加氢	0.00	2.60				7.35		0.00		0.00	
加氢裂化	0.00	14.49		0.59		44.68	0.25	-0.36	0.78	0.02	
柴油加氢	0.00	2.51		0.03		20.40	0.11	0.10		0.01	
催化裂化	0.00	6.88		0.90		30.49	-0.53	0.01	-0.01	0.00	0.08
渣油加氢		9.33		0.08		27.36	0.19	-0.21	-0.04	0.01	

续表

装置名称	新鲜水/(t/t)	循环水/(t/t)	软化水/(t/t)	除盐水/(t/t)	除氧水/(t/t)	电/(kW·h/t)	3.5MPa蒸汽/(t/t)	1.0MPa蒸汽/(t/t)	0.5MPa蒸汽/(t/t)	燃料气/(t/t)	催化烧焦/(t/t)
液化气脱硫	0.03	11.30				16.80		0.52			
PSA						809.68					
连续重整	0.05	29.73		0.35		18.86	0.01	−0.15		0.06	
催化液化气脱硫	0.03	11.30				16.80		0.52			
汽油脱硫醇	0.00		0.08	0.00		2.81				0.00	
S Zorb	0.01	1.95		0.01		9.35		−0.02		0.00	
其他干气脱硫	0.03	11.30				16.80		0.52			
天然气制氢	0.01	132.69		22.11		502.54	1.80	0.39		3.04	
异构化		46.93				15.56		0.11		0.01	
硫黄回收	1.73	113.88		0.18	3.18	205.56	2.71	−0.49	0.54	0.06	
催化干气脱硫	0.03	11.30				16.80		0.52			
气体分馏	0.00	71.52				10.17		0.05			
VPSA						7240.86					
聚丙烯	0.00	107.63		0.00		279.96		0.24			
MTBE	0.39	364.73				142.30		5.02			

表 5-8 某炼化一体化炼油厂各装置年度碳排放

装置名称	装置碳排放量/10kt	装置名称	装置碳排放量/10kt
常减压蒸馏	46.49	S Zorb	3.03
轻烃回收	4.65	其他干气脱硫	3.63
煤油加氢	1.81	天然气制氢	6.61
加氢裂化	38.13	异构化	2.05
柴油加氢	18.12	硫黄回收	9.45
催化裂化	173.98	催化干气脱硫	1.96
渣油加氢	18.05	气体分馏	3.69
液化气脱硫	1.88	VPSA	6.15
PSA	1.63	聚丙烯	9.29
连续重整	21.54	MTBE	17.80
催化液化气脱硫	12.22	合计	402.36
汽油脱硫醇	0.20		

上文所述燃料型炼油厂与炼化一体化炼油厂主要产品碳足迹数据对比如表 5-9 所示。由表中数据可知，对于同类产品，炼化一体化炼油厂的产品碳足迹数据均高于燃料型炼油厂产品，主要由于炼化一体化炼油厂流程复杂度一般高于燃料型炼油厂，全厂装置碳排放量高于燃料型炼油厂，因此产品碳足迹一般高于燃料型炼油厂。而对于同一炼油厂，烯烃、芳烃、聚烯烃产品的碳足迹数据高于汽煤柴等燃料型产品，主要由于炼油厂的化工产品一般需要经过更多的装置加工处理得到最终产品，化工产品加工流程复杂度相比于燃料油更高。

表 5-9 主要产品碳足迹对比

产品	燃料型/(tCO_2/t)	炼化一体化/(tCO_2/t)
汽油	0.24	0.41
煤油	0.08	0.12
柴油	0.14	0.23
丙烯	0.50	0.84
芳烃	0.25	0.30
聚丙烯	0.94	1.12

本章节通过以一个典型燃料型炼油厂和一个典型炼化一体化炼油厂为例，开展了典型石油产品从大门到大门的碳足迹计算并进行数据对比，可知碳排放量与

炼油厂流程复杂度相关，随着炼油厂流程复杂度以及加工深度的增加，炼油厂的吨油排放量越高，产品碳足迹数据增加。

第四节　低碳产品评价与认证

随着全球变暖问题的日益突出，低碳经济已经成为国际社会和各国政府发展经济的重要方向。为了推动低碳经济的发展，各国政府和企业都在积极探索低碳产品认证的方式和标准。低碳产品认证是低碳经济建设的重要一环，当前，全球十几个国家正在积极推进低碳产品的认证，其中包括英国、德国、韩国和日本。

一、低碳产品认证的概念

低碳产品认证是指对符合低碳要求的产品进行鉴定和认可，包含各种产品的生产、使用和回收等全生命周期。低碳产品认证的主要目的是评估产品的节能、减排和环保性能，促进低碳环保生产方式的普及，提高消费者对于低碳产品的认知以及消费者购买低碳产品的积极性。

二、低碳产品认证的意义

1. 促进低碳经济发展

低碳产品认证是推动低碳经济发展的一种有效手段。认证机构通过评估产品的碳排放量、能耗等指标，为消费者提供了可信的低碳产品信息。这些信息可以帮助消费者做出更加明智的购买决策，鼓励企业开发和生产低碳产品，推动低碳环保型产业的发展，规范市场的竞争行为，推进企业技术进步和产业升级，促进低碳经济的发展。

2. 保护环境和减少碳排放

低碳产品认证可以帮助减少产品的碳排放量和能耗，减少对自然资源的消耗，从而降低对环境的影响。认证机构会对产品的生产过程、原材料使用、运输等方面进行评估，通过减少碳排放和能耗来降低产品的环境影响。

3. 提高产品品质和竞争力

低碳产品认证可以提高产品的品质和竞争力。认证机构会对产品的生产工艺、原材料、质量控制等方面进行评估，确保产品符合国际标准和行业规范，从而提高产品的品质和竞争力。

4. 促进国际贸易和产业升级

低碳产品认证可以促进国际贸易和产业升级。随着全球低碳经济的发展，越来越多的国家和地区开始采取低碳发展战略，推动低碳产品的生产和消费。低碳产品认证可以帮助企业开拓国际市场，提高产品的质量和竞争力，促进国际贸易和产业升级。

综上所述，低碳产品认证对于推动低碳经济的发展、保护环境和减少碳排放、提高产品品质和竞争力、促进国际贸易和产业升级等方面具有重要的意义。随着全球低碳经济的不断发展，低碳产品认证将在未来发挥更加重要的作用。

三、低碳产品认证的国内外进展

1. 英国

2006年起英国碳信托(Carbon Trust)开展了“碳削减标志计划(Carbon Reduction Label Scheme)”，成为开创低碳产品认证的先锋，并试点计算了几十种产品的碳足迹。2007年5月，英国环境、食品和乡村事务部(Defra)公布了基于碳信托试点项目的自愿性计划，建议商家在商品标签上注明该产品在生产、运输和配送等过程中所产生的碳排放量，以告知消费者该商品对全球变暖的影响程度。随后，英国环境、食品和乡村事务部与碳信托和英国标准协会(BSI)合作制订了计算产品碳排放量的评价规范，即PAS 2050标准草案。2008年10月英国PAS 2050标准正式发布，该标准是一个开放性的碳排放量计算测量标准，其开放性有力地提高了PAS 2050的接受程度和英国碳削减标志的市场权威性。英国致力于为PAS 2050标准争取国际发展空间，在世界范围内以技术支持和技术合作的形式增强英国标准和碳标志的影响力，积极参与国际标准化组织的低碳产品标准的制定工作。

2. 德国

德国的蓝天使标志是世界上最悠久、最著名的生态标志，近年来在制定和颁发蓝天使基本标准时，产品的气候特性已经占据了重要的比重和地位。德国在2008年11月举行的蓝天使30周年庆典上宣布了蓝天使标志今后的发展框架。将原来的蓝天使环境标志根据保护对象的不同分为健康标志、气候标志、水标志和资源标志。在这个框架里首先推出蓝天使的气候标志，以授予气候友好型产品和服务，为顾客提供更好的购买选择。在蓝天使已有的80多项环境标志产品种类中选择与保护气候相关的28项产品归为蓝天使“保护气候”类产品，并将这28项环境标志产品标准列为气候保护类环境标志产品标准。同时还制定了保护气候类的产品标准制订规划，为100类气候相关产品制定“保护气候”环境标志标准。

2008年4月，德国政府支持的“德国产品碳足迹试点项目(PCF Pilot Project Germany)启动，由世界自然野生动物基金、德国生态研究所和波斯坦气候影响研究协会等共同完成产品碳足迹标志的试点。德国“产品碳足迹”试点标志计划工作组开展了碳分析方法学、碳展示方面的研究，致力于让更多的企业和产品加入该项目。

3. 日本

2008年6月日本内阁通过“建设低碳社会”的决议，日本经济贸易产业省(METI)成立了碳足迹系统国际标准化国内委员会，以对应ISO开发碳足迹国际标准的行动，并向社会公布了由METI建立和协调的试点计划。该计划由日本产品环境管理协会(JEMAI)实施，借助其III型环境标志的研究基础，开展产品碳足迹的相关研究。日本还紧密关注国际标准化组织关于碳标志国际标准的制定工作，并将低碳产品认证的工作计划依据国际标准化组织的工作动向进行调整，并于2009年发布了《TSQ0010产品碳足迹评估和贴标基本规范》。

4. 中国

2013年，为引导低碳生产和消费，规范和管理低碳产品认证活动，国家发展和改革委员会和国家认证认可监督管理委员会联合发布《低碳产品认证管理暂行办法》(自2013年2月18日起施行，2015年11月1日起废止)，标志着我国正式建立低碳产品认证制度。2015年，为了规范和管理节能低碳产品认证活动，国家质量监督检验检疫总局、国家发展和改革委员会联合发布《节能低碳产品认证管理办法》(代替原《低碳产品认证管理暂行办法》，自2015年11月1日起施行)，明确了低碳产品认证是指由认证机构证明产品温室气体排放量符合相应低碳产品评价标准或者技术规范要求的合格评定活动。2016年，国务院办公厅发布《关于建立统一的绿色产品标准、认证、标识体系的意见》，提出将低碳、环保、有机等系列产品统一整合为绿色产品。2019年，国家市场监督管理总局制定发布《绿色产品标识使用管理办法》(自2019年6月1日起实施)，规定了低碳认证制度由市场监管总局联合国务院有关部门共同推行，由认证机构按照相关制度明确的认证规则及评价依据开展认证活动，标志着低碳产品认证正式合并入绿色产品标识管理体系。

总之，低碳产品认证是推动低碳经济发展的重要手段之一。各国政府和企业应该加强合作，共同推进低碳产品认证标准的制定和实施，为全球低碳经济的发展做出贡献。

四、低碳产品认证的标准

1. 低碳产品认证标准的类别

(1) 能源效率标准

能源效率标准是指在同样的功能以及相同材料和技术条件下所需能源越低，

即能源效率越高，该产品就越符合低碳产品标准。能源效率标准以能源消耗作为评价指标，对产品的节能性能进行评估。

（2）碳排放标准

碳排放标准是指评估产品环保性能的重要标准之一，它体现了产品生产过程的环保性能。碳排放标准以单位产品的 CO_2 排放量作为评价指标，对产品的环保性能进行评估。

（3）材料标准

材料标准是指对产品所使用的材料进行评价和选用，包括材料的环保性能、可降解性、可回收性等方面，以及材料的人体安全性、化学物质含量等方面的评价。

（4）生产标准

生产标准是指生产过程中的环保要求，包括能源消耗、废弃物处理、污染物排放等方面的评估。

2. 低碳产品认证标准的制定

低碳产品认证标准的制定需要考虑以下几个方面：

① 法律法规的要求：低碳产品认证标准需要符合国家相关法律法规的要求，例如《中华人民共和国节能法》《中华人民共和国环境保护法》等。

② 行业标准的要求：行业标准是指在某个行业内，由行业协会或者行业组织制定的标准，低碳产品认证标准需要符合相关行业标准的要求。

③ 技术标准的要求：低碳产品认证标准需要符合相关技术标准的要求，例如 ISO 14064-1、ISO 14067 等。

④ 市场需求的要求：低碳产品认证标准需要符合市场需求的要求，例如消费者对低碳产品的认知度和需求等。

3. 我国低碳产品认证标准

2011 年 3 月，我国在“十二五”规划纲要中明确提出“探索建立低碳产品标准、标识和认证制度，建立完善温室气体排放统计核算制度”。随后，国家发展和改革委员会和国家认证认可监督委员会于 2013 年 2 月联合发布了《低碳产品认证管理暂行办法》，标志着我国正式建立低碳产品认证制度。为了解决节能产品“节能不低碳”的问题，2015 年 9 月，国家发改委、质监总局联合公布《节能低碳产品认证管理办法》，初步建立了国家统一的节能低碳产品认证制度，依据相关产业政策推动节能低碳产品认证活动，鼓励使用获得节能低碳认证的产品，并规定认证目录由国家发展和改革委员会、国家质检总局和国家认监委联合发布。

目前，国家公布了两批《低碳产品认证目录》，共包含 7 种产品，并同步出台低碳产品认证所依据的实施规则，如《低碳产品认证实施规则轮胎》（CNCA-LC-

0107：2016）、《低碳产品认证实施规则通用硅酸盐水泥》（CNCA－LC－0101：2014）。列入第一批目录的产品包括：通用硅酸盐水泥、平板玻璃、铝合金建筑型材和中小型三相异步电动机。列入第二批目录的产品包括：建筑陶瓷砖（板）、轮胎、纺织面料。

随着国家对碳排放的关注逐渐转向更全面的环保要求，市场监督管理总局推行的绿色产品认证和工信部推行的绿色制造评价成为进一步推动可持续发展的关键领域。截至2023年，中国已经发布了四批绿色产品目录，共涵盖19个产品类别，包括塑料制品、轮胎等。绿色制造评价则包括对产品、工厂、园区、供应链的绿色评价，推动整个产品生命周期的绿色转型。

五、低碳产品认证的程序

1. 申请和受理

企业首先根据自身产品的性质及低碳特性，根据认证机构发布的低碳认证标准，向具有相关资质的认证机构提交初步申请。申请时需提交包括但不限于产品的基本信息、生产过程、生命周期碳排放报告、能源消耗记录、环保材料使用情况、低碳技术应用等在内的各项资料。

2. 鉴定评估

认证机构会对企业申请的产品进行鉴定评估，包括跟踪调查和取样分析，评估产品是否符合低碳产品标准。

3. 认证审核

认证机构会对企业申请的产品进行审核，包括对产品的质量控制体系、生产管理体系、环保管理体系等方面进行审核。

4. 发布认证结果

认证机构根据评估结果综合分析，对符合低碳产品标准的产品进行认证，并颁发低碳产品认证证书。

5. 获证后的跟踪检查

获得低碳产品认证证书后，认证委托人应当按照规定的时限进行年度跟踪检查，对于特殊情况，应当增加检查频率，以确保产品工艺、能耗等指标均达到低碳产品评价标准的最高要求，并且没有任何异常变化。

低碳产品认证以产品为链条吸引整个社会在生产和消费环节参与到应对气候变化活动中，是建设低碳经济的重要环节。通过低碳产品认证与标识，引导和鼓励企业开发与生产低碳产品，推动消费者建立低碳消费意识，推动“双碳”目标进程。

参 考 文 献

[1] 耿涌，董会娟，郗凤明，等．应对气候变化的碳足迹研究综述[J]．中国人口资源与环境，2010，20(10)：6-12.

[2] 付加锋编．低碳经济理论与中国实证分析[M]．北京：中国环境科学出版社，2012.

[3] Shi M，Wang Y，Zhang Z，et al. Regional Carbon Footprint and Interregional Transfer of Carbon Emissions in China[J]. Acta Geographica Sinica，2012，67(10)：1327-1338.

[4] 徐盈之，邹芳．基于投入产出分析法的我国各产业部门碳减排责任研究[J]．产业经济研究，2010(5)：27-35.

[5] 李楠，刘盈，王震．国际标准差异对产品碳足迹核算的影响分析-以胶质印刷低为例[J]．环境科学学报，2020，40(02)：707-715.

第六章 炼油工业低碳发展面临的挑战

第一节 炼油产能的结构性过剩问题

一、全球石油基燃料需求增速放缓

随着电动汽车的不断渗透、部分国家/地区禁售燃油车政策的推出、机动车燃油经济性的提高以及生物燃料等替代燃料的推广，全球石油基液体燃料的需求增速将会放缓。在 IEA 发布的 2023 年世界能源展望报告的既定政策情景中，全球石油需求预计会在 2030 年前达峰。全球终端能源消费中，预计 2022—2030 年和 2022—2050 年运输部门的电动汽车用能年均增速分别为 15%和 8.6%，生物燃料年均增速分别为 4.3%和 2.6%，而同期石油基燃料的年均增速则分别为 0.6%和 0.1%，这与 2010—2022 年石油基燃料的年均增速 0.8%相比，增速降低较为明显。全球运输部门对石油的需求将在 2030 年左右达峰，石油基燃料占比将从 2022 年的 91%降低到 2030 年的 87%和 2050 年的 78%[1]。在 IEA 的宣誓情景下，石油基燃料的份额将从 2022 年的 91%降低到 2030 年的 84%和 2050 年的 48%。

我国石油基燃料需求预计在 2025 年左右达峰。据中国石化经济技术研究院发布的中国能源展望 2060 预测，我国石油需求将在 2026 年前后达峰，约 800Mt，2060 年将降低到 280Mt。2023 年，我国汽油、煤油和柴油的消费总量为 387Mt，预计 2025 年为 357Mt，到 2030 年将降低到 352Mt，随着碳中和的推进，2050 年将进一步降低到 138Mt，2060 年将降低到 46Mt，届时绿电、绿氢将大规模替代交通燃料。

二、结构性产能过剩问题突出

全球炼油行业格局加快调整，产业重心明显东移，不同国家/地区的炼油行业呈现不同发展态势。总体而言，发达经济体由于其经济增速放缓，炼油行业发展缓慢或整体停滞，新兴经济体随着其经济实力的提升和炼油需求的增长，炼油行业也蓬勃发展。对于原油成本较低、炼油厂竞争力较高的国家/地区，炼油产能总体增长，国内过剩的石油产品通过出口消化，典型代表国家/地区为美国、中东。对于原油和运营成本较高、环境监管严苛、需求不断下滑的国家/地区，炼油产能持续下降，炼油厂面临较大的关停风险，处于不利的竞争地位，主要代表国家/地区为欧洲、日本。中国和印度炼油行业快速发展，新建炼油厂规模大、一体化程度高。拉丁美洲的经济困境限制了其炼油产能的扩张，美国的出口满足了该地区的需求增长。

我国炼油行业总体产能过剩，炼油厂开工率低于世界平均水平。随着新能源汽车渗透率的不断提高，我国成品油需求将很快达峰，炼油产能结构性过剩矛盾日益积累。2023 年，我国炼油能力延续增长态势，一次原油加工能力过剩近 0. 2Gt。炼油行业面临着油品需求达峰、炼油能力持续过剩、炼油利润空间萎缩的问题。为实现炼油行业的健康有序发展，我国需要循序渐进地调整产业结构，贯彻好《关于促进炼油行业绿色创新高质量发展的指导意见》，确保实现“十四五”末炼油总产能控制在 1Gt 以内，且千万吨级炼油产能占 55%左右的总体目标。

三、基础化工品过剩和高端化工品短缺

我国在低端产品产能过剩的同时，高端化工品产能却严重不足，很多产品仍处于完全进口状态，如高性能纤维、高性能工程塑料等。

(1) 己二腈的生产技术壁垒高

全球己二腈供应主要被英威达、奥升德、索尔维、旭化成四家公司垄断，由于技术封锁，中国己二腈产业长期处于空白。由于己二腈主要用于 PA66 生产，而 PA66 是高性能工程塑料，需求量较大，因此全球己二腈供需关系趋于紧张。我国己二腈对外依存度一直为 100%，亟待突破技术封锁，实现国产化。

(2) 己二胺处于高度垄断状态

己二胺是 PA66 的核心原料，由己二腈加氢制得。全球己二胺生产被高度垄断，排名前三家国外企业产能占比 76. 9%。己二胺原料端己二腈供给受限，行业开工率和价格受己二腈影响，不可抗力易致行业波动。

(3) 工业气体市场被跨国公司占据

全球工业气体发展至今，市场已经相对成熟，德国林德集团、美国空气化工、法国液化空气三家工业气体巨头控制了接近 80%的市场份额。其中林德集团是全球最大的工业气体供应商，占据 36%的市场份额，法国液化空气占 30%的市场份额，美国空气化工占 11%的市场份额。这三家公司在我国的市场份额也接近 50%。我国工业气体制造商众多，行业集中度低，竞争激烈，低端产品产能过剩，高技术、高附加值产品不足。

其他高度依赖进口的化工原料还有高端钛白粉、有机硅产品等。在解决结构性产能过剩、高端化工品生产能力不足的过程中，还需要结合低碳发展的需求统筹考虑。

第二节　双碳目标下的转型发展需求

石化行业的碳排放主要来自化石燃料的直接燃烧、工业过程排放、间接购买的电和热产生的，其中，化石燃料直接燃烧和工业生产过程相关的碳排放占总排放量的近 80%。虽然石油化工行业的碳排放总量低于钢铁、水泥等流程工业，但其碳排放强度高，能效落后于世界先进水平。因此，石油化工行业的低碳转型，对能源安全、能源转型以及整体碳达峰碳中和至关重要。

一、能源结构的根本性转变

中国近年来积极应对气候变化，2020 年，单位 GDP 碳排放量比 2005 年下降 48. 4%，非化石能源占比达 15. 9%，煤炭占比降至 56. 8%。2030 年前实现碳达峰、2060 年前实现碳中和，是顺应中国可持续高质量发展内在需求的战略决策。由于化石能源消耗所产生的碳排放占中国温室气体排放量的 90%以上，因此能源转型对中国实现碳中和目标至关重要。为了实现中国的碳中和，预计到 2050 年将逐步淘汰燃煤发电。煤炭将被风能、太阳能、水力和核能所取代。预计到 2060 年，化石能源的份额将下降到 20%以下[2]。

二、交通运输用能的改变

交通运输领域是我国能源消耗和温室气体排放的“大户”，是仅次于工业和建筑的第三大碳排放源。随着我国经济社会的快速发展，生产生活需求日益增长，交通运输活动更加频繁，交通运输碳排放总量也随之快速增长，在全国碳排放总量中的占比呈现逐年上升趋势，如图 6-1 所示。

道路运输能源消耗 95%以上为化石能源，我国私人乘用车保有量从 2008 年到 2021 年增长了 3 倍，导致公路运输碳排放量上升较快，如图 6-2 所示[3]。

在以公路运输为主的交通运输结构中，新旧动能的转换对改善我国交通运输行业碳排放现状具有重要作用，以纯电动车为主的新能源车辆的应用与推广，降低了公路运输行业的直接碳排放。CO_2 排放量的急剧下降主要来自汽车、公共汽车和货运卡车的电动化替代，这是在各种运输方式中推动采用低碳技术的政策努力下实现的。中国主要交通方式的脱碳是实现碳中和的关键。大多数车辆使用的汽油和柴油将被电力和氢所取代。从汽车到公共交通和非机动交通方式的转变也在脱碳中发挥了重要作用。截至 2023 年底，中国新能源汽车保有量达到 2041 万辆，占全球保有量的 70%以上。到 2050 年，中国道路上大约 60%~80%的汽车将是电动汽车。电动汽车的快速增长意味着汽油和柴油需求的下降速度甚至快于石油总需求的下降速度。相比之下，乙烷、液化石油气和石脑油(主要用作石化原料)的需求弹性要大得多。因此，能源转型给炼油厂带来了重大挑战，它们需要增加轻质产品的产量，减少传统炼油产品的产量。

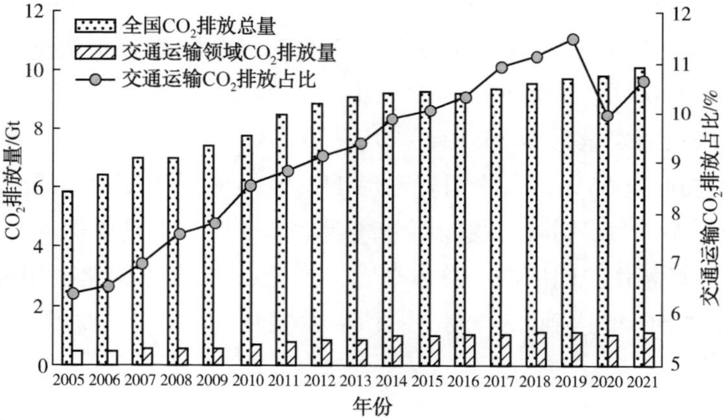

图 6-1 2005—2021 年交通运输领域 CO_2 排放情况

数据来源：历年《中国统计年鉴》《中国交通统计年鉴》《中国能源统计年鉴》《交通运输行业统计公报》。

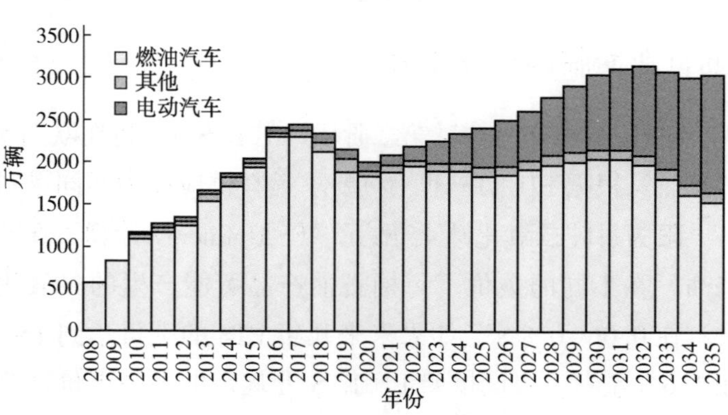

图 6-2 2008—2035 年汽车行业发展趋势

三、炼油向化工转型成为必然

炼油行业正面临着产能过剩、安全环保压力不断趋严、竞争日益激烈、替代能源和新能源不断挤压、碳减排形势严峻等各种压力。尤其是近年来国内实施了更严格的车辆能效标准，电动汽车和 LNG 等替代能源的快速发展已对石油燃料需求造成了明显影响。根据中国石化经济技术研究院的预测，我国成品油的需求将很快达峰，而石油需求预计将于 2030 年前后达峰，峰值在 800Mt 左右，此后将逐步回落，预计 2050 年将降低至 590Mt。未来，化工产品的需求增长将成为石化行业可持续发展的重要推动力。受制造业发展、基础建设以及消费增长驱动，未来十年我国主要化工原料需求还将持续增长，乙烯复合年均增长率将达到 4.30%、丙烯 5.00%、苯 4.69%、对二甲苯 3.14%。以乙烯消费量为例，2022 年国内乙烯表观消费量为 38.08Mt，人均消费乙烯 27.2kg，而美国 2016 年乙烯表观消费量达到 26.35Mt，人均消费乙烯 113.9kg，在人均乙烯消费量方面中国具有巨大的发展潜力。同时，我国部分高端聚烯烃产品大量依赖进口，精细化、高端化产品国产替代空间广阔。总体来看，预计 2035 年中国化工用油需求量将达到 167Mt，2050 年达到 182Mt，占比将从 2018 年的 12.5% 增加到 2050 年的 30%。

炼油行业已进入微利时代，在石油对外依存度不断攀升、市场竞争更加激烈的环境下，更需要发挥石油中各种不同结构分子及组分的最大价值，经济有效地生产高附加值产品。我国燃料产品已供过于求，而化工产品尤其是高端化工产品依赖进口，炼油向化工转型已成为发展趋势。

四、炼油行业面临碳市场压力

到 2027 年，欧盟排放交易体系第二阶段（EU ETS Ⅱ）将在欧洲实施，将涵盖了道路运输的排放。根据 EU ETS Ⅱ，将要求燃料供应商为不同燃料的排放支付碳成本，价格上限为每吨二氧化碳 45 欧元。ESAI Energy 计算了在欧盟碳排放交易体系下，炼油厂在不同的碳价下每桶石油产品可能产生的二氧化碳成本。目前，每桶的成本在 0.06~0.8 $。如果未来几年 ETS 的碳价达到 150 $/t$CO_2$，每桶的成本将在 1.6 $ 左右。假设按照 EU ETS Ⅱ规定的最高碳价计算，炼油厂最终可能要为每桶石油产品支付 11 $ 的碳成本。

根据欧盟碳排放交易体系 EU ETS 规定，欧盟温室气体减排目标为：2030 年温室气体排放量在 1990 年水平的基础上减少 40%，2050 年减少 90%。2021—

2030 年，免费排放配额总量每年减少 2.2%，延续免费分配机制和低碳融资机制。RED Ⅱ(可再生能源指令Ⅱ)规定，交通部门最终能源消耗中可再生能源所占比例在 2020 年不低于 10%，在 2030 年不低于 14%。2019 年 4 月 17 日，欧盟通过(EU)2019/631 号条例，对新型乘用车和新型商用车的 CO_2 排放限值进行了调整。乘用车于 2021 年起 CO_2 排放限值为 95g/km，商用车于 2020 年起 CO_2 排放限值为 147g/km。航空和海事部门的减排目标是到 2050 年将船舶业每年的温室气体排放总量在 2008 年的基础上至少减少 50%，国际航空部门从 2020 年开始通过增加喷气燃料中的非化石燃料组分来实现碳中和。可再生能源指令规定了生物燃料的添加比例，使欧洲炼油厂燃料生产成本增加，与非欧盟炼油厂相比竞争力下降，还存在合适原料供应限制、先进和经济的技术缺乏等问题。

2020 年，中国提出“2030 年前实现碳达峰，2060 年前实现碳中和”的目标。2021 年 7 月，中国碳排放权交易市场正式启动。2021 年 10 月，国务院发布《2030 年前碳达峰行动方案》，提出到 2025 年单位 GDP 能耗和二氧化碳排放量分别下降 13.5%和 18%。随着行业覆盖范围的扩大和定价机制的不断完善，预计石化行业将在“十五五”期间被纳入全国碳市场，石化行业面临的碳减排压力越来越大。碳资产相关市场和碳金融工具可以为企业碳减排筹集资金，提高效率。石化企业由于生产过程复杂、产品种类繁多、优化调整频繁，碳资产核算管理方法和工具相对落后，面临提高碳资产管理能力的挑战。

第三节 炼油能量利用效率的提升

国际能源署指出，实现碳中和需要提高能源效率，至 2050 年将为全球 CO_2 减排贡献 37%。目前，我国石化企业的能源效率尚未达到世界先进水平，亟待通过优化能源使用、能量回收和再利用来提高能源效率。

减少炼油厂碳足迹的最经济、最有效的方法是提高其能源利用效率，这包括换热网络优化、蒸汽动力系统优化、低温余热利用等。另外，诸如新的热回收方法、低排放炉、膜分离、燃料气体的替代以及热能的储存等新技术也可提高炼油厂的用能效率。炼油厂还可以利用新的数字解决方案来提升每个炼油生产装置的能源利用效率。

换热网络集成优化技术可采用夹点分析与数学规划相结合的方法以提升其优化精度。提高换热网络热效率具有重要意义，可节能降碳、提高经济效益、促进长期稳定运行、保护环境，可广泛运用于炼油厂各装置及全厂装置间热联合。智能换热网络优化平台可以针对不同炼油厂的工艺流程和优化目标自动生成解决方案，提供具有更好经济效益的节能增效方案，帮助石化行业实现节能减排[4]。

蒸汽动力系统优化是石化企业节能减排的重要手段，可有效降低电力、蒸汽和燃料气消耗。合理配置和运行蒸汽动力系统是建设节能工艺系统的基础，也是将节能效益转化为经济效益的关键。对蒸汽动力系统的优化也可以使石化行业的蒸汽动力系统安全稳定运行。蒸汽动力系统优化技术可通过蒸汽管网水力学热力学耦合计算、运行方案评价分析、在线监测等手段，实现对蒸汽管网的实时监测和超限报警，满足节能减排和安全平稳运行需求。对炼油厂而言，每节省 1t 蒸汽，可减排 0. 17～0. 29tCO_2[4]。

与发达国家相比，我国石化行业的能源利用效率较低，低温余热资源利用率仅为 30%，而美国和欧洲分别为 60%和 50%。开展全炼油厂低温热资源系统详细建模、诊断、分析与优化，合理利用和回收低温余热，对节能减排具有重要意义。另外，目前我国工业用氢以碳基灰氢为主，而碳基灰氢生产工艺会造成巨大的能源消耗和碳排放。因此，石化企业需要通过对氢气系统的综合优化来降低碳排放。对千万吨级炼油厂开展氢气资源高效优化利用，可实现碳减排 20～30kt/a，年增经济效益 3000 万～6000 万元。

“十二五”以来，随着炼化产业先进节能技术的推广应用，我国炼化企业炼油和乙烯综合能耗有所下降，见表 6-1[5]。加热炉等设备是炼油厂的耗能大户，约占炼油厂总能耗的 40%，能耗和碳排放量均较高，可通过先进节能技术应用、生产用能优化等措施实现节能减排[6]。

表 6-1　近年来我国炼化企业炼油和乙烯综合能耗变化　　kgoe/t

年份	炼油能耗	乙烯能耗
2000	82. 6	787. 5
2010	70. 0	665. 0
2015	67. 2	597. 8
2016	67. 9	589. 4
2017	67. 9	588. 7
2018	67. 9	588. 7
2019	64. 4	560. 0

注：来源于 2020 能源数据。

第四节　推进技术创新和技术应用

炼油企业正面临着双重挑战，不仅要减少自身的 CO_2 排放，从产业链碳减排的角度还要帮助客户减少产品产生的碳排放。石化企业面临低碳发展的技术突破和应用挑战。首先，在高碳排放过程中缺乏有效的脱碳技术。CCUS 和生物质能-碳捕集与封存技术(BECCS)示范项目虽多，但经济性有待进一步提高，规模应用存在差距。绿氢和绿电技术的大规模应用还需系统性验证。其次，受复杂工艺系统的制约，低碳炼油单元技术只能在整体优化工艺的基础上实现价值最大化，新技术与现有工艺耦合难度较大。石化行业数字化基础薄弱，多能耦合的智慧低碳能源系统尚未普及。

一、碳捕集、封存及利用技术(CCUS)

全球在运行的 CCUS 商业项目中，美国占比约为 40%，中国、挪威、巴西、澳大利亚等国也有项目分布，具体情况见图 6-3。在建与规划的 CCUS 商业项目中，美国仍然是最多的，英国、中国、爱尔兰、阿联酋、荷兰、澳大利亚、新西兰、韩国等也有相应在建与规划项目，见图 6-4。在运行的 CCUS 商业项目中，天然气加工处理行业占比约为 77%，捕集二氧化碳能力约 29. 55Mt/a，是 CCUS 应用最广泛的行业；化工生产、制氢、石油炼制、发电和钢铁制造行业也有项目分布，但占比相对较小，见图 6-5。在建与规划 CCUS 商业项目中，发电领域将成为应用最广泛的行业，见图 6-6。

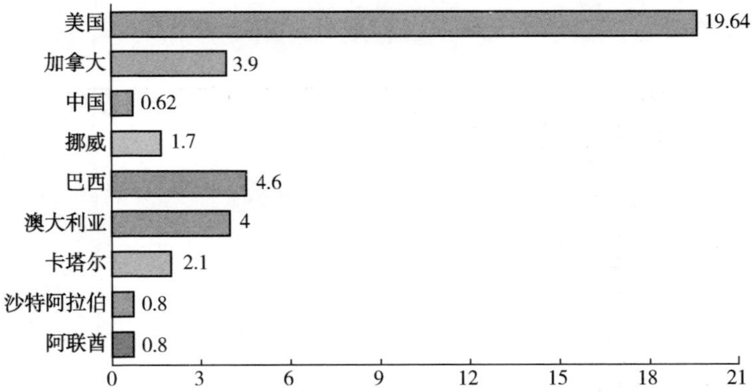

图 6-3　在运行的 CCUS 商业项目区域分布

数据来源：Energy Institute《Statistical Review of World Energy（2024)》

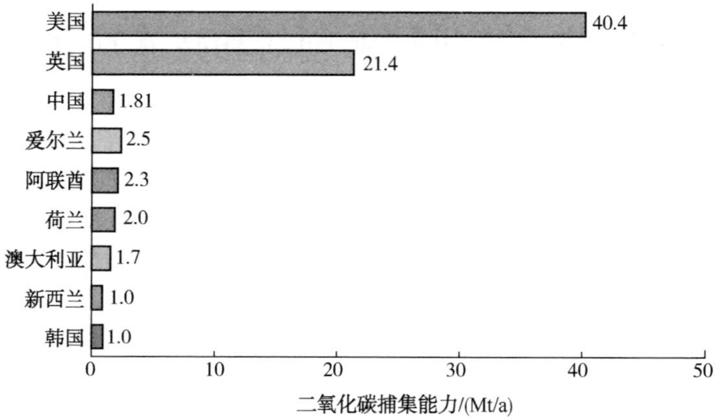

图 6-4　在建与规划 CCUS 商业项目区域分布

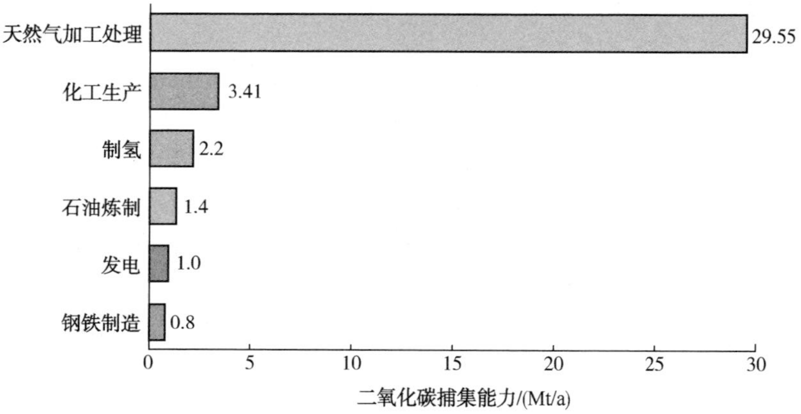

图 6-5　在运行的 CCUS 商业项目行业分布

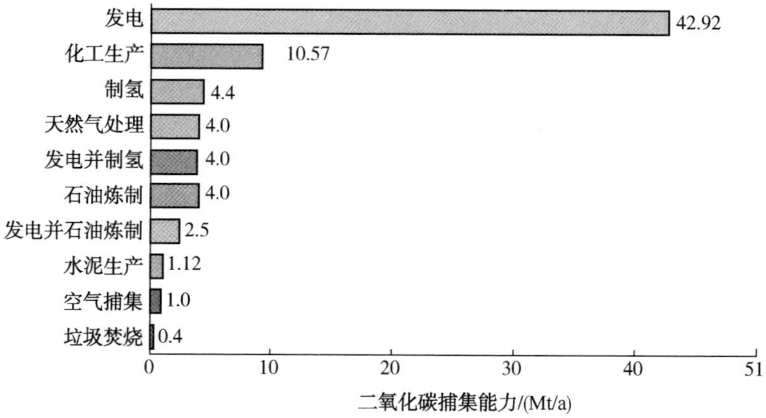

图 6-6　在建与规划 CCUS 商业项目行业分布

CCUS 被认为是中国实现“双碳”目标的重要技术支柱。由于化石燃料是中国制造业的重要基础，预计在短期内中国的能源结构仍将以化石燃料为主。这使中国成为全球 CCUS 开发和部署的最大潜在市场。经过十多年的发展，中国的 CCUS 技术和项目已经覆盖了电力、煤化工、水泥、油气、甲醇和化肥等主要行业。然而，大多数运营项目仍处于试点或示范阶段。截至 2022 年底，中国已投运和规划建设中的 CCUS 示范项目已接近 100 个，其中已投运项目超过半数，具备 CO_2 捕集能力约 400Mt/a，注入能力约 200Mt/a，分别较 2021 年提升 33%和 65%[7]。2022 年 1 月 29 日，由中国石化建设的我国首个百万吨级 CCUS 项目——齐鲁石化-胜利油田 CCUS 项目，全面建成中交，截至 2024 年 6 月，已累计捕集 CO_2 超 1.2Mt、管输 CO_2 超 370kt。目前，该项目的 CCUS 装置能耗指标降至 60kgoe/tCO_2 以下，远低于其设计值。

我国到 2030 年，CCUS 预计能减少 20~408Mt/a 的 CO_2 排放量，到 2050 年预计减少 600~1450Mt/a，到 2060 年预计减少 1000~1820Mt/a[8]。这些预测是基于一系列因素而作出的，实现商业部署则需要在政策、技术和融资方面做出努力。对 CO_2 封存而言，地质储存能力远远超过了现阶段的需求，估计约为 307.7Gt[9]。尽管有较大储存潜力，但大多数运营项目都处于试点或示范阶段，很少有规模化应用项目。这主要由于规模化 CCUS 项目是一个高度复杂的过程，需要多方合作。

许多国家正在开发以 CO_2 捕集为基础的 CO_2 综合利用技术。CO_2 加氢可生成多碳有机化合物，对喷气燃料生产具有重要战略意义。新材料、催化剂设计和催化体系构建是 CO_2 加氢转化的关键。与石油基喷气燃料相比，CO_2 加氢工艺生产每吨喷气燃料可减少近 3.0t 全生命周期碳排放。根据 EIA 2019 年的预测，到 2050 年，全球喷气燃料需求将达到 649Mt。如果 CO_2 加氢制喷气燃料能满足 20%的需求，全球 CO_2 排放量每年将减少近 400Mt[6]。

另外，利用绿电将 CO_2 直接转化为高附加值的乙烯技术，不仅可以有效缓解温室效应，还可以缓解化石能源枯竭带来的能源危机[10]，但该技术仍需进一步提高 CO_2 的单程转化率。

二、低碳炼油技术

1. 低碳炼油技术

原油催化裂解是化工原料短流程生产的创新突破，是原油直接转化为化学品以应对碳达峰的新技术。该技术基于烃类分子的裂解特性和催化裂化反应-再生体系的工艺特点，采用不同反应区的耦合转化，实现了同一体系中裂解性能差异显著的分子的高效转化，可大大提高化学品选择性。与轻油蒸汽裂解和重油催化裂解集成技术相比，该技术碳排放量降低30%以上[6]。

低生焦催化裂化可有效地支持石化行业的减碳。该技术采用梯级孔结构、弱酸性、超稳定、抗金属的催化裂化催化剂，可有效转化重油，减少催化剂生焦，减少催化剂再生过程中的碳排放。以2Mt/a催化裂化装置为例，可减少50kt/a以上的碳排放[6]。

多产化工原料的低碳加氢裂化技术通过高选择性加氢精制/加氢裂化催化剂和级配技术，强化了加氢裂化反应区内目标化学反应的精准匹配，提高了加氢裂化的选择性，减少化学氢耗。同时，充分利用加氢裂化反应热，使催化剂的最佳反应温度与各床层加氢裂化反应温升相匹配。这项技术可以减少电力、氢气和燃料气体消耗所产生的碳排放。以2Mt/a加氢裂化装置为例，该技术可使总能耗降低10%~20%，化学氢耗降低5%~10%，直接和间接碳排放合计减少约50kt/a[6]。

2. 生物燃料生产技术

生物燃料是指将生物质(如甘蔗、玉米、木柴、废弃物等)转化为固体、液体或气体形式的能源。其中，固体生物燃料通常来源于农业废弃物、林业剩余物和有机垃圾等，常见的形式有木屑颗粒和生物质炭；液体生物燃料包括生物乙醇、生物柴油和生物喷气燃料等，可以通过发酵糖类作物(如甘蔗、玉米)或化学转化木质纤维素来生产；气体生物燃料则主要是有机物质厌氧消化产生的沼气，主要成分是甲烷和二氧化碳，一般可用于供热和发电。

据英国石油公司统计，2021年全球生物液体燃料总产量约123Mt，占交通运输燃料总量的3%。2022年全球生物液体燃料总产量约135Mt，主要生产和消费地区为美国、巴西、中国、印度、德国和法国等。自2011年以来，欧盟通过可再生能源指令(RED)和燃料质量指令(FQD)要求运输行业使用的生物燃料应满足可持续性和温室气体减排标准。2021年7月，修订后的RED Ⅱ指令设定了新的减排目标，即到2030年可再生能源占能源总份额不低于40%，到2030年运输行业温室气体强度降低至少13%，这将促使可再生能源包括生物燃料的使用大幅增加。

依据原料和生产工艺，生物燃料还可以分为：第一代生物燃料，使用传统的粮食作物(如小麦、玉米)作为原料，通过发酵或压榨等传统技术提取淀粉、糖或油脂；第二代生物燃料，指利用非粮作物和废弃生物质(如玉米秸秆、林业残渣)，通过更复杂的工艺(如气化或热裂解)生产纤维素乙醇与烃基生物柴油；第三代生物燃料，包括藻类燃料以及生物丙醇和生物丁醇等其他新型生物燃料。对于炼油厂而言，第二代生物燃料的生产过程适配许多炼油工艺单元，可对生物原料进行单独或共加工，以提高炼油厂原材料多元化的优势。另外，共加工技术能够充分利用现有基础设施，适用于所有结构的炼油厂，不仅可以减少资本支出，还能够更快速地部署实施，从而有助于降低炼油厂的碳排放强度并加速能源转型。

生物柴油、生物乙醇和可持续航空燃料(SAF)为减少交通运输行业的 CO_2 排放提供了实用、经济的解决方案。根据 RED 附表数据，以废弃食用油和动物油脂为原料生产出的生物柴油能够实现 84%~88%的 CO_2减排量，以甘蔗为原料生产的生物乙醇可达到 70%的 CO_2减排量。整体上，如果使用废弃资源以及可再生能源进行生物燃料的生产，实现的 CO_2减排量可处于较高水平。

3. 废塑料加工技术

废塑料治理已达成全球共识。目前全球仅有 15%的废塑料被物理回收，剩余的大量低值废塑料被填埋或焚烧，造成了严重的环境污染，低值废塑料的治理问题已成为全球环境保护的痛点和难点。我国每年产生的废塑料约 60Mt，其中三分之一用于焚烧发电，三分之一用于物理回收，三分之一被填埋处理。另外，中国的垃圾填埋场有大约 1000Mt 存量废塑料可用于开发利用。从政策立法及行业要求看，废塑料污染治理及资源化利用已成为全球不可逆转的发展趋势。欧盟自 2018 年以来，关于塑料回收及塑料生产问题出台多项政策法规，不仅要求从源头减少塑料的使用进而减少废塑料的产生，还对某些包装的再生料含量目标提出了要求。另外，2023 年中美两国发表了“关于加强合作应对气候危机的阳光之乡声明”，双方表示决心终结废塑料污染，并将推动制定一项具有法律约束力的终结全球塑料污染的国际文书。

尽管当下世界范围内废塑料物理再生已得到广泛应用，但该方法对原料要求高且通常废塑料只能降级使用，因此只能解决少部分废塑料治理问题，无法解决大量低值废塑料的资源化利用问题，因此低质塑料的高价值回收利用已成为世界范围内的重大问题。而废塑料化学回收，因其具有大规模处理低值废塑料的潜力，已被公认为是一条可从根本上实现低值废塑料的高值化、资源化利用的重要途径。近年来，全球石化巨头纷纷入局废塑料循环利用领域。包括巴斯夫、SABIC、壳牌、Exxon Mobil、雪佛龙菲利普斯、利安德巴塞尔、DOW 化学、克莱恩、三菱化学、三井化学、印度信实、Sasol、中国石化、道达尔等国际石化巨头在内的 70 家企业加入了“终结塑料废弃物联盟(AEPW)”，承诺投入 15 亿美元，以推动塑料循环经济建设，防止和减少废塑料泄漏到环境中，并促进废旧塑料循环利用。

与焚烧发电相比，废塑料化学循环可减少80%以上的碳排放。废塑料化学循环使得塑料资源不断被回收，并一次又一次地回到价值链中。该技术可帮助石化企业实现塑料循环，将废塑料高效转化为新生塑料单体或聚合物，形成减少碳排放、产生循环经济效益的优势，如果中国三分之二的废塑料被化学回收，碳排放量每年将减少47Mt。石科院近年来开发了废塑料热解 RPCC 技术并完成中试验证，基于石油基炼油厂耦合废塑料化学回收开展了炼油厂碳排放与产品碳足迹的研究，发现无论是以废塑料为原料生产油品，还是废塑料化学循环生产聚烯烃，碳排放和产品碳足迹都会大幅降低，减排效果明显。具体而言，当用废塑料油替代原油在燃料型炼油厂进行加工时，其加工过程碳排放降低近60%；当废塑料油最大化生产聚烯烃时，与石油基产品相比，该方法的产品碳足迹可降低 20% 以上[4]。

目前我国废塑料的物理回收产业链成熟，尽管我国政府与企业都在积极推动废塑料的资源化利用，但废塑料的化学回收产业链尚未形成，还处于产业发展前期，化学回收产业链建设方面还存在如下问题亟待解决：低值废塑料资源情况需要摸清，回收体系亟待建立；废塑料化学再生的产业链及其技术链有待完善，需尽快确定技术路线及研发方向；产业政策尚需明确，各级政策有待落地；完整的标准体系、化学再生塑料产品认证体系等有待建立，目前我国的标准体系和认证体系均不足以支撑化学回收产业链建设等。

4. 智能数字化技术

随着智能炼油厂技术的不断发展，智能化技术在炼油厂中得到了广泛应用。近年来，依托于人工智能和大数据技术等的智能解决方案在石化行业受到重视。如利用人工智能和大数据挖掘技术对复杂分离系统进行模拟优化，可助力石化企业提质增效、节能减排和技术创新。智能分离系统优化技术采用人工智能驱动的过程优化算法，将过程机理模型、人工智能模型和高效优化算法有机结合，在不影响模型精度和收敛性的前提下，提高模型计算速度以及时响应，通过调整优化变量实现卡边操作，进而实现节能降碳和挖潜增效的优化目标。

面向绿色低碳的反应装置模拟优化是炼油工艺创新升级的重点。基于过程机理、过程仿真和数据驱动技术，可构建炼油厂反应装置的多样化过程模型，包括单模式、多模式和协同模式。动态关联模型通过物质流与能量流的耦合优化实现生产运行的优化，从而提高生产效率和产品质量，同时降低能耗和碳排放。实际应用表明，反应装置的模拟优化能有效提高反应过程效率，降低碳排放，能耗和碳排放量可降低2%~15%。

随着人工智能(AI)、工业物联网(IIoT)和虚拟现实等数字技术的持续发展和创新，制造业正迎来高端化、智能化和绿色化的历史机遇。石油化工行业作为典型的流程工业，具有生产连续、工艺流程复杂、安全环保挑战大等特征，这些问题的优化通常涉及众多约束条件的处理，而找到最优解则依赖于高效的算法和强大的计算能力[11]。通过引入先进的数字化技术和智能控制系统，智慧炼油厂可以实现炼油加工流程、核心工艺和能量系统等的智能化优化与调节，从而优化炼油厂的生产运营并减少 CO_2 排放量[5]。数字化技术可充分利用炼油厂的所有信息，实现实时分析与预测优化，推进石化智能工厂建设与工业物联网建设，能进一步实现工程设计数字化、供应链管理智能化，从而提高能源综合利用水平，实现碳价值链管理的闭环，进一步促进能源转型和碳减排。

第五节　低碳技术验证评价体系建设

一、低碳技术定义

我国 2011 年出版的《国土资源实用词典》对低碳技术给出了具体定义：针对能源、环境等问题采取的减碳、无碳和去碳等新技术的总称，包括涉及电力、交通、建筑、冶金、化工、石化等高能耗、高排放领域的节能减排技术，核能、太阳能、风能、生物质能等可再生能源及新能源，煤的清洁高效利用、油气资源和煤层气的勘探开发、二氧化碳捕获与埋存等领域开发的有效控制温室气体排放的新技术等。低碳技术主要分为减碳技术、零碳技术、负碳技术。世界各国普遍认为先进的低碳技术研究、开发和应用是解决气候变化的核心手段，是实现碳减排目标的重要支撑。

二、国内外低碳技术政策推动

低碳技术创新是实现碳达峰碳中和目标的关键举措，是各国“零碳”或“碳中和”政策布局的核心环节。目前，欧盟、日、美、英等全球近 140 个国家和地区，针对各自重点领域低碳技术需求，均积极开展前瞻性政策布局和战略推进[12]。从当前全球低碳技术的发展形势来看，欧美等主要发达国家都已宣布碳中和计划，并发布相关战略规划支持低碳技术发展。除不断加大低碳技术研发投入外，各国政府还运用碳排放交易、碳税和法规等多种政策工具，推动激励低碳技术创新，促进经济社会系统转型，国际低碳技术竞争加剧[13]。

我国高度重视低碳技术创新发展，将其视为推进生态文明建设、绿色发展的重要支撑和保障，作出了一系列部署和要求。党的二十大报告提出，要完善科技创新体系，加快实施创新驱动发展战略，加快节能降碳先进技术研发和推广应用。碳达峰碳中和“1+N”政策是国家的项层设计，是我国为了实现双碳目标而制定的具体实施路径。其中发挥统领作用的“1”——《中共中央国务院关于完整准确全面贯彻新发展理念做好碳达峰碳中和工作的意见》，提出了10方面31项重点任务，明确提出要“以节能降碳为导向，加快推进工业领域低碳工艺革新和数字化转型，加强绿色低碳重大科技攻关和推广应用。”国务院印发的《2030年前碳达峰行动方案》是碳达峰阶段的总体部署，方案提出要“开展低碳零碳负碳关键核心技术攻关，聚焦化石能源绿色智能开发和清洁低碳利用、可再生能源大规模利用、新型电力系统、节能、氢能、储能、动力电池、二氧化碳捕集利用与封存等重点，深化应用基础研究，推广先进成熟绿色低碳技术，开展示范应用”。2022年中央经济工作会议提出，要加快绿色低碳前沿技术研发和推广应用。随着我国碳达峰碳中和战略纵深推进，以低碳技术作为核心支撑实现“双碳”目标的主体思路基本形成。

在“双碳”目标的推动下，节能技术、新能源技术等低碳技术如雨后春笋般蓬勃发展。低碳技术类型多样，但实施效果不同，因此，在技术进行实施推广之前，需先对其进行各项指标的评价，包括降碳效果、环境影响等，从而确定该项技术是否符合实际意义上的低碳技术，是否真正提高了能源利用率，达到低能耗、低排放、低污染的技术要求，从而为企业选择低碳技术提供可靠的参考依据。

三、低碳技术评价现状

2023年4月23日，国家工信部发布了《碳达峰碳中和标准体系建设指南》，指南中明确要求“重点制修订城市、设施、企业、供应链、园区、技术等绿色低碳评价、环境影响评价标准，绿色产品评价标准，绿色低碳产业统计核算相关标准”，要以完善的标准体系推动低碳技术开发应用。

低碳技术的实施效果跟应用场景相关，即便是同一技术，在不同的应用场景下，其效果也会有所不同。因此在技术实施应用前，需要在特定场景下对该技术的应用效果进行评估，从而判断该技术是否适用。尤其是炼化行业，作为典型的复杂流程工业，单项技术的选择和运行很大程度上取决于上下游流程中的装置和技术，以及流程中所涉及的原料种类、原料性质、产品结构要求和产品质量要求等，很难以单一指标来衡量炼化行业中某项技术是否低碳，而是需要以更综合的方法进行评价。目前我国炼化行业缺少针对低碳技术评价的标准规范，市场中的低碳技术评价较少，导致低碳技术评价验证结果良莠不齐，制约了低碳技术的高效筛选与推广应用。因此，需要通过深入的调查研究，研制炼化行业低碳技术评价方法及标准规范。

四、石化行业低碳技术评价体系建设

为了推动石化行业低碳技术评价与应用，中国石化石科院、中国石油安环院、中海炼化、中化能科等单位联合开展了石化行业低碳技术评价方法研究，建立了石化行业低碳技术评价标准体系。为了保证评价指标的相对统一，在遵循生命周期原则的前提下，制定了《石化行业低碳技术评价导则》，统一了评价原则、流程、方法等。由于石化行业低碳技术种类与应用场景较多，很难用统一的指标体系进行评价，考虑到应用实际将技术分为5类：源头控制降碳技术、生产过程降碳技术、末端治理降碳技术、生命周期降碳技术和低碳装备技术，并根据不同技术类别确定相应的评价指标体系。

评价指标体系包括技术性指标、经济性指标和创新性指标。技术性指标重点选取与降碳直接相关的指标，包括原料碳强度、生产过程碳强度、产品碳强度、产品燃烧碳强度、资源消耗量、能源消耗量、资源总量中回收利用资源比例等；经济性指标重点选取技术投入和产出成本、收益方面的指标，包括万元工业增加值碳排放、减排成本等；创新性指标主要体现技术的创新度，如知识产权情况等。

石化行业低碳技术评价标准体系的研究和建立为石化行业低碳技术评价和推广提供了依据，从而支撑石化行业低碳转型发展。

参 考 文 献

[1] IEA. World Energy Outlook 2023[EB/OL]. [2024-4-23]. https://www.iea.org/reports/world-energy-outlook-2023.

[2] Goldman Sachs Research. Carbonomics: Chinanetzero—The cleantech revolution[R]. 2021.

[3] 柯晓明，乞孟迪，吕晓东，等."双碳"目标下中国炼化行业"十四五"发展新特点分析与展望[J]. 国际石油经济，2021，29(05)：33-38.

[4] 李明丰，吴昊，李延军，等. 我国炼油行业低碳发展路径分析[J]. 石油炼制与化工，2023，54(1)：1-9.

[5] 戴宝华."双碳"目标约束下炼化产业转型发展思考[J]. 石油炼制与化工，2021，52(10)：25-30.

[6] 中国石化石油化工科学研究院，Deloitte. 迈向2060碳中和——石化行业低碳发展白皮书[R]. 2022.

[7] 张贤，杨晓亮，鲁玺等. 中国二氧化碳捕集利用与封存(CCUS)年度报告(2023)[R]. 中国21世纪议程管理中心，全球碳捕集与封存研究院，清华大学. 2023.

[8] Cai B, et al. China CCUS Annual Report 2021-China CCUS Roadmap[R]. 2021.

[9] Global CCS Institute. The Global Status of CCS, 2021[R]. 2021.

[10] Lu X, Chen S, Nielsen CP, et al. Combined Solar Ponwer and Storage as Cost-competitive and Grid-compatible Supply for China's Future Carbon-neutral Electricity System [J]. Proc Natl Acad Sci, 2021, 118(42): e2103471118.

[11] 索寒生，贾梦达，宋光，等. 数字孪生技术助力石化智能工厂[J]. 化工进展，2023，42(7)：3365-3373.

[12] 崔冰，马涛，何颖. 加快完善我国低碳技术创新政策体系：欧日的经验借鉴[J]. 中国外资，2023，(09)：36-39.

[13] 刘仁厚，杨洋，丁明磊，等."双碳"目标下我国绿色低碳技术体系构建及创新路径研究[J]. 广西社会科学，2022，(04)：8-15.

第七章　炼油工业低碳发展竞争力分析

第一节　炼油厂用能与用氢结构对碳排放的影响

一、炼油厂用能碳排放

炼油厂里的各种用能是碳排放的主要来源之一，包含外购的电、热、汽所构成的间接碳排放，以及炼油厂燃料燃烧所产生的直接碳排放。炼油厂的用能结构（天然气、煤、电等）对总的碳排放也存在较大的影响，表 7-1 中列出的是炼油厂部分公用工程用能的碳排放因子[1]。

表 7-1　炼油厂部分公用工程用能的碳排放因子

<table>
<tr><th colspan="2">项目</th><th colspan="2">排放因子</th></tr>
<tr><td colspan="2" rowspan="3">电力
/[tCO_2/(MW·h)]</td><td>南方地区的炼油厂</td><td>0.8367</td></tr>
<tr><td>华东地区的炼油厂</td><td>0.8046</td></tr>
<tr><td>东北地区的炼油厂</td><td>1.1082</td></tr>
<tr><td colspan="2">燃气/(tCO_2/t)</td><td colspan="2">3.0144</td></tr>
<tr><td rowspan="3">蒸汽
/(tCO_2/t)</td><td>3.5MPa</td><td colspan="2">0.3294</td></tr>
<tr><td>1.5MPa</td><td colspan="2">0.2995</td></tr>
<tr><td>0.5MPa</td><td colspan="2">0.2471</td></tr>
<tr><td rowspan="3">水
/(tCO_2/t)</td><td>新鲜水</td><td colspan="2">0.0006</td></tr>
<tr><td>循环水</td><td colspan="2">0.0002</td></tr>
<tr><td>除盐水</td><td colspan="2">0.0037</td></tr>
<tr><td colspan="2">氮气/(tCO_2/Nm^3)</td><td colspan="2">0.0006</td></tr>
<tr><td colspan="2">压缩风/(tCO_2/Nm^3)</td><td colspan="2">0.0001</td></tr>
</table>

数据来源：国家发展和改革委员会《电网排放因子数据》《省级温室气体排放清单编制指南》《综合能耗计算通则》（GB/T 2589—2020）。

二、炼油厂用氢的碳排放

氢气作为炼油厂加氢生产工艺装置中极为重要的原料之一，未来还可能直接用作清洁低碳能源。作为二次能源，其主要来源为催化重整、制氢以及炼油厂干气分离等装置。在炼油装置中，制氢装置的碳排放强度无疑是最高的，一般采用天然气、煤等化石燃料制氢。装置生产时产生大量 CO_2 排放，采用煤制氢的碳排放强度 15~25tCO_2/tH_2，约是天然气制氢的 1.5~2 倍。

国内炼油厂普遍面临汽柴油产品质量升级及产品结构调整问题，炼油厂的加氢装置和氢气生产装置的产能都在日益增加，CO_2 排放量也进一步提高。表 7-2 中给出了采用不同制氢原料 CO_2 排放的情况比较[2]。

表 7-2　不同制氢原料 CO_2 排放情况比较

原料种类	煤/焦	天然气	炼油厂干气/石脑油
原料消耗/t/tH_2	7.90	3.31	3.36/3.40
燃料消耗/t/tH_2	0.031	0.59	0.62/0.68
工艺排放/tCO_2/tH_2	17.38	9.224	9.363/9.72
燃烧排放/tCO_2/tH_2	0.086	1.64	1.728/1.94
工艺及燃烧排放强度/tCO_2/tH_2	17.47/18.79	10.87	11.09/11.67

注：制氢生产装置的规模均为 90000Nm^3/h。

对于炼油厂所使用的制氢原料，如天然气、石脑油和炼油厂干气，在烃类水蒸气转化过程中的燃料消耗相近，相应的 CO_2 排放强度没有显著差异。然而，对于通过煤和焦炭的部分氧化制取氢气的过程，由于原料中氢原子占比较低，使得每单位氢气生产的原料消耗相对较高，同时原料中的碳也将以 CO_2 的形式排出，因此其对应的 CO_2 排放强度比轻烃蒸汽转化制取氢气的方法高出了很多。

在炼油厂碳排放源中，制氢装置由于需要消耗大量的化石能源，而成为 CO_2 工艺排放的大户，从表 7-2 看出，采用不同制氢原料和工艺，在 CO_2 排放上存在着巨大差异与较大的减排潜力。

由于氢气生产过程中往往涉及高温和高压，可以通过有效的能量回收方法来节能降碳。目前，IGCC 气化联合循环发电技术在炼油厂得到应用，在生产氢气的同时，还能获取大量廉价电力，通过能量回收与转化达到大幅节能降碳的目的[3]。

远期在碳中和目标约束下，以煤为原料的制氢需要配置相应的 CCUS 等设施，由生产“灰氢”转变为生产“蓝氢”。炼油厂中重整装置副产的氢气和以干气为原料装置生产的氢气，除满足自身加氢工艺所需的用氢外，这些“蓝氢”在实现碳达峰目标前，还可作为燃料电池汽车加氢站的外供氢源。

炼油与氢能的融合发展方面，在实现碳达峰目标之前，炼油厂应主要发展“蓝氢”生产。在实现碳达峰目标后，则应该专注于开发“绿氢”生产技术及推广应用，以进一步减少碳排放。

伴随氢能产业链的逐步发展和成熟，绿氢成本将会大幅下降，在实现碳达峰后，氢气消费量或将大幅增长，由光伏、风电通过电解水获取的“绿氢”，或将超过“蓝氢”作为炼油厂主要用氢来源。

三、炼油厂中的绿电和绿氢

(1) 绿电的使用

电力使用造成的碳排放是炼油厂碳排放的主要来源之一，炼油厂在自身生产电、热、蒸汽时产生直接碳排放，在外购电、热和蒸汽时会有间接碳排放，通常这部分间接排放占全厂碳排放的5%左右，如果炼油厂有自备电厂，则电力产生的碳排放占比更高。炼油厂外购的电和热能等，随着可再生能源的绿电上网和并网技术以及储能等技术的迅速发展，已能够逐渐减少相应的碳排放，但炼油厂自产的电、热、汽，则涉及全厂蒸汽平衡和平稳生产，调整难度相对较大。

绿电的技术核心在于可再生能源发电的并网、储存技术，以及发电的稳定性。预测表明，随着可再生能源的快速发展，绿电替代外购电力和自发电的占比将会迅速提高，如表7-3所示。考虑到用清洁能源进行替代和补充时的安全性和稳定性，炼油厂可以通过保留一定比例的火电，以确保炼油厂安全和平稳的生产。

表7-3　2020—2026年绿电替代外购电力、自发电的占比预测

年份	2020	2025	2030	2040	2050	2060
外购煤电占比/%	49	37	28	12	4	0
自发电绿电占比/%	51	63	72	88	96	100

数据来源：《中国2030年能源电力发展规划研究及2060年展望》(全球能源互联网发展合作组织)。

当前，节能降耗依然是炼油加工过程中从根本上减少碳排放的有力途径。国内炼油行业经历长期发展后，在单位综合能耗等方面已经显著下降，但绝大多数的炼油厂，在综合能耗方面与国际先进水平相比仍有较大差距，这也说明国内炼油厂在节能上存在较大的提升空间。一般认为，在实现碳达峰之前，炼油过程仍将以节能降耗作为降低碳排放的有效手段，以此来缩短碳达峰的时间点。

在2030年以及实现碳达峰之后，绿电等可再生能源发电技术预期会发展到一定水平，碳减排的潜力将进一步凸显，特别是炼油厂的电、热、汽均可相当程度地被可再生能源所替代。CCUS等技术也会进一步发展和彰显价值和潜力，炼油厂将能够更灵活地处理各类排放源的 CO_2 排放，进而更有效地减少生产过程中的碳排放。

（2）绿氢替代

综合考虑炼油厂碳减排的主要途径，除绿电直接应用外，以绿电通过电解水制氢生产“绿氢”来替代“灰氢”也是重要途径。

化石燃料制氢装置所生产的氢气属于灰氢，生产过程的工艺排放是炼油厂主要 CO_2 排放源之一，无论是燃料型炼油企业还是炼化一体化的企业，制氢生产装置都是高能耗、高碳排放装置，制氢生产工艺中的碳减排是炼油企业碳减排的重点工作。国内大型的石油企业发展制氢的总体思路，是用天然气所制取的低碳强度的“灰氢”，来代替用煤所制取的高碳强度的“灰氢”，同步配合 CCUS 技术将“灰氢”变为“蓝氢”。再以绿电等可再生能源电力所制得的“绿氢”，去逐步取代“蓝氢”和“灰氢”[4]。

但康奈尔与斯坦福大学进行的一项联合研究发现，在“蓝氢”的全生命周期中，温室气体的排放甚至比天然气直接燃烧还要高 20%，并不能达到“低碳”目的。因此，鉴于绿电–绿氢途径的碳减排潜力，预测未来，随着绿电的快速发展，“绿氢”占比将大幅提高，见表 7–4。

表 7–4　蓝氢、绿氢替代占比变化预测

年份	2019	2030	2040	2050	2060
蓝氢、绿氢占比/%	0	4	40	76	96
绿氢占比/%	0	2	30	70	96

数据来源：中国石化经济技术研究院。

（3）碳减排潜力和成本效益比较

由于油品质量升级的需要，加氢装置在炼油厂加工能力中的比例不断提高。在加氢装置的生产过程中使用绿氢替代灰氢，将是炼油厂进行减碳工作中的一项有力措施。使用可再生能源获得的电力来制取氢气以实现绿氢生产，在技术上是一条可行的路线，但目前在绿氢的生产技术推广中，最大的障碍仍然是其成本较高。

图 7–1 为炼油厂未来四种碳减排方式的发展潜力，综合考虑不同减碳路线的技术经济性，可以看出节能降碳与外购电力和蒸汽将长期保持相对稳定的占比，绿电、绿氢应用将有较快的发展，CCUS 技术将在 2045 年后得到广泛应用。

未来，预计碳价将有较大幅度提升，见图 7–2。将各碳减排路径成本变化和全国碳市场价格进行比较，在现有技术水平下两者差值在 2035—2040 年会达到一个临界值，到 2045 年之后，碳减排的成本将会明显低于碳价，见表 7–5。

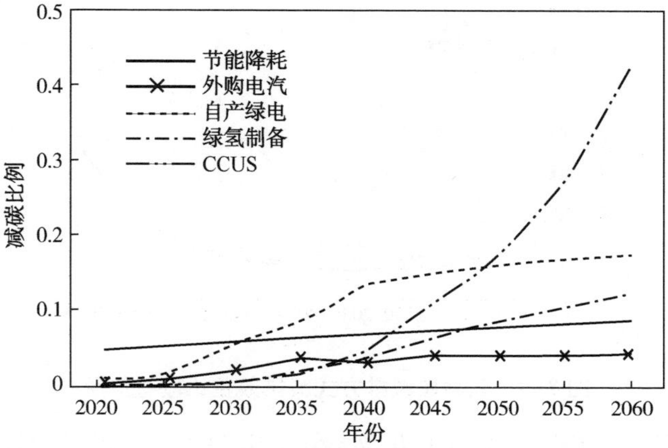

图 7-1 四种碳减排方式的发展潜力

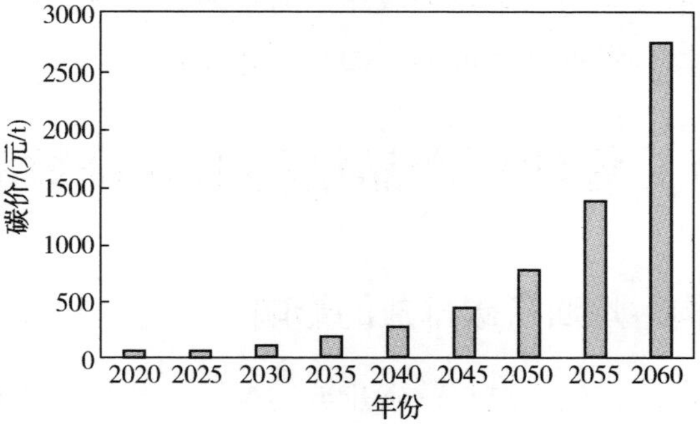

图 7-2 按 2020 年人民币不变价预测的碳价水平变化

表 7-5 三种碳减排方式成本变化预测

年份	2020	2025	2030	2035	2040	2050	2060
绿电/(元/tCO_2)	1083	1016	777	666	518	473	453
绿氢/(元/tCO_2)	1458	1354	1250	938	625	500	417
CCUS/(元/tCO_2)	200	175	150	125	100	80	70

对绿电、绿氢及 CCUS 三类减碳方式进行技术水平评估和预测，并结合炼油厂 CO_2 排放源与排放量的预测，分析其碳减排潜力，未来绿电替代和 CCUS 在炼油厂实现碳减排中将发挥巨大的减排效益，见图 7-3。

石油化工行业一直是我国碳减排的重点行业之一，而炼油作为一个中间环节，具有工艺流程长和复杂程度高的特点，采取更科学合理的减碳方式和技术路径，将是炼油厂甚至整个石油化工行业实现“双碳”目标的重要环节。

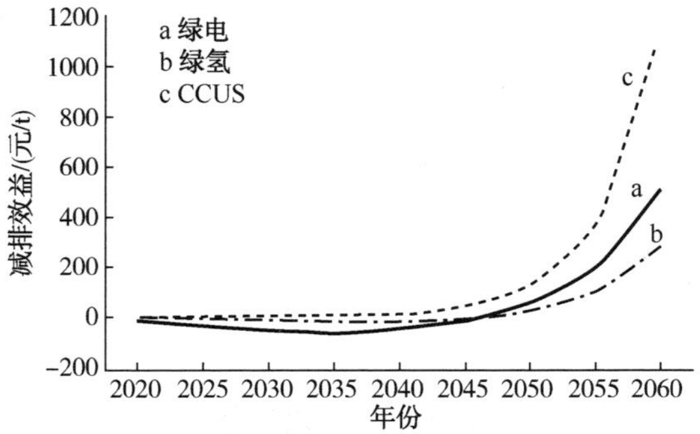

图 7-3　三种碳减排方式减排效益比较趋势图

未来，随着光伏和风力发电的普及，结合电解水制氢的技术改进，以及生产规模的进一步扩大，绿氢生产成本或许能够得到较大幅度的降低。

当绿氢生产技术发展到一个较为成熟的时期时，将炼油加工与绿氢生产过程进行耦合，将能够更有效地推动炼油厂的碳减排工作[4]。

第二节　炼油厂产品结构对碳排放的影响

一、产品结构对炼油厂碳排放的影响

炼油厂的主要产品，生产过程的碳排放情况不尽相同，因此，炼油厂的碳排放总量与碳排放强度也将受到其产品结构方面的影响。在今后很长一段时期内，成品油仍将是炼油厂最主要的产品，成品油的质量升级往往需要消耗更多的能量与氢气，从而导致碳排放的增加。

为持续提升油品质量对环境和气候目标的支持，成品油的质量升级在清洁化的基础上要兼顾低碳化的需要。在炼油厂的主要产品中，汽油、柴油的单位产品生产碳排放分别为航空煤油的 2.3 倍和 1.5 倍[1]。在燃料油生产过程中，催化裂化是将重质原料转化成高辛烷值汽油等燃料的最重要的二次加工过程，同时也是炼油厂中重要的碳排放源之一。在燃料型炼油厂中，催化裂化装置的碳排放量占总碳排放量的比例约为 30%，而在炼化一体化炼油厂中这一比例约为 15%[2]。

某研究通过建立燃料型炼油厂、炼化一体化炼油厂、最大化化工品炼油厂的三类模型，对成品油收率对碳排放的影响进行了研究，表 7-6 给出了炼油厂炼油板块的碳排放数据，可以看出，炼油厂的碳排放强度（加工常规原油的 CO_2 排放量）与碳排放总量受到其产品结构的影响，随着化工品收率的提高，生产环节所产生的碳排放随之提高，相反，生命周期碳排放强度则随之降低。

表 7-7 给出了燃料型炼油厂与燃料-润滑油型炼油厂的碳排放对比数据[3]，可以看出，燃料-润滑油型炼油厂的碳排放强度高于燃料型炼油厂。其主要原因是润滑油的生产一般需要更多的精细加工过程，从而增加能耗，致使碳排放强度处于较高水平。

表 7-6 不同产品结构炼油厂的碳排放数据

项目	燃料型炼油厂	炼化一体化炼油厂	最大化化工品炼油厂
化工品收率/%	6.96	42.46	71.76
生产环节碳排放强度/(t/t)	0.14	0.31	0.62
生命周期碳排放强度/(t/t)	2.79	2.07	1.33

表 7-7 不同类型炼油厂 CO_2 排放数据

炼油厂类型	原油加工量/Mt	直接排放量/Mt	间接排放量/Mt	CO_2 总排放量/Mt	CO_2 排放强度/(tCO_2/t 原油)
燃料型	9.487	1.445	0.666	2.111	0.222
燃料-润滑油型	5.043	1.184	0.317	1.501	0.298

从全球气候的远期发展目标来看，化工产品具有一定的固碳作用，在炼油产品的结构调整上进行“减油增化”，应是一条降低产品生命周期碳排放较为有效的途径，化工型炼油厂将成为未来炼油厂发展中的一个重要方向。

与成品油生产相比，生产基本有机化工原料的碳排放强度更高。当化工产品为低分子量产品时，其在生产过程中往往要消耗更多的能源，以满足石油烃分子的裂解、重构及分离过程的需要。例如，丙烯和二甲苯等基本有机化工产品生产中的单位 CO_2 排放，是生产汽、煤、柴等成品油产品时的 2~5 倍[1]。因此，在炼油向化工转型过程中，要想抑制碳排放的增加，就需要结合新催化剂的研发、创新反应与分离工程，来促进催化裂解、催化重整、催化加氢等加工工艺的升级改造，使这些工艺生产过程满足多产化工原料的需要。目前，国内外在原油直接生产乙烯和丙烯等低碳烯烃技术的工业化方面取得了一些进展。尽管对原油品质有一定的要求，但在生产更多化工原料、简化生产流程、控制碳排放和减少投资方面仍然存在一定的发展潜力。

在选择产品结构时，炼油厂需要同时考虑经济效益和碳排放。原油的性质对于炼油厂的碳排放强度及总量也有重要影响。通常情况下，炼油厂在处理重质高硫原油比处理轻质低硫原油时需要更多的加工单元，流程更为复杂，这会导致碳排放的增加[4]。因此，在加工原油的种类选择上，还要兼顾到未来碳税可能增加对经营成本的影响。除常规原油外，炼油厂原料还有非常规石油资源如页岩油、油砂、沥青和稠油，此外，目前世界上还有部分炼油厂以天然气和煤为原料，用于生产氢气。一般而言，炼油厂加工的原油越重，其碳排放越高；制氢原料以煤的碳排放强度最高。

在“减油增化”的过程中，虽然利用现有技术构建化工型炼油厂的工艺复杂程度明显高于燃料型炼油厂，这导致能耗和碳排放增加，但通过技术创新和改进、全厂用能效率提高、绿电使用强化、绿氢替代灰氢以及碳捕集技术应用，可以有效助力节能降耗和碳减排。

近年来，炼油厂原料多元化趋势更加明显，以生物质、废塑料和CO_2为原料的单独炼制和共炼技术不断涌现。对于炼油厂来说，炼油加工过程中混炼生物质既可以扩展原料的来源、降低生产成本，又能够进一步降低加工过程中的碳排放。另外，与原油等常规的化石原料相比，生物质作为生产燃料和化学品的原料时，其全生命周期的碳排放水平更低。采用部分生物质和废弃高分子材料，如废塑料、废橡胶等作为原料，也是炼油厂降低碳排放的途径之一。

在废弃高分子材料再利用方面，将混合废塑料热解或气化转化为后续加工的原料，再将其与炼油加工过程相融合的路线，是一条资源循环利用的高效途径。在解决废塑料和橡胶等废弃物所带来的环境问题的同时，既能够增加炼油加工的原料来源，又可以带来显著的碳减排效果。与使用原油作为原料相比，以废塑料热解油作为原料，通过加氢处理—蒸汽裂解—聚合或加氢处理—催化裂解兼产丙烯—聚合两种方案生产聚烯烃等化学品时，全流程的碳排放强度可分别下降44.8%和24.3%。

在以CO_2为原料合成燃料或化学品方面，利用CO_2合成甲醇和航空煤油等液体燃料的技术已经进入工业示范阶段，但由于产率偏低和绿氢价格高等因素，其产品成本远超目前石油基产品。然而，国际航空和海运组织已明确规定未来合成燃料的使用规模，因此我国也需尽快建设足够的产能并使合成燃料具备经济性。

二、产品结构调整过程中优化炼油总流程的碳减排作用

虽然产品结构对炼油厂的碳排放起到了非常大的影响，但炼油总流程在产品结构调整中同样发挥着巨大的碳资产价值。某研究对国内某千万吨级炼油厂开展“油转化”发展规划研究时，将碳排放数据作为了研究目标之一，如表7-8所示，该炼油厂目前成品油产量7.12Mt/a、化工品产量0.71Mt/a，炼油板块碳排放量2.1Mt/a；当采用转型方案1和方案2时，其化工品产量均可提升至4Mt/a左右，然而其碳排放相差巨大，方案1的碳排放量为3.93Mt/a，方案2的碳排放量则仅为3.05Mt/a。可见，对于相同的化工品收率，采用不同的炼油总流程方

案，其碳排放总量差距可达30%左右。

表7-8　产品结构调整过程中优化炼油总流程的碳减排作用

	现状	转型方案1	转型方案2
成品油产量/(Mt/a)	7.12	3.58	3.43
化工品产量/(kt/a)	7.1	39.6	40.3
碳排放量/(kt/a)	21.0	39.3	30.5

第三节　炼油厂加工流程对碳排放的影响

一、脱碳路线和加氢路线的碳排放对比

在选择炼油加工流程方案时，重油加工方案的选取是最核心的部分，通常分为以焦化为核心的脱碳技术路线和以渣油加氢为核心的加氢技术路线。

(1) 焦化技术路线的碳排放情况

在典型的以焦化为核心的脱碳技术路线中，生产装置主要包括常减压蒸馏、催化裂化、延迟焦化、馏分油加氢精制和重整等。以国内某脱碳技术路线的炼油厂为例，该炼油厂主要生产装置的碳排放数据见图7-4。可以看出，催化裂化装置的碳排放量最大，约占总排放量的30%，其次为连续重整装置和制氢装置，分别约占总排放量的13.5%和12.2%。该炼油厂年加工能力为10Mt/a，年碳排放总量为1.3Mt，碳排放强度为0.141tCO_2/t原油。

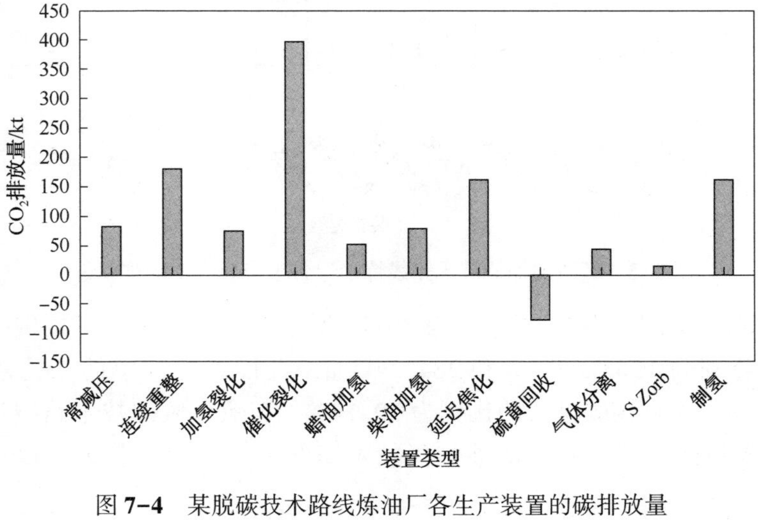

图7-4　某脱碳技术路线炼油厂各生产装置的碳排放量

该炼油厂的全厂碳排放构成如表 7-9 所示，可以看出，直接碳排放和间接碳排放分别为 1054. 69kt/a 和 262. 31kt/a，直接碳排放中的工艺碳排放有 523. 29kt/a，占直接碳排放的比例为 49. 62%。

表 7-9 焦化型炼油厂的碳排放构成

项目	直接碳排放	工艺碳排放	间接碳排放
数值/(kt/a)	1054. 69	523. 29	262. 31
比例/%	80. 08	39. 73	19. 92

(2) 渣油加氢技术路线的碳排放情况

在典型的渣油加氢技术路线的炼油厂中，往往需配备相应规模的催化裂化装置，催化剂烧焦的碳排放量较大；另外渣油加氢的氢气消耗量较高，导致制氢装置带来的碳排放量也相应较大。图 7-5 是以加氢路线为工艺流程的某炼油厂各生产装置的碳排放数据，可以看出，催化裂化装置的碳排放量最大，约占总排放量的 22. 9%，其次为渣油加氢装置和制氢装置，分别约占总排放量的 15. 7% 和 15. 6%。该炼油厂年加工能力为 10Mt/a，年碳排放总量为 2. 0Mt，碳排放强度为 0. 212tCO_2/t 原油。

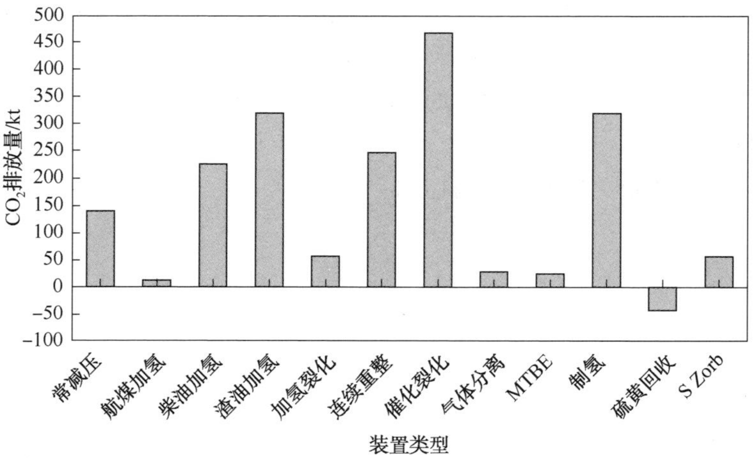

图 **7-5** 某渣油加氢技术路线炼油厂各生产装置的碳排放量

该炼油厂的全厂碳排放构成如表 7-10 所示，可以看出，直接碳排放和间接碳排放分别为 1568. 05kt/a 和 284. 24kt/a，直接碳排放中的工艺碳排放有 1099. 85kt/a，占直接碳排放的比例为 70. 14%。与焦化脱碳技术路线炼油厂的碳排放构成相比(表 7-9)，渣油加氢技术路线炼油厂的工艺碳排放占比明显更高。

表 7-10 渣油加氢型炼油厂的碳排放构成

项目	直接碳排放	工艺碳排放	间接碳排放
数值/(kt/a)	1568.05	1099.85	284.24
比例/%	84.65	59.38	15.34

(3) 不同工艺流程的碳强度对比分析

对以上两家采用不同技术路线的炼油厂进行碳排放强度对比，见图 7-6，可以看出，焦化路线的炼油厂的碳排放强度为 0.141tCO_2/t 原油；而加氢路线的炼油厂的碳排放强度为 0.212tCO_2/t 原油，比焦化路线高出了约 50%。

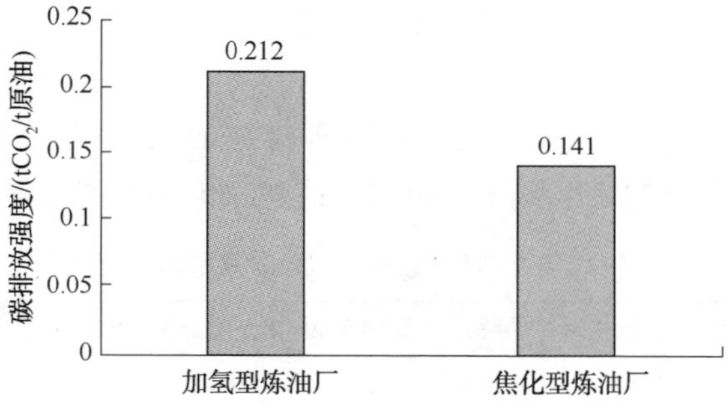

图 7-6 脱碳路线与加氢路线炼油厂的碳排放强度对比

IEA 对不同技术路线的碳排放进行了更细致的对比分析，见表 7-11，针对欧洲地区不同结构类型炼油厂，分别就其碳排放系数进行了详细分析计算[1]。从表 7-11 可以看出，在欧洲地区仅采用浅度加氢(HSK)技术路线的炼油厂，其碳排放强度最低。不同技术路线的组合对燃料产品生产的碳排放强度也有不同的影响，但总体来说，相对于类型较简单的炼油厂，流程复杂的炼油厂的碳排放强度更大。

表 7-11 欧洲地区不同类型炼油厂的碳排放强度

炼油厂构型	CO_2 排放/(tCO_2/t 产品)				全厂排放/(tCO_2/t 原油)
	LPG	石脑油+汽油	柴油	燃料油	
HSK	0.297	0.287	0.138	0.185	0.205
HSK+VB+FCC	0.943	0.416	0.172	0.347	0.337
HSK+VB+HCU	0.362	0.500	0.174	0.290	0.325
HSK+DC+HCU	0.318	0.420	0.171	0.503	0.329
HSK+VB+FCC+HCU	0.478	0.414	0.204	0.445	0.362

注：加氢裂化-HCU；浅度加氢-HSK；催化裂化-FCC；延迟焦化-DC；减黏裂化-VB。

二、燃料型炼油厂与炼化一体化炼油厂的碳排放对比分析

炼化一体化炼油厂和燃料型炼油厂的最大区别在于后者以生产成品油为主，而前者的最终产品主要是化工产品，汽柴油收率低。

对具有一定代表性的炼油厂进行分析，上述原油加工能力为10Mt/a的焦化型炼油厂作为传统燃料型炼油厂，以生产汽油、柴油等燃料产品为主，对比另一家千万吨级的炼化一体化炼油厂，其在生产汽油、柴油等油品的同时，还大量生产乙烯和丙烯，以及对二甲苯等化工品。

表7-12和表7-13分别为燃料型和炼化一体化炼油厂主要装置的CO_2排放占比数据。在燃料型炼油厂中，催化裂化装置对碳排放贡献最大，占总排放量的30.26%。

在炼化一体化炼油厂中，制氢装置对碳排放的贡献最大，占总碳排放量的24.59%，催化裂化装置的碳排放占比相比传统型炼油厂则明显下降，只占到14.81%。

表7-12　燃料型炼油厂CO_2排放源排放比重

环节	催化裂化	连续重整	制氢	延迟焦化	常减压蒸馏	柴油加氢	加氢裂化	其他
占比/%	30.26	13.56	12.19	12.17	6.26	5.84	5.64	14.06

表7-13　炼化一体化炼油厂CO_2排放源排放比重

环节	制氢	常减压蒸馏	催化裂化	加氢裂化	连续重整	延迟焦化	加氢精制	其他
占比/%	24.59	15.34	14.81	10.52	10.31	9.04	8.67	6.03

通过对不同类型炼油厂的碳排放情况进行对比与分析，可以看出，燃料型与炼化一体化炼油厂的碳排放强度相差较大，分别为0.181tCO_2/t原油和0.346tCO_2/t原油，燃料型的炼油厂碳排放强度较低，主要是因为燃料型炼油厂的加工流程相对较短，装置的复杂度也相对较低[2]，见图7-7。

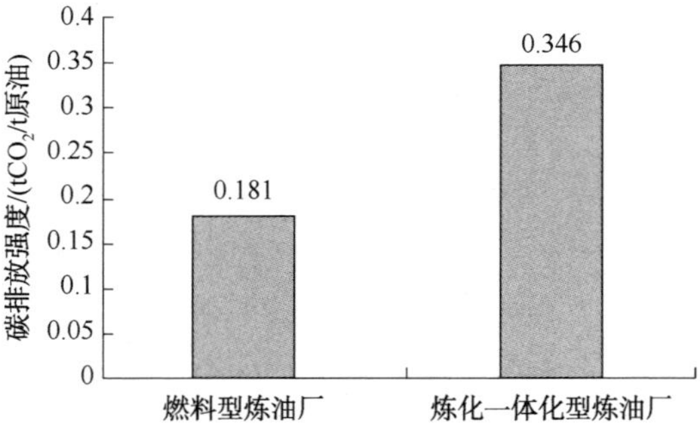

图7-7　不同产品类型炼油厂碳排放强度比较

三、炼油厂加工流程中的碳减排潜能分析

当各类低碳技术的成熟度还不够高时，充分挖掘炼油厂工艺流程中的节能潜力，无疑是非常有效的手段。从炼油厂中的各加工装置的能耗和碳排放分析中可知，催化裂化、天然气制氢、延迟焦化、加氢裂化、连续重整和气体分馏等单元装置的能耗和碳排放量较高。其中，加热炉中的燃料燃烧供热是炼油厂中最为主要的能耗来源和碳排放源；燃料燃烧要占到炼油厂总能耗的40%~50%，其主要用来为常减压蒸馏、焦化、加氢和连续重整等装置的供热。

除了制氢装置的工艺排放，炼油过程所需的能源消耗，如水、电、蒸汽、燃料、风、催化剂再生以及低温加热，基本上构成了碳排放的来源。对于大多数装置来说，燃料燃烧、电力和水是能源消耗的主要来源；催化裂化装置中的催化剂再生是其能耗的主要来源。使用高温热交换器或废热锅炉，可以分别回收催化剂再生烟气、粗合成气和克劳斯燃烧炉混合气的热量，并产生大量的蒸汽作为副产品。

这些加工装置的碳排放强度与单位综合能耗的分布基本一致[1]。除制氢装置(9.243tCO_2/t)外，催化裂化、连续重整、烷基化、气体分馏、干气提纯提浓装置也相对较高，典型值分别为0.21tCO_2/t、0.17tCO_2/t、0.71tCO_2/t、0.1tCO_2/t、0.33tCO_2/t。高压、中压加氢裂化、延迟焦化等装置次之，分别为0.07t/t、0.04t/t、0.055t/t。在其他装置中，常减压蒸馏、加氢精制和蜡油加氢装置最低(0.006~0.036t/t)，克劳斯尾气装置中反应产生的大量热量则以蒸汽的形式回收，因此，硫黄装置的碳排放强度为负(-0.226tCO_2/t，-0.332tCO_2/t)。

在炼油厂进一步节能减排过程中，如果装置的综合能耗明显高于能耗定额，则表明该装置能耗较高，进一步节能减排的空间较大，如制氢装置。如果单位综合能耗低于能耗定额，则表明该生产加工装置的能耗水平相对先进，在现有的装备条件和技术水平下难以进一步降低能耗。这些装置包括常减压蒸馏、延迟焦化、蜡油加氢、高压、中压加氢裂化、连续重整、烷基化、航煤加氢、硫回收、干气提纯提浓等。炼油厂可以通过采取优化换热网络、应用更先进的节能技术、生产低碳燃料和使用绿色电力等措施，来实现深度碳减排。

四、面向未来的低碳循环炼油厂构建

考虑到对产品实际需求的转型，未来炼油厂首先要采用油转化、油产化和油转特的思路构建化工型炼油厂，石油进入炼油厂后以生产三烯三苯等基本有机化工原料为主要产品，同时可以副产少量特种油品。再根据原料产业链的规划将基本有机化工原料生产成有机化工产品，部分化工产品再进一步加工生产材料、高端材料或化学品。

石油加工过程副产的甲烷和二氧化碳可以通过干重整生产得到合成气，同时也可以结合绿电制得的绿氢将二氧化碳进行绿色利用。未来生物质气化将为炼油厂提供更多的绿氢与合成气，合成气则可通过费-托合成生产绿色产品，如图 7-8 所示。

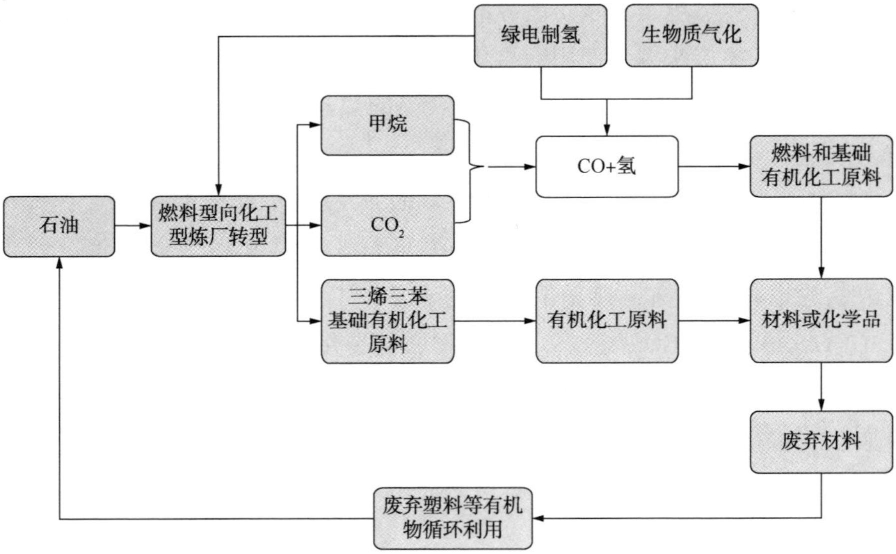

图 7-8　以绿色、低碳、循环为特征的未来炼油厂构想

未来炼油厂的重要特征是不再仅仅以原油为原料，废弃的材料或化学品均会以原料的形式重新回到炼油厂再加工，从而实现绿色、低碳、循环的目标。此外，炼油厂未来还可以通过参与国内碳交易市场和森林碳汇等方式，帮助企业实现碳中和[5]。

参　考　文　献

[1] 曲宏亮．脱碳型炼油厂全流程碳排放分析及减排策略[J]．当代石油石化，2022，30(5)：

26-32.

[2] 孟宪玲．炼厂二氧化碳排放估算与分析[J]．当代石油石化，2010，18(2)：13-16.

[3] 牛亚群，董康银，姜洪殿，等．炼油企业碳排放估算模型及应用[J]．环境工程，2017，35(3)：163-167.

[4] 胡启迪，孙仁金，邓钰暄，等．典型炼油企业碳减排方式与潜力研究[J]．现代化工，2023，43(3)：6-12.

[5] 李明丰，吴昊，沈宇，等．“双碳”背景下炼化企业高质量发展路径探讨[J]．石油学报，2022，38(3)：493-499.

第八章　能源与资源优化降碳

第一节　蒸汽动力系统优化

一、蒸汽动力系统概况

蒸汽动力系统将燃料油、燃料气等一次能源转化为二次能源[1]，为工艺过程提供动力、电力和不同压力等级的蒸汽，如图 8-1 蒸汽动力系统功能所示。蒸汽动力系统的经济、节能、稳定运行是企业长期运营的基础。

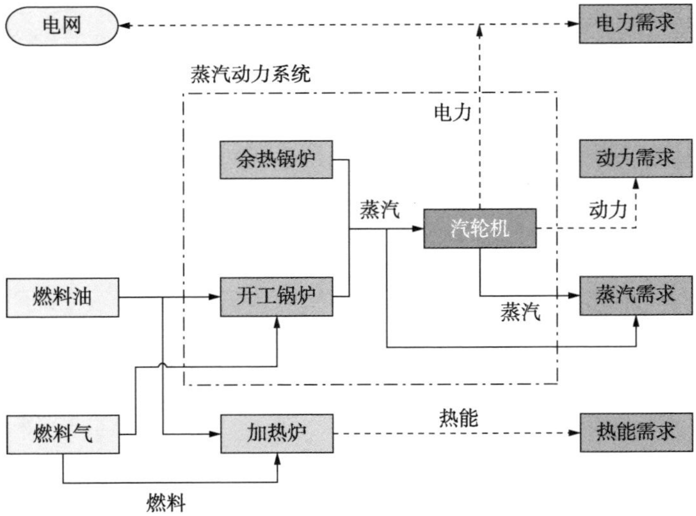

图 8-1　蒸汽动力系统功能

炼油厂蒸汽动力系统具有多等级参数、多燃料来源、多产(汽)供(汽)需求和多周期条件等特点[2]，容易受到工艺装置、其他公用工程、辅助和附属生产系统的影响。在炼油厂节能工作中，蒸汽动力系统优化效果多体现为电力、蒸汽或燃料气消耗量的降低，是炼油厂节能降碳的重要组成部分。蒸汽动力系统的合理配置和运行是承载企业工艺系统节能工作的必要基础之一，也是将工艺系统节能效果转化为经济效益的关键环节之一。

蒸汽动力系统主要包括锅炉、汽轮机、减温减压器、除氧器、蒸汽管网等关键设备和管线[3]。不同类型的锅炉、汽轮机以及减温减压器等设备分布在不同压力等级的蒸汽管网之间。锅炉燃烧煤、石油或天然气以产生蒸汽，同时，工艺装置也会副产蒸汽。锅炉一般由炉膛、汽包、过热器、省煤器和预热器组成，是产生蒸汽的主要设备[4]。汽轮机是将热能转化为机械能的设备，高压力等级的蒸汽进入汽轮机推动叶片做功，当抽汽或背压排汽为低压力等级的蒸汽时，蒸汽没有质量上的损失，以气态形式供下一等级系统使用；背压排汽压力为负压且冷凝成凝结水时，不能再以气态形式被利用，蒸汽被消耗[5]。炼油厂中主要有背压式、凝汽式、抽汽背压式以及抽汽凝汽式四种汽轮机。减温减压器[6]是蒸汽系统中调节温度、压力和流量等热能参数，利用余热余压以及保护系统设备与管路安全的关键设备，一般由减压组件、减温组件、安全保护组件、热力调节仪表等附件组成。除氧器是蒸汽动力系统的重要组成部分，它消耗大量蒸汽来加热和脱除水中溶解氧及其他不凝气体，以防止气体附着在金属管道和设备的内壁上造成腐蚀[4]。

蒸汽动力系统的节能设计与用能优化主要包括三部分内容：一是蒸汽系统设备调优与动力源驱动方式优化；二是蒸汽管网优化；三是蒸汽平衡配置优化。

二、蒸汽系统设备调优与动力源驱动方式优化

1. 优化锅炉产汽

锅炉是炼油厂蒸汽的主要来源，也是燃料消耗大户，对燃料锅炉进行优化可直接影响全厂的能效。在对锅炉运行状态进行诊断分析的基础上，通过调整优化燃烧系统运行参数，保证锅炉负荷、压力、温度、氧量、负压等参数的稳定，实现锅炉低能耗、低碳排放运行。利用低压蒸汽加热余热锅炉补风，提高热风温度，可提高中压蒸汽产量及减少燃料消耗量。降低省煤器排烟温度，合理利用排烟余热，有利于提高锅炉能效，产生更多的蒸汽。

某炼油厂将催化裂化装置余热锅炉补燃风由省煤器出口水加热改为低压蒸汽加热，热风温度由166℃提高至180℃以上，提高了锅炉中压蒸汽产量，同时降低了补燃瓦斯耗量。预计低压蒸汽消耗增加1.2t/h，中压蒸汽产汽量增加1.2t/h，补燃瓦斯降低30kg/h，由此实现碳减排1300t/a。

2. 优化工艺装置产汽

工艺装置既是耗汽大户，也是产汽大户。工艺热物流原则上优先进行换热，降低装置燃料消耗。换热剩下的热量优先用于产生不同压力等级的蒸汽，然后以

热媒水的方式进行热量回收，最后无法回收的热量通过空冷或水冷消耗。例如，加热炉烟气优先加热空气，降低燃料消耗，剩下的热量用于产汽。蒸汽压力等级越高，其做功能力越强。同等温位热量，产汽压力越高，蒸汽能效越高。因此，以节能为目标，工艺装置应优先生产高压力等级的蒸汽，再通过背压透平发电，同时产生所需的较低压力等级的蒸汽。

增加装置产汽的措施包括优化分馏塔取热比例，增加催化裂化循环油浆产汽量；强化催化裂化装置余热锅炉能量回收，增加产汽量；利用余热提高各汽包上水温度，增加产汽量等。此外，过剩余热还可升级利用产蒸汽。

3. 优化汽轮机运行

汽轮机是将热能转化为机械能的重要设备。背压式汽轮机可向用户提供一定量的规定参数的蒸汽，同时产生一定的机械能，具有功热联产和调速性能好的特点。背压式汽轮机背压较凝汽式汽轮机高，用来转变为机械功的焓降较小，所以发出同样的功率所需要的蒸汽量较大。凝汽式汽轮机可保障没有电网供电或电网不稳定地区的电力供应。抽汽凝汽式汽轮机可以同时满足外部的电能和热能需要，抽汽背压式汽轮机能够保证供应两种不同压力等级的蒸汽。为提高效率，现多采用多级汽轮机。在保证系统稳定运行的前提下，适当降低汽轮机的背压压力，可降低蒸汽消耗量。另外，通过汽轮机通流改造、汽轮机冷端优化、提高自备热电站效率等措施提升汽轮机能效，也能够减少蒸汽消耗，提升蒸汽利用效率，进而实现节能降碳。

4. 减温减压设备优化

常见的减温减压器将高品位的蒸汽在没有对外做功的情况下转化为低品位的蒸汽，造成了能源的浪费，蒸汽平衡优化应该避免不必要的减温减压。某炼油厂通过停运减温减压器，并在 1.0MPa 与 0.4MPa 蒸汽管网之间增设透平发电机组，可发电约 750kW，折合碳减排量 3500t/a。

5. 优化工艺装置用汽

蒸汽消耗基本参与了炼油生产的全过程，蒸汽的合理使用与工艺参数和产品质量密切相关，存在能源替代或优化降低的潜力。根据用途的不同，可以将蒸汽分为三类：工艺装置使用的雾化蒸汽、汽提蒸汽；工艺装置所需的加热蒸汽；驱动转动设备的动力用蒸汽。从能源替代的优化方式考虑，雾化蒸汽、汽提蒸汽短期内很难被其他能源替代；加热蒸汽可以考虑电加热替代或利用热泵等能量提升方式实现局部优化；驱动设备优先考虑用电力替代蒸汽。若该部分蒸汽均被绿电所替代，则可大幅降低蒸汽耗量，进而降低相应蒸汽产生过程中的碳排放。

同时，通过优化装置操作，可以减少蒸汽消耗。措施包括优化用汽等级，避免蒸汽高质低用；降低冷回流温度、塔压，降低蒸汽消耗；优化脱硫溶剂循环量，降低溶剂再生负荷，以降低蒸汽消耗；优化装置注水量，降低污水汽提装置负荷，从而降低蒸汽消耗等。

6. 合理利用低温余热降低蒸汽消耗

气体分馏装置各分馏塔塔底温度均不高，是很好的余热利用热阱。脱丙烷塔塔底温度 101℃左右，可采用热联合方式替代蒸汽加热；脱乙烷塔及丙烯精馏塔塔底温度可控制在 50℃左右，可采取热媒水加热。利用热媒水提高除氧器上水温度、除氧器乏汽回收等措施，有利于降低除氧蒸汽消耗。通过优化罐区加热方式，设置物料带温进罐，优先采用热媒水作为热源等多途径节约伴热、维温蒸汽。

某炼油厂利用 95℃的热媒水加热除氧器上水，可将上水温度由 62℃加热至 75℃，除氧器节省蒸汽加热负荷 5557kW，碳减排量达 20kt/a。

三、蒸汽管网优化

1. 优化蒸汽流速

老炼油厂中普遍存在蒸汽管网配置与实际需求不匹配、管网复杂度随装置增加而增加的情况，这导致蒸汽管网压力等级多、管线长、流程复杂、调节难度大。部分管网中存在蒸汽流速过低或过高的问题。蒸汽流速过低导致散热量大，蒸汽温度低，管网中蒸汽损耗大；蒸汽流速过高导致压降大，蒸汽质量难以满足用户需求。对蒸汽管网流速进行优化控制，有利于提高运行效果并降低损耗。例如某企业 3. 5MPa 蒸汽送至苯乙烯装置汽轮机用户后，压力降低至 3. 3MPa，由于蒸汽品质降低导致汽轮机汽量增加，从而使得系统碳排放量增大。

2. 蒸汽管网保温优化

在炼油厂生产中，由于蒸汽管网输送介质温度高、流量大，导致管线散热损失及其造成的经济损失较大，合理选用经济高效的保温材料及保温结构是减少损失的重要手段。蒸汽管网保温从早期的岩棉、玻璃棉逐步过渡到硅酸盐保温结构、硅酸盐涂料和稀土等复合硅酸盐材料，又发展到保温性能优异的纳米气凝胶毡及其复合结构[7]。新型保温材料的发展为蒸汽管网保温优化技术提供了基础，大幅减少散热损失，并延长蒸汽管网的使用寿命。

某 5Mt/a 炼油厂 3. 5MPa 蒸汽管线和 1. 0MPa 蒸汽管线存在保温材料使用年限大、超标率高的情况。通过对两个压力等级蒸汽管线中检测热流密度不达标的部分进行改造，实现节省蒸汽 13000t/a，碳减排 4500t/a。

3. 疏水器的诊断与优化

蒸汽疏水器是安装在蒸汽动力系统中用以排出冷凝水、空气和其他不凝气体，同时避免或减少蒸汽泄漏的装置。它是蒸汽输送过程中泄漏最严重、对输送效率影响最大的设备，普通疏水器的平均使用寿命只有 4 年，更高质量的疏水器可能有 8 年的使用寿命[8]。因此，根据应用场景定型式、压力温度定等级、排水量定安全系数，从而合理地进行疏水器的选择是非常重要的。同时，需要对疏水器予以定期的护理、维护、巡检，及时更换有缺陷的疏水器。

四、蒸汽平衡配置优化

原则上，每个压力等级的蒸汽都应耗大于产，不足部分由上一压力等级蒸汽调节，最高压力等级的蒸汽由锅炉产汽或外购蒸汽调节。在进行蒸汽系统设备调优与动力源驱动方式优化及蒸汽管网优化后，全厂的蒸汽平衡将出现较大的变化，各个压力等级的蒸汽均有可能出现过剩的情况，需要提高级间蒸汽调节的灵活性。在蒸汽平衡优化过程中应以调节供汽为主，减少减温减压器及凝汽透平等设备的低效应用。对于蒸汽整体过剩的企业来说，双抽凝汽式透平为最佳调节手段，低低压蒸汽和低压蒸汽可通过抽汽调节，其他过剩蒸汽则通过凝汽发电回收能量。对于全厂蒸汽整体不过剩、单一压力等级蒸汽过剩的企业来说，抽汽背压透平为最佳调节手段。

蒸汽动力系统优化技术可满足炼油厂安全平稳运行需求，基于蒸汽管网水力学热力学耦合计算，对运行方案进行分析；配合在线监测模块的实施，协助企业实现对蒸汽管网运行的实时监测和超限报警；根据企业不同运行阶段，对蒸汽动力系统运行状况进行统计分析或对改造方案进行评估与优化。蒸汽动力系统优化技术还可满足炼油厂节能降碳需求。应用蒸汽动力系统优化技术，每节省 1t 蒸汽，可减排 CO_2 0.25～0.40t，对千万吨级炼油厂而言，每年可实现碳减排 40～80kt。

第二节　低温余热高效利用

一、低温余热概况

低温余热是工艺装置及系统部分通过优化改造和现有技术回收后仍无法利用的热量。我国约有 15%～40%的工业能耗以废热形式排放到环境中，造成了能源的直接浪费[9]。而低温余热占工业余热总量的 15%～23%[10]，低温余热未被合理利用是我国余热利用率低的主要原因之一。

炼油厂中低温余热实质上来自炼油厂所消耗的燃料，温度一般为 80℃～150℃，回收利用低温余热可节省燃料的消耗。低温余热高效利用可促进低品位热能利用，节省高品位热能，同时可减少空冷、水冷消耗，达到节能降碳的目的。对千万吨级炼油厂而言，通过开展低温余热高效利用技术，可提高低温热回收利用率10%以上，全厂 CO_2 减排量可达 40kt/a 以上。回收利用低温余热对实现企业节能减排、降本增效和增强企业竞争力具有重要意义。

二、低温余热资源的特点

1. 能量品位低

炼油厂低温余热因温度和能量的品位较低，有效能量小。低温余热高效利用的最佳途径为余热直接替换高温热量进行换热，应注意热源和热阱的温度匹配，通过温度的梯级利用充分回收其中的可用能。

2. 低温热源影响因素多

在炼油生产过程中，低温热源总量受工艺生产参数影响较大，工艺条件的变化会对低温热量产生影响。例如，催化裂化装置分馏塔的塔顶低温热源受装置加工量、反应转化率、进料喷嘴雾化蒸汽流量、分馏塔顶操作参数等多种因素的影响。因此，对炼油厂低温余热进行回收利用应在工艺条件相对稳定、生产操作处于优化后的状态下进行。

3. 低温热阱波动性大

季节变化、工艺波动、保温性能等因素都会影响低温热阱。例如，管线伴热、罐区保温和采暖等受季节因素影响明显，通常冬季负荷高于夏季负荷。热源热阱的不稳定性造成低温余热回收系统难以严格遵循“温度对口，梯级利用”的原则，可能会导致企业的低温余热回收系统偏离最优状态。

4. 热源、热阱分布零散，集成度低

通常，炼油厂的常减压蒸馏蒸馏装置、催化裂化装置、加氢裂化装置、延迟焦化装置等均会产生大量的低温热量，这些装置所含的低温热量占据了全厂低温热总量的60%~80%[11]。低温热源的介质主要为各种油品、各类生产用水、加热炉烟气、再生烟气、硫黄(或硫酸)、胺液等。因此低温热源具有空间分布散、数量大、温度各异的特征。而优质低温热阱，主要包括原油加热、罐区维温、管线伴热和采暖等，与低温热源距离较远，导致热量难以高效利用。通过设置热媒水换热系统可实现长距离低温热源的回收利用，但实际上炼油厂可能存在用地紧张、资金不足等问题，导致集成度较低。

5. 低温余热与蒸汽系统相互影响

一方面，通过换热网络优化、提高换热终温可以提高热回收率，减少低温余热产生。另一方面，低温余热可替代大量0.3~1.0MPa蒸汽，减少低压力等级蒸汽用量，导致全厂蒸汽管网平衡发生变化。因此，低温余热回收利用需要结合全厂的蒸汽管网平衡进行全局统筹考虑。

三、低温余热回收利用方式

低温余热的主要回收利用途径有两类，首先考虑利用效率较高的同级利用方式，即热供料、热联合和热媒水系统。同级利用后仍过剩的部分应考虑升级利用，具体包括热泵技术、制冷技术、发电技术等形式。

1. 装置间热供料

热供料可将上游装置的余热通过供料直接带入下游装置，如常减压-渣油/蜡油加氢-催化裂化-S Zorb/柴油加氢、常减压-航煤加氢、常减压-柴油加氢、常减压-焦化-加氢裂化/汽柴油加氢等，上述装置在原油生产加工过程中是上下游关系，高温热供料对于减少上游装置的冷却负荷、减少下游装置的加热负荷具有显著的效果。

2. 装置间热联合

如果相邻的两套装置热源与热阱存在合理温差，两者之间换热网络可考虑直接热联合，装置间余热利用效率仅次于装置内换热。

3. 热媒水系统

低温余热因温位难匹配、平面布置相隔较远等原因无法直接利用，可考虑在全厂范围匹配热源、热阱，采用热媒水取热的方式实现余热利用。由于存在热媒水这个中间介质，换热存在一定的温差损失，为了减少这一因素的影响，应充分考虑热媒水与热源、热阱工艺物料换热的效率，尽可能采用各种形式的高效换热手段，以减少温差损失。

热媒水除为装置提供热量外，还可提供办公、生活用热。炼油厂在工艺装置外，办公室、生活区也会消耗大量能源，而且温位不高。用热媒水代替蒸汽为厂区办公和生活采暖、生活用水加热，可以有效提升能量利用效率。

4. 低温热阱利用

生产用热大多为连续用热，热负荷相对稳定，因此使用低温热的节能幅度更大、效益更高，在制定低温热优化方案时应优先考虑。气体分馏、烷基化和MTBE等装置的原料预热和部分分馏塔塔底再沸器，这些低温热阱由于负荷稳定、量大且温位较低，是炼油厂应优先考虑的低温热阱，热量利用效率高，效益显著[12]。炼油厂产汽用水的预热可以降低低压力等级蒸汽消耗，包括将生水加热到除盐温度和将除盐水加热到除氧前的某一温度。生水和除盐水耗量大且随季节变化不大，是非常重要的低温热阱。利用低温余热预热加热炉空气和燃料，可减少燃料消耗。

原油、中间原料和成品油为避免冻凝需要维温，通常原油罐区温度为20~40℃；中间原料罐区和成品油罐区温度为50~90℃。罐区分散、区域跨度大，维温负荷普遍不大，且受季节影响较大，利用低温热进行罐区维温需要具体分析。管线伴热冬季负荷远高于夏季负荷，受季节影响明显，有些油品管线夏季甚至不需要伴热。冬季，采用低温热取代低压力等级蒸汽进行管线伴热具有明显的节能效果。但将管线伴热由低压力等级蒸汽改为低温热系统工程量较大，且重油管线所需温度较高，采用低温热难以满足。

5. 热泵技术

利用热泵技术提高物流温度使物流再用于生产过程，是一种有效利用低温热能的技术手段。这种优化方式通常在热源多于热阱时应用。目前工业中使用最多的热泵类型包括压缩式热泵、蒸汽喷射式热泵和吸收式热泵。

压缩式热泵以电能转化为热能的方式提升水温，温度提升迅速，用于供热过程可减少燃料用量[13]，有开放式和封闭式两种类型。压缩式热泵采用机械压缩机对工质进行升压，压缩机的类型可根据实际工况的不同进行选择，如离心式、螺杆式、罗茨式等，适用范围较广，工艺物料和水蒸气均适用。压缩式热泵已经应用在很多炼化装置中，如气体分馏装置等，取得了较好的节能效果。

蒸汽喷射式热泵以高品位蒸汽和热用户用汽的压力差转换的能量为驱动力，提高低压力等级蒸汽的压力和温度，实现低温余热的升级利用[14]。该技术通过蒸汽喷射泵对低压力等级蒸汽进行提压，适用范围较窄。有工业案例[15]通过蒸汽喷射式热泵，回收某芳烃抽提装置中的低品位闪蒸蒸汽，达到提高装置内蒸汽回收提质利用、降低蒸汽系统能耗的目的。

吸收式热泵以热能为驱动力进行低温余热品位的提升，具有电能消耗低的优势。高浓度溴化锂溶液对水蒸气具有强吸收性，且吸收过程会将水蒸气的潜热释放出来并提高体系温度，这就是吸收式热泵的工作原理。根据不同的应用场合，将各部件的压力参数进行相应的匹配，水蒸气在不同的压力下相变温度不同，就可以获得相应温位的热量。第一类吸收式热泵和第二类吸收式热泵是目前应用比较成熟的两种吸收式热泵技术。第一类吸收式热泵也称增热泵，通过消耗少量高温热能产生大量中温有用热能，同时可以实现制冷。第二类吸收式热泵也称增温泵，是以中温热能(通常为废热)驱动系统运行，制取比中温热源温度更高的高温热媒或蒸汽，实现从低温向高温输送热能。

6. 低温余热制冷技术

低温余热制冷技术主要是吸收式制冷，工艺原理上与上述吸收式热泵一致，只是操作压力不同。常用的制冷剂有溴化锂和氨液，吸收原理相同，其中溴化锂制冷温度可达5～10℃，氨吸收剂制冷温度可达-40～-20℃。溴化锂制冷已经得到普遍应用，氨吸收制冷也已投入工业应用。低温余热制冷可用于产品冷却和装置制冷。例如用于南方炎热的夏季，此时气温和循环水温度较高，产品的冷却温度难以满足要求，致使产品收率下降，损失增大。为了解决催化裂化吸收稳定“干气不干”的状况，除了从工艺上改进，利用低温余热制取5～10℃的冷却水进一步冷却也可解决上述问题。此外，低温余热制冷可以取代空调机制冷以减少电力消耗。氨吸收制冷还可用于丙酮脱蜡装置的冷冻系统，使电耗大为降低。

7. 低温余热发电

低温余热发电是一种重要的能量回收形式，在大量过剩的低温热难以找到适宜的同级利用方案时，采用低温热发电是一种有效的低温热利用途径。但是，低温余热发电是效率最低的余热回收利用方式，热效率通常只有7%～12%[12]。低温余热发电的原理是利用余热在较高压力下蒸发低沸点的有机工质，利用高压有机工质推动透平发电，背压出来的有机工质再用循环水冷凝，重新用泵提压，形成朗肯循环过程，因此低温余热发电通常称为有机朗肯（ORC）发电。ORC循环在热水温度达到120℃以上时才具备合理的经济性。

四、低温余热利用原则

低温余热作为炼油厂能量系统产生的余热资源，分布在生产的全过程中，由于其分布不均衡、温度差异大，不同企业/装置的情况均不相同。因此，低温余热利用技术不是一项适用于所有场景的通用技术，而是应该根据具体问题具体分析，根据不同的情况采用最合理的利用方式。低温余热利用的基本原则一般可概括为以下五项。

首先，从源头上减少低温热的产生是最高效的优化方式。通过工艺优化和换热网络优化，从源头上减少工艺装置产生的余热，可有效提高能源利用效率。优化措施如精馏塔的回流比参数优化、装置换热网络优化等。

其次，充分挖掘和利用低温热阱，包括办公区和生活区的采暖、管线伴热、原油加热、罐区保温、除氧水加热以及燃料预热等。

再次，低温热系统应根据平面布置、物流方向、热源热阱位置及热容等因素，进行“顶层设计”，在全局范围内合理统筹规划低温热系统，不能分散、孤立地考虑。

从次，低温热回收利用系统应避免大流量、低温位、低温差、全厂收集低温热的模式，避免并联取热、并联用热，应根据实际情况梯级取热、梯级用热。

最后，针对以上措施回收利用后仍然无法消耗的低温热资源，再考虑热泵、制冷和发电等升级利用方式。

五、低温余热高效利用技术平台

合理回收和利用低温余热对于节能降碳具有重要意义。为满足炼油厂节能降碳、提质增效的需求，需开展全厂低温热资源系统详细建模、诊断、分析与优化，结合流程模拟和计算流体力学等进行辅助诊断与分析，按照“温度对口、梯级利用”原则，基于全厂蒸汽动力系统平衡开展全厂低温热资源综合优化。低温热系统高效利用技术平台应包括低温热系统设计技术、低温热系统诊断与分析、低温热系统潜力分析、低温热装置内消除技术、蒸汽系统耦合优化技术、吸收式热泵技术、制冷技术和 ORC 发电技术等。

第三节 换热网络集成优化

换热网络在炼油厂能量回收利用中扮演着至关重要的角色，提高换热效率是炼油厂节能降碳、提高经济效益的重要手段[16]。换热网络的设计目的是通过工艺物流之间的换热，将工艺热物流的热量尽量充分地转移至工艺冷物流，从而降低对冷热公用工程的消耗[17]。常用的换热网络优化方法，包括夹点分析、数学规划和混合方法。

一、夹点分析

1983 年，Linnhoff 和 Hindmarsh[18]首次将夹点分析的概念引入换热网络的改造设计。夹点分析的目的是使换热网络中的能量利用效率提高，这是通过减少跨夹点传热来实现的[19]。通过对换热网络开展热力学计算，可以得到换热网络的组合曲线、平衡曲线和网格图，从而进一步计算换热网络的夹点和优化目标。夹点定义为热、冷复合曲线之间距离最近的点，热、冷复合曲线分别有冷热流股的夹点温度[20]。Shenoy[21]和 Gundersen[22]阐述了夹点分析法实现最大热回收的两个基本原则：①不允许跨夹点传热；②冷公用工程不允许位于夹点上方，热公用工程不允许位于夹点下方。目标和设计阶段是夹点分析的两个主要阶段。在目标阶段确定最大热回收率和最小能耗，在设计阶段根据夹点分析理论确定实现目标节能的策略和步骤。

采用夹点设计方法，通过重新布局跨夹点传热的换热器位置，以及在换热器上增加新的面积等方法来消除跨夹点传热。然而，这种方法基于用户交互，并且在很大程度上依赖于用户经验。因此，这种方法不适用于复杂的换热网络。

Shokoya 建立了一个线性模型[23]，该模型使用面积矩阵来反映换热网络中的详细面积分布，以实现能量目标。第一阶段假设热流股和冷流股之间的垂直传热，偏差区域矩阵定义为目标区域减去第二阶段的现有区域矩阵。到目前为止，改造目标集中在该区域，但现实的改造结果应将改造与其经济成本联系起来。

Carlsson 等人[24]提出了一种基于经济成本的换热网络改造设计方法，其中涉及维护、换热器和管道的成本。这种方法允许交叉传热，该方法通过建立计算机辅助优化模型，在一定的最小传热温差下，寻找到与目标热回收率最佳匹配的方法。该方法不适合大规模应用，因为需要大量的工作和计算时间来获得最优解。

由于换热网络的规模和复杂性，研究人员开始寻求在求解前简化换热网络的方法。路径分析的提出是用于分解现有的换热网络并评估子网络。通过应用路径分析，将整个网络分解为子网络，能显著降低问题的复杂性[25]。此后，1998 年，研究人员通过引入区域来寻找换热网络中最敏感的部分进行改造。该方法通过指定目标位置来改变网络结构，可以达到更大的节能效果。

Nordman 和 Berntsson[26]提出了一种换热网络改良设计图解法。该方法应用一种新的夹点曲线，该曲线强调了跨夹点传热以及传热面积和能量目标之间的平衡，从而获得一种经济有效的改造设计。该研发团队进一步研究了这项工作[27]，以对比分析基于经济性考虑的所有可能改造解决方案的不同场景。所有可能的解决方案的结果是，当更换更靠近夹点的加热器/冷却器时可以获得更高的经济效益。

二、数学规划

换热网络优化的数学规划方法是指基于不同的目标，利用数学规划模型来解决换热网络改造问题。将优化方法应用于换热网络改造问题的关键是找到一种精确的方法来表示问题并确定最优解。优化方法采用确定性方法或随机方法。确定性方法通常由非线性规划(NLP)、混合整数线性规划(MILP)或混合整数非线性规划(MINLP)实现。随机方法是基于遗传算法(GA)或模拟退火算法(SA)等来实现。

1. 确定性方法

Yee 和 Grossmann[28]首次将优化算法应用于换热器改造并建立 MILP 模型。该模型通过最大限度地利用换热设备和重新匹配现有换热器单元来预测现有换热网络的最小结构改变。由于该方法是基于现有的换热网络结构，因此改造后的网络结构与原换热网络相似。

Ciric 和 Floudas[29]提出了一种新的两阶段方法，旨在最小化现有换热网络的改造成本，以实现一定的热量回收。在第一阶段，根据给定的换热网络数据建立

MILP 模型。改造过程允许重新铺设管道，增加新的换热器，增加额外的传热面积和重新安置现有的换热器。在第二阶段，通过分析第一阶段产生的结果建立超结构网络并显示说明所有的可能结构，将 MILP 模型简化为 NLP 模型。Ciric 和 Floudas[30] 进一步延伸了这项工作，主要成果是将两阶段法结合到一个阶段，实现了同步优化。

Yee 和 Grossmann[31] 提出了换热网络的分阶段改良方法，包括预筛选阶段和优化阶段。在预筛选阶段，确定不同热回收水平下的最佳经济成本。经济成本包括公用工程成本、增加换热面积成本和网络结构改变成本。根据 Papoulias 和 Grossmann[32] 开发的模型估算公用工程成本，而附加的传热面积由 Townsend 和 Linnhoff[33] 提出的方法确定。

Brione 和 Kokossis[34] 提出了一种新的方法，包括换热网络的改良设计筛选和优化阶段。在筛选阶段，引入整数变量来进行结构修改识别，并将换热器面积和换热要求设定为连续变量。根据模型的最小目标(例如，经济成本、总面积)，决定需要修改的换热器。优化阶段利用筛选阶段的结果建立超目标，得到改造方案。超目标方法使用得到的流股性质而不是使用能量-面积曲线。与以前的方法相比，这种方法有效地减少了传热面积和改造费用，相关结果见文献[34-36]。

Ma 等人[37] 提出了一种换热网络的两阶段改良方法，包括建立一个恒定逼近温度(CAT)模型和一个 MINLP 模型来寻找最优解。CAT 模型的一个显著特点是，当所有换热器的最小传热温差固定时，它将换热面积的计算线性化。当面积计算线性化时，更可能获得全局解。由于该模型没有在第一步考虑换热器面积，因此在优化阶段建立了一个 MINLP 模型来考虑换热器面积。为了解决寻找全局最优解的困难，根据第一阶段的结果给出了初始猜测，该方法大大减少了计算量。

Sorsak 和 Kravanja[38] 提出的 MINLP 模型，在改造设计中考虑了各种类型的换热器，包括传统的管壳式换热器、垫圈板式换热器和双管式换热器。该方法的主要意义在于将不同类型的换热器与仅使用单一类型的双管换热器模型进行了比较。结果表明，改造优化的可行性在很大程度上取决于换热器的选型。

Ponce-Ortega 等人[39] 开发了一种新方法，以考虑不同操作条件下的非恒定过程条件。在 Yee 和 Grossmann[31] 提出的超结构模型的基础上，提出了一个用于改造设计的 MINLP 模型。在此之前，大多数的研究忽略了操作条件的变化，将其视为常数，假设流股都具有恒定的温度[40]。

Nguyen 等人[41] 通过同时优化网络结构和换热器面积，开发了一种用于改造的温度区间方法。这种方法基于 Barbaro 和 Bagajevicz[42] 提出的模型，将冷、热流体划分为若干个温度区间，得到每个小区间的换热情况。该方法考虑了是否允许重新排布换热器的情况。

Pan 等人[43]提出的 MILP 迭代模型被开发用于换热网络的改良设计。他们通过两个优化阶段对超结构网络进行了改造，并采用了夹点匹配方法。经过第一阶段的优化过程，消除了热负荷小或面积小的匹配。在第二阶段，进一步优化第一阶段得到的最佳网络改造结构，以获得最小的改造经济成本。通过将 MINLP 问题简化为 MILP 问题，大大减少了计算量。

确定性优化的显著优点是，它可以灵活地应用于不同类型的改造问题，以适应不同的场景。然而，由于非线性模型的复杂性，求解全局最优解比较困难，且对初始点比较敏感。

2. 随机方法

随机方法包括 SA、集成开发环境(IDE)和 GA。1996 年，SA 被应用于换热网络的改良设计中[44]。SA 算法基于 Dolan 等人[45]提出的方法，优化过程包括换热器类型的选择，以及基于约束条件的热力学行为。

Athier 等人[46]提出了一种新的自动双环方法，利用 SA 对换热网络进行优化。在外环，在工艺约束条件下，利用 SA 优化换热网络的结构变化。该方法将增加新换热器、重新铺设管道和重新安置换热器的经济成本都考虑在内。在内环中，建立了 NLP 模型来优化换热器的附加面积。

Rodriguez[47]提出了一种利用 SA 算法建立优化模型的方法，该模型包含整数和连续变量。结构修改定义为整数变量，传热负荷和面积定义为连续变量。由于该方法将模型简化，计算结果不准确。

Bochenek 和 Jezowski[48]提出了一种二级 GA 用于换热网络的改进设计。在第一阶段，建立一个包含多个网络关键变量的结构矩阵，该阶段采用 GA 实现优化过程。在该阶段还可以获得分离器的位置和换热器的详细设计信息。在第二阶段，利用第一阶段的结果确定了换热器的换热面积和二级分离器的分流比。然而，无论换热网络的大小，模型的复杂性都需要较长的优化工作。

Razaei 和 Shafiei[49]提出了一种将 GA 与 NLP 和整数线性规划(ILP)相结合的方法，以克服 GA 中连续变量处理困难的问题。该方法的目标函数是使改造费用最小化，并对连续变量进行优化包括转移相应换热器热负荷，分流比和冷热流股温度等。这些变量通过 NLP 模型进行了优化。通过建立 GA 模型确定换热器网络的结构变化，得到换热器位置的节点表示。最后，该方法用 ILP 模型求解目标函数。

Zhang 和 Rangiah[50]将他们的 IDE 模型[50-51]和 Jeẑowski 等人[52]开发的结构重现模型相结合，用于换热网络的改造设计。这种方法可以同时处理不同类型的变量。

Liu 等人[53]开发了一种混合 GA 用于换热网络的改造，该方法建立了包含公用工程费用和改造费用在内的总改造费用最小化的 MINLP 模型。在充分利用现有网络结构的基础上，将优化过程分为六个步骤。第一阶段对现有换热网络进行分析，并选择正确的优化顺序。在第二阶段确定了改造顺序之后，在第三阶段显示现有换热器的位置。通过基于混合 GA 的换热面积分析，在第四阶段对现有换热器进行重新布置。最后两个阶段通过修正 GA 得到最终的网络结构。

与确定性方法相比，随机优化方法具有更大的避免局部最优解的可能性，但需要更多的计算量。

数学规划的主要优点是它能灵活地将优化问题转化为自动化的数学模型，并对改造目标和过程数据进行处理。然而，由于精确地建立数学模型具有很大的挑战性，因此很难将数学规划方法应用于大规模改造问题。优化过程通常通过一步或多步实现。为了得到改造问题的最优解，通常采用一步优化方法。对于多步优化模型，虽然可以减少计算时间，但对结果精度的影响不容忽视。

三、混合方法

混合方法将数学规划和夹点分析方法结合在一起，并同时保留了它们各自的优点。混合方法能自动获得最优解，并保持用户的交互，从而以较少的计算时间获得有效的改造方案。

Briones 和 Kokossis[54]将混合方法应用于换热网络的改良设计，共分为三个阶段。在第一(靶向)阶段，建立 MILP 模型，在所需的面积和修正目标范围内寻找可能的解决方案。在第二阶段，利用第一阶段得到的结果来寻找换热器面积和结构变化的最优解。在第三阶段，建立一个 NLP 模型，并根据改造结果导出一个超结构网络以最小化投资成本。然而，仅考虑投资成本并不是最佳的改造方案。

Asante 和 Zhu[55,56]提出了一种在换热网络改造设计中应用混合方法来最小化结构改变的步骤来实现目标传热的方法。在诊断阶段，通过网络夹点识别出限制热回收和结构变化的位置。随后，优化阶段的目标是在每次改造后，通过重新平衡换热器之间的热负荷，最大限度地提高热回收率，以最小的改造成本选择最优方案。

Varbanov 和 Kleme[57]将夹点分析和数学规划法结合到换热网络的改造设计中，得出了现有换热网络结构改造的各种解决方案。Smith 等[58]进一步修改了网络夹点法，并组合网络结构将能量资本权衡优化改为单步优化。该方法考虑了热学特性的温度依赖性，这实现了改造期间网络中相互作用的真实重现。

Bakhtiari 和 Bedard[59]在之前提出方法的基础上，考虑到一些实际情况，开发了一种方法。在结构变化阶段，目标是实现最大的热回收率。在成本优化阶段，目标是尽量减少使用额外的传热面积。采用这种方法可以实现能源成本双赢的目标。

混合方法可以处理大规模的改造问题。这是因为该方法是有次序的。利用网络的自由度可以显著降低公用工程的消耗。然而，需要在现有的换热器中增加额外的面积才能保持网络的平衡。混合方法的主要缺点是对于大型的复杂换热网络，计算代价较大。

根据上述详尽的文献综述，将夹点分析、数学规划及混合方法三种换热网络优化方法的主要思想及优缺点列于表8-1。综上分析，目前，换热网络集成优化主要采用将夹点分析及数学规划法结合在一起的混合方法，该方法能有效兼顾优化效率及优化质量，增强全局搜索能力，获得的最优解可靠。

表8-1　换热网络优化方法对比分析表

优化方法		主要思想	优点	缺点
夹点分析		以热力学计算为基础	发现能量系统中的“瓶颈”，得到理论最大回收值	换热网络结构取决于夹点的选择；效率低下
数学规划-确定性方法	NLP	对换热网络物理结构进行数学描述，用目标函数及约束条件综合优化进行求解	计算效率较高	计算难度较大，很难跳出局部最优解
	MILP		思路清晰，方法较简单	对复杂问题很难得到最佳结果
	MINLP		结合超结构优化，反复交叉优化，可使目标函数优化结构趋于平稳	在所有规划问题中最难求解；其本质及复杂程度尚未完全清晰
数学规划-随机方法	SA	一种通用概率算法，用来在一个大的搜寻空间内找寻优化问题的最优解	获得最优解可靠性高；计算方法简单；以一定的概率使得目标函数向着变差的方向进行试探，因此可避免陷入局部最优解的弊端；应用广泛	涉及大量试探解，计算效率较低
	IDE	将换热设备技术与现代计算机技术相结合	可同时处理不同类型的变量；可行性强，得到的结果较好	模型规模比较大
	GA	借鉴自然界“物竞天择”原则，求解大规模组合优化问题	优化大规模换热网络时获得全局最优解能力较强，可有效地处理复杂问题；可减少迭代次数，提高计算效率	应用惩罚函数方法处理约束条件时产生大量不可行解
混合方法		结合多种优化方法以弥补各方法的不足	增强全局搜索能力，最优解可靠；可操作性有所提高；兼顾优化效率及优化质量	大型复杂换热网络的计算费用高昂；方法可能具有不可持续性

因此，通常采用混合方法对全厂及单装置换热网络进行严格模拟，对换热网

络开展详细诊断与弹性分析，结合装置用能特点和限制条件，提出操作优化与改造优化措施，实现能量介质的优化分配和综合利用。

换热网络集成优化技术能够广泛运用于炼油厂各装置及全厂装置间热联合，通过提高能量利用效率，减少加热炉燃料气及蒸汽消耗，实现节能降碳。以千万吨级常减压蒸馏装置为例，通过换热网络集成优化技术可减少碳排放 20~50kt/a，能效提升 1~3kgoe/t，增效 1500 万~3000 万元/年；若进一步考虑全厂换热网络优化及装置间热联合，可降低综合能耗 4.7kgoe/t，降低碳排放约 88kt/a，增加经济效益约 9700 万元/年。

通过采用换热网络集成优化技术，对某 5Mt/a 常减压蒸馏装置进行换热网络的调整与优化，实现换热终温提高 5℃，并使得加热炉负荷降低 6.58%[60]，实现碳减排。国内某企业的常减压蒸馏装置通过换热网络优化，使得换热网络终温提高 10℃，降低装置能耗 0.7kgoe/t，实现经济效益增加约 126 万元/年[61]。

第四节　氢气资源高效利用

一、氢气资源高效利用的重要性

氢气系统作为炼油厂中一种重要的资源网络系统，在环保要求日趋严格、油品质量不断升级的大背景下，其地位显得更加重要[62]。近年来，进口原油重质化、劣质化趋势加剧，节能环保、油品清洁指标日益严格，加氢工艺在炼油厂中得到广泛的应用[63]。炼油厂氢气需求量逐年递增，用氢成本不断攀升，氢气成本已成为炼油厂原料成本中仅次于原油的第二大成本要素[64,65]。然而，制氢成本高昂(每吨氢气成本约为 1 万~2 万元)，制氢装置能耗巨大(制氢装置的平均综合能耗在 1000kgoe/tH_2 以上)，且制氢过程碳排放量大(天然气制氢平均碳排放约为 10tCO_2/tH_2，煤制氢平均碳排放约为 20tCO_2/tH_2)。对氢气系统进行集成设计与优化改造以提高氢气利用率，是炼油厂节能降碳、挖潜增效的重要途径。

“双碳”背景下，要实现氢气资源的高效优化利用，炼油厂须将用氢理念从粗放式氢气平衡过渡到精细化氢气管理，从制氢装置原料优化、临氢装置节氢管理、氢气资源回收利用和氢气网络整合优化四个关键环节入手开展氢气系统集成优化技术，实现氢气资源的梯级高效利用和精细管理，提高全厂氢气利用效率，最大限度地降低装置氢耗、系统能耗和 CO_2 排放，助力企业低碳高质量发展。

二、炼油厂氢气网络存在的问题

国内炼油厂普遍存在氢气利用效率不高、氢气资源管理相对粗放的现象。在产氢环节，经常存在的问题包括高低浓度氢源直接混合，导致高纯氢源利用效率低；重整氢过度提纯使用，PSA 解吸气损耗造成氢气资源的浪费；氢源未按照“高质高用、低质优用”的梯级利用原则进行分配。在耗氢环节，常存在加氢装置用氢不合理、过度加氢的现象。此外，氢气资源的装置间联合优化仍有待加强。氢气管网普遍存在的问题包括产耗氢匹配不合理；未进行不同等级(高低压、高低纯)氢气网络系统规划设计；氢气管网较混乱，动力成本普遍较高；氢气系统信息化水平不高等。在氢气资源回收利用方面，存在含氢气体未有效回收利用、瓦斯气体氢气含量较高、大量轻烃伴随氢气排入燃料气系统等一系列问题。为提升全厂氢气利用效率，须对“产氢-耗氢-氢气回收-氢气管网”进行系统诊断，对氢气资源“产-输-用-回收”各环节开展协同优化。氢气系统集成优化技术在“双碳”背景下具有广阔的市场前景和迫切的应用需求。

三、国内外氢气系统优化技术概述

目前国内外氢气系统优化技术主要包括基于氢夹点分析的图解法和基于超结构优化的数学规划法[66]。利用氢夹点分析技术，可以计算氢气系统理论最小氢公用工程消耗量，挖掘氢气系统优化的潜力及瓶颈。夹点分析在设计优化氢气系统中，提供了一系列指导性的优化匹配规则，如：夹点之上的氢源只能与氢阱进行匹配，不能送至燃料气系统直接燃烧；夹点之下的氢阱不能消耗新氢，只能与夹点之下的氢源进行匹配；合理设置氢气提纯回收装置，应将氢夹点以下的含氢流股提纯至氢夹点以上。基于超结构优化的氢气网络数学规划模型可以全面考虑氢源、氢阱、氢公用工程、提纯回收单元、压缩单元和燃料气系统之间所有可行的连接，综合权衡经济成本、综合能耗与碳排放等因素，进行氢气网络的集成优化设计。针对所构建的 MINLP 形式的氢气网络数学规划模型，利用商用求解器或开发先进的优化算法进行求解，可以获得最优的氢气网络拓扑结构及氢气系统最佳操作方案。

在综合分析对比了氢夹点分析技术与数学规划法各自的优势和局限性的基础上，石科院提出了融合氢夹点分析与超结构数学规划法的全新建模方法，向数学规划模型提供夹点约束匹配规则，利用夹点规则简化氢气网络超结构从而降低数学规划模型的求解复杂度，通过夹点分析辅助诊断数学规划模型优化结果的合理性，可以快速获得符合工程实际要求的全局最优解，使氢源与氢阱的匹配更加合理。

曼彻斯特大学过程集成研究中心（CPI）开发了基于氢夹点技术和数学规划法的氢气系统集成优化软件；KBC 公司开发了专门用于氢气优化管理的软件 Hydrogen Pinch，可以与 Petro-SIM 流程模拟软件结合使用；UOP 公司在改进氢气提纯回收装置方面取得了成功的工程实践；浙大中控开发了侧重于信息系统构建的氢气网络在线系统；石科院在氢气网络优化中融入了加氢反应动力学模型和加氢装置的严格模拟优化，并针对大规模复杂氢气网络数学规划模型，开发了高效的 MINLP 全局优化算法，大幅提高了氢气网络优化模型的计算求解效率，使其具备大规模工程应用的潜力。大连石油化工研究院开展了临氢装置反应建模优化、氢气-瓦斯-轻烃资源三元协同优化等一系列研究。清华大学和浙江大学研究了多工况下的氢气系统柔性智能优化决策技术，构建了氢气系统多周期调度优化模型，使氢气系统全局优化可响应炼油厂原油采购、工况切换、装置停工检修、外部市场和操作参数波动等变化，实现全厂氢气资源的柔性生产调度与智能优化决策。

当前主流的氢气系统集成优化技术路线包括：利用氢夹点分析技术，诊断炼油厂氢气系统当前运行状况，挖掘系统用氢瓶颈，深度分析节氢潜力及优化方向；对加氢装置进行严格模拟，开展用氢装置节氢管理，将加氢装置的反应动力学模型耦合于氢气网络优化模型之中，实现氢气网络与用氢装置的协同优化，集成优化氢气分配网络和加氢装置最佳操作条件；构建氢气网络超结构数学规划模型，在实际约束限制下进一步优化设计氢气网络拓扑结构；结合炼油厂总图布置，考虑管网压力、区域加氢装置氢气消耗特点，综合权衡工程投资成本和操作运行成本，充分依托现有氢管网进行优化改造，实现氢气网络集成优化。

四、氢气系统优化案例

针对某炼油厂提出的重整氢优化利用、氢气和轻烃综合回收的氢气系统优化方案可使该企业的氢气利用效率从 76.08%提升至 88.47%，从而减少外购氢需求量 11619Nm^3/h，年经济效益可达 9122 万元，总投资 14760 万元，投资回收期仅为 1.62 年。对某原油处理量为 10Mt/a 的加氢型炼油厂，通过设置氢气回收系统，可回收氢气资源约 7000t/a；将 PSA 装置解吸气升压后作为制氢装置的原料，既合理利用了富含氢气的低体积热值 PSA 解吸气，同时也节省了大量的制氢原料。对氢气系统进行优化改造，优化氢气资源的回收利用和梯级匹配，能够有效提高全厂氢气资源的利用效率，降低操作成本、系统能耗和碳排放。

对于千万吨级炼油厂，氢气系统优化后预计可提高全厂氢气利用效率 2～10 个百分点，每年实现 CO_2 减排 20～150kt，增加经济效益约 3000 万～6000 万元/年。

石科院针对某炼油厂氢气系统开展诊断分析与集成优化，提出以下五类优化措施：①优化氢气资源的梯级利用和重整氢的直接利用，降低过度的 PSA 提纯；②开展氢气回收与轻烃回收集成优化，使得干气中的氢气损失有效降低；③开展 CO 和 CO_2的综合治理，对含有 CO 和 CO_2的氢源进行合理整合，对 CO 和 CO_2进行合理转化；④进行主要加氢装置的氢耗优化，根据加氢工艺合理设置加氢装置的氢油比和氢分压；⑤加氢装置氢气分离循环系统的改造升级。

基于上述措施，针对该炼油厂测算了四种氢气系统优化方案，不同优化方案的经济效益与降碳效果如表 8-2 所示。企业可结合具体投资情况和实际条件，从中选择最优的投资方案。

表 8-2　某炼油厂氢气系统优化方案

	优化方案 1	优化方案 2	优化方案 3	优化方案 4
经济效益/(万元/年)	1600	3800	4500	7300
碳减排量/(kt/a)	7.6	8.6	13.5	40.9

此外，石科院针对某炼油厂开展氢气系统诊断与优化，现阶段优化措施以优化降低氢气系统能耗为主，整合并关停不必要的 PSA 装置，开展氢气-燃料气系统协同优化，预计降低炼油能耗 0.8kgoe/t；中长期优化方案以提高氢气利用率为主，优化产用氢，加大氢气资源的回收利用，预计提高全厂氢气利用率 8 个百分点，实现碳减排 161kt/a。

五、我国炼油厂用氢现状分析

在我国油品质量不断升级的历史进程中，加氢工艺逐步得到广泛应用，氢气需求量逐年增加。千万吨级别炼油厂在配置渣油加氢装置时，氢气耗量约占其原油加工量的 1%～2%；不配置渣油加氢装置，氢气耗量约占其原油加工量的 0.7%～1.5%[67]。目前，加氢装置所用的氢气资源主要为碳基灰氢，灰氢的生产过程具有能耗高、碳排放量大等一系列的问题。石油炼制与油品提质用氢装置主要分为石脑油加氢、航煤加氢、柴油加氢、加氢裂化、蜡油加氢和渣油加氢六类。在各类加氢装置中，柴油加氢和加氢裂化装置氢耗占比相对较高，石脑油加氢和航煤加氢装置氢耗总量相对较小，而炼油厂蜡油加氢和渣油加氢装置的加氢深度仍有待进一步提高。石化行业亟须发展低氢耗的柴油加氢精制和加氢裂化技术，降低加氢装置的氢油比也是未来加氢装置降低能耗的重点攻关环节。

六、绿氢替代与绿氢炼化展望

当前，国内氢气的年消费量约为 30Mt，氢气主要来自化石能源制氢，这种制氢方式会产生较大的碳排放。相比于煤制氢和天然气制氢，基于可再生能源电力的电解水制氢每生产 1t H_2 将分别减少 20t 和 10t 左右的 CO_2 排放。我国每年 30Mt 氢气产量中煤制氢与天然气制氢的占比分别为 65%和 15%，如果用电解水制氢分别替代煤制氢和天然气制氢的 10%，每年可实现碳减排约 43. 5Mt。在用氢量巨大的炼油厂加大绿氢替代灰氢的应用和推广力度，是实现炼油厂制氢零排放的重要手段。在 2030 年碳达峰情景下，我国氢气的年需求量将达到 37. 2Mt，在终端能源消费需求量中占比约为 5%；在 2060 年碳中和情景下，我国氢气的年需求量将增至 130Mt 左右，在终端能源消费需求量中占比约为 20%，其中绿氢规模有望达到 100Mt[68]。

绿氢炼化是指在新能源安全可靠的基础上，石化工业在实现节能减排、绿色低碳发展的同时，用氢以绿电电解水制取的绿氢为主，用能以绿电和绿氢为主，改造提升炼化工艺流程和生产装置，重塑炼化产业链、产品链、服务链和价值链，生产更多绿色低碳石化产品，推动石化工业实现“净零”排放[68]。目前，绿氢炼化已写入《“十四五”全国清洁生产推行方案》，文件中指出石油化工行业要逐步开展绿氢炼化降碳工程。绿氢炼化将成为石化工业实现碳中和的重要探索路径，绿氢相关技术研究具有重大的战略意义和广阔的市场前景。

现有技术条件下，石化工业应用绿氢减碳，短期内可能面临缺乏经济性、储运困难和安全等一系列问题[69]，这些问题是制约绿氢进入石化工业的瓶颈。但是从长远来看，在碳中和推进过程中，随着绿氢生产技术的不断进步和绿氢的大规模化应用，绿氢的成本在未来将会大幅下降，绿氢在实现碳中和进程中将发挥越来越重要的作用，构建以绿氢为源头的新型工业系统是石化工业实现碳中和的关键。

在绿氢炼化应用场景下，亟须解决新能源波动产氢与炼油厂稳定用氢的关键矛盾，构建绿氢炼化多能互补智慧能源管控系统，打通风光发电、绿电制氢、绿氢储输运、绿氢炼化全流程。实现新能源波动场景下的柔性制氢，并通过制-储-输-用协同优化模型向下游炼油厂连续稳定供氢，解决新能源产氢端与炼油厂用氢端的动态平衡和调度优化问题。随着“双碳”目标的提出，近年来，绿氢炼化示范项目开始逐步布局，绿氢进厂将会对炼油厂氢气系统的经济性和稳定性产生一定的冲击和影响。在氢气网络的设计和优化改造中，更应关注氢气网络的操作柔性，统筹优化分配和梯级利用全厂氢气资源，全面考虑绿氢进厂可能带来的经济性和稳定性等不确定因素，从而保障炼油厂氢气网络的高效安全平稳运行。

参考文献

[1] 张鹏飞．石化企业蒸汽动力系统优化调度研究与应用[D]．杭州：浙江大学，2016.

[2] 曹晓红，刁俊武，程嘉旭，等．石化企业蒸汽系统优化研究及应用[J]．工业控制计算机，2022，35(11)：73-75+77.

[3] Chen C L, Chen H C. A Mathematical Approach for Retrofit and Optimization of Total Site Steam Distribution Networks [J]. Process Safety and Environmental Protection, 2014, 92(6): 532-544.

[4] 郑景元，韩育林，杨路，等．煤制气蒸汽动力系统多周期模拟与优化[J]．化学反应工程与工艺，2022，38(2)：132-142+153.

[5] 高建刚．煤化工企业蒸汽动力系统的建模与优化[J]．粘接，2020，41(4)：137-140.

[6] 徐毅翔，钱锦远，陈立龙，等．减温减压装置的过去、现在与未来[J]．机电工程，2021，38(9)：1081-1090+1123.

[7] 芦泽龙，秦康，吴昊，等．蒸汽管网保温技术研究进展[J]．电站系统工程，2021，37(5)：7-8.

[8] Singh R P, Sorte M B, Jagtap M M. Capturing Steam Energy Leaks in the Steam Distribution Network Using an Integrated Method: a Case Study of a Petroleum Refinery [J]. Journal ofthe Institution of Engineers (India): Series C, 2022, 103(3): 509-518.

[9] Lu H, Price L, Zhang Q. Capturing the Invisible Resource: Analysis of Waste Heat Potential in Chinese Industry [J]. Applied Energy, 2016, 161: 497-511.

[10] 余龙清，马锋，胡学伟．低温工业余热综合利用[J]．资源节约与环保，2018(4)：13+17.

[11] 陈余兴．炼油厂低温热替代高品质蒸汽加热的技术经济性分析[D]．广州：华南理工大学，2015.

[12] 黄明富．炼油企业低温热系统集成与优化[J]．石油石化绿色低碳，2022，7(6)：41-47.

[13] 张俊博，金旭，刘忠彦，等．吸收式热泵余热回收先进技术综述[J]．发电技术，2020，41(3)：269-280.

[14] 王梦颖．“双碳”目标下低温余热利用技术研究进展[J]．当代石油石化，2023，31(1)：44-49.

[15] 刘金萍．芳烃抽提装置蒸汽系统节能优化[J]．山东化工，2021，50(12)：153-155.

[16] 魏志强，孙丽丽．基于夹点技术的炼油过程多装置热集成策略研究与应用[J]．石油学报(石油加工)，2016，32(2)：221-229.

[17] Coletti F, Macchietto S. A Dynamic, Distributed Model of Shell-and-Tube Heat Exchangers Undergoing Crude Oil Fouling[J]. Ind. Eng. Chem. Res, 2011, 50(8): 4515-4533.

[18] Linnhoff B. The Pinch Design Method for Heat-Exchanger Networks [J]. Chem. Eng. Sci, 1983, 38(5): 745-763.

[19] Borges J L, Queiroz E M, Pessoa F L P, et al. Fouling Management in Crude Oil Preheat Trains Through Stream Split Optimization[J]. Computer Aided Chemical Engineering, 2009, 27: 1587-1592.

[20] Goncalves, Caroline de O. Queiroz, Eduardo M. Heuristic Optimization of the Cleaning Schedule of Crude Preheat Trains[J]. Applied Thermal Engineering: Design, Processes, Equipment, Economics, 2014, 73(1): 3-14.

[21] Shenoy U V. Heat Exchanger Network Synthesis: Process Optimization by Energy and Resource Analysis[J]. 1995.

[22] Gundersen T. Heat Integration: Targets and Heat Exchanger Network Design[J]. Handbook of Process Integration, 2013, 129-167.

[23] Shokoya, Gbeminiyi C. Retrofit of Heat Exchanger Networks for Bebottlenecking and Energy Savings. [D]. University of Manchester, Institute of Science and Technology, 1992.

[24] Carlsson A, Franck P A, Berntsson T. Design Better Heat Exchanger Network Retrofits[J]. Chemical Engineering Progress, 1993, 89(3).

[25] Sreepathi B K, Rangaiah G P. Review of Heat Exchanger Network Retrofitting Methodologies and Their Applications [J]. Industrial & Engineering Chemistry Research, 2014, 53 (28): 11205-11220.

[26] Nordman R, T Berntsson. New Pinch Technology Based Hen Analysis Methodologies for Cost-effective Retrofitting. The Canadian Journal of Chemical Engineering, 2001, 79 (4): 655-662.

[27] Nordman R, Berntsson T. Use of Advanced Composite Curves for Assessing Cost-effective HEN Retrofit I: Theory and Concepts [J]. Applied Thermal Engineering, 2009, 29 (2-3): 275-281.

[28] Yee T F, Grossmann I E. Optimization Model for Structural Modifications in the Retrofit of Heat Exchanger Networks[J]. 1987.

[29] Ciric A R, Floudas C A. A Retrofit Approach for Heat Exchanger Networks[J]. Computers & Chemical Engineering, 1989, 13(6): 703-715.

[30] Ciric A R, Floudas C A. A Comprehensive Optimization Model of the Heat Exchanger Network Retrofit Problem[J]. Heat Recovery Systems and CHP, 1990, 10(4): 407-422.

[31] Yee T F, Grossmann I E. A Screening And Optimization Approach for the Retrofit of Heat Exchanger Networks[J]. Industrial & Engineering Chemistry Research, 1991, 30(1): 146-162.

[32] Papoulias S A, Grossmann I E. A Structural Optimization Approach in Process Synthesis—Ii: Heat Recovery Networks[J]. Computers & Chemical Engineering, 1983, 7(6): 707-721.

[33] Townsend D, B Linnhoff. Surface Area Targets for Heat Exchanger Networks. In IChemE Annual Research Meeting, Bath, UK, 1984.

[34] Briones V, Kokossis A C. Hypertargets: a Conceptual Programming Approach for the Optimisati-

on of Industrial Heat Exchanger Networks — Ii. Retrofit Design[J]. Chemical Engineering Science, 1999, 54(4): 541-561.

[35] Saboo A K, Morari M, Colberg R D. RESHEX: An Interactive Software Package for the Synthesis and Analysis of Resilient Heat-Exchanger Networks—I: Program Description and Application[J]. Computers & Chemical Engineering, 1986, 10(6): 577-589.

[36] Ahmad S, Patela E. SUPERTARGET: Applications Software for Oil Refinery Retrofit[J]. New York: American Institute of Chemical Engineers, 1987.

[37] Kin-Lung Ma and Chi-Wai Hui and Terrence F Yee. Constant Approach Temperature Model for HEN Retrofit[J]. Applied Thermal Engineering, 2000, 20(15-16): 1505-1533.

[38] Sorsak A, Kravanja Z. MINLP Retrofit of Heat Exchanger Networks Comprising Different Exchanger Types[J]. Computers & Chemical Engineering, 2004, 28(1-2): 235-251.

[39] Ponce-Ortega J M, Jimenez-Gutierrez A, Grossmann I E. Simultaneous Retrofit and Heat Integration of Chemical Processes[J]. Industrial & Engineering Chemistry Research, 2008, 47(15): 5512-5528.

[40] José M. Ponce-Ortega, Arturo Jiménez-Gutiérrez, Grossmann I E. Optimal Synthesis of HE Networks Involving Isothermal Process Streams[J]. Computers & Chemical Engineering, 2008, 32(8): 1918-1942.

[41] Nguyen D Q, Barbaro A, Vipanurat N, et al. All-At-Once and Step-Wise Detailed Retrofit of Heat Exchanger Networks Using an MILP Model[J]. Industrial & Engineering Chemistry Research, 2010, 49(13): 6080-6103.

[42] Bagajewicz B M J. New Rigorous One-Step MILP Formulation for Heat Exchanger Network Synthesis[J]. Computers & Chemical Engineering, 2005, 29(9): 1945-1976.

[43] Pan M, Bulatov I, Smith R. New MILP-based Iterative Approach for Retrofitting Heat Exchanger Networks with Conventional Network Structure Modifications [J]. Chemical Engineering Science, 2013, 104: 498-524.

[44] Jan Sandvig Nielsen, Mogens Weel Hansen, A S B J. Heat Exchanger Network Modelling Framework for Optimal Design and Retrofitting[J]. Computers & Chemical Engineering, 1996, 20: S249-S254.

[45] Dolan W B, Cummings P T, Levan M D. Process Optimization Via Simulated Annealing: Application to Network Design[J]. AIChE Journal, 1989, 35(5): 725-736.

[46] Athier G, et al. A Mixed Method for Retrofiting Heat-Exchanger Networks[J]. Computers & Chemical Engineering, 1998, 22: S505-S511.

[47] Rodriguez C A. Fouling Mitigation Strategies for Heat Exchanger Networks[D]. The University of Manchester, 2005.

[48] Bochenek R, Jeowski J M. Genetic Algorithms Approach for Retrofitting Heat Exchanger Network with Standard Heat Exchangers[J]. Computer Aided Chemical Engineering, 2006, 21(6): 871-876.

[49] Rezaei E, Shafiei S. Heat Exchanger Networks Retrofit by Coupling Genetic Algorithm with NLP and ILP Methods[J]. Computers & Chemical Engineering, 2009, 33(9): 1451-1459.

[50] Zhang H, Rangaiah G P. One-step Approach for Heat Exchanger Network Retrofitting Using Integrated Differential Evolution[J]. Computers & Chemical Engineering, 2013, 50: 92-104.

[51] Zhang H, Rangaiah G P, Bonilla-Petriciolet A. Integrated Differential Evolution for Global Optimization and Its Performance for Modeling Vapor-Liquid Equilibrium Data[J]. Industrial & Engineering Chemistry Research, 2011, 50(17): 10047-10061.

[52] Jeżowski J, Bochenek R, Poplewski G. On Application of Stochastic Optimization Techniques to Designing Heat Exchanger and Water Networks[J]. Chemical Engineering and Processing, 2007, 46(11): 1160-1174.

[53] Liu X W, Luo X, Ma H G. Studies on the Retrofit of Heat Exchanger Network Based on the Hybrid Genetic Algorithm[J]. Applied Thermal Engineering, 2014, 62(2): 785-790.

[54] Briones V, Kokossis A. A New Approach for the Optimal Retrofit of Heat Exchanger Networks [J]. Computers & Chemical Engineering, 1996, 20(1): S43-S48.

[55] Asante N D K, Zhu X X. An Automated Approach for Heat Exchanger Network Retrofit Featuring Minimal Topology Modifications[J]. Computers & Chemical Engineering, 1996, 20: S7-S12.

[56] Asante N D K, Zhu X X. An Automated and Interactive Approach for Heat Exchanger Network Retrofit[J]. Chemical Engineering Research & Design, 1997, 75(3): 349-360.

[57] Varbanov P S, Kleme J. Rules for Paths Construction for HENs Debottlenecking[J]. Applied Thermal Engineering, 2000, 20(15-16): 1409-1420.

[58] Smith R, Jobson M, Chen L. Recent Development in the Retrofit of Heat Exchanger Networks [J]. Applied Thermal Engineering, 2010, 30(16): 2281-2289.

[59] Bakhtiari B, Bedard S. Retrofitting Heat Exchanger Networks Using a Modified Network Pinch Approach[J]. Applied Thermal Engineering, 2013, 51(1): 973-979.

[60] 黄茂生. 常减压蒸馏装置换热网络调整与操作优化研究[J]. 当代化工, 2022, 51(1): 249-252.

[61] 张继东, 孟硕, 张海滨, 等. 基于夹点分析技术的常减压蒸馏装置换热网络优化[J]. 中外能源, 2017, 22(1): 90-96.

[62] Liao Z, Wang J, Yang Y, et al. Integrating Purifiers in Refinery Hydrogen Networks: a Retrofit Case Study[J]. Journal of Cleaner Production, 2010, 18(3): 233-241.

[63] Liao Z, Rong G, Wang J, et al. Rigorous Algorithmic Targeting Methods for Hydrogen Networks—Part I: Systems with No Hydrogen Purification[J]. Chemical Engineering Science, 2011, 66(5): 813-820.

[64] Jiao Y, Su H, Hou W, et al. Optimization of Refinery Hydrogen Network Based on Chance Constrained Programming[J]. Chemical Engineering Research and Design, 2012, 90(10): 1553-1567.

[65] Jiao Y, Su H, Hou W, et al. Design and Optimization of Flexible Hydrogen Systems in Refineries[J]. Industrial & Engineering Chemistry Research, 2013, 52(11): 4113-4131.
[66] 周利. 炼油企业资源网络的集成优化方法研究[D]. 杭州: 浙江大学, 2015.
[67] 崔祥勇, 王阳峰. "双碳"背景下石化企业氢气系统协同优化技术研究及应用[J]. 广东化工, 2023, 50(12): 85-88.
[68] 刘佩成. 我国石化工业推进绿氢炼化的思考[J]. 当代石油石化, 2022, 30(4): 36-42.
[69] 阳国军, 刘会友. 现代煤化工与绿电和绿氢耦合发展现状及展望[J]. 石油学报(石油加工), 2022, 38(4): 995-1000.

第九章　用能结构低碳化降碳

第一节　低碳燃料替代

炼油行业作为一个重要的能源消费和碳排放部门，低碳燃料的替代对于减少温室气体排放和实现可持续发展至关重要。炼油行业主要依赖于煤炭、天然气和石油等化石燃料作为能源，这些燃料的燃烧会产生大量的 CO_2 和其他温室气体。因此，降低炼油行业的碳排放需要寻找低碳燃料来替代传统的化石燃料。本章将探讨炼油行业低碳燃料的替代方案，并对其潜在影响进行深入分析。

一、生物质燃料

一种常见的低碳燃料替代方案是使用生物质燃料。生物质是指所有植物、微生物、部分动物等及其废弃物的总称。生物质燃料是由可再生资源如农作物废弃物、木材和生物质能源作为原料制成的。与化石燃料相比，生物质燃料燃烧过程中释放的 CO_2 和植物生长过程中吸收的 CO_2 总量相当，从而实现碳循环。此外，生物质燃料还具有较低的硫和氮氧化物排放，对环境污染的影响也较小。生物质燃料具备碳中性、可再生性、环境友好性(碳含量低、不含硫、重金属等元素)的特点，成为未来炼油及石化行业低碳发展的重要方向之一。

生物质是唯一的零碳可再生能源，未来与 CCUS 结合时可成为负碳技术。我国生物质资源丰富，截至 2022 年，我国生物质总资源量约为 3571Mt，且年增长率在 1.1%以上。目前我国生物质能源化利用量约为 461Mt[1]，主要用于发电、供热等领域。总之，我国的生物质燃料应用潜力巨大，但由于生物质燃料存在热值波动性大、回收难度大、燃烧稳定性差等特点，目前生物质替代燃料在我国石化行业还未得到大规模应用。

在能源安全和“双碳”目标的全新挑战下，对生物质的清洁高效利用提出了新需求。目前生物质利用的技术主要包括 4 大类：直接燃烧技术、物化转化技术、生物转化技术以及生物油技术。气化是更加清洁高效的生物质资源利用方式，但是生物质单独气化存在能量密度低、气化效率差、焦油收率高等问题。

国外生物质燃料替代进程起步较早，Holcim、Cemex、Heildelberg 的生物质燃料(动物骨粉、农作物、木屑和其他农作物)在替代燃料中的占比超过了15%[2]。2021 年，Heidelberg Cement 替代燃料在燃料结构中的比例为 26.4%。其中，所使用的基于废物的生物质约占替代燃料组合的 42%。

二、低碳氢燃料

除了生物质燃料，另一种低碳燃料替代方案是氢能源。氢气作为一种清洁能源，其燃烧只产生水蒸气，不会产生任何温室气体排放。石化行业可以利用氢气作为燃料或原料，通过氢气燃烧或氢气添加到化学反应中来减少碳排放。目前氢气在炼油厂中主要作为原料。

2022 年中国年氢气产量约为 33Mt，制氢能力位居世界第一。国内氢气的年消费量约为 30Mt，氢气主要源自煤制氢、天然气制氢和工业副产氢，其中工业副产氢追溯其上游原料主要也是煤和天然气等化石能源，这些过程均产生较大的碳排放，而以电解水制氢为代表的可再生能源制氢占比不足 5%。相对于氢能的消费，我国 90%以上的高纯氢气都用于炼化产品生产过程中的加氢，以及合成氨、合成甲醇、石油炼化等化工行业，仅有不到 2%~4%的氢气作为工业气体用于冶金、钢铁、电子、建材、精细化工等行业的还原气、保护气、反应气等。总体看，目前我国具有一定的氢工业基础，但仍然是以工业原料为主导，氢作为能源消费的市场规模仍然较小[3]。

氢已经在意大利福西纳氢电站(100%氢气)、韩国大山石化厂(95%氢气)、中国武汉钢厂(60%氢气)等多个发电厂作为燃料使用。目前还有一些计划中的项目以100%的氢气作为燃料，例如荷兰瓦滕法尔的 Magnum 工厂和犹他州的 Vattenfall 发电厂。

炼油行业低碳燃料替代方案面临一些挑战。首先，生物质燃料的可持续供应是一个关键问题。大规模使用生物质燃料可能导致农作物种植面积的增加，可能会对土地利用和粮食安全产生负面影响。因此，需要制定合理的政策和管理措施，确保生物质燃料的可持续供应和利用。

氢气基础设施的建设也是一个挑战[4]。目前，氢气基础设施的建设相对滞后，包括氢气生产、储存和输送等方面。需要加大对氢气技术研发和基础设施建设的投入力度，以推动炼油行业向氢气能源的转型。

政府在推动炼油行业低碳燃料替代方面发挥着重要的作用。政府可以通过制定相关政策和法规来鼓励石化企业采用低碳燃料，提供经济激励和支持，推动技术创新和绿色发展。

炼油行业低碳燃料的替代是实现碳减排和可持续发展的重要举措。生物质燃料和氢气作为两种常见的低碳燃料替代方案，具有巨大的潜力。然而，面临的挑战也不容忽视，需要政府、企业和社会各界共同努力，推动炼油行业向低碳发展转型。

第二节　光伏风电及其在炼油厂的应用

绿电是指使用可再生能源(如风能、太阳能、水力能等)发电的电力资源，其在生产电力的过程中 CO_2 排放量为零或趋近于零，相较于其他方式(如火力发电)所生产的电力，对环境的冲击影响较低[5]。绿电的主要来源是太阳能、风力、生物质能、地热等，中国以太阳能及风力为主[6]。截至 2023 年底，中国风电、光伏发电累计装机分别为 4.4×10^8kW 和 6.1×10^8kW，分别占中国电力装机总量的 15%和 21%；中国风电、光伏全年发电量为 4.7×10^{11}kW·h 和 2.6×10^{11}kW·h，占中国全年总发电量的 6.1%和 3.4%[7]。风电、光伏发电等新能源大规模发展、高比例并网已成为实现碳达峰碳中和目标的必由之路。预计到 2025 年，风电和光伏发电的总装机规模将达到$(10\sim12)\times10^8$kW，到 2030 年将达到$(17\sim20)\times10^8$kW。“十四五”期间，风光装机年均新增将超过 1×10^8kW，未来风电、光伏发电等新能源将有较大的市场空间。石油石化企业应加快布局可再生能源发电业务，提前抢占新能源发电市场。可结合集中式新能源发电基地，提前谋划、合理布局可再生能源发电项目。一方面，通过风电、光伏发电“自发自用”，替代部分高碳自备电厂，提高自用绿电比例，降低生产阶段碳排放水平，推进能源消费绿色低碳转型；另一方面，通过绿电的“余电上网”，能够在绿电交易、绿证交易、碳交易市场中获得额外的收益。

2022 年，电力行业展现出稳中有进的良好发展态势。电力消费增速实现平稳增长，电力消费结构继续优化。电力生产供应能力持续提升，2022 年末全国发电装机容量达 25.6×10^8kW，比上一年增长 7.8%。电力装机结构延续绿色低碳转型，非化石能源装机占比近半，可再生能源装机历史性超过煤电装机。2022 年我国发电量 88487.1×10^8kW·h，同比增长 3.7%，新能源年发电量首次突破 10000×10^8kW·h。电力改革创新有效激发高质量发展动力活力，全年市场化交易电量约 52500×10^8kW·h，辅助服务市场建设不断深化。

在炼油厂应用绿电方面，可以从以下几个方面进行探讨。

1. 绿电在炼油厂供电方面的应用

炼油厂通常需要大量的电力来驱动各种设备和机械。传统的电力供应方式主要依赖于化石燃料发电，这会产生大量的 CO_2 等温室气体。而使用绿电作为炼油厂的供电来源，可以有效减少温室气体排放，并降低对环境的负面影响。

2. 绿电与炼油厂节能减排的结合

除了供电方面，绿电还可以与炼油厂的节能减排措施结合起来。炼油厂通常会采取各种措施来提高能源利用效率，减少能源消耗。将绿电引入炼油厂的节能减排系统中，可以进一步降低炼油厂的碳排放量，并提高绿色生产水平。

3. 绿电在炼油厂产品生命周期中的应用

炼油厂产品(如汽油、柴油等)的生命周期包括原料采集、生产、运输、使用和处理等环节。在这个过程中，绿电可以应用于炼油厂的各个环节，从而减少整个生命周期过程中的环境影响。例如，在产品运输环节，可以使用绿电驱动电动车辆或船只，减少尾气排放。

4. 绿电与炼油厂可持续发展的关系

绿电的应用可以促进炼油厂的可持续发展。通过使用绿电，炼油厂可以降低对传统能源的依赖，减少能源价格波动的风险。同时，绿电也符合社会对环保和可持续发展的要求，有助于提升炼油厂的社会形象和可持续发展能力。

我国光伏产业已经从初期发展的建设爬坡阶段(技术的尝试与创新、国家的政策补贴等)逐步过渡到现阶段的市场化发展。对于现阶段的光伏发展：一方面依旧需要革新技术发展提升有效供给以适应需求；另一方面更要驱动市场拓展更多使用场景，从而提升光伏产业的竞争实力。

需要注意的是，绿电在炼油厂应用中还面临一些挑战，如绿电供应的不稳定性、成本较高等问题。但随着可再生能源技术的不断发展和成本的降低，绿电在炼油厂应用中的前景仍然非常广阔。

第三节　核能在炼油厂的应用

核能是一种高效、清洁的能源形式，具有巨大的潜力和广泛的应用领域。我国“十四五”发展规划中已明确提出积极稳妥开展核能供热等综合利用，核能综合利用主要指将核能项目从以往单一的供电向供暖、供汽、制氢、海水淡化、制冷等领域发展。其中，核能供暖、供汽是目前核能综合利用的最主要途径。在炼油行业中，核能可以发挥重要作用，用于提供可靠的电力供应和热能。

首先，核能可以用于炼油厂的电力供应。炼油厂通常需要大量的电力来驱动设备和机械，以及提供照明和其他电力需求。核能发电站可以稳定地提供大容量的电力，满足炼油厂的需求。相比传统的化石燃料发电，核能发电不会产生大量的 CO_2 和其他污染物，对环境的影响更小。

其次，核能可以用于炼油厂的热能供应。炼油厂中往往需要高温高压的蒸汽或热水来驱动各种化学反应和工艺过程。核能发电站可以通过核反应产生高温高压的蒸汽，直接供应给炼油厂使用。这种方式不仅效率高，而且无须燃烧化石燃料，减少了空气污染和温室气体排放。

此外，核能还可以用于炼油厂的过程加热和蒸馏。在炼油厂中，一些化学反应需要高温环境来进行，而核能发电站可以提供所需的高温能源。同时，核能可以用于炼油厂的蒸馏过程，如原油蒸馏和溶剂回收等，提高能源利用效率和生产效率。

核能供热是由核电机组产生的热能，通过多道热闭式循环送至用户，这一过程中只有热量交换，没有介质交换，同时通过回路压差设计、设置高精度监测装置等措施，确保核能供热安全可靠。

当然，在应用核能于炼油厂时，也需要考虑一些问题。一是核能安全性的问题，核能发电站需要具备严格的安全措施和监测系统，以确保核反应的稳定和安全运行。二是核废料处理的问题，炼油厂需要合理处理核废料，以减少对环境的影响。此外，核能发电站的建设和运营也需要投入大量的资金和技术支持。

从经济性来看，根据中国核能行业协会等开展的联合调研，核能供热成本与燃煤供热相当，较燃气供热具有优势。而且，通过直接利用热能，核能利用效率也将得到提高。核能发电效率约为37%，以海阳核电900MW供暖为例，供暖季机组效率可提升至56%左右。

总体而言，核能在炼油厂中具有巨大的应用潜力和优势。通过利用核能，可以为炼油厂提供可靠的电力和热能供应，减少对传统化石燃料的依赖，降低环境污染和温室气体排放。核能供热具有清洁低碳、安全可靠的特点，经济性得到初步验证，“双碳”目标下具有广阔的市场空间。然而，在应用核能于炼油厂时，需要综合考虑安全性、废料处理和经济可行性等因素，以确保核能的有效利用和可持续发展。

第四节　电气化替代

电气化替代是指将传统的机械、燃气等能源转化为电能，并将其应用于各个领域的能源消耗过程中。这一替代过程对于推动能源结构的优化、促进绿色低碳转型具有重要意义。2016年，国家发展和改革委员会等8部门发布《关于推进电能替代的指导意见》，2022年，国家发展和改革委员会、国家能源局等10部门又联合发布了《关于进一步推进电能替代的指导意见》，提出争取到2025年，终端用能电气化水平提高到30%左右，要在石化、化工等重点行业推广电锅炉、电加热等技术，扩大电气化终端用能设备使用比例。截至2023年底，我国发电装机总量29.20×10^8kW，其中非化石能源装机规模已超过火电装机规模，达到

15.29×10^8kW[8]。2023年，我国总发电量9.46×10^{12}kW·h，清洁能源发电量占比达33.74%。《中国电力发展报告2024》统计数据显示，2023年，我国电能占终端能源消费比重达28.1%，相比十年前增加了6.7个百分点，预计2030年我国电能在终端能源消费中占比有望达到35%。我国炼化企业的平均终端电气化率约为12%，远低于全社会电能占终端能源消耗的比例。据北京大学能源研究院发布的《中国石化行业碳达峰减排路径研究报告》显示，我国石化行业来自净购入电力的碳排放约占石化行业碳排放总量的15.7%。据2024年国家发展和改革委员会等部门印发的《炼油行业节能降碳专项行动计划》所示，炼油行业需推进用能结构优化，减少化石能源消耗，这要求提升炼油行业的电气化水平。电气化替代在炼油厂应用是当前的一个重要趋势，旨在减少传统燃料的使用，提高能源效率，降低碳排放，实现绿色可持续发展。

一、电力代替燃气

传统炼油厂通常使用燃气作为主要能源，例如天然气、炼厂干气等。然而，燃气的使用常常伴随着碳排放的问题。为了应对气候变化和能源可持续性的挑战，电力代替燃气成为了一种重要的选择[9]。将燃气锅炉、燃气炉等燃气设备替换为电加热设备，利用电能代替燃气进行加热、蒸汽产生等过程，可以实现碳排放的降低。炼油厂中电力代替燃气是当前的一个重要趋势[10]，旨在减少传统燃料的使用，提高能源效率，降低碳排放，实现绿色可持续发展。电加热炉、电蒸汽锅炉和热泵等已经在工业中进行了规模应用。

(1) 电加热炉

电加热技术是将电能转化为热能的一种技术。在炼油厂中，通过引入电加热设备，可以将原本使用燃气进行加热的设备替换为电动设备，如电加热炉等。电加热技术具有高效、可调节、绿色环保等优点，可以在炼油厂中实现碳排放的减少和能源效率的提高。

巴斯夫、沙特基础工业公司和林德公司共同合作，建设了世界上首个大型电加热蒸汽裂解装置示范工厂[11]。该示范工厂位于德国路德维希港，经过三年的开发、设计和建设工作，现已正式投入运营。该示范工厂利用可再生能源电力来加热蒸汽裂解炉内的原料，每小时处理约4t裂解原料，消耗6MW的可再生能源。通过测试两种不同的加热方式（直接加热和间接加热），该示范工厂旨在证明使用电力作为热源连续生产烯烃的可行性，并为未来工业化装置的运行提供宝贵经验。

巴斯夫湛江一体化基地的首套装置采用了100%可再生能源电力，并配备了以绿电来驱动的电加热蒸汽裂解炉，这一举措使得该装置的碳排放降低90%。该基地预计2025年投入运营，届时国家电力投资集团有限公司将每年为该基地供应10×10^8kW·h绿电，该电力主要来自广东的专用海上风电与太阳能。

(2) 电蒸汽锅炉和电伴热

蒸汽在炼油厂中广泛应用于加热、驱动动力装置等过程。传统蒸汽产生通常依赖于燃气锅炉等设备。而电蒸汽锅炉是一种利用电能产生蒸汽的设备，可以替代传统燃气蒸汽发生器。电蒸汽锅炉具有快速启动、高效能、无污染等特点，适用于炼油厂中的蒸汽需求。电蒸汽锅炉主要分为电阻式、电磁式和电极式三大类，其中电阻式和电磁式蒸汽压力等级低、规模小[12-13]，电极式锅炉由于其热效率高，已经在工业中广泛应用。

电蒸汽锅炉已经在核电、多晶硅生产等企业中应用，由于其通常只做启动锅炉，因此对其可靠性、连续运行的要求没有炼化企业高[10]。目前，电蒸汽锅炉存在的主要问题为对水质要求极高、运行过程中存在腐蚀以及微量电解反应产生的氢气影响系统安全[14]。

电伴热技术则是通过电热丝产生的热量传导到管道、容器等设备表面，保持其温度不低于一定的要求。炼油厂的管道系统通常涉及高温条件下的流体输送。电伴热系统可以实时调整功率和温度，确保管道保持在要求温度范围内，确保物料的输送。另外，为了防止储罐内的介质因低温而凝固或结晶，也可以采用电伴热系统进行加热保温。电伴热系统可以根据储罐的大小和形状进行灵活布置，确保加热均匀且高效。

(3) 热泵

热泵能够利用自然界中的低温热能(如空气、水等)或工业生产过程中产生的余热，通过逆卡诺原理，以消耗少量的电能驱动压缩机等设备，从低温热源中吸收热量，然后通过换热器等设备将这些热量传输给需要加热的介质。在炼油过程中，大量的蒸汽被用于加热、蒸馏等工艺环节。热泵可以利用废热或低温热能产生蒸汽，降低炼油厂蒸汽锅炉的燃烧碳排放。

除了利用热泵为炼油厂自身提供热能之外，热泵技术还可以实现炼油厂与社区的集成降碳。2022年，中国石油哈尔滨石化公司热泵余热暖民项目投运[15]，该项目通过集成热泵技术，利用炼油过程中的余热为周边居民供暖，不仅提高了能源利用效率，还减少了碳排放和环境污染。项目每年可节约标煤3.71×10^4t，二氧化碳减排9.63×10^4t，相当于一座每小时产能100t的热水锅炉被“零碳热源”供热方式完全替代。

二、电动驱动代替机械驱动

对于一个千万吨级的炼油厂，需要压缩机20~30台、各种机泵1000多台[16]，传统的炼油厂中，许多设备和机械通常采用传动动力，如蒸汽、燃气等。然而，传统机械驱动存在能源转换效率低、能源损耗高、噪音和振动大等问题。为了应对能源效率和环境保护的要求，电动驱动技术逐渐成为炼油厂的首选。通过将传统机械驱动设备替换为电动设备，如电动马达、电动压缩机等，可以实现能源效率的提高和运行成本的降低，减少对传统燃料的依赖，实现绿色可持续发展。同时，电驱动设备通常具有更高的控制精度和稳定性，这有助于提高炼油工艺的稳定性和可靠性。

（1）电动压缩机

炼油厂中的压缩机通常使用煤或燃气发生的蒸汽作为能源，例如汽轮机驱动的压缩机等。通过将其替换为电动压缩机，可以实现对燃气或煤的替代。电动压缩机具有高效、低噪音、可调节等优点，并且可以与电力系统进行协同控制，提高能源利用效率。中国石化燕山石化成功将 2 号催化裂化装置中的汽轮机驱动汽压机改为电机驱动[17]，大幅节约了蒸汽和循环水的消耗，每天可节约蒸汽消耗 420t，节约循环水 30kt；每年可节能 14. 2ktce，大大降低了碳排放。

（2）电动机泵

电力驱动技术在工业领域已经发展得相当成熟，电动机具有结构简单、运行可靠、维护方便等优点。对于炼油厂这种需要连续、稳定运行的工业环境，电驱动机泵能够提供更可靠的动力保障。驱动机泵可以通过变频器等控制设备实现无极调速，从而满足不同工况下的流量和压力需求。这种灵活性使得电驱动机泵在炼油厂复杂多变的工艺过程中更具优势。随着电机技术的进步，电驱动机泵的能效比不断提高，相比传统的蒸汽轮机或内燃机驱动方式，电驱动机泵在能效上具有明显优势。在炼油厂中，机泵作为关键设备，其能耗占据了相当大的比例，优化机泵选型或对机泵实施节能改造，对石化行业的能效提升、碳排放降低具有重要意义。

三、电化学反应

炼油厂中，许多化学反应需要消耗大量的热能，通常依赖燃烧化石燃料来提供所需的热能。然而，燃烧化石燃料不仅会产生大量的二氧化碳排放，还存在能源效率低下的问题。为了应对气候变化和能源可持续性的挑战，电力可以作为化学反应的能量来源，通过电化学直接驱动反应进行。这种方法可以减少对化石燃料的依赖，降低碳排放，从而更加环保和可持续。除了作为能量来源外，电力还可以通过电场等方式促进化学反应的进行。

电转 X（Power-to-X，简称 P2X）技术是一种将电力（特别是可再生能源电力）转换为其他形式能源或产品的技术[18]。其核心在于利用电化学或电催化过程，将电力转化为氢气、合成气或其他化学产品。P2X 代表性的技术路线是基于绿氢路线和基于合成气的路线。

绿氢路线是利用可再生能源电力，通过电解槽将水分解成氢气和氧气。对产生的氢气进行纯化处理，并压缩运输至化工生产基地。随后，将纯化后的氢气与二氧化碳在催化剂作用下反应生成绿色化工产品，如绿氨、绿色甲烷、绿色甲醇等。合成气路线是通过电催化反应，将 CO_2 与水转化为合成气（主要成分为 CO 和 H_2），进而生产绿色甲醇、可持续航空燃料（SAF）、烯烃和芳烃等。

电化学在其他方面的应用。己二酸作为尼龙 66 合成的重要原料，其生产过程中伴随着大量的能源消耗与碳排放，中科院理化所光化学转换与合成中心提出了一种创新的电化学合成方法[19]，实现了己二酸的绿色电合成。该方法以木质素衍生的酚类化合物为原料，以水为唯一的氢源/氧源，通过电化学成对电解策略实现了己二酸的合成。这种方法不仅降低了能耗和碳排放，还提高了生产效率和选择性。

四、电气化替代的挑战

电气化替代在炼油厂的应用面临一系列挑战，这些挑战主要来自于技术、经济、环境以及行业转型等多个方面。

炼油厂现有的许多设备是基于传统能源（如石油、天然气）设计的，要实现电气化替代，需要对这些设备进行大规模的改造和升级。这涉及设备的兼容性、安全性以及运行效率等多个方面的问题。虽然电气化技术在其他领域已经取得了显著进展，但在炼油行业的应用仍处于相对初级的阶段。技术成熟度不足可能导致在实际应用中出现问题，如设备故障率高、运行不稳定等。电气化替代不仅仅是单个设备的替换，还需要考虑整个系统的集成与优化。如何确保各个电气化设备之间的协调运行，提高整个系统的能效，是技术上的一大挑战。

电气化替代需要大量的资金投入，包括设备购置、改造升级、技术研发等方面的费用。由于电气化替代的初期投入较大，且技术成熟度有待提高，因此其经济回报周期可能较长。电能作为清洁能源，其价格受多种因素影响而波动，绿电的价格对炼油厂的运营成本影响较大，若绿电价格较高则会直接影响企业对电气化替代的积极性。

虽然电气化替代有助于减少炼油厂自身的碳排放，但如果这些电能主要来自化石能源发电（如煤电、气电），实际上只是将碳排放从炼油厂转移到了发电厂。因此，要实现真正的减排目标，还需要推动发电侧的清洁能源转型。在电气化替代过程中，可能会产生一些新的废弃物（如废旧电气设备、电池等）。这些废弃物的处理需要特殊的技术和设备支持，如果处理不当可能会对环境造成新的污染。

随着全球能源结构的转型和电动汽车的普及，社会对炼油厂传统的燃料产品的需求可能会逐渐下降，这将对炼油厂的盈利能力造成冲击，并影响其进行电气化替代的决策。在炼油行业，已经有一些企业开始探索电气化替代技术路线，如果这些企业能够成功实现电气化替代并降低运行成本，那么未能跟上转型步伐的企业将面临更大的竞争压力。

为了推动电气化替代在炼油厂应用的发展，需要政府、企业和科研机构共同努力，加大对相关技术研发和示范项目的支持力度。此外，还需要建立适应电气化替代的政策和法规框架，为企业提供良好的政策环境和市场机制。

综上所述，电气化替代在炼油厂应用中具有重要的意义。通过电气化替代，可以减少碳排放、提高能源利用效率，为炼油厂的可持续发展做出贡献。然而，推动电气化替代还面临一些挑战，需要综合考虑技术、经济、政策等因素，全面推进电气化替代技术的应用和发展。

参 考 文 献

[1] 如何告别补贴依赖专家勾勒生物质产业发展路线图 . https：//caifuhao. eastmoney. com/news/20240307084211536817340

[2] 崔源声，方艳欣，王硕 . 国外水泥工业替代燃料的最新发展趋势[J]. 水泥，2018，488(01)：9-12.

[3] 徐春明 . 绿氢技术是炼化迈入低碳时代的重要途径[J]. 中国石油企业，2024(01)：9-11+135.

[4] 巩宁峰 . 国内氢能行业的机遇和挑战[J]. 能源，2024(03)：73-76.

[5] 张显，汤亚宸，李达，等 . 考虑绿电交易的电力碳排放定量测算[J]. 电网技术，2024，48(05)：1957-1966.

[6] 张磊，张习习，杨晴 . “绿电”替代“火电”的潜力评估与进程分析[J]. 可再生能源，2016，34(08)：1221-1226.

[7] 夏云峰 . 全球部分国家和地区 2023 年风电开发利用情况概览[J]. 风能，2024(02)：60-62.

[8] 国家能源局发布 2023 年全国电力工业统计数据 . http：//www. nea. gov. cn/2024-01/26/c_ 1310762246. htm

[9] 张运洲，鲁刚，王芃，等 . 能源安全新战略下能源清洁化率和终端电气化率提升路径分析[J]. 中国电力，2020，53(2)：1-8.

[10] 徐辉 . 炼化企业提高终端电气化率路径探讨[J]. 电气时代，2024(05)：66-68.

[11] 巴斯夫、沙特基础工业公司与林德庆祝全球首座大型电加热蒸汽裂解炉落成投产. https：//www. basf. com/.

[12] 殷仁豪，卢海勇，王鹏．电蓄热锅炉集中供暖技术研究[J]. 上海节能，2020(7)：776-783.

[13] 袁黎，袁俊球，柴婷逸，等．电蓄热锅炉技术在针织行业应用及经济效益分析[J]. 电力需求侧管理，2022，24(1)：68-72.

[14] 王昊，董鹤鸣，杜谦，等．中国电极锅炉现状及展望[J]. 热能动力工程，2023，38(08)：1-12.

[15] 炼厂"余热"变"供热". http：//news. cnpc. com. cn/system/2024/02/28/030125835. shtml.

[16] 黄树武．探析机泵节能技术在石化领域中的应用[J]. 水泵技术，2023(04)：44-48.

[17] 燕山石化完成催化裂化装置气压机汽改电 . http：//www. sinopecnews. com. cn/xnews/content/2024-07/17/content_ 7100908. html.

[18] Sterner Michael，Specht Michael. Power-to-Gas and Power-to-X—The History and Results of Developing a New Storage Concept[J]. Energies，2021.

[19] Liu Fulai，Gao Xutao，Guo Zhengxiao，et al. Sustainable Adipic Acid Production via Paired Electrolysis of Lignin-Derived Phenolic Compounds with Water as Hydrogen and Oxygen Sources [J]. Journal of the American Chemical Society，2024，146(22)：15275-15285.

第十章　低碳炼油技术

炼油化工行业的发展离不开创新，科技自立自强是我国经济发展的必由之路。加强科技创新和技术攻关对于推动我国经济高质量发展、保障国家安全意义重大。大力构建能源新体系，走能源技术绿色低碳发展之路离不开科技创新。我国能源体系必须发生根本性变化才能实现“双碳”目标，为此对我国能源领域科技发展和低碳炼油技术研发提出了更高要求。

催化裂化技术和催化加氢技术是未来炼油厂炼油技术的核心技术和关键技术，炼油厂的绿色低碳转型发展离不开催化裂化和催化加氢这两个关键核心技术。本章将重点围绕这两项技术的发展趋势、技术研发现状和新进展，探索炼油厂低碳转型发展实施路径。

第一节　催化裂化技术的低碳发展

催化裂化技术在我国重油加工过程中起着重要的作用，是炼油过程中最重要的二次加工过程[1,2]。同时，基于催化裂化烧焦排放的工艺特性，使得催化裂化装置成为炼油厂碳排放较高的装置之一。近年来，我国炼油厂的原料构成中重质劣质原油的比例不断增加，导致催化裂化装置加工的重质油性质劣质化趋势加剧[3,4]，进而增加了催化剂结焦，导致装置碳排放增加。石科院对催化裂化碳排放核算的研究结果表明：近年来，我国催化裂化装置节能降耗成效显著、低碳绿色生产推进快速，通过深入研究确定了催化裂化装置的碳排放特性，并详细分析了原料优化、催化剂类型、工艺操作参数调整对装置碳排放的影响。

催化裂化装置碳排放主要来自生产过程的能耗以及工艺过程的烧焦，这是因为催化裂化反应在高温、气相条件下进行，需要大量高温热源，而反应生成的焦炭需要在再生器内燃烧并放出大量高温热，同时因烧焦产生大量 CO_2。催化裂化装置在能量使用方面的最大特点是整个过程的总输入能量大。此外，催化裂化装置在用能方面还具有用能质量要求高、能量自给率高、蒸汽用量大、动力消耗大和低温余热多等特点。值得关注的是，催化裂化装置反应需要的热量全部或大部分由焦炭燃烧热提供，主风机动力的全部或大部分也可以由烟气轮机供给，装置使用的蒸汽全部或大部分源自自产蒸汽。正是催化裂化工艺过程用能的这些特点，决定了催化裂化装置碳排放的特点和影响因素。催化裂化装置烧焦碳排放是影响装置总碳排放量的最主要方面，因此如何降低生焦是降低装置碳排放的核心。影响催化裂化装置生焦的主要因素包括：原料性质、催化剂性质、关键工艺控制参数等[5]。

一、技术发展趋势

在“双碳”进程中，成品油消费提前达峰，石化产品需求，尤其是丙烯需求将持续增长，可再生能源得到广泛利用，绿色低碳发展成为行业主流[6]。催化裂化工艺未来的发展，将从以重质、劣质油为原料，主要生产汽、柴油馏分和兼产部分 LPG 和丙烯的高碳排放的催化转化，分阶段逐步过渡到以可再生原料、低生焦组分为原料，主要生产低碳烯烃和其他合成材料原料的低碳排放的催化转化过程，因此催化裂化工艺将在产品结构、加工原料和工艺流程上发生变革，在引领能源化工行业的转型发展上发挥关键作用。

（1）产品需求端

2030 年前，由于传统燃油车保有量仍然巨大，相应汽柴油表观消费量仍维持较高水平。汽油消费在 2025 年达峰，此后逐渐减少。柴油消费将缓慢下降，乙烯和丙烯需求快速上升，催化裂化仍将在一段时间内作为汽油生产的主要装置，并兼产乙烯、丙烯等基础化工原料，需改善现有催化裂化技术生产方案的灵活性。

2030—2060 年，电动革命势不可挡，汽油消费将逐年减少，逐步为新能源替代。催化裂化作为生产汽油的装置必须逐步转型为生产其他高附加价值化学品的装置。在丙烯需求量持续上升、乙烯和 PX 的需求缓慢下降的情况下，催化裂化技术将充分发挥其能够最大化生产丙烯、副产乙烯和芳烃的优势，对比多产乙烯的蒸汽裂解，更能满足市场需求。

（2）加工原料端

2030 年前，石油石化产品主要加工原料仍然是重质、劣质原油为主，重油催化裂化或催化裂解深度高效转化工艺的规模效应和成本优势提升了竞争力[7]。以全馏分原油为原料的原油直接催化裂解和以石脑油、煤柴油为原料的轻质油催化裂解技术实现工业化应用和小范围推广。从分子炼油理念出发，按宜烯则烯，宜芳则芳原则，结合原料组分分离的催化裂解技术实现工业化应用，从原料端出发减少 CO_2 排放。催化裂化装置也将小比例地掺炼生物质油或废塑料油等可再生原料，为循环经济起到行业示范作用。

2030—2060 年，以原油、轻质油和组分分离的低碳化原料为主的催化裂解技术将得到大范围推广应用。同时随着循环经济的深入发展，废弃物/生物质/原油共加工是炼油行业发展方向。未来催化裂化技术原料来源将包括废塑料油或生物质油等可再生原料。尽管废弃物/生物质原料化学组成复杂，杂质含量高，催化裂化技术因采用反应、再生的连续流化床操作，能够实现复杂原料的共加工，从而推动石化行业发生革命性的改变，在有效降低国内石油消费对进口原油的依赖、提升国家能源安全水平的同时，大幅降低炼油过程及生命周期碳排放。

（3）工艺流程端

2030 年前，国内炼化企业将延续着规模化、一体化方向的发展态势，催化裂解作为炼化一体化的桥梁技术，将以烯烃生成与烯烃转化为纽带，重塑炼油工艺流程，在炼油厂从炼油向化工转型升级、生产高附加值化工产品方面起到重要作用。当前存量炼油厂多以加工含硫或高硫的中间基原油为主，属中质或相对偏重质原油，也是中国炼油厂得以实现持续盈利的选择。石科院研究表明，在存量炼油厂的工艺流程改造基础上，以催化裂解为核心的炼油厂转型方案对比以蒸汽裂解为核心的转型方案碳排放更低。在未来炼化流程开发上，开发高效生产低碳烯烃的催化裂化技术，实现单位烯烃的 CO_2 排放量和能耗优于蒸汽裂解技术，确保重油催化裂解技术仍然是减油增化、增产低碳烯烃的主流技术之一；同时在不适合建设百万吨级乙烯项目蒸汽裂解装置的炼油厂，石脑油催化裂解可成为消减石脑油和煤柴油，生产低碳烯烃的替代性技术[8,9]。

2030—2060 年，未来低碳催化裂化技术在能量转换、传递及驱动化学反应中将广泛采用成熟的绿电、绿氢和绿氧，实现催化裂化技术的低碳发展。原油催化裂解等低碳工艺技术有望逐渐推广，原油催化裂解技术实现了通过短流程由重质油生产化工原料的路线突破，相较传统炼化一体化路线或原油蒸汽裂解，能显著降低综合能耗和碳排放，对原料的适应性更广[10]。

如图 10-1 所示，随着碳达峰碳中和目标的推进，基于上述催化裂化的发展定位，未来催化裂化技术发展趋势将在生产过程低碳化、产品低碳化和绿电、绿氢、绿氧的利用技术三个主要方向展现。

1. 现有生产过程低碳化

在相当长的时期内，催化裂化仍将肩负生产汽油的重任，催化烧焦碳排放是催化裂化工艺碳排放的主要来源，因此现有技术大幅减少过程烧焦实现低碳排放是一项主要任务。减少烧焦的主要技术创新发展趋势包括改进催化剂体系、优化原料、工艺设备改进、工艺技术进步。

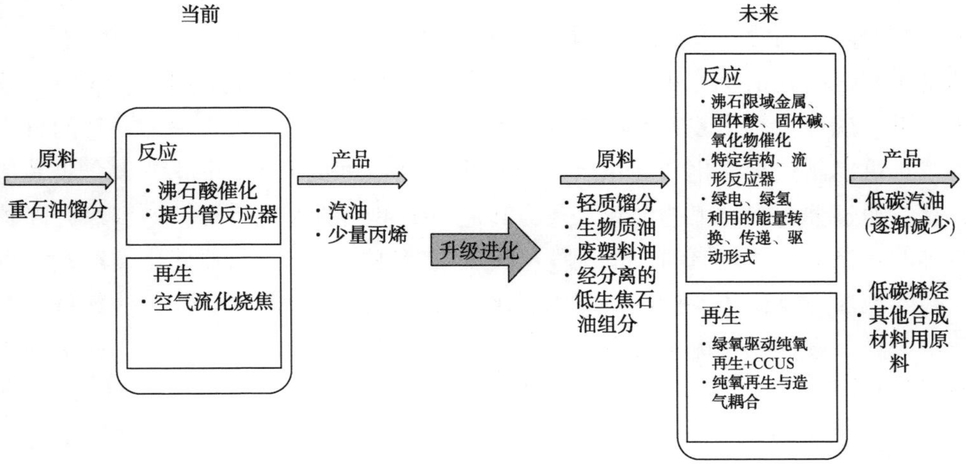

图 10-1 催化裂化技术演化发展趋势

在低碳化的催化剂体系发展上，通过催化剂孔结构和酸性质分布设计“量体裁衣”和催化剂制备过程中孔结构和酸性的精准构筑，使得孔内扩散性能、目标产品选择性和降低生焦方面显著改善。形成多级孔分布且孔径、酸性可调的中大孔基质催化剂技术，富硅基质平台技术，提高烃分子可接近性的低生焦的重油高效裂化催化剂原位晶化平台技术，具有高抗金属污染性能的催化剂平台技术等[11]。

在优化原料方面，开发适合生产低碳烯烃催化裂化原料的渣油加氢技术，定向加氢降低稠环芳烃含量，改善重质原料裂化性能，降低生焦；开发以石脑油、煤油和柴油等轻质馏分为原料的催化裂解工艺技术，以轻质化原料进行化工原料生产降低生焦；开发以复杂组分萃取分离或吸附分离等技术对原料进行选择性组分分离，获得多产烯烃的催化裂化原料，实现组分炼油降低生焦；提高可再生原料或循环经济原料的加工比例，如生物质原料、废塑料油等，通过低碳化的替代原料生产汽油及化工原料实现全生命周期的碳减排。

在工艺设备改进上，随着原料及催化剂体系变化，反应-再生系统将进一步创新。开发与不同催化裂化工艺相匹配的流化床反应器，如 U 型流化床、下行流化床、快速床等，如新型 RTC 快速床反应器具有强化气固接触、传质、传热效果的显著作用，强化催化反应、抑制热裂化反应，可以有效地降低装置油浆和焦炭的收率。其次是开发和应用高效能进料喷嘴、提高油气分离效率的反应器出口快分设备、格栅式和填料式等新型高效汽提段装置。

在工艺技术进步上，催化裂化装置为炼油厂最大的 CO_2 排放单元之一，“双碳”目标下，纯氧再生工艺将得到快速发展与应用，实现 CO_2 浓度有效富集并提高到95%以上，纯氧再生工艺结合 CO_2 捕集及转化利用的CCUS技术，可实现催化裂化装置近零排放；其次是以 CO_2 替代氮气作为稀释气的再生工艺，可控制焦炭氧化和气化反应历程生产高浓度的CO，并进一步合成其他产品。通过催化裂化工艺创新以及与其他加工单元的优化组合，达到综合降碳减排的效果，如缩短原油加工流程，实现直接高效转化的原油催化裂解技术可大幅降低加工能耗和碳排放；催化裂化与加氢、溶剂脱沥青以及其他新型工艺技术组合，进行原料优化及高选择产品生产，通过优化重构炼油总流程实现资源高效利用。

2. 产品低碳化

催化裂化产品低碳化的核心在于将生产短生命周期、最终燃烧变为 CO_2 的以汽油为代表的燃料，逐步转变为生产长生命周期、碳固定在产品中的以合成材料为代表的材料所需的原料。产品低碳化是一个持续的长周期过程，其发展趋势包含以下可能路径。

生产低碳化清洁汽油组分：随着内燃机效率和对绿色低碳燃料的需求进一步提高，催化裂化将由传统的馏分汽油向组分汽油甚至是配方汽油迈进。多产液化气和高异构烷烃含量汽油的催化裂化新技术进一步发展，生产清洁高辛烷值汽油组分的同时为烷基化装置提供原料；适配新型高效内燃机的催化裂化技术提供增产特定结构的汽油烃分子，实现配方汽油生产。

生产低碳烯烃的新工艺技术：短期内，满足汽油标准升级和丙烯需求增长的要求，开发和应用多产丙烯兼顾汽油质量的催化裂化技术；为满足国内低硫船燃市场需求，进一步开发与推广低成本和低生焦的劣重质油生产丙烯、低硫船燃组分的选择性催化裂解技术。从长期来讲，随着对汽油、柴油需求的进一步降低，针对轻烃、石脑油、柴油等不同结构属性的原料，开发系列化的多产乙烯、丙烯的轻油催化裂解催化材料、反应器及工艺技术，消减汽油、柴油产量，达到市场供需平衡。更重要的是，需要开发重油催化裂化新型工艺技术和催化剂以最大化生产合成材料所需基础原料，巩固其在重油制化学品领域的地位，如开发重油高选择性催化裂解多产丙烯技术、重油高选择性增产乙烯技术、最短流程的原油催化裂解制化学品技术、基于原料烃组分高效分离-渣油/蜡油分级加氢-原料烃组分定向催化裂解组合工艺研究等。

生产高端化学品与材料的新型催化裂化工艺：根据原料性质、反应原理以及市场需求，开发生产高端化学品、导电炭黑、碳纳米管、针状焦原料的新型催化裂化技术。

3. 绿电、绿氢、绿氧的利用

合理利用绿电、绿氢、绿氧成为未来催化裂化供能及优化过程的重要手段。

在绿电利用方面，随着催化裂化转型发展，反应热增加且原料轻质化，最终将导致催化裂化装置出现热量不足，绿电转换加热技术可能成为催化裂化技术供能的一个重要来源。同时，研究绿电转为其他能量形态，如开发微波辅助裂解生产低碳烯烃、利用低温等离子体放电进行烃油催化裂解等。

在绿氢利用方面，采用绿氢原料加氢，改善原料组成，降低催化裂化烧焦造成的碳排放；开发临氢催化裂化过程，与常规催化裂化相比，临氢催化裂化条件可以实现重油稠环芳烃加氢开环与催化裂化的高效接力反应，改善反应选择性，大幅降低生焦，提高目的产物的选择性。

在绿氧利用方面，随着电解水制氢技术的发展及成本降低，可以预见未来绿氧成为绿氢资源副产，高浓度甚至纯氧制取成本大幅降低。开发催化裂化纯氧再生可提高烧焦强度和再生效率，结合 CCUS 技术对 CO_2 进行捕集可实现 CO_2 的有效富集，为 CO_2 减排及转化利用创造条件。纯氧再生将对催化裂化反应-再生系统带来深刻影响。开发催化裂化再生-造气耦合技术，催化裂化再生过程以纯氧和 CO_2 的混合气体作为再生气，集成部分氧化和 CO_2 气化反应，实现焦炭高效转化为高浓度 CO，不仅实现焦炭高值化利用，也可大幅降低 CO_2 排放。开发流化床低碳烷烃氧化脱氢，利用高载氧量的催化材料，将低碳烷烃转化为低碳烯烃。

4.“双碳”目标下催化裂化工艺产能变化趋势

如图 10-2 所示，2030 年前，中国催化裂化装置规模由 2020 年的 247Mt/a 预计增加至 2025 年的约 306Mt/a 并达到峰值，其中多产油品的燃料型催化裂化装置规模至 2025 年前后也达到峰值，之后随着汽车电动化的普及，燃料型的催化裂化装置逐步呈现下降趋势，到 2050 年催化裂化装置规模逐步减少至约 180Mt/a，而多产化工料的催化裂解装置通过新建或改造原有燃料型催化裂化装置在快速增加，并逐步占据主导地位。

二、低生焦催化裂化催化剂与应用

石油炼制过程离不开催化剂这一核心技术，催化剂在炼油厂中的应用关乎反应、流程、物耗、环保排放、产品质量等各个环节。今后催化剂领域的研发工作将针对炼油过程中复杂的反应体系，结合计算机辅助和模型研究，采用“材料基因工程”的方式来取得催化基础材料的长足进步。提高产品选择性、反应转化率和高价值产品收率，延长催化剂使用寿命和催化剂的再生周期，实现低能耗低碳炼油[12]。催化裂化催化剂一般通过烧焦再生方式来恢复催化剂的裂化反应活性，在此过程中将排放大量的 CO_2，因此成为炼油装置中 CO_2 排放大户，实现炼油减碳的关键一环就是减少催化生焦。从催化剂角度实现催化裂化装置碳减排，可以从催化原料加氢处理入手，实现加氢催化剂具有提高产品氢含量的特性。同时，在催化裂化催化剂选择上应更注重催化剂的焦炭选择性。

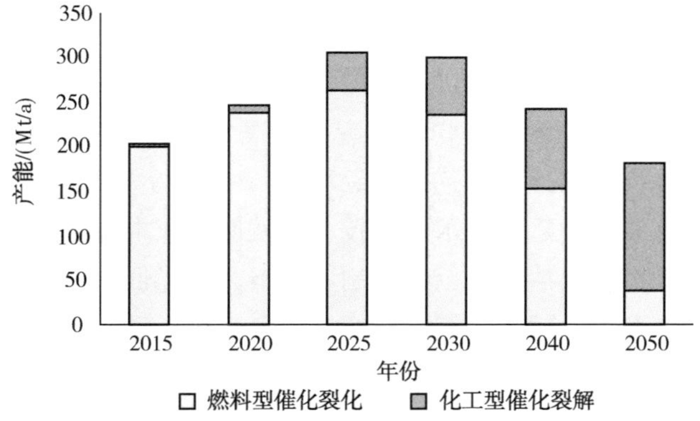

图 10-2　中国催化裂化产能预测变化趋势

1. 催化裂化碳排放

催化裂化装置烧焦碳排放是影响装置总碳排放量的最主要方面，因此如何降低生焦是降低装置碳排放的核心。研究开发低生焦的催化裂化工艺技术和专用催化剂势必成为今后催化裂化装置应对碳减排和实现“双碳”目标的技术研发方向[13]。通常催化裂化工艺产生的焦炭可以归纳为四种类型，分别是反应缩合产生催化焦，原料残炭转化的附加焦，催化剂未汽提完全的可汽提焦以及原料金属带来的污染焦。影响装置的生焦因素大体包括原料、催化剂、操作条件等。催化裂化反应-再生部分流程示意图见图 10-3。

焦炭的生成与芳烃和烯烃等不饱和分子烃的环化、氢转移、烷基化以及缩合反应密切相关，在反应初期焦炭收率处于较低水平且增幅不大，主要来自多环芳烃吸附焦；随着反应深度的增加，焦炭收率明显增加继而急剧增加，主要来自催化反应生成焦以及对焦炭前身物的吸附[14]。

减少 CO_2 排放、缓解气候变化已经成为炼油行业转变经济增长方式、保持可持续发展的必由之路。某炼油厂对 16 套主要炼油装置的 CO_2 排放情况进行了估算，其中催化裂化装置由于催化剂烧焦而成为 CO_2 排放大户。焦炭是催化裂化过程中的主要副产物，催化剂在反应器中大量积碳后，需要在再生器中烧焦再生，焦炭燃烧后生成 CO、CO_2、H_2O、SO_x、NO_x 等，燃烧产生的热量主要用于维持装置热平衡，用于原料油的预热，提供反应需要的热量，给主风供热，加热蒸汽等。但是随着催化裂化原料油不断重质化和劣质化，焦炭收率增加，烧焦过程产生的大量 CO_2 所带来的环境问题更为突出，并且导致热量过剩、大量能源消耗[15]。据统计，催化剂烧焦再生过程能耗占催化裂化装置总能耗的 80%。因此，降低催化裂化过程焦炭收率是实现炼油工业低碳化、降低能耗最有效手段之一。

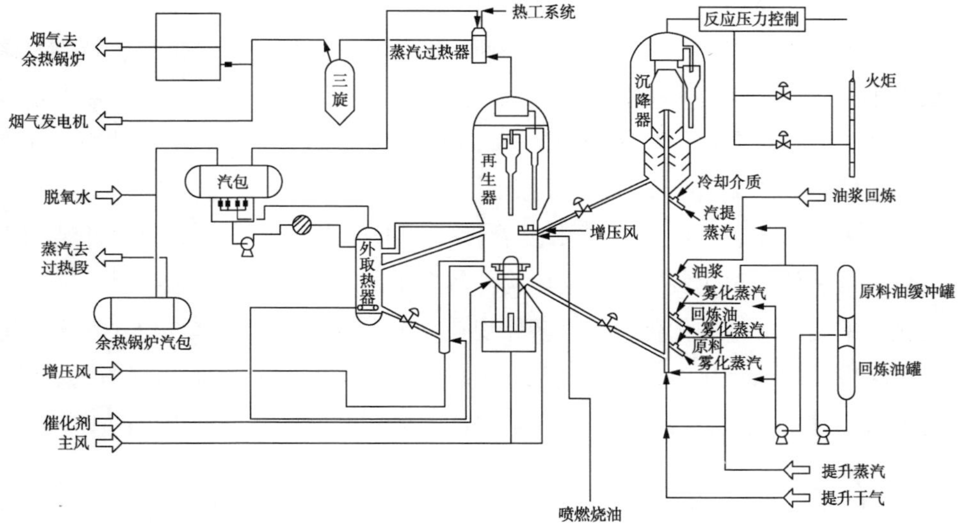

图 10-3　催化裂化反应–再生部分流程示意图

2. 催化生焦与催化剂类型的关系

造成催化裂化催化剂焦炭失活的主要原因有两个：焦炭堵塞催化剂孔道和焦炭造成催化剂酸中心中毒[16,17]。

一般认为焦炭对催化剂孔道的堵塞主要源于分子筛外表面和开孔处的积碳会减小有效孔径，反应物分子难以进入催化剂活性中心。焦炭在催化剂上的沉积部位主要受分子筛孔结构的影响。研究表明，对于具有中孔和小孔结构的分子筛限定了焦炭前驱体在孔中的形成，生焦前驱体只有在迁移到分子筛晶体的外表面及其孔口时才能进一步聚合成焦炭。研究发现不同类型的大孔分子筛的结焦速率并不相同，超稳 HY 型的结焦速率相对较大，主要是因为其具有超笼结构，不便于焦炭前驱体的扩散。

研究表明在开发低焦炭收率、高选择性催化材料的基础上，使用直接法梯级孔催化剂、小晶粒气相超稳 Y 型分子筛催化剂、大孔基质催化剂、抗重金属污染催化剂、富硅基质催化剂等，可使催化裂化或催化裂解反应过程的碳排放量降低8%~10%。

三、高效催化汽提器减少烧焦排放

催化裂化装置实现油剂分离并回收催化剂携带油气产品的重要设备是汽提段（或称汽提器）。在催化裂化过程中，待生催化剂在离开提升管反应器后通过气固分离器进行油气与催化剂分离，分离出的夹带一部分油气的待生剂进入汽提器，其夹带的质量约占产品总量的2%~4%[18,19]。通过蒸汽汽提手段，不但能够提高高价值产品收率、改善产品分布，而且能够有效降低装置生焦量，特别是降低焦炭中氢含量，最终实现降低装置烧焦负荷。研究表明在待生剂夹带的油气中，以气相的形式存在的占比约为75%，通常存在于催化剂颗粒的间隙中。液态形式存在的占比约25%，通常存在于催化剂颗粒内部[20,21]。

近年来，催化裂化的汽提技术发展迅速，出现诸多汽提器新型内件结构形式。目前重油催化裂化装置汽提器内构件较多采用新型盘环形挡板内件，实现气固接触效率提高的结构优化，重点多体现在盘环形挡板和其裙体部位；对于沉降器结焦较少的蜡油催化裂化装置，汽提器内件结构可以采用格栅填料方式[18,22]。UOP开发的水平挡板汽提器见图10-4，Mobil公司开发的新型挡板见图10-5。

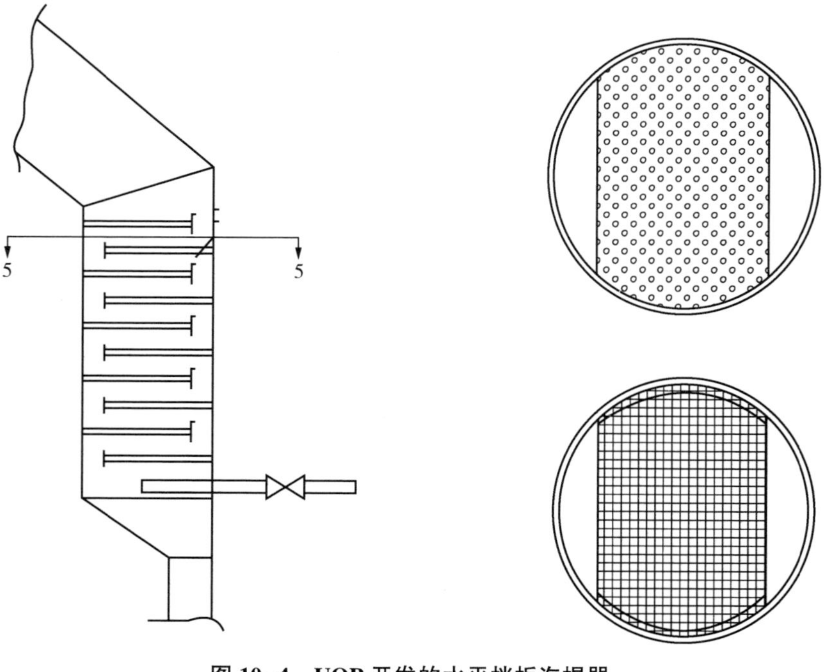

图10-4　UOP开发的水平挡板汽提器

新挡板结构的汽提器汽提效率高于普通盘环形挡板汽提器，但需要进一步改进汽提器内的气固分布，提高汽提器的空间利用率。近年来为实现汽提器达到破碎气泡、改善气固分布、提高空间利用率、强化气固相传质的目的，发展方向是选择类格栅等规整填料的汽提段新结构，通过填料将整个床层空间分割成多个小的流动单元实现挡板结构微分化。Mobil 公司开发的新型汽提器见图 10-6，LPEC 开发的新型挡板结构汽提器见图 10-7，洛阳石化工程公司开发的新型汽提器结构见图 10-8。

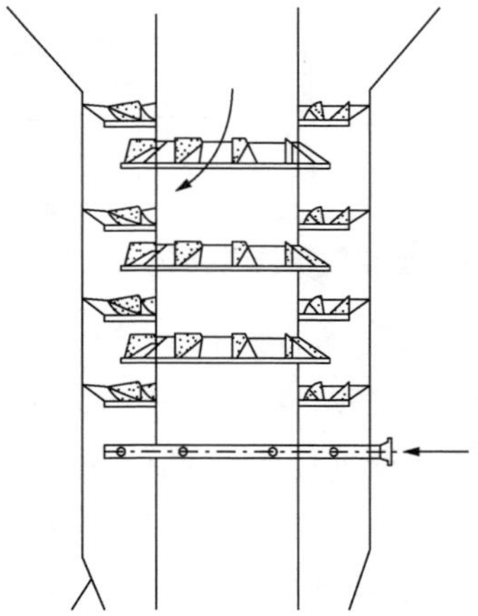

图 10-5 Mobil 公司开发的新型挡板

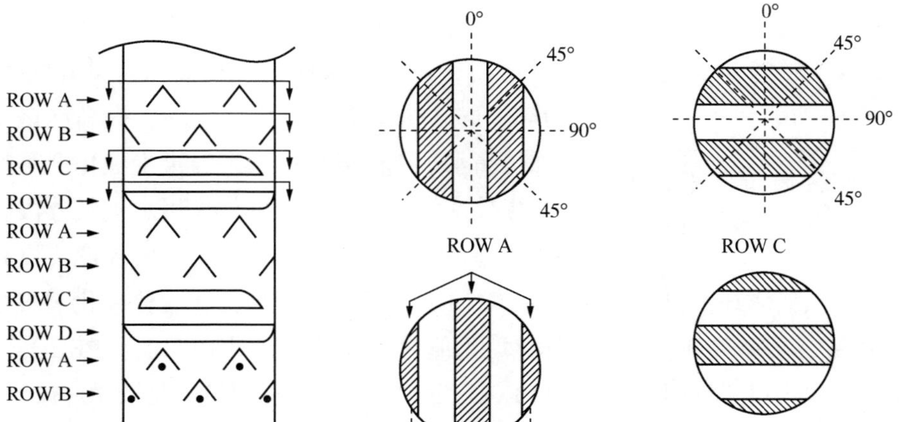

图 10-6 Mobil 公司开发的新型汽提器

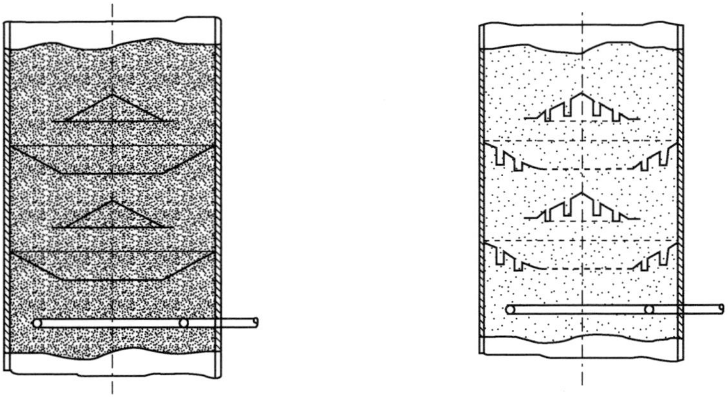

图 10-7　LPEC 开发的新型挡板结构汽提器

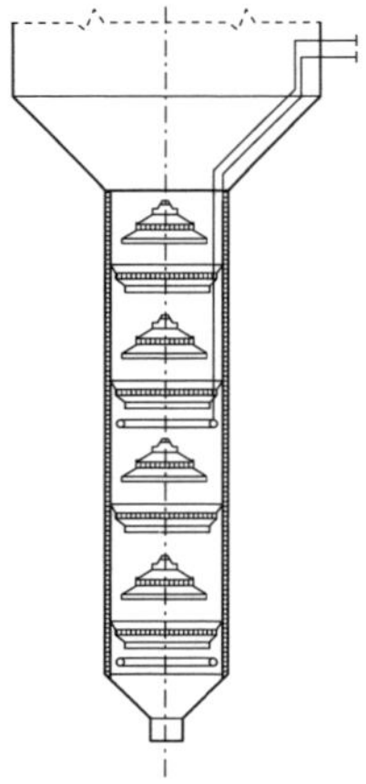

图 10-8　洛阳石化工程公司开发的新型汽提器结构

结构因素和工艺条件是提高汽提器汽提效率的两个最重要的路径。在结构因素中，可通过增加汽提段高度或改变汽提段直径来实现催化剂的停留时间增加，但不适用于利旧改造装置，对于新设计装置也会以牺牲沉降器空间或总高度为代价。另外，提升传质系数实现气固接触效率也可通过改变汽提段挡板结构(包含汽提蒸汽分布器)的方法来实现，此方法对装置适应性好，受限因素较少，新设计装置和利旧改造装置均可适用。在工艺条件途径提高汽提效率的技术中，其一可选择增加油气的脱附速度，提高汽提段温度，如提高水蒸气温度或引入高温再生催化剂等方法实现汽提效率的提高。其二也可采用水蒸气分段注入的多级汽提技术，加大气固相传质浓度梯度，提高传质效率，从而实现汽提效率的提高[23]。LPEC 开发的新型催化裂化催化剂汽提器见图 10-9，石科院开发的新型催化裂化催化剂汽提器见图 10-10，LPEC 开发的格栅填料式汽提器见图 10-11。LPEC 开发的蜂窝状汽提器填料见图 10-12[24,25]。Total 波纹板汽提器见图 10-13[26]。以石科院开发的新型催化剂汽提器为例，在 2Mt/a 催化裂化装置实施该技术，每年可减少 CO_2 排放 109kt。

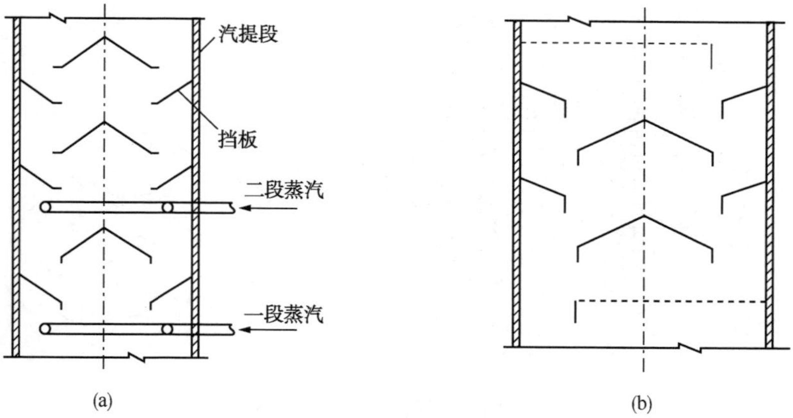

图 10-9 LPEC 开发的新型催化裂化催化剂汽提器

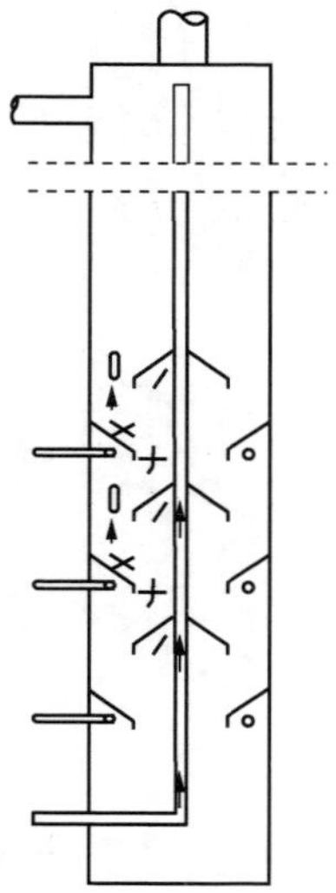

图 10-10 石科院开发的新型催化裂化催化剂汽提器

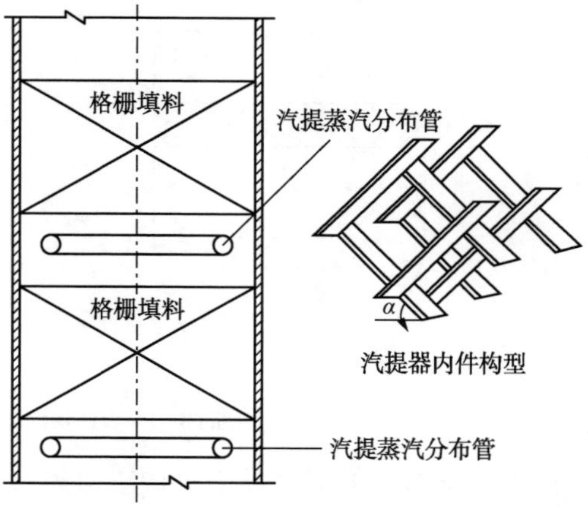

图 10-11 LPEC 开发的格栅填料式汽提器

四、纯氧再生及 CO_2 捕集技术

“双碳”目标下，节能降碳是能源化工领域中不可回避的问题。炼油厂中催化裂化装置的碳排放占比较高，其再生烧焦后烟气中的 CO_2 排放量占工艺碳排放的 75%以上，约占直接碳排放的 40%[27]。在催化裂化装置上实施 CO_2 捕集技术成为炼油厂碳减排的关键。

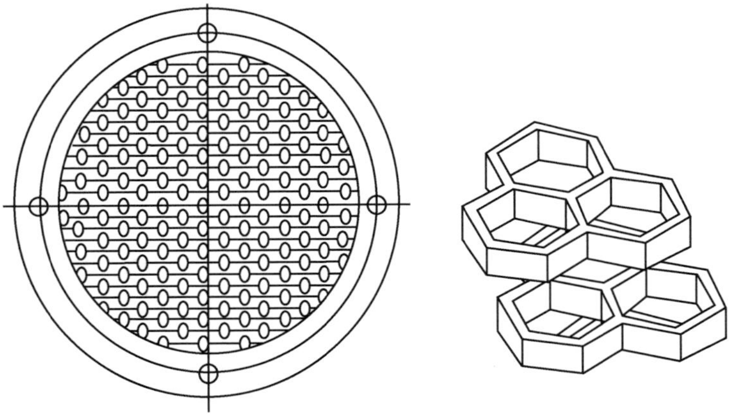

图 10-12　LPEC 开发的蜂窝状汽提器填料

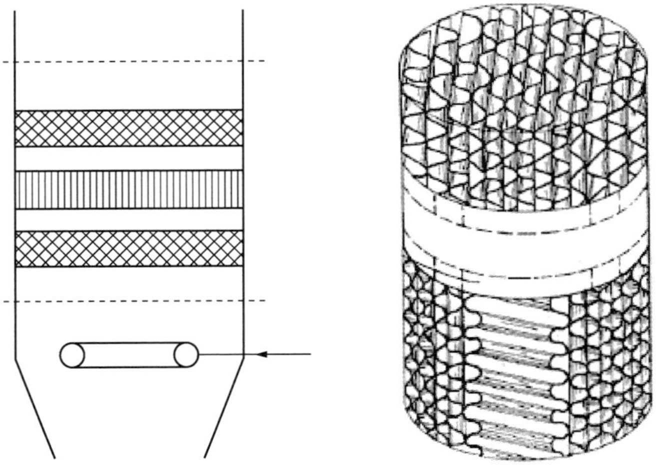

图 10-13　Total 波纹板汽提器

通常催化裂化再生过程中采用主风机输送的空气作为再生烧焦的介质，空气中的氧气参与催化剂烧焦再生，而空气中占比最大的氮气基本不参与再生反应过程，从而造成主风机输送有效烧焦介质能力的大量浪费[28-30]。研究人员从催化裂化烧焦介质替代入手，采用纯氧与循环烟气混合气代替空气，实现催化烧焦介质中仅含有氧气和 CO_2 两种组分，不仅可以大幅提升主风机的输送有效烧焦介质能力，而且少了氮气组分更有利于实施催化再生烟气的 CO_2 捕集。

由于氧气与 CO_2 的混合物性质有别于空气，因此，采用纯氧再生与常规再生相比，对再生器旋风分离器的效率、内外取热器的负荷以及再生烧焦效率均会带来不同的影响。由于氧与 CO_2 的混合气体的黏度高于空气，对旋风分离器的分离效率将会产生不利的影响，也将给旋风分离器设备制造和检维修提出更高的要求。同时，从热量角度分析，混合气体的热容高于空气热容，导致再生烟气带走的热量增加、催化剂取热器的负荷降低，不利于装置的能量回收和利用。

一般地，CO_2 捕集技术可按照 CO_2 产生的路径分为：燃烧前捕集、富氧燃烧捕集、燃烧后捕集和化学链燃烧捕集四类[31-34]，分别见图 10-14 ~ 图 10-17。催化裂化装置的 CO_2 捕集属于燃烧后捕集[35]。

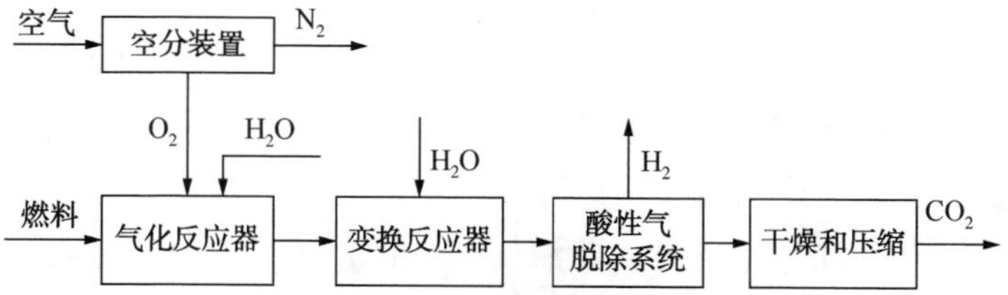

图 10-14 燃烧前的捕集工艺流程

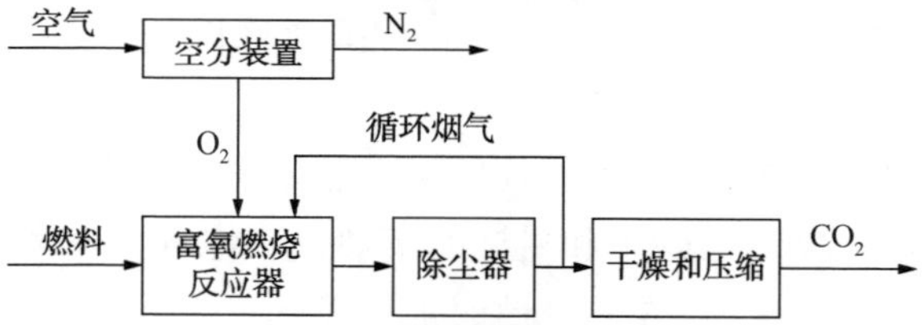

图 10-15 富氧燃烧捕集工艺流程

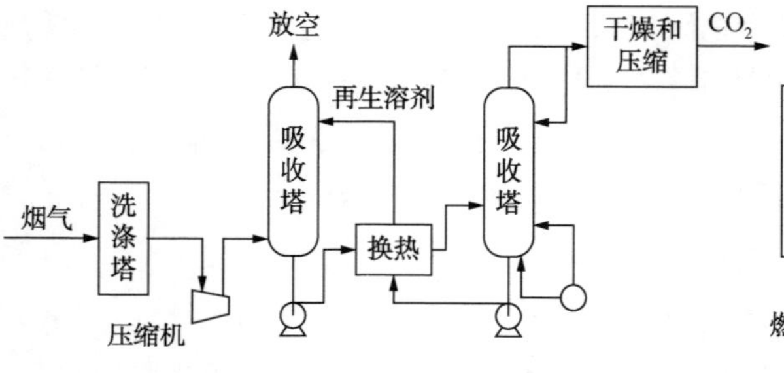

图 10-16 燃烧后的捕集工艺流程

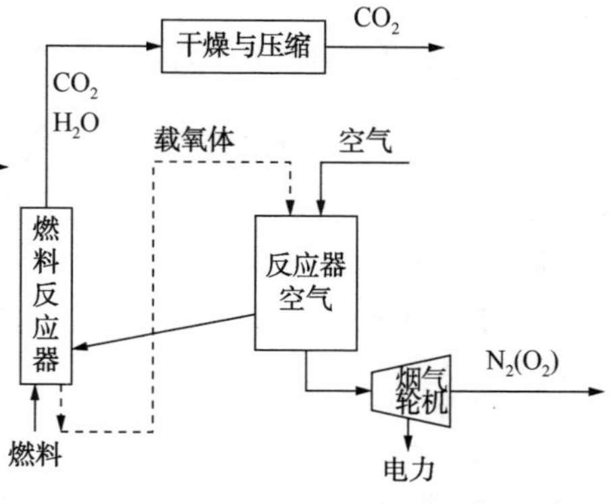

图 10-17 化学链燃烧捕集工艺流程

第二节 催化加氢技术的低碳发展

实现原油资源的高效利用、炼油过程的清洁化和生产高标准的清洁油品均离不开加氢反应过程。炼油厂通用的加氢处理技术包括航煤加氢、柴油加氢、蜡油加氢处理或加氢裂化、重油加氢处理以及沸腾床或浆态床加氢裂化等。

一、技术发展趋势

随着炼油工业的不断发展，加氢工艺在清洁油品生产、产品结构调整、重质油高效利用、化工原料生产等领域发挥重要作用，加氢工艺在石化企业广泛应用。目前炼化企业运行的加氢装置主要包括石脑油加氢、航煤加氢精制、柴油加氢精制或改质、蜡油加氢处理或裂化及渣油加氢处理等六大类型。截至2021年底，上述六类加氢装置国内统计共593套，加氢能力达706.02Mt/a。

随着能源结构的变化，汽油和柴油的消费需求量逐步降低，汽油加氢装置和柴油加氢装置处理能力也将逐步出现过剩，但航煤的需求量在未来一段时间内还将呈上升趋势。石脑油加氢装置、柴油加氢装置和航煤加氢装置在一定范围内可以灵活调整用途，因此，部分加工能力过剩的石脑油加氢装置和柴油加氢装置可以转而用来加工航煤，因此，预计在2030年碳达峰以前，这三类加氢装置规模及生产产品属性将不会发生大的变化。

在油转化炼油结构调整趋势下，加氢裂化装置未来会出现装置大型化、长周期运转的趋势。随着2060年碳中和目标的实现，非化石能源比重将增加至80%，石油消费量也将降至250Mt/a左右，此时加氢技术将主要以生产轻质化工原料为主，加氢裂化技术将有较大的发展空间和应用市场。

二、低氢耗加氢精制技术

加氢装置反应过程消耗氢气是产生碳排放的主要因素之一。目前，工业生产的氢气还是以碳基灰氢为主，其中煤制氢的碳排放约为23kgCO_2/kgH_2，天然气制氢的碳排放约为10kgCO_2/kgH_2。2030年碳达峰以前，炼油加氢技术规模及属性不会发生大的变化，降低加氢过程氢气消耗可以降低碳排放。

1. 渣油选择性加氢生产船燃技术

针对生产船燃这种特殊需求，渣油加氢过程可以通过提高催化剂活性，降低反应温度以降低$C_1 \sim C_4$的生成，同时提高催化剂的脱硫选择性，降低芳烃饱和，通过这两个方面降低加氢过程氢耗。通过开发专用催化剂及催化剂级配技术，在相同脱硫率下，专用催化剂级配的加氢脱硫反应温度比常规催化剂级配低7℃，以渣油加氢典型氢耗1.5%为基准，氢耗可降低10%，即氢耗降低0.15个百分点。以2.00Mt/a渣油加氢装置计，可节约氢气3kt/a，若以天然气制氢算，可减少CO_2排放30kt/a。

2. 柴油液相-滴流床组合加氢技术

柴油液相加氢技术和常规滴流床加氢技术最大的特点就是装置不设循环氢

压缩机，可以在很低的氢油比工况下生产国六柴油。以国内典型相同规模的柴油液相加氢-滴流床组合工艺装置与常规滴流床工艺装置为基础。柴油液相加氢-滴流床组合工艺装置综合能耗和相应的 CO_2 排放强度明显低于常规滴流床工艺。以2.00Mt/a的装置计，采用液相加氢-滴流床组合工艺可减少 CO_2 排放16.5kt/a。

3. 催化裂解汽油深度加氢精制生产芳烃抽提原料技术

催化裂解汽油中的芳烃含量高达50%以上，可以作为生产芳烃的原料，但是催化裂解汽油中硫、氮等杂质含量高，无法满足芳烃产品需求。催化裂解汽油深度加氢精制生产芳烃抽提原料技术(NHTDC)是以催化裂解汽油为原料，通过深度脱硫、脱氮、脱烯烃生产满足芳烃抽提进料要求的技术。NHTDC技术通过采用高选择性催化剂和预脱二烯烃的工艺流程，实现了将催化裂解汽油中硫、氮等杂质降低至痕量水平，满足芳烃产品的要求，同时降低芳烃饱和率，减少芳烃损失和氢耗，实现装置低成本长周期稳定运转。该技术在最大保留芳烃的同时，以氢耗的降低助力全厂碳排放降低。

4. 低氢耗柴油选择性加氢催化剂

低氢耗柴油选择性加氢催化剂通过选择性调控技术制备，通过精准控制催化剂不同活性位点比例调节催化剂的选择性，优化反应路径，强化提高主反应比例，减少高耗氢的副反应发生，以此降低加氢过程中氢气的消耗，对于实现炼油过程的节能降碳具有重要的意义。目前石科院正在进行该技术的中试，中试试验结果表明，在柴油加氢生产国六柴油的过程中，采用低氢耗柴油选择性加氢催化剂，相对常规的工业催化剂化学氢耗可以降低10%~15%。

目前国内柴油加氢装置有230套，全国每年柴油加氢装置的加工量约300Mt/a，以相对目前技术降低氢耗10%~15%计，在全国范围内，每年可以节约氢气300kt以上，由此可以降低制氢装置碳排放3Mt/a以上，该技术将对炼油行业的低碳发展起到明显的推动作用。

三、低碳排放加氢裂化技术

加氢装置反应过程能耗是产生碳排放的另一个因素。无论加氢装置的功能如何调整，降低加氢装置能耗始终是加氢技术发展的一个主要方向，降低加氢过程能耗可以降低碳排放。

1. MHUG技术

石科院开发的中压加氢改质MHUG系列技术在中压条件下可以改善产品质

量、调整产品结构和收率。该技术利用有加氢改质/裂化功能的催化剂来高选择性地转化柴油馏分中的芳烃和环烷烃，可以生产高芳潜的优质重整料、高链烷烃含量的尾油、高品质的喷气燃料。

多产重整料加氢改质技术的原料包括劣质催化裂化柴油、环烷基直馏柴油和(或)直馏煤油等低十六烷值柴油，采用煤油馏分回炼的工艺流程或者尾油全循环工艺流程，可以多产高芳烃潜含量的优质重石脑油，重整料收率最大可以达到72%以上。

直馏柴油加氢改质最大量生产化工料(MHUG-E)技术以直馏柴油为原料，采用高开环选择性的加氢改质催化剂，高选择性地将芳烃和环烷烃转化到石脑油馏分中，而保留链烷烃在未转化柴油中作为优质的乙烯裂解原料，从而能够提高石脑油馏分的芳潜、降低尾油馏分的 BMCI 值。

最大量生产喷气燃料(MHUG-J)技术以直馏柴油为原料，或者在直馏柴油中掺炼少量二次加工柴油，在中压条件下，采用高喷气燃料选择性的催化剂组合及适宜的工艺流程，可以最大量生产 3 号喷气燃料。在一次通过流程条件下，可以生产 30%~50%的 3 号喷气燃料；采用循环工艺流程，则可以生产 55%左右的 3 号喷气燃料。副产的石脑油芳潜超过 45%；未转化柴油链烷烃超过 60%，十六烷值超过 60。MHUG 系列技术通过选择性加氢改质，在满足目标产品质量与收率的同时，尽可能降低氢耗，以降低碳排放。

2. 节能降耗的加氢裂化催化剂级配技术

节能降耗的加氢裂化催化剂级配技术通过开发高性能、高选择性加氢精制/加氢裂化催化剂和级配技术，基于加氢裂化反应区内目标化学反应的精准匹配，进行分区强化，在提高加氢裂化过程选择性、降低化学氢耗的同时，使加氢裂化反应器轴向物流方向实现温度递增的操作，床层间减少甚至不打冷氢，实现各区域催化剂的最佳反应温度与加氢裂化反应温升的匹配。加氢裂化反应热的充分利用，能够有效降低循环氢压缩机蒸汽耗量并充分利用高的出口物流温度实现换热，降低加热炉燃料耗量。该技术在原加氢裂化工艺流程基础上，仅通过催化剂的更换，即可不同程度地减少加氢裂化装置循环氢用量和加热炉燃料气耗量，显著降低加氢裂化装置的能耗及 CO_2 排放。技术便于实施，使用范围广，可用于石脑油型、灵活型、中间馏分油型以及化工型等加氢裂化装置。

中国石化燕山分公司 2Mt/a 加氢裂化装置采用石科院开发的该项技术进行改造，实现了综合能耗降低 10%~20%，化学氢耗降低 5%~10%，直接碳排放和间接碳排放合计降低约 50kt/a。按全国加氢裂化装置规模 140Mt/a，平均能耗 21.5kgoe/t 计，综合能耗降低 10%～20%，可实现全行业降低 CO_2 排放 950～1900kt/a。

第三节　低排放芳烃抽提技术

1. 环丁砜抽提蒸馏分离芳烃工艺(SED)

SED 工艺流程如图 10-18 所示，装置主要包括抽提蒸馏塔和溶剂回收塔。在抽提蒸馏塔内，原料油经过溶剂的抽提蒸馏作用从塔顶脱除非芳烃，塔底得到芳烃和溶剂混合物进入到溶剂回收塔，溶剂回收塔进行减压蒸馏将芳烃与溶剂分离，回收塔顶得到芳烃产品，塔底贫溶剂循环回抽提蒸馏塔。对于苯工况，SED 装置直接得到苯产品；对于苯/甲苯工况，SED 装置得到的芳烃产品将进入下游精馏单元进一步分离得到苯产品和甲苯产品。

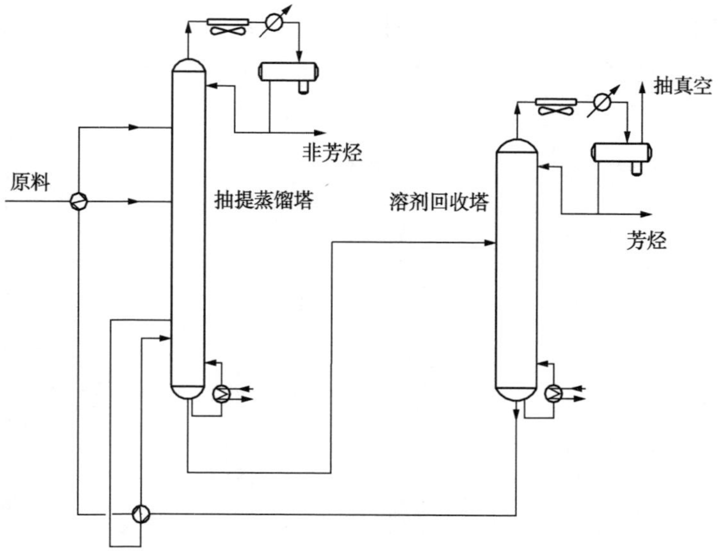

图 10-18　SED 工艺流程

SED 采用环丁砜复合溶剂系统，通过抽提蒸馏过程从裂解加氢汽油、重整生成油或煤焦油等原料中回收高纯度的苯产品或苯和甲苯产品。该工艺是石科院自主开发的芳烃分离技术之一。

该技术具有产品质量及回收率高，原料适应性强，技术经济指标优秀，节能低碳的特点。国内某炼油厂采用石科院开发的 SED 技术建设的 600kt/a 工业装置运行数据见表10-1。与现有同类技术相比，SED技术可实现节能5kgoe/t进料，以该装置规模计，折合减排CO_2 112kt/a，碳减排效果显著。

表10-1 国内某600kt/a SED装置运行数据

项 目	运行值
处理能力/(t/h)	84
混合芳烃非芳/(mg/kg)	≤1000
苯产品纯度/%	99.97
抽余油中芳烃含量/%	≤0.5
芳烃回收率/%	
苯	99.7
甲苯	99.9
3.5MPa蒸汽消耗/(t/t)	0.29

2. 裂解汽油苯乙烯抽提技术(STED)

STED工艺流程如图10-19所示，主要包括预处理、抽提蒸馏和苯乙烯精制三个单元。裂解汽油C_{8+}原料在C_8馏分切割塔内减压精馏，塔底得到C_{9+}馏分，塔顶得到富集苯乙烯的C_8馏分，经过水冷冷却后与氢气混合进入加氢反应器，其中的苯乙炔被选择性加氢转化为苯乙烯，加氢后的C_8馏分作为抽提原料。

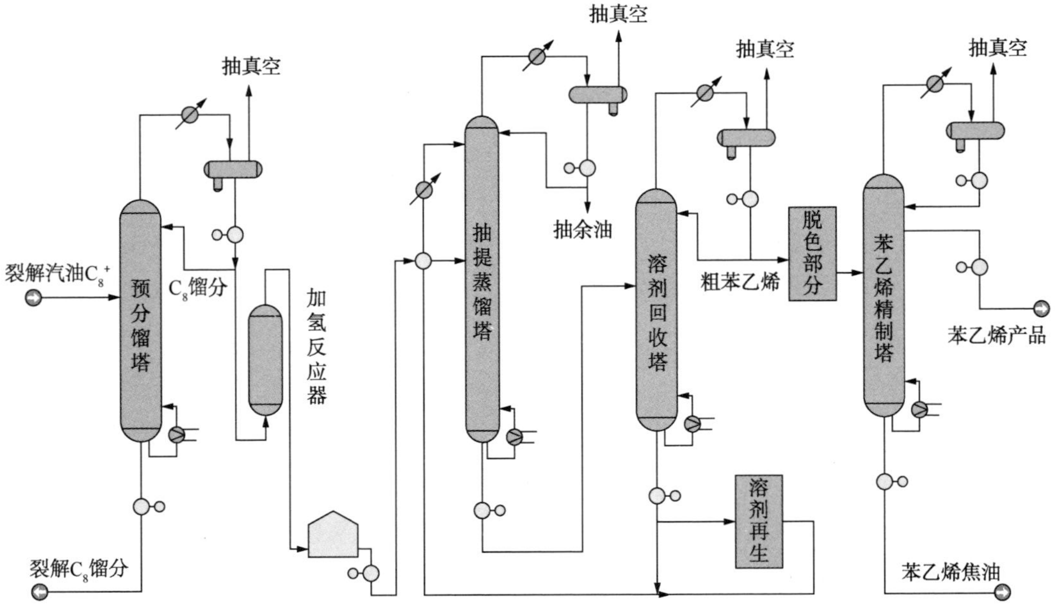

图10-19 STED工艺流程

抽提蒸馏单元包括抽提蒸馏(ED)塔、溶剂回收塔和溶剂再生系统。利用环丁砜复合溶剂对苯乙烯和C_8芳烃相对挥发度影响不同的基本原理，通过萃取精馏实

现苯乙烯和 C_8 芳烃的分离，得到粗苯乙烯和 C_8 抽余油。溶剂再生包括汽提减压再生和反萃再生，脱除溶剂系统中的溶剂降解物和苯乙烯聚合物，保持溶剂系统洁净。苯乙烯精制单元包括粗苯乙烯脱色系统和苯乙烯精馏塔。来自回收塔回流罐的粗苯乙烯经过脱色处理后，送入苯乙烯精制塔，经过减压精馏，侧线采出苯乙烯产品。

该工艺从苯乙烯与芳烃混合物中将苯乙烯分离提纯，具有苯乙烯质量好、收率高，装置能耗低，长周期运行稳定等优势。本技术可应用于 STED 与大型乙烯装置配套，用于从裂解汽油 C_8 馏分中分离回收聚合级苯乙烯产品。

本技术典型的运行数据见表 10-2，苯乙烯产品质量指标满足《工业用苯乙烯》(GB 3915—2021)优级品规格。

表 10-2　STED 技术典型的运行数据

项目	项目 A	项目 B
苯乙烯质量		
外观	透明液体、无不溶水及机杂	透明液体、无不溶水及机杂
纯度/%	99.87	99.97
乙苯含量/%	0.01	0.001
聚合物/(mg/kg)	0	8
过氧化物(以 H_2O_2 计)/(mg/kg)	7	2
总醛(以苯甲醛计)/(mg/kg)	80	52
色度(铂-钴)	<10	9
阻聚剂(TBC)/(mg/kg)	15	13.9
溶剂工艺消耗		
抽余油中溶剂/(mg/kg)	≤1	≤1
苯乙烯产品溶剂含量/(mg/kg)	≤1	≤1
苯乙烯收率/%	94.3	95.6

按照目前我国乙烯将近 40Mt/a 产量计算，采用 STED 一方面可低成本获取高附加值的苯乙烯产品约 1Mt/a，另一方面还大幅降低了原有裂解汽油加氢装置的氢耗约 23kt/a，同时降低了加氢和芳烃抽提装置的能耗，实现了裂解二甲苯的质量升级，在芳烃资源得到更合理的优化利用的同时，显著降低因裂解汽油加氢耗氢产生的碳排放。

第四节　其他低碳技术

1. 汽油轻馏分优化利用技术(Recane 工艺)

该技术基于分子择形原理，采用液相模拟移动床吸附分离工艺，实现汽油轻馏分中正构烷烃与异构烷烃之间的高效分离。该技术是适应“炼化一体化”开发的轻烃资源增值利用新技术。该技术以重整拔头油、戊烷油、抽余油、加氢裂化轻石脑油，以及 C_5/C_6 异构化油等馏分为原料，产出高辛烷值的异构烷烃，作为汽油调合组分；产出高纯度的正构烷烃，作为优质乙烯裂解原料或生产高价值正构烷烃单体。该技术分离所得异构烷烃，其产品辛烷值可提高 7~12 个单位，是优质的清洁汽油调合组分；所得正构烷烃，其产品纯度大于 99%，作为优质的乙烯裂解原料，裂解产物三烯收率可提高 10%~15%，或进一步精馏生产正戊烷、正己烷等高纯度正构烃单体。该技术分离能耗较精馏低 60%，节能降碳效果显著。

2. 液相 C_8 芳烃异构化技术(AILT)

该技术采用固体酸催化剂，在液相非临氢条件下，完成二甲苯异构体之间重新达成热力学平衡的异构化反应，以支持增产目标二甲苯产品。AILT 采用超低反应温度、非临氢、无需压缩机工艺，具有二甲苯异构化活性高、催化过程选择性好，二甲苯回路非芳烃循环物流量低，应用流程简短、运行能耗低、新建装置投资低等特征，成为助力芳烃联合装置提高生产操作技术经济性、节能降碳的新增单元技术。AILT 作为目前趋向成熟的芳烃单元技术，与气相脱乙基型催化剂组合使用，在未来芳烃市场中的应用前景良好，技术大范围推广应用后，可继续支持行业进一步节能降碳。

3. C_8 芳烃梯级反应催化剂

C_8 芳烃异构化单元作为芳烃联合装置中的核心反应单元，其催化剂性能影响装置循环回路循环量、产品收率、装置能耗。C_8 芳烃梯级反应催化剂采用双床层催化体系，针对乙苯脱乙基和二甲苯异构化反应对于酸性位点的差异化需求设计制备两种功能分子筛材料和催化剂，使两种主反应分别在两个催化剂床层上梯级进行，实现高异构化活性、高乙苯转化率的同时显著降低二甲苯损失率。与现有的催化剂相比，二甲苯循环回路乙苯含量降低 40% 以上，装置能耗降低约 8%，对于 1Mt/a PX 装置，预期实现降低 CO_2 排放 93. 5kt/a，节能降碳效果显著。

4. 新型节能型制氢转化催化剂的开发

甲烷蒸汽重整制氢是目前工业上应用最为广泛的制氢方法。虽然该工艺已工业应用有近百年的历史，但能耗高、CO_2 排放量大仍然是该工艺面临的严峻问题。其中，降低运行水碳比是制氢工艺节能降耗的一条切实可行路径，但在低水碳比条件下甲烷转化率会显著降低且催化剂更易积炭失活。因此，开发在低水碳比条件下具有更高活性和抗积炭性能的甲烷蒸汽重整制氢催化剂是该领域的一个重要研究方向。

轻烃蒸汽重整制氢是一个结构敏感性反应，活性金属 Ni 的晶粒尺寸越小，其活性越高，抗积炭性能也越好。基于这些有益的认识，石科院首先以减小活性金属晶粒尺寸作为突破口，通过调变浸渍溶液的浸润性质，显著减小了活性金属晶粒尺寸，因而从本质上提高了催化反应活性和抗积炭性能；其次，通过金属-载体相互作用调控，抑制了活性金属的迁移聚集，使得小晶粒活性金属在高温反应环境中能相对更为稳定；最后，采用助剂改性调变载体表面性质，促进水分子在催化剂表面的吸附，从而强化积炭的气化消除，提升催化剂的抗积炭性能。通过以上制备方法的创新以及催化剂几何结构的理性设计，全面提升了制氢催化剂的反应性能，可以实现炼油厂制氢装置在低水碳比、低能耗下长周期连续稳定运行，为炼油厂节能减排提供了技术支持。

工业实际应用效果表明，采用该新型制氢催化剂可降低运行水碳比 0.2~0.5 个单位，催化剂床层压降降低 8%~10%，出口温度降低 5~20℃，吨氢能耗与碳排放均可降低 10%以上。以某炼油厂 32000Nm^3/h 制氢装置为例，采用该新型催化剂后，每小时可减少 3.5MPa 高压蒸汽用量 1t 左右，减少燃料气消耗 200Nm^3/h，年降低 CO_2排放 3500t 左右，同时年节约制氢成本 400 多万元，具有显著的社会效益和经济效益。

5. 污油泥绿色低能耗分离及资源化利用成套技术

石科院开发的本项技术采用全自动撬装式模块处理技术，基于污油泥组成及理化特性分析，开发绿色专用调质预处理剂及均质设备，降低物料稳定性，改善油水固三相分离因子，结合高速离心等组合工艺实现油泥减量及污油资源净化回收再利用。

该技术可根据不同企业的物料特性及需求量体裁衣，灵活组合技术单元与专用药剂，为企业节能增效。该技术具有如下特点：①污油回收率高，回收净化油金属、机杂、灰分及盐含量大幅降低，且不含絮凝剂，满足净化油品回炼需求；②排水悬浮物及油含量低，石油类≤100mg/L，悬浮物≤100mg/L，满足水处理需求；③物料适用范围广，操作弹性大，可全密闭运行，实现 VOCs 在线收集处理。

据统计，千万吨级炼油厂每年可产生约 10kt 油泥；油田每年可产生数万吨甚至十万吨以上油泥，可见含油污泥产排量大，处理技术市场规模大。然而目前常用的油泥回收技术各有优劣，主要问题包括分离效率低、流程复杂、操作复杂、资源利用率低且处理成本高等。本技术不仅能大量回收可加工烃资源，还能大幅降低危废焚烧处置带来的碳排放问题，相较于焚烧、热解技术，该技术的 CO_2排放强度可分别降低 45%、24%左右。

6. 工艺多样化的高效加氢反应器内构件技术

本技术通过强化气液两相的流动和混合，提高氢气和油滴的混合和传热，提高床层持液率及分布均匀性，降低床层径向温差。石科院采用冷热态模型试验与流体力学模拟计算紧密结合，对入口扩散器、气液分配器及冷氢系统等关键内构件开展系统研究，形成了具有自主知识产权的新型物流分配系统 RFDS 及新型物流混合系统 RQMS 等系列化高效加氢反应器内构件成套技术，包括入口扩散器、冷氢系统、气液分配器与积垢分配系统。目前该技术已在国内应用 30 余套，可实现渣油加氢反应器径向温差从 10℃以上降至 3℃以内，技术可有效延长重质劣质原料加工周期，降低加氢过程氢气循环量 20%以上，从而节能 10%以上。

参 考 文 献

[1] 杨轶男，毛安国，田辉平，等．催化裂化增产汽油 SGC-1 催化剂的工业应用[J]．石油炼制与化工，2015，46(8)：28-33.
[2] 杨轶男，邵志才，吕庐峰．加氢原料对催化裂化烟气 SOx 排放影响的中试研究[J]．石油炼制与化工，2019，50(4)：49-52.
[3] 杨轶男，毛安国，崔琰，等．再生烟气氧含量对硫转移助剂使用效果的影响[J]．石油炼制与化工，2010，41(7)：10-13.
[4] 杨轶男．RFS-09 硫转移剂吸附量研究[J]．石油炼制与化工，2014，45(10)：8-11.
[5] 杨轶男，吴昊，赵晓敏，等．催化裂化装置碳排放特征及减排措施分析[J]．石油炼制与化工，2023，54(3)：90-95.
[6] 乔明，李雪静，周笑洋．新形势下石油公司二氧化碳减排策略的变化[J]．化工进展，2018，37(1)：1-6.
[7] 孟宪玲．炼油厂二氧化碳排放估算与分析[J]．当代石油化工，2010，18(2)：13-16.
[8] Corma A，Corresa E，Matthieu Y，et al. Crude Oil to Chemicals：Light Olefins from Crude Oil[J]．Catalysis Science & Technology，2016，7(1)：12-46.
[9] 李福超，王迪，张久顺，等．非碱性氮化物催化裂化生焦研究[J]．石油学报(石油加工)，2018，24(5)：856-862.
[10] 许友好，汪燮卿，舒兴田．原油最大化生产化工原料的技术思考及相关技术开发[J]．石油炼制与化工，2019，50(11)：1-10.
[11] 任飞，郑学国，朱玉霞．催化裂化平衡剂生焦因子和生氢因子的考察[J]．工业催化，2008，16(11)：26-30.
[12] 钮根林，杨朝合，山红红，等．结焦催化剂上焦炭氢碳比的测定方法[J]．分析化学，2003，31(3)：318-321.
[13] 林伟，龙军，朱玉霞，等．MIP-CGP 专用催化剂 CGP-1 的积炭选择性特点[J]．石油学报(石油加工)，2007，23(2)：79-82.
[14] 张雪静．催化裂化催化剂积炭组成及物化性质研究[D]．北京：石油化工科学研究院，2006.
[15] Forzatti P，Lietti L. Catalyst Deactivation[J]．Catal. Today，1999，52(2-3)：165-181.
[16] 任杰，邓铭波．裂化催化剂水热失活动力学及装置平衡活性模型[J]．燃料化学学报，

2004, 32(6): 762-767.

[17] Froment G F. A Quantitative Approach of Catalyst Deactivation by Coke Formation [J]. Stud. Surf. Sci. Catal, 1980, 6(1): 1-19.

[18] 张振千，田耕. 催化裂化待生催化剂多级组合式汽提器的开发[J]. 炼油技术与工程，2006，36(9)：12-16.

[19] 李国智，张振千，田耕. 新型填料汽提技术开发[J]. 炼油技术与工程，2011，41(2)：34-37.

[20] 张振千. 催化裂化新型汽提器的开发与应用[J]. 炼油设计，2001，31(11)：30-33.

[21] 张振千，赵民刚，田耕. 催化裂化新型汽提器汽提蒸汽有效利用率的研究[J]. 炼油设计，2001，1(1)：29-31.

[22] 张振千，田耕，李国智. 新型催化裂化汽提技术[J]. 炼油技术与工程，2013，43(1)：30-35.

[23] 鲁维民. 脱出再生催化剂携带烟气的研究[D]. 北京：石油化工科学研究院，2000.

[24] 李国智，马艳梅，张振千，等. 一种流化床气固接触设备：中国，101879432B[P]. 2012.

[25] 许长辉，陈慧娟，董群. 催化裂化汽提器技术研究进展[J]. 化学工业与工程，2007，24(2)：183-186.

[26] RALL R R. Maximising Performance with New Internal[J]. Petroleum Technology Quarterly, 2001, 6(2): 65-71.

[27] 李秋芝，陈曼桥，孟凡东，等. 催化裂化实现 CO_2 捕集的技术探讨[J]. 现代化工，2012，32(12)：82-84.

[28] 林世雄. 石油炼制工程(第三版)[M]. 北京：石油工业出版社，2000：320.

[29] Hollander M A D, Makkee M, Moulijn J A. Coke Formation in Fluid Catalytic Cracking Studied with the Microriser[J]. Catalysis Today, 1998, 46(1): 27-35.

[30] Voorhies J R. Carbon Formation in Catalytic Cracking[J]. Industrial & Engineering Chemistry, 1945, 37(4): 318-322.

[31] Bullen T, Stockle M. Integrating Refinery CO_2 Reduction into Your Refinery[J]. Hydrocarbon Processing, 2008, 87(9): 45-52.

[32] Ferguson S. Investment Roadmap: Planning for Carbon Capture and Storage[J]. Hydrocarbon Processing, 2011, 90(1): 43-49.

[33] 闵剑，加璐. 我国碳捕集与封存技术应用前景分析[J]. 石油与石化节能与减排，2011，1(2)：21-27.

[34] 饶甦，高正平，沈来宏，等. 二氧化碳减排及利用的现状及发展[J]. 现代化工，2011，31(7)：1-5.

[35] 金红光，洪慧，韩涛. 化学链燃烧的能源环境系统研究进展[J]. 科学通报，2008，53(24)：2994-3005.

第十一章 循环经济降碳

第一节 废塑料化学循环技术

一、技术概况

塑料是世界上三大合成材料之一，是最重要、应用最广泛的材料之一。从20世纪50年代至今，全球塑料总产量接近10000Mt，其中仅有一部分被回收利用，大量废塑料被弃于环境中，造成了严重的污染。据统计，截至2015年，全球已累计生产了约8300Mt塑料制品，废弃量约6300Mt，仅有9%被回收利用。2019年我国产生废弃塑料63Mt，仅回收利用18.9Mt。除此之外，每年塑料生产会占用约6%的石油资源，预计这一比例还会继续增长。塑料制品完全降解约需要200~500年，大量废塑料在垃圾填埋场甚至自然环境中堆积造成了严重的视觉污染、大气污染、土壤及水体污染，甚至是生态灾难。全世界产生的垃圾总量(包含废塑料)中有41%通过非组织性焚烧进行处理。塑料焚烧过程产生的有害气体及微粒会造成大气污染。废塑料填埋会造成土壤污染，不仅占用了大量的土地，所产生的微塑料还会破坏土壤结构、导致粮食减产。废塑料也正在使海洋受到严重的威胁，大量废塑料积攒于海洋中形成了“第七大陆”，即塑料垃圾带，威胁海洋生物生命。

塑料工业是国民经济的支柱产业，2019年我国塑料加工制品高达81.84Mt，产量和消费量均居世界第一。但不规范生产、使用塑料制品和堆放塑料废弃物等问题，造成废弃塑料在环境中长期累积，导致严重的环境污染和能源资源浪费，必须进行治理。废弃塑料污染防治事关人民群众健康，事关我国生态文明建设和高质量发展，是实施党中央建设绿水青山、美丽中国战略的重要组成部分。我们要消灭的是废塑料产生的环境污染，而不是塑料本身，废塑料其实是“地面上的白色原油”，应将其回收并通过最佳方法将其循环利用，发展废塑料循环经济产业，将“危机”变“机遇”。我国废弃塑料处置方式主要包括回收利用、焚烧、填埋等方式。一次性塑料产品如塑料袋、农膜、饮料瓶，年废弃量超过20Mt，是造成“白色污染”的主要来源。另外，家电、汽车、建筑等塑料制品，也随着相关产品进入淘汰期，成为废弃塑料的重要来源。我国废弃塑料流向主要包括回收利用、焚烧、填埋处理和环境中积累等四个方面：1/3 左右塑料被物理回收利用，1/3 左右被焚烧发电回收热能，1/3 左右被填埋或任意丢弃，大量积累在自然环境中，造成严重的环境污染。

国家各部委高度重视废弃塑料污染防治与综合利用的科技立项。科学技术部多次立项废旧塑料制品污染防治与综合利用系列科研项目，在“十三五”期间开展“固废资源化”重点研发计划，在全生物降解塑料及其新型制品、废旧塑料制品智能化回收与再利用、二次资源高值化综合利用等领域进行技术创新布局，初步形成了较为健全的塑料垃圾回收利用技术链条，带动了废弃塑料循环利用产业的快速发展。

物理回收不改变塑料化学组成，主要通过收集-粗略分类挑选-简单清洗破碎-熔融加工等工序制备再生塑料制品，广泛用于单一材质的热塑性废弃塑料回收利用，如回收利用废弃聚酯瓶制备再生涤纶纤维、废弃聚苯乙烯泡沫制备装饰制品等。但塑料制品 60%以上是应用于航空航天、电子电器、交通运输等领域的结构件和功能件，其所需的高性能多功能通过共混复合、交联等实现，废弃后难以回收利用。传统熔融加工方法，因共混复合型器件难分类难分离，组分相容性差、熔点差异大、熔体黏度不匹配，所制再生制品相畴尺寸大、性能差，无应用价值；交联型器件不熔不溶，难再加工，大多只能填埋或焚烧，造成严重的环境污染和能源资源浪费，已成为塑料污染治理的瓶颈和难点。

化学回收一般是采用裂解技术将废弃塑料降级回收为可再次使用的燃料(汽油、柴油等)或化工原料(乙烯、丙烯等)。化学回收的目标是回收传统的物理回收无法回收的塑料。对有污染且混杂的聚合物潜在的处理能力，是化学回收的主要优点之一，面对混合和污染的废塑料挑战，化学回收不失为一种可行的解决办法，还有可能应用于回收热固性塑料。化学回收方法主要包括化学分解和气化，焚烧发电本质上也属于化学燃料回收热量的方法，但与传统的化学回收概念存在差异。气化也是一种化学回收方法，只是降解得更为彻底，通常需要专用的设备，后续也需配备 FT 合成装置，投资较大。而化学分解则符合我们的传统理念，通过化学转化的方法将废塑料转化为油品及化工料。化学分解主要包括热解法和解聚法。热解法适用于聚烯烃类废塑料，又主要可细分为热裂解、催化裂解和加氢裂解三种类型，热解产物可引入石油炼制单元或化工生产单元。解聚法适用于缩聚类塑料，如 PET 等。解聚法也称萃取法，根据萃取溶剂不同，主要包括醇解、水解、溶剂解三种类型，解聚产物可引入化纤和塑料生产单元用于制化纤和塑料。

为了践行绿色发展，中国石化积极投入人力、物力开展废旧塑料的化学回收研发工作。石科院为了加快废塑料化学回收技术研发及工业化速度，尽快实现废旧塑料的资源最大化，开发了废塑料化学循环技术，包括以废塑料为原料的整体化学循环技术(包括塑料热解及热解产品加工)以及以塑料热解油为原料生产石化产品的技术。

二、加工过程碳排放

为了加快废旧塑料化学回收技术研发及工业化速度，尽快实现废旧塑料的最大化资源利用，中国石化结合自身优势对废旧塑料化学回收技术进行了总体布局，自主开发具有中国石化自主知识产权的全新废塑料加工成套技术以及以塑料热解油为原料生产石化产品的技术，将塑料及它们的衍生产品经过热解并转化成适合炼油厂装置加工的原料即塑料热解油，进入炼油厂加工。中国石化自主开发的 RPCC 废塑料热解技术液体产品收率可达 80%，RPCC 热解油氢含量较高为 13.5%，链烷烃含量高，芳烃含量低，是理想的蒸汽裂解或催化裂解原料。

废旧塑料裂解油在炼油厂加工的主要优势是可以与炼油厂现有原料共享加工工艺。废旧塑料热解油中除具有较高含量的杂质外，其烃类组成与石油馏分烃类具有较大的相似性，可以通过炼油厂催化裂化、加氢、焦化、蒸汽裂解制乙烯等加工工艺实现废旧塑料的化学循环。具体流程如图 11-1 所示，废塑料热解油经预加氢脱杂质，分馏切割为石脑油、加氢柴油、加氢重油，之后分别进入蒸汽裂解(或催化裂解)装置，最大化生产乙烯或丙烯。其中裂解汽油进入加氢/抽提装置生产芳烃，乙烯、丙烯分别进入 PP、PE 装置去生产聚烯烃。

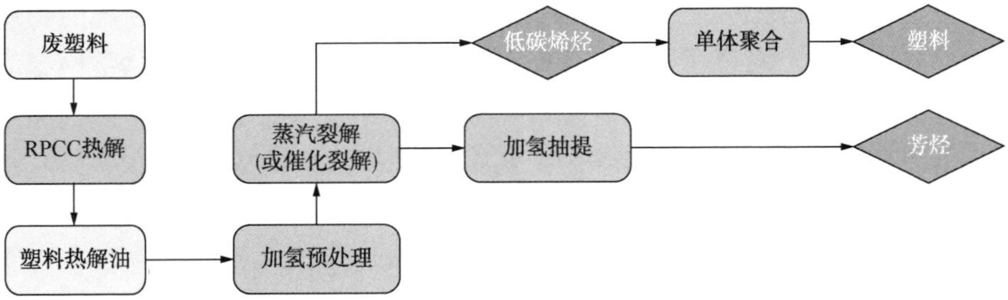

图 11-1　废塑料化学循环加工工艺流程图

经测算，废塑料在热解过程中产生的碳排放为 0.257tCO_2/t 原料，废塑料油的获取过程(热解过程)比原油生产过程(开采过程)碳排放降低 15%以上。基于炼油厂工艺流程，废塑料油的加工过程可比原油加工过程碳排放低 66%左右，按照 300kt 废塑料油替代原油加工，可实现碳减排约 120kt。按国际原油 80＄/bbl 价格体系计算，使用 1t 原油加工成为聚烯烃全生命周期碳排放为 2.57tCO_2/t 原油，每万元产值碳排放 5.5t；而使用废塑料通过化学循环生产聚烯烃每万元产值碳排放 2.23t，碳减排幅度达 50%以上。

三、再生塑料碳足迹

废塑料化学循环的再生主要产品为聚乙烯和聚丙烯，由于聚合的原料与石油基路线所得乙烯、丙烯相同，因此分别比较废塑料化学循环和原油加工路线的烯烃产品碳足迹。其中原油加工路线采用了典型的千万吨炼油+百万吨乙烯炼油厂的加工路线，装置结构如图 11-2 所示。聚乙烯加工方案采用蒸汽裂解工艺，聚丙烯加工方案选择催化裂化液化气分离丙烯路线。

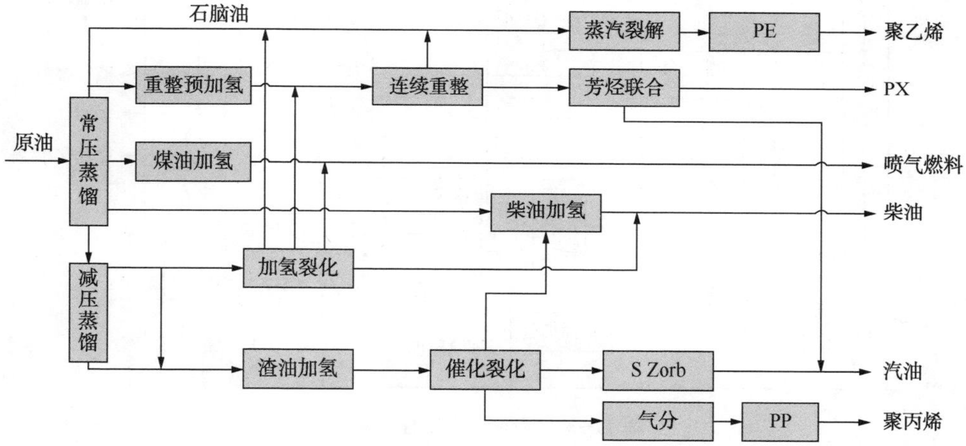

图 11-2　10Mt/a 炼油厂基本装置结构图

聚烯烃的产品碳足迹计算采用生命周期评估和流程物料溯源跟踪法，各生产环节考虑生产过程的直接与间接碳排放来源，燃料燃烧排放和间接排放采用碳排放因子法计算。石油基路线所得聚丙烯生命周期碳足迹为 1.54tCO_2/t 产品，聚乙烯全生命周期碳足迹为 2.01tCO_2/t 产品。

废塑料化学循环过程碳排放按图 11-2 所示的加工流程核算。经计算分析，废塑料化学循环生产聚烯烃的全生命周期碳足迹明显低于原油加工路线，如表 11-1所示，聚乙烯产品碳足迹相比原油加工可降低 36.3%，聚丙烯产品碳足迹可降低 36.4%。

表 11-1　塑料油化学循环生产烯烃碳足迹与原油加工对比

碳足迹	原油加工	化学循环方案
聚乙烯/(t/t)	2.01	1.28
聚丙烯/(t/t)	1.54	0.98

四、废塑料化学循环与炼油厂的耦合

为了研究废塑料化学循环与炼油厂的耦合性能，将废塑料作为一种原料以掺炼的形式在炼油厂进行加工。本研究以 100kt/a 废塑料作为原料，在某炼油厂开展化学回收工作。炼油厂流程简图如 11-3 所示。

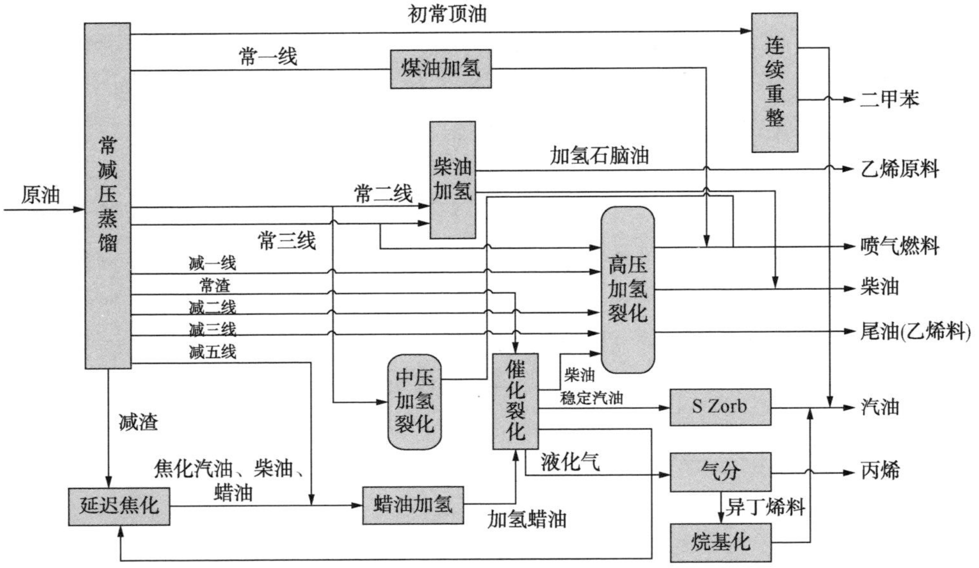

图 11-3　某炼油厂流程示意图

废塑料的掺炼加工主要包括以下两方面内容：

（1）塑料热解：为解决现有废塑料热解技术存在的热解油收率低，杂质，特别是 Cl、Si 等杂质含量高的缺点，石科院开发了废塑料生产低杂质油品相关技术（RPCC 技术）。与传统热解技术相比，开发的技术具有脱氯单元操作温度较低、废塑料中的 PVC 无分解、对装置无腐蚀、脱氯效率高等特点，此外，与传统的热解油加氢脱硅相比，该技术采取以废治废的方式脱除废塑料中的各种有机硅添加剂，大大降低了热解油加氢脱硅成本。通过 RPCC 废塑料热解技术，可得到 Cl、Si 等杂质含量较低的废塑料热解油。

（2）热解产品加工：废塑料热解油通过加氢装置进行掺炼加工，加氢石脑油作乙烯原料，加氢柴油作为柴油调合组分。

为了加工废塑料，需要在炼油厂新建塑料热解装置，热解产物分布如表 11-2 所示，废塑料热解油收率为 77.92%。

表 11-2 热解产物分布

产物名称	质量分数/%
干气+液化气	16.69
热解油	77.92
焦炭+其他	5.39
合计	100.00

热解液化气性质如表 11-3 所示，从表中可以看出热解液化气丙烯含量较高。热解石脑油、热解柴油和热解蜡油的性质如表 11-4~表 11-6 所示，从表中可以看出石脑油、柴油、蜡油氢碳比较高，硫、氮含量较低，结合炼油厂的实际加工流程特点，设计通过气分装置分离热解液化气中的丙烯，利用炼油厂柴油加氢精制装置加工热解石脑油和柴油，通过加氢对热解汽油进行脱硫和烯烃饱和，并进一步脱氯，加氢后的产品可作为优质的乙烯原料。根据热解柴油的性质以及柴油加氢装置的产品现有物料走向，裂解柴油加氢后可作为车用柴油调合组分。热解蜡油馏分经蜡油加氢装置处理后进入后续装置加工。废塑料掺炼加工流程如图 11-4所示，其中烯烃聚合图示省略。

表 11-3 热解气性质

项目	质量分数/%	项目	质量分数/%
氢气+甲烷	8.36	丙烯	22.11
乙烷+乙烯	21.45	丁烷+丁烯	32.01
丙烷	14.07	总计	100.00

表 11-4 热解石脑油性质

项目	数值	项目	数值
密度(20℃)/(g/cm³)	0.7401	馏程/℃	
碳含量/%	86.2	初馏点	24.2
氢含量/%	13.8	5%	41.4
硫含量/(μg/g)	3.3	10%	68.5
氮含量/(μg/g)	31	50%	128.7
		90%	173.9
		95%	177.6

表 11-5　热解柴油性质

项目	数值	项目	数值
密度(20℃)/(g/cm³)	0.7987	馏程/℃	
碳含量/%	85.86	初馏点	172.2
氢含量/%	14.14	5%	193.8
硫含量/(μg/g)	5.8	10%	198.2
氮含量/(μg/g)	47	50%	269.8
		90%	334.5
		95%	345.9

表 11-6　热解蜡油性质

项目	数值	项目	数值
密度(20℃)/(g/cm³)	0.8447	馏程/℃	
碳含量/%	85.84	初馏点	343.1
氢含量/%	13.94	5%	358.4
硫含量/(μg/g)	12	10%	368.7
氮含量/(μg/g)	74	50%	421.3
		90%	505.7
		95%	530.8

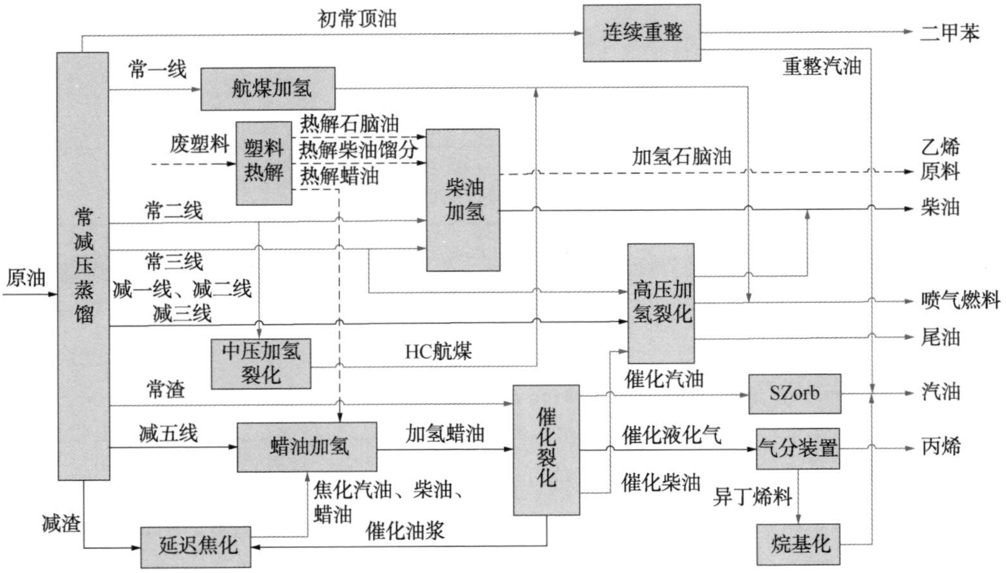

图 11-4　废塑料加工流程示意图

按照图 11-4 所示流程的废塑料循环与炼油厂的耦合方案中，炼油厂主要增量产品及产量如表 11-7 所示。

表 11-7 炼油厂耦合废塑料化学循环主要增量产品产量表

产品	增量产品产量/(kt/a)	产品	增量产品产量/(kt/a)
干气+液化气	17.2	柴油	51.9
石脑油	6.1	聚烯烃	17.4

掺炼废塑料方案与基础方案相比，产品中聚烯烃及柴油产量均有所提高。

根据前述废塑料在炼油厂掺炼加工流程，开展相应的碳排放计算，废塑料循环全流程碳排放结果如表 11-8 所示，碳排放计算包括废塑料热解及后续油品加工及烯烃聚合过程的生产过程。100kt/a 废塑料热解与炼油厂耦合加工，增量碳排放为 54232.2t/a，合每吨废塑料的碳排放强度为 0.542tCO_2。

表 11-8 10 万吨废塑料碳排放

项目	炼油厂现有工况	废塑料耦合掺炼
全厂碳排放/(tCO_2)	基准	基准+54232.2
塑料碳排放强度/(tCO_2/t 废塑料)	—	0.542

经核算，聚乙烯和聚丙烯产品从原油开采到聚烯烃产品的碳足迹分别为 2.01tCO_2/t 聚乙烯、1.54tCO_2/t 聚丙烯。采用废塑料化学循环与炼油厂耦合加工生产的聚烯烃碳足迹数据见表 11-9。与石油基聚烯烃路线相比，耦合掺炼方案中聚乙烯的碳足迹可降低 26.3%，聚丙烯的碳足迹可降低 24%。

表 11-9 塑料油蒸汽裂解生产烯烃碳强度与原油加工对比

碳足迹	原油加工	废塑料耦合掺炼方案
聚乙烯/(tCO_2/t 产品)	2.01	1.48
聚丙烯/(tCO_2/t 产品)	1.54	1.17

第二节 生物质航空燃料技术

一、技术概况

生物质航空燃料(以下简称生物航煤)是可持续航空燃料中目前应用较广的一种。生物航煤是指从废弃油脂、农林废弃物、藻类等生物质原料中提炼的可供航空器使用的新型燃料，无须对飞机现有燃油、动力等相关系统进行改造。其成分与传统喷气燃料基本一致，燃烧过程中碳排放比例不变，但由于其原材料在生长过程中会吸收空气中的 CO_2，除炼化过程中的能耗外，不会额外增加空气中 CO_2 的含量，从而起到减少碳排放的效果。根据测算，生物航煤全生命周期 CO_2 减排幅度在 67%~94%。运营欧洲航线的航班使用生物航煤可在欧洲温室气体排放交易体系（ETS）中减免碳排放费用。因此，生物航煤产业受到各国政府及石油公司、航空公司的关注。

随着航空运输业的快速发展和温室气体减排压力的日益增加，国际航空运输协会承诺了三大目标：①2009—2020 年，每年提高 1.5%的燃油效率；②到 2020 年实现碳中和；③到 2050 年碳排放量减少到 2005 年排放量的 50%。采用可持续航空燃料依然是航空运输业应对碳减排的主要选择。由油脂原料生产的航空燃料是可持续航空燃料的重要组成部分，在 2011 年 7 月，国际上就推出了源自油脂原料加氢制备喷气燃料的标准来推动生物航煤的商业应用。

生产生物航煤的技术路线可分为动植物油加氢法、生物质气化-合成-加氢改质法、生物质热解-加氢法和生物丁醇法 4 类，从生命周期角度考虑，生物航煤原料在种植过程中吸收大气中的 CO_2，在燃烧过程中又向大气排放 CO_2，有相当比例的 CO_2 处于循环状态，因此，具有显著的碳减排特性。此外，生物航煤的硫含量低，SO_2 排放也极低，而且其性质与石油基喷气燃料有很好的调合性，能够实现即加即用，是高效、清洁的可持续能源。

动植物油的主要成分是三脂肪酸甘油酯（以下简称甘油三酯），在加氢处理过程中发生的主要反应有：加氢饱和、加氢脱氧、加氢脱羧基和加氢脱羰基。加氢饱和反应是指动植物油分子中的脂肪酸碳链上不饱和键的加氢饱和；在加氢脱氧反应中，氧以 H_2O 的形式脱除；当加氢脱羧基时，氧以 CO_2的形式脱除；当加氢脱羰基时，氧以 CO 和 H_2O 的形式脱除。加氢脱氧生成烷烃的碳数与反应物脂肪酸的碳数相等，加氢脱羧、脱羰基反应生成的烷烃比反应物脂肪酸少 1 个碳原子。上述 3 种脱氧反应，因反应历程不同，氢耗、液体产品收率和分布亦有所不同。此外，加氢处理中还伴有裂化、异构化和甲烷化等副反应。

不同的反应过程氢耗不同，加氢脱氧反应氢耗最高，加氢脱羧反应的氢耗最低，包括加氢饱和反应的加氢处理过程综合氢耗约 1.17%~3.27%。

动植物油加氢处理得到的精制油主要是正构烷烃，其凝固点较高，需要进一步降凝。在其异构化过程中，正构烷烃首先生成单支链异构体，单支链异构体在扩散过程中进一步异构生成多支链异构体，或者发生裂解反应生成裂解产物，裂解产物包括正构烃和异构烃。异构烃的生成可能有两个途径：多支链异构产物的裂解和正构裂解产物的异构化。随着转化率的提高，多支链异构产物的裂解反应和正构裂解产物的异构化反应将更多地进行，使得总产物中异构烃的含量增多。

在以动植物油、微藻油、餐饮废油为原料时，原料首先需进行预处理脱除其中的金属、氯等杂质，以降低这些杂质对加氢催化剂和反应设备的危害，然后进行加氢处理和降凝，最后分离得到石脑油、生物航煤和生物柴油产品。根据原料和目标产物的不同，加氢法的催化剂级配和操作条件也有所不同。动植物油加氢法制备生物航煤的技术难点主要包括：动植物油中不饱和物质在高温下容易结焦；原料中的游离脂肪酸等会引起设备腐蚀；动植物油加氢处理为高放热反应，容易引起催化剂床层飞温；加氢脱氧生成的水对催化剂有破坏作用；加氢脱羧基生成的酸性气体增加了后处理的难度。中国石化通过合理的催化剂级配装填、工艺流程和工艺条件优化、添加助剂等，解决了原料高温下易结焦的问题，有效控制了反应器温升和催化剂床层压降，可实现催化剂长周期稳定运转，成功开发出了适用于动植物油、微藻油、餐饮废油等多种原料的加氢法生产生物航煤的工艺技术。

生物航煤原料主要有小桐子油、亚麻油、海藻油、棕榈油、餐饮废油等。航空喷气燃料从开发到应用需按严格规定程序进行研究和试验，经过一系列复杂程序后，方可批准投入使用。2009 年，《含合成烃类的航空涡轮燃料规格标准》(ASTM D7566—09)标准发布。列入 ASTM D7566 标准中的航空生物燃料，包括生物质气化-费-托合成-加氢改质和动植物油脂经加氢处理、改质的两种煤油。

二、生命周期碳排放分析

1. 研究目标与研究边界

以餐饮废油为原料，采用两段加氢技术生产生物航煤，分析生物航煤生命周期中 CO_2 的排放情况，从生命周期的角度评价生物航煤开发利用对全球气候变暖的影响；通过将生物航煤与传统喷气燃料的生命周期温室气体排放对比，对生物航煤替代传统喷气燃料的减排效果进行评价；通过分析生物航煤生命周期各阶段的温室气体排放，明确生物航煤生产和使用过程中温室气体减排的潜力，提出相应的减排建议。

一方面，我国每年的废餐饮油排放超过 2Mt，不仅污染环境，而且由于其游离脂肪酸含量高且含有醛、酮和聚合物等氧化产品，非法进入餐饮业会严重危害人们的健康。另一方面，由于我国目前可供较大规模采集的油料植物种类较少，且产量极为有限，生物燃料生产中原料不足的问题尤为突出，利用餐饮废油生产生物燃料，在避免危害百姓身体健康的同时，也改善了能源结构，保护了生态环境，一举多得。中国食用油产业报告数据显示，我国 2019 年我国各品种植物油包装食用油消费结构占比由大到小的排序为：豆油(40.9%)、棕榈油(21.5%)、菜籽油(18.9%)、花生油(7.4%)、特种植物油等小品种油(6.9%)、棉籽油(4.4%)。基于北京地区食用油消费的特点，以废弃餐饮菜籽油为原料，研究生物航煤生产过程中的碳排放。

以餐饮废油(菜籽油)制生物航煤为研究对象，向上追溯到油菜种植，向下分析到航空器燃烧为止。全生命周期包括油菜种植、油菜籽运输、菜籽油生产、菜籽油运输、餐厨垃圾收集与运输、餐饮废油提取、餐饮废油精炼、生物柴油生产、生物柴油运输、生物航煤生产、生物航煤运输以及生物航煤燃烧等阶段，见图 11-5。

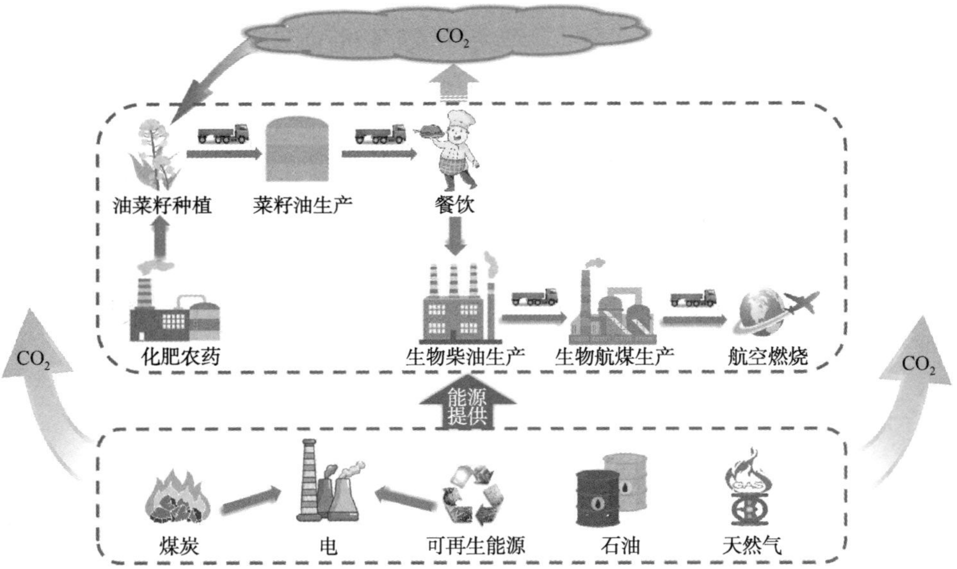

图 11-5　餐饮废油生产生物航煤系统

2. 生命周期碳排放分析

(1) 生命周期评价模型建立

根据上述餐饮废油生产路线，针对各生命周期阶段进行文献调研和数据收集，利用 LCA 方法计算其碳排放强度，继而建立起该燃料生产路线的碳排放评估模型。

生命周期评价是一种评价产品、工艺或活动从原材料采集，到产品生产、运输、销售、使用、回收、维护和最终处置整个生命周期阶段有关的环境负荷的过程。它首先辨识和量化整个生命周期阶段中能量和物质的消耗以及环境释放，其次评价这些消耗和释放对环境的影响，最后辨识和评价减少这些影响的机会。生命周期评价是一种对产品、生产工艺以及活动对环境的压力进行评价的客观过程，它是通过对能量和物质利用，以及废物排放对环境的影响，寻求改善环境影响的机会以及如何利用这种机会。这种评价贯穿于产品、工艺和活动的整个生命周期，包括原材料提取与加工；产品制造、运输以及销售；产品的使用、再利用和维护；废物循环和最终废物弃置。

确定研究范围就是确定产品系统边界。根据生命周期框架，用来制取生物航煤的废油也是由各种植物油混合而成，植物油的产生是由于各种植物种植、产籽、榨取产生，在各个过程中都涉及运输等过程消耗的能源和环境排放不能忽略，因此，废油制取生物航煤的评价范围必须延伸到制取的全生命周期，理论上应包括所有过程，即从根本原料获取到废弃物处理。但由于时间和经济条件的限制，以及数据可获性和数据质量的问题，需对系统边界做出适当界定，即删除一些对实现研究目标影响不大的过程。根据该原则，在进行生命周期分析时主要考虑种植过程、运输过程、植物油生产过程、餐饮油脂收集和精炼过程、生物航煤生产过程和消耗过程。就生物航煤生产过程进行分析时，主要从能耗和对环境的影响进行分析，计算数据包括能源消耗量和碳排放量。

（2）生命周期碳排放计算

我国大豆种植面积为 10580200hm^2，平均产量为 1677.7kg/hm^2；花生的种植面积为 5125000hm^2，平均产量为 2746.3kg/hm^2；油菜的种植面积为 7500000hm^2，平均产量为 1586.7kg/hm^2，根据我国油料作物出油率水平，设大豆的产油率为 17%；花生的产油率为 40%，油菜籽的产油率为 35%，则每生产 1kg 大豆油需要 5.88kg 大豆；生产 1kg 花生油需要 2.5kg 花生；生产 1kg 菜籽油需要 2.86kg 油菜籽。大豆、花生和油菜都是一年生的作物，它们在一年内吸收的 CO_2 量就是它在整个生长过程中吸收的量。大豆的固碳量为 1.73t/(hm^2·a)，折算成 CO_2 的吸收量为 6.34t/(hm^2·a)，即大豆的 CO_2 吸收量为 3.78kg/kg。花生的固碳量为 2.30t/(hm^2·a)，折算成 CO_2 的吸收量为 8.43t/(hm^2·a)，即花生的 CO_2 吸收量为 3.07kg/kg。油菜的固碳量为 2.32t/(hm^2·a)，折算成 CO_2 的吸收量为 8.51t/(hm^2·a)，即油菜籽的 CO_2 吸收量为 5.36kg/kg。通过混合比例可知 1kg 生物航煤需要大豆、花生、油菜籽的综合 CO_2 吸收量为 17.55kg。

根据全国土壤肥力分级标准知，植物生长吸收所需要的无机物来源分为两个部分，一部分由土壤本身所具有的肥力提供，另一部分则由施入的合成化肥提供，因此，假设植物生长过程中所需要的氮磷钾有 50%来自土壤本身，其余部分吸收来自人工施肥，而人工施肥主要是合成氨、普钙、硫酸钾，忽略向土壤中施有机肥所产生的影响。

根据油料作物生长过程中吸收 N、P_2O_5、K 的研究，植物生长中来自化肥的 N、P_2O_5、K_2O 分别是：每产 1kg 大豆生长需要 N 元素 3.6×10^{-2}kg，需要 P_2O_5 0.9×10^{-2}kg，需要 K_2O 2.0×10^{-2}kg；每产生 1kg 花生生长需要 N、P_2O_5、K_2O 分别为 3.4×10^{-2}kg、0.65×10^{-2}kg、1.9×10^{-2}kg；每产 1kg 油菜籽生长需要 N、P_2O_5、K_2O 分别为 2.9×10^{-2}kg、1.25×10^{-2}kg、2.15×10^{-2}kg。

氮肥、磷肥、钾肥的生产碳排放分别按照 2.041kg/kg、1.63kg/kg、0.65kg/kg 计算，假设油料作物种植区域是传统的油料作物种植地，因而土地用途改变排放为 0。

在种植大豆、花生、油菜等油料作物的过程中，除了化肥生产及施肥过程中的消耗，还有种子获取、除草剂、其他辅助营养剂的消耗，地膜生产、播种、灌溉、收获过程中的能源消耗及温室气体排放。综合上述过程，大豆种植过程碳排放折合为：获取 1kg 大豆碳排放为 0.919kg；花生种植过程碳排放折合为：获取 1kg 花生碳排放为 0.687kg；油菜种植过程碳排放折合为：获取 1kg 油菜籽碳排放为 0.958kg。

植物油生产采用电机榨油技术，需要消耗水、煤、电以及植物种子和其他辅助原料等，并且榨油过程中使用电气化控制，以电力驱动榨油机，因此，在榨油过程中电力消耗为主要的能源消耗，其榨油过程参照棕榈油榨油过程及消耗，且设大豆的出油率为 17%，花生的出油率为 40%，油菜籽的出油率为 35%，为了方便处理及分析，榨油产生的渣滓等物质作废弃处理不做考虑。采用热值分配法对菜籽油生产过程中的共生产品系统进行能耗分配，菜籽油能耗分配系数为 0.3。

采用电力驱动榨油的主要能量及动力消耗为电力，处理 1kg 油料籽粒需要耗电 0.03kW·h，折合消耗标煤 0.01kg，燃料油等油耗为 2×10^{-6}kg。

研究废油制取生物航煤的全生命周期评价过程中，主要的运输过程有：餐饮废油收集运输过程；收集废油运输到生物航煤制取厂、生物航煤产品运输到消费商的三个过程，假设使用载重为 25t 的卡车运输，路面为公路，运输距离为 200km。公路运输载重 25t 的卡车柴油消耗为 0.0161kg/(t·km)，每运输 1t 油品、运输距离 1km 的碳排放为 0.1587kg，因此每生产 1kg 生物航煤的废油运输及生物航煤运输过程碳排放合计为 0.138kg。

菜籽油经过烹饪及使用过程后，食用油使用量的 15%将成为废弃油脂分散在餐厨垃圾中，如果把菜籽油使用过程视作一个加工过程，那么废弃油脂的收率为

15%，其产品分配系数为 0.15。

由于餐厨垃圾中的油脂部分主要以固相形式存在，对餐厨垃圾进行湿解处理。餐厨垃圾经固液分离、脱水后提取得到餐饮废油。据实际调查，餐厨垃圾中油脂含量约为 5%，出油率为 98%，用餐厨垃圾提取 1t 毛油需要消耗 109kg 蒸汽和 12kW · h 电力。

餐饮废油是含有杂质的高酸值油脂，而杂质、水分和游离脂肪酸对酯交换都会产生影响。所以对于收集来的废油必须进行预处理，预处理的方法包括物理精炼和预酯化。物理精炼的方法是先将油脂水洗或用磷酸处理，先除去其中的磷脂、胶质等物质。再将油脂预热、脱水、脱气进入脱酸塔，维持残压，通入过量蒸汽，在蒸汽温度下，游离酸与蒸汽共同蒸出，经冷凝析出，除去游离脂肪酸以外的净损失，油脂中的游离酸可降到极低量，色素也能被分解，使颜色变浅。由于这个步骤是将油在一定的温度下进行处理，必须将反应容器进行密封，否则即使是微量的氧气也将油氧化。蒸出甲醇水，经分馏后，即可得到无游离酸的甲酯。回收的甲酯可回收再利用。为了避免催化剂的污染，酯化后需要中和水洗等后处理步骤。经过预处理后的油脂就可以进行酯交换反应。经预处理的油脂与甲醇一起，加入少量 KOH 等作为催化剂，在 60℃ 常压下进行酯交换反应，即能生成甲酯。由于化学平衡的关系，在一步法中油脂到甲酯的转化率仅达到 96%。为超脱这种化学平衡，处理过程采用二步反应。其中，化学法是采用酸炼、碱炼等方法去除色素和胶溶性杂质。采用化学法获得 1t 精炼油脂，需消耗毛油 1.042t，脱酸所需的 NaOH 量为 10.42kg，脱胶所需的硫酸量为 1.46kg，同时消耗蒸汽 206kg、消耗电 24kW · h，精炼后的餐饮废油可直接用于生产生物柴油。生产 1kW · h 电能需要耗能量 8.90MJ，生产 1t 蒸汽需要耗煤 155.00kg 或需要耗燃料油 80.00kg。由此可折算出生产 1kg 精炼油脂排放 CO_2 0.09kg。

生物航煤生产采用两段加氢生物航煤生产技术，原则流程如图 11-6 所示。

生物航煤（由餐饮废油为原料制取）生产装置的物料平衡数据见表 11-10。该技术每处理 1t 原料需要消耗 240kg 蒸汽、191.2kW · h 电、0.046t 燃料气和 0.08t 水以及 9.6m^3 氮气。假设加氢所用氢气采用天然气经蒸汽重整制取，生产 1MJ 氢气的能耗为 1.746MJ。

根据表 11-10 的产品收率和热值，采用热值分配法在各产品间进行能耗和碳排放分配，生物航煤的分配系数是 0.51。

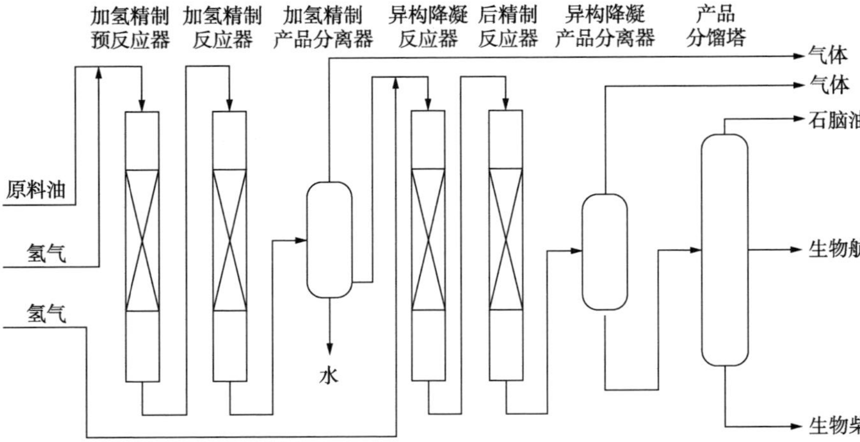

图 11-6　生物航煤生产技术原则流程图

表 11-10　生物航煤生产装置的物料平衡数据

项目	氢耗及产品收率/%	热值/(MJ/kg)	分配系数
原料			
餐饮废油	100	—	—
氢气	2.99	—	—
产品			
干气	7.34	39.49	0.07
液化气	6.65	46.15	0.08
溶剂油	23.48	43.68	0.27
生物航煤	45.25	43.9	0.51
生物柴油	6.82	37.81	0.07
损失	10.46	—	—
合计	100		1

3. 计算结果与讨论

整个生命周期过程中主要能源消耗为柴油及标煤，其中柴油消耗主要来自运输过程，占总柴油消耗量的 89.40%，其他消耗折合标煤消耗，其主要消耗来自油料作物种植过程。各生产环节碳排放如图 11-7 所示。作物种植过程的碳排放约占 59.2%，其次为生物航煤生产过程碳排放，约占 19.3%。其他生产过程碳排放在 2%~6%。以生产 1kg 生物航煤为例，从作物种植到生物航煤生产及燃烧消费全生命周期的各环节碳排放及其占比如表 11-11 所示。生产 1kg 生物航空燃料全生命周期碳排放总量为 0.222kg。

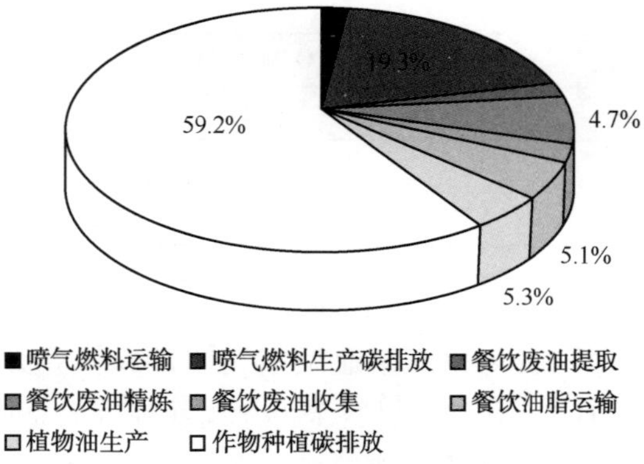

图 11-7　各生产环节碳排放占比图

表 11-11　生产 1kg 生物航煤各环节碳排放及其占比

生命周期环节	CO_2 排放/kg	占比/%
燃烧碳排放	3. 153	66. 6
航煤运输	0. 032	0. 7
生物航煤生产碳排放	0. 306	6. 5
餐饮废油提取	0. 030	0. 6
餐饮废油精炼	0. 099	2. 1
餐饮废油收集	0. 037	0. 8
餐饮油脂运输	0. 074	1. 6
植物油生产	0. 068	1. 4
作物种植碳排放	0. 935	19. 8
作物种植固碳	-4. 513	-95. 3
全生命周期碳排放	0. 222	

根据各阶段使用各燃料的热值与碳排放系数，利用餐饮废油(菜籽油)生产 1MJ 生物航煤全生命周期碳排放当量为 5. 06g。将生物航煤生命周期碳排放与石化喷气燃料进行对比，对于评价生物航煤替代石化喷气燃料生产、使用，对于能源资源消耗与全球变暖的影响具有重要意义。以生产 1kg 石化喷气燃料为例，各环节碳排放及其占比如表 11-12 所示。

表 11-12　生产 1kg 石化喷气燃料各环节碳排放及其占比

生命周期环节	CO_2 排放/kg	占比/%
燃烧碳排放	3. 153	86. 2
运输	0. 032	0. 9
生产碳排放	0. 129	3. 5

续表

生命周期环节	CO_2排放/kg	占比/%
原油运输碳排放	0.024	8.8
原油开采碳排放	0.322	0.7
全生命周期碳排放	3.659	—

石化喷气燃料生产的消耗清单取自典型炼油厂数据，各种能源的热值和温室气体排放系数来自《中国石油化工企业温室气体排放核算方法与报告指南(试行)》，计算得到生产1kg石化喷气燃料全生命周期碳排放总量为3.659kg。转化为热值计算，每生产1MJ常规喷气燃料全生命周期碳排放当量为84.95g，与我国常规喷气燃料全生命周期碳排放相比，生物航煤全生命周期碳排放当量可降低79.9g/MJ，实现碳减排93.7%。对于利用餐饮废油生产生物航煤的过程来讲，减排方向是进一步减少作物种植过程和生物航煤生产过程的碳排放，可进一步降低生物航煤生产路线的温室气体排放量。

第三节　生物柴油技术

一、技术概况

生物柴油是从植物油、动物油脂以及包含甘油三酯在内的废弃烹调用油中提取的可以作为化石燃料替代品的新型能源。植物油可以从许多途径获得，植物油中的甘油酯可以当作柴油的替代品。植物油发热量高，燃烧产生废气中的硫化物和多环芳烃类化合物少。随着科学研究的不断深入，生物柴油已经发展至第三代，其中第三代生物柴油采用微生物油脂法制备，第二代生物柴油采用催化加氢法制备，而第一代生物柴油(脂肪酸甲酯)依然是目前的主流，其主要通过价格低、碳链短的甲醇和甘油酯发生酯交换反应得到[1]。第一代生物柴油的生产方法主要有均相酸碱催化法、固体酸碱催化法、超临界法和酶催化法。

均相酸碱催化法制备生物柴油技术起步时间早，研究时间长，具有反应速率快、反应温度低等优点；相反，也具有反应设备要求高、反应体系分离困难等缺点。常用的均相酸催化剂包括硫酸、盐酸、磷酸等，常用的均相碱催化剂包括氢氧化钾、氢氧化钠、甲醇钠等。

为了克服传统均相酸碱催化法在制备生物柴油过程中出现的一些问题，学者们开始研究固体酸碱催化剂，固体酸碱催化法制备生物柴油过程中具有催化剂容易回收、产物易于分离、环境污染小等一系列优点，具有良好的应用前景。常用的固体酸催化剂可分为固体超强酸、负载型固体酸、分子筛等，常用的固体碱催化剂包括金属氧化物、碱金属负载的分子筛、阴离子交换树脂等。

酶催化法就是利用脂肪酶在一定条件下催化油脂和短碳链醇进行酯交换反应生成生物柴油的一种技术。酶催化法具有反应条件温和、低污染、副产物甘油易回收、生产工艺简单等优点，目前酶催化法制备生物柴油主要包括游离脂肪酶、物理或化学固定化脂肪酶和全细胞脂肪酶 3 种类型。

由于规模效应，目前生物柴油生产装置的规模在不断扩大。年产 500kt 甚至百万吨的装置也实现了工业化运行。随生产规模的扩大，连续化工艺逐渐取代间歇工艺。连续装置可以更好地实现热量利用、产品精制、甲醇的回收与循环，不仅使产品质量更稳定，而且使生产成本大幅降低。连续化生产工艺可采用均相催化方法，也可采用非均相催化技术。

连续均相催化工艺指在间歇搅拌釜式反应器的基础上，将两台搅拌反应器(CSTR)串联以增加反应停留时间，从而达到连续化生产目的。一般是通过改变 CSTR 的体积来调整反应时间。第一台 CSTR 的体积较大，保证达到最大反应程度所需的停留时间。在第一台 CSTR 中完成大部分酯交换反应并分离甘油后，物料进入第二台 CSTR 中继续反应，由于甘油分离对酯交换反应的促进作用，第二台 CSTR 中反应相对快，总转化率可达到 98%以上。CSTR 的设计核心就是要求反应原料充分混合以保证整个反应器内各组分分布均匀。通过泵循环或静态混合器可以强化混合过程，促进酯交换反应。当然这种均匀也会导致甘油在酯相分散的增加，结果使得后续的酯相与甘油相的分离时间延长。

此外，管式反应器(PFR)也能用于连续均相催化工艺。该类型反应器的轴向返混小，并且可在升温加压下操作，因而可增加反应速率，反应时间(停留时间)大大缩短。

该工艺的主要步骤包括①醇与催化剂的混合；②油脂与醇混合及预热；③第一步酯交换反应；④醇和甘油分离；⑤第二步酯交换反应；⑥醇回收；⑦生物柴油与甘油分离；⑧生物柴油精制。

主要工艺条件与技术指标[2]：①醇油比范围(4~20)：1，其中 6：1 最为常用；②温度可从常温至 250℃，压力范围为常压至 15MPa；③酸碱催化剂均可使用，催化剂用量占油脂的 0.1%~1.5%；④反应时间 6~10min；⑤油脂转化率为 85%~95%。

连续均相催化主要的工艺包括德国鲁奇(Lurgi)公司开发的两级连续醇解工艺(Lurgi 工艺)、德国 Connemann 公司使用离心机连续分离的生物柴油技术(Connemann 工艺)、德国汉高(Henkel)公司开发的碱催化的连续高压醇解工艺(Henkel 工艺)、加拿大多伦多大学开发的引入惰性溶剂生产生物柴油的 BIOX 工艺等[2]。此类生物柴油生产方法工艺条件比较温和，操作弹性较大，转化率高，可连续化大规模生产。但也存在较多不足，主要包括对原料要求苛刻；产物后处理复杂，产生低价值副产物；工艺流程较复杂，三废排放量大，污染环境。

目前第二代生物柴油的制备主要是采用固定床加氢或悬浮床的加氢等方法技术进行，但对比悬浮床方法，固定床的加氢方法在产品原材料、反应催化剂和生产技术等方面，仍然存在一定问题和限制。油料农作物原料生产成本很高，受国际市场波动负面影响巨大，并面临着与粮食抢地的问题，就目前中国国内生物柴油的主要品种进行分析，植物油原料正逐步被废油原材料所取代，一是受欧洲政策影响，二是以废油为原材料能够有效减排更多的 CO_2，从而满足了欧洲可再生利用能源指令中对可持续发展的需要。不过废油的酸值和金属(尤其是铁、钠、钙)、氧、氮、硫、磷等杂质或原子浓度过高等，对于目前的固定床催化方法而言具有挑战性。悬浮床工艺的原料适应性更高，一是原料和催化剂能够同时进入反应器，二是可随时调整催化剂与原料的比例，使反应性能始终满足不同原料的转化需要。

二、生命周期碳排放分析

植物油生物柴油的生命周期分为四个阶段。第一阶段是种植园(农业)阶段，第二阶段是植物油加工阶段，第三阶段是用酯交换工艺生产生物柴油阶段，第四阶段是生物柴油在汽车中燃烧利用阶段。

种植阶段以油菜为例：种植油菜的地区，通常土壤中的氮和钾的含量较低。而每产 1t 油菜籽需要氮(N)9.48kg，磷(P_2O_5)3.61kg，钾(K_2O)8.89kg[3]。在病虫害防治方面，苗期前应重点防治蚜虫、潜叶蝇、菜青虫、霜霉病，蓓蕾期应注意防治霜霉病，初花期应防治菌核病，结荚期应重点防治蚜虫，在各期防治病虫害时，每亩用杀虫剂约 100g。机械过程中的能源消耗和环境排放暂不考虑。

此外，农田生态系统在全球碳循环中起着至关重要的作用。作物通过光合作用固定大气中的 CO_2，固定的碳一部分合成有机物，暂存于植物体内转变成饲料等储存起来。

生物柴油生产过程也会增加大气中 CO_2 的排放量。在酯交换反应阶段，CO_2 排放量主要是来自生成电力的排放和蒸汽锅炉的排放。

一般来说，蒸汽是用蒸汽锅炉在现场生产的。蒸汽生成过程中的 CO_2 排放量主要取决于锅炉中的轻油燃烧。在工业锅炉中使用的轻油排放因子是每立方米轻油消费产生 2830kg CO_2。因此，按锅炉效率计算出蒸汽锅炉的排放量为 199.01kgCO_2/t 生物柴油[4]。此外，在酯交换反应过程中使用的反应物也会导致

CO_2排放，CO_2产生于反应物的生成过程。每生产 1L 甲醇和 1kg 氢氧化钠，将分别排放 1.33kg 和 0.79kg CO_2到大气中。通过该阶段中甲醇和氢氧化钠的总使用量，可计算出其排放量分别为 232.95kgCO_2/t 生物柴油和 5.63kgCO_2/t 生物柴油。研究表明，每公顷作物种植每年吸收的 CO_2为 161000kg，合 5462257kgCO_2/t 生物柴油，而通过呼吸作用释放的 CO_2为 96500kg/(hm^2 · a)，合 3273961kg/t 生物柴油[5]。这一结果表明，在生物柴油生产过程中生成且排放到大气中的 CO_2小于种植过程中吸收的 CO_2，生物柴油的使用可以产生 CO_2净吸收，是一种环境友好的燃料。

以酯化生物柴油代替石化燃料后将减少大量的 CO_2 排放，减排量达 0.863kgCO_2/t 生物柴油，减排率为 38%。加氢法生物柴油的碳排放可参考生物航煤，可以看出加氢法生物柴油的减排效应优于酯化生物柴油。

参 考 文 献

[1] 李春桃，周圆圆．第二代生物柴油技术现状及发展趋势[J]．天然气化工—C1 化学与化工，2021，46(6)：17-23+32.

[2] 刘锐宇．生物柴油的研究现状及展望[J]．石化技术，2022，29(1)：186-187.

[3] 郭焱，利娜．菜籽油生物柴油技术经济评价——基于全生命周期评价方法[J]．技术经济，2011，30(9)：17-23+32.

[4] 王健，常青，田秉晖，等．油菜籽制生物柴油生命周期的化学污染物排放风险评价[J]．生物质化学工程，2013，47(3)：17-22.

[5] 利娜．基于 LCA 的生物柴油技术经济评价研究[D]．天津：天津大学，2011.

第十二章　组分炼油与低碳流程再造

第一节　组分炼油的特点

一、传统炼油

传统炼油过程，原油首先进行蒸馏，根据沸点的不同，被分离成不同的馏分：从初馏点到200℃的馏分称为汽油馏分，也叫作轻油或石脑油馏分；200～350℃的馏分称为煤柴油馏分，也称为常压瓦斯油或中间馏分油；大于350℃的馏分称为常压渣油，也称为常压重油。350～500℃的馏分称为减压馏分，也称为蜡油馏分或减压瓦斯油；大于500℃的馏分称为减压渣油。

不同的馏分是由烷烃、环烷烃和芳烃等不同烃类化合物构成的复杂混合物，其中也包括含硫、氮、氧等杂原子的化合物，在石油重质馏分和减压渣油中含有较多的胶质、沥青质等物质。

石油的物理性质是其中各种化合物性质的综合表现，其物理性质与其化学组成有着密切的内在联系，由于石油是含有极多组分的复杂混合物，组成不易测定，故在炼油流程和工艺设计中，通常以馏分的宏观物性为参照标准设计炼油流程和工艺。根据沸点、密度、组分含量等性质的不同，常用BMCI、特性因数*K*值、残炭、芳烃潜含量等关联参数表征其性质。

BMCI广泛应用于表征裂解制乙烯原料的化学组成和裂解性能，通常BMCI值越低，表明原料中链烷烃含量越高，越有利于裂解生产乙烯。特性因数*K*值以平均沸点和相对密度关联渣油的化学特性，判断渣油的加工性能，指导不同性质渣油的加工方案。残炭与重质原料中的胶质和沥青质含量密切相关，可以预测原料生焦趋势，是工艺过程中的重要控制指标之一。在重石脑油催化重整生产芳烃时，芳烃潜含量作为重要的品质参数，通过测量环烷烃和芳烃含量得出原料转化为芳烃的潜力。

这些关联参数是表明原料性质和组成的间接指标，可以作为原料中芳香烃、环烷烃和烷烃的比例以及非烃化合物含量的重要依据，在一定程度上反映了原料特性，但不能精确表征其化学组成，比如表征原油化学特性的特性因数 K 值实际上是根据馏分油的某些物性求得，然后由此推论整个原油的特性，实际应用中对于含有大量烯烃、二烯烃和芳烃的二次加工产物以及渣油会导致误差。按照传统馏分切割的方式，无法从本质上根据目标产品选择在石油烃分子结构上合适的原油或依据原料的化学组成设计加工路线，大量分子在各种工艺装置里“跑龙套”或付出超额的加工代价，馏分中的部分组分在工艺装置中未被合理利用，难以最大化挖掘原料生产相应产品的潜力，炼油过程的选择性和反应效率仍有进步空间。

二、组分炼油

石油馏分是由正构烷烃、异构烷烃、环烷烃、芳烃等不同类型的组分构成，不同组分具有不同的物理、化学性质，这些组分的性质也决定了它们的使用性能和反应性能。目前人们对单元过程反应以及油品使用性能的要求，已经深入组分水平。例如，正构烷烃容易断链生成烯烃，适合作为催化裂化(FCC)和蒸汽裂解的原料来生产低碳烯烃；环烷烃在贵金属催化剂作用下容易脱氢生成苯环，适合作为重整原料来生产芳烃同时副产氢气；芳烃中的单环芳烃通过简单加工可作为芳烃产品，三环、四环短侧链芳烃可作为生产针状焦的原料；由此可见，石油中各组分都有其适合的加工路线，如果能够从组分层面进一步认识石油炼制的规律，最大限度地用好石油中的组分，可降低石油加工过程的成本，同时提高炼油产品的附加值。

组分炼油需要研究组分分离技术。石油是由大量分子组成的复杂混合物，将其中含有的许多原生组分直接分离出来作为产品，可有效提高原生分子的利用效率并节省能耗。当然，分离出需要的原生组分需要付出成本，开发低成本、高效率的组分分离技术将是这部分工作的重点。

组分炼油需要研究不同组分在炼油装置中的转化规律。从组分炼油角度出发，研究不同类型组分的转化规律，并分别设置最佳的反应条件和催化剂体系，能够更有针对性地提高组分的转化深度和转化选择性，既可以根据组分的特点量身定制加工路线，也可以根据目标组分量身定制炼制条件，提高石油组分的利用效率，更加经济合理地利用宝贵的石油资源。

三、组分炼油实施步骤

组分炼油是从馏分炼油向更为精细的炼油加工模式转变的必经阶段，对传统的以馏分炼油为主线的炼油厂加工总流程是一种划时代的升级，目前一些组分炼油技术已具备工业化条件，还有一些组分炼油技术正在向工业化的道路上前进，这些组分炼油技术与现有炼油总流程和炼油技术进行融合发展后，还会产生更多以组分炼油为核心的新流程和新技术，组分炼油实施可分为以下三个步骤，见图 12-1。

第一阶段，实施以组分炼油技术为驱动的局部流程集成创新。基于现有炼油厂提质增效、转型升级和降低碳排放等需求，利用已有的组分炼油技术，对炼油厂进行局部流程优化，以体现出组分炼油的优势，目前成熟的组分炼油技术有石脑油正异构分离技术、糠醛抽提技术以及溶剂脱沥青技术等；

第二阶段，在局部流程集成创新的基础上进行组分炼油工业实施检验，提出组分炼油新方向并开发配套新技术，组分炼油迈入改进创新阶段。

第三阶段，在炼油全流程实施组分炼油技术基础上，充分发挥组分烃性质集中的优势，在新工艺基础上形成更多功能性新材料，实现原始创新。

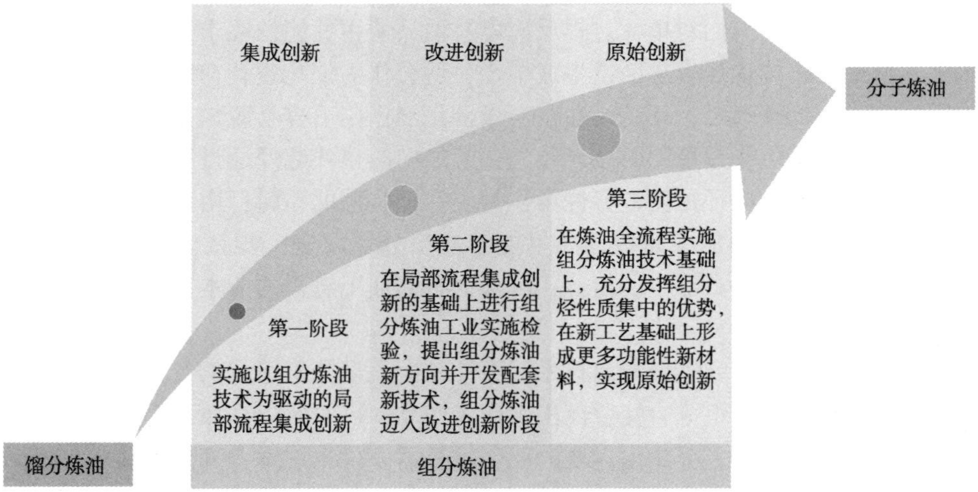

图 12-1　组分炼油实施阶段

第二节　组分炼油在炼油厂碳减排中的作用

一、炼油厂碳排放源分析

在炼油行业中，CO_2的排放主要分为两类：直接排放和间接排放。直接排放进一步细分为以下几部分。

燃料燃烧排放：这是炼油厂最大的 CO_2排放源，主要来源于锅炉、加热炉和火炬燃烧等设备的使用。锅炉和加热炉在原油加工过程中，需要消耗大量能源，

从而产生 CO_2 排放。火炬燃烧则涉及在装置启动、停止、停水或停电等情况下，将可燃气体通过火炬燃烧掉，进一步排放 CO_2。

工艺过程排放：在炼油过程中，如常减压蒸馏、FCC、催化重整、加氢裂化、延迟焦化以及炼油厂气加工和石油产品精制等工艺，均会产生 CO_2 排放。其中，催化剂烧焦是主要的排放源，约占工艺排放总量的78%，制氢装置的工艺排放约占22%。

逸散排放：这部分排放相对较小，但在某些情况下也需考虑。

在直接排放中，燃料燃烧排放和工艺过程排放的比例分别约为60%和40%。

间接排放则涉及炼油厂外购的电力、蒸汽等物料和能源在生产过程中产生的 CO_2 排放。在典型的炼油厂中，直接排放约占总 CO_2 排放量的85%，而间接排放约占15%。综合考虑直接排放和间接排放，炼油厂的总 CO_2 排放系数大约在0.2~0.4tCO_2/t原油的范围内。

二、组分炼油在碳减排中的作用

组分炼油可在以下三个方面助力炼油过程减排。

1. 资源高效利用

FCC和催化重整装置是炼油厂主要的二次加工装置，在炼油企业中占有重要地位。其能耗约占炼油总能耗的30%~50%。为了降低FCC装置的 CO_2 排放，炼油行业采取了以下主要的减排措施。

① 工艺设备优化：通过改进工艺设备的设计和操作，减少FCC反应过程中焦炭的生成，从而降低 CO_2 的产生。

② 原料和操作优化：选择低碳或低硫的原料，并通过优化操作条件，如温度、压力和催化剂的使用，减少焦炭的产生。

③ 电耗降低：在机泵和空冷器等设备上安装变频器，通过调节设备的运行速度来降低能耗。

④ 外取热器运行优化：通过提高富气压缩机的入口压力，优化外取热器的运行效率，减少能源消耗。

⑤ 蒸汽消耗降低：提高伴热蒸汽凝结水的回收和再利用效率，减少新鲜蒸汽的消耗。

⑥ 热能联合利用：加强FCC装置与常减压蒸馏、柴油加氢等其他炼油装置之间的热能联合，通过热能的有效回收和再利用，减少整个炼油过程的能源消耗和 CO_2 排放。

对于FCC和催化重整装置所产焦炭主要分为催化焦、剂油比焦、污染焦和附加焦。烧焦是催化装置中占比最大的能耗，由于焦炭直接产生 CO_2，因此成为装置节能减排的重点。

重质油分子结构可分为“易转化(烷基链、环烷环)组分”和“难转化(芳香环)组分”。烷基链、环烷环组分使用分子筛催化剂，通过 FCC 可高效转化为汽油、柴油等轻质燃料和乙烯、丙烯等化工原料；芳香环组分在 FCC 反应中不易发生开环分解，倾向于发生缩合反应生成焦炭，因此只能采用加氢使部分芳烃成为相对富氢的组分，进而采用 FCC 才能转化为目的产品。FCC 工艺的副产物——焦炭主要来自重质油分子中“难转化”的多环芳烃组分，特别是当原料中的多环芳烃含量过高时，或加工 FCC 循环油时，就会造成焦炭收率大幅升高。

传统的工艺流程中重循环油直接返回 FCC 装置进行加工，由于芳烃含量高、可裂化性能差，造成焦炭和干气收率大幅提高，产品选择性较差。通过对原油组分的研究和技术开发，根据各组分的结构和性质进行相应的物理分离，加氢工艺协同 FCC 实现烃分子芳环结构的“选形”改质，配合专用催化剂实现环烷环及烷基链结构的“择形”裂化。例如石科院开发的 IHCC 技术，通过对 FCC 循环油中的多环芳烃、胶质和沥青质中的芳环进行选择性加氢，提高 FCC 轻油收率，同时大幅降低焦炭的产量，以 10Mt/a 原油加工量下渣油加氢-FCC 方案与渣油加氢-IHCC 方案进行对比，综合考虑 FCC 装置采用 IHCC 技术后催化烧焦收率的降低以及 IHCC 方案中循环油加氢带来的氢耗增加，可实现吨原油 CO_2 减排 19.83kg，折合全厂碳减排近 200kt/a，达到全流程碳减排。

2. 降低能源使用

组分炼油要从分子水平和组分形态来认识、了解和熟知石油产品的加工全过程。在全厂加工流程方面，根据其原料组成及其产品规格属性进行明确的组分划分，根据不同的加工需求，适配不同的装置。对于单元加工过程方面，根据原料组分特点确定合理的加工流程和最佳的加工条件。通过这两个方面的技术优化，找到石化产品最直接、最高效的生产途径，降低生产能耗，实现碳减排。

我国炼油厂普遍处理较重质的原油，这导致石脑油的产出率相对较低。由于催化重整和蒸汽裂解工艺长期争夺有限的石脑油原料，已经成为一个突出问题。石脑油中含有的烃类因碳原子数目和分子链结构的不同，其性能如辛烷值、裂解性能和芳构化性能也大相径庭，因此它们的最佳应用方式也各不相同。对于石脑油，按照组分管理的思路，分离其中的正构烷烃作为优质乙烯裂解原料，非正构部分(主要是异构烷烃、环烷烃和芳烃)作为优质催化重整原料从而提高石脑油的利用效率。通过优化原料的结构和性质，炼油厂能够将预加氢系统中的汽提塔和分馏塔的塔顶回流比控制在较低水平，进而减少塔底重沸加热炉的燃料气消耗。炼油厂通过及时调整重整加热炉的出口温度，在确保产品质量的同时，减少了燃料气的消耗；充分利用催化剂再生系统的能力，将重整反应的氢油比控制在较低水平，这不仅减少了加热炉的燃料气消耗，也降低了循环氢压缩机的蒸汽消耗。

3. 降低氢气消耗

从组分炼油角度出发，通过炼油装置进料烃分子的优化，将氢气恰当地加在最需要的地方，避免过度加氢、无效加氢或加氢-脱氢循环，避免了氢气资源的浪费，节省加氢系统能耗，实现减排目的。

比如在对催化裂化柴油进行加氢裂化生产高辛烷值汽油过程中，期望的过程为双环芳烃选择性饱和及开环裂化，保留一个芳环使汽油组分具有较高的辛烷值。但如果催化裂化柴油中含有一定的链烷烃，则在加氢裂化过程中链烷烃也会发生加氢裂化反应生成低碳烷烃，反应产物不仅辛烷值较低对目标产品质量不利，而且还会造成大量无效氢耗。因此组分炼油可以降低氢耗，进一步实现碳减排。

第三节　石脑油端组分炼油技术

作为组分炼油的代表性技术，石脑油正异构分离很早便进入业内视野，其中轻石脑油正异构分离技术已被用于多家炼油厂，技术可分为精馏和吸附分离两类，虽然轻石脑油精馏正异构分离技术的单位能耗数据要高于吸附分离技术，但该技术可较好地利用炼油厂的低温热，且投资强度较低。全馏分石脑油正异构吸附分离技术应用场景更为灵活，该技术可同时为连续重整装置和蒸汽裂解装置提供原料，故与炼油厂化工转型方案结合更为密切。

该技术有多种适用场景。其一，用于处理重整拔头油、戊烷油、抽余油、加氢裂化轻石脑油，以及 C_5、C_6 异构化油等轻烃馏分。分离所得的异构烷烃产品纯度大于97%，相较于原料辛烷值提高 7~12 个单位，作为清洁汽油调合组分；所得正构烷烃产品纯度大于 99%，作为优质蒸汽裂解原料，三烯收率可提高10%~15%，也可进一步精馏生产正戊烷、正己烷等高纯度溶剂。该技术已在中科炼化东兴分部、金陵石化、茂名石化分别建成投产了规模为 150kt/a、700kt/a、1000kt/a 的工业装置。其二，用于全馏分石脑油吸附分离。将全馏分石脑油（C_6~C_{12}）原料分离为富含正构烷烃的抽出液和芳潜更高的抽余液，分别作为优质蒸汽裂解原料和重整原料。该技术已完成中型试验，吸附分离所得总正构烷烃纯度≥99%，单程收率≥90%。其三，用于 C_{10}~C_{15}加氢煤油馏分的吸附分离生产液蜡产品，该技术已完成中型试验，液蜡中正构烷烃纯度大于99.5%，收率大于93%。全馏分石脑油和液蜡分离技术均已具备工艺包编制和工业应用基础。

利用石脑油催化裂解装置分别加工直馏石脑油和正异构分离后的正构石脑油，其产物收率对比如表12-1所示，正构石脑油经催化裂解装置加工所产乙烯和丙烯质量收率较直馏石脑油直接催化裂解提高7.90个百分点。

表12-1　直馏石脑油和正异构分离后正构石脑油催化裂解产物收率对比

项目	直馏石脑油	正构石脑油
产品质量收率/%		
乙烯	基础	+3.74
丙烯	基础	+4.15
乙烯+丙烯	基础	+7.90
三烯+三苯	基础	-1.99

第四节　馏分油端组分炼油技术

一、柴油分离技术

柴油是石油炼制的重要产品，广泛用作柴油机车、铁路内燃机车、船舶、大型发动机的燃料，为工业生产和经济增长提供了不可或缺的动力。近年来，随着全球经济形势的发展，以及环保要求的提高，对柴油产品的需求量和质量均提出了更高的要求。目前全球柴油的消费增速进入下降通道，同时柴油质量标准不断升级，特别是对柴油馏分中多环芳烃的含量限制不断提高，我国柴油标准从国Ⅴ到国Ⅵ，多环芳烃含量的上限由11%下降至7%。开发新的柴油加工路线，是石化行业发展需要解决的问题之一。

从分子结构来看，柴油馏分的烃类组成复杂，分析柴油馏分中不同结构烃类的性质差异，通过组分定向管理，将柴油中的饱和烃、单环芳烃、稠环芳烃组分进行分离后分别加以利用，可以实现柴油组分的定向增值。

针对高烷烃含量的直馏柴油馏分，石科院开展了直馏柴油的芳烃抽提工艺研究，分别采用离子液体和有机溶剂，将直馏柴油分离为抽余柴油和抽出柴油，抽余柴油以非芳烃组分为主，富含长链烷烃，作为优质的蒸汽裂解原料；抽出柴油以芳烃为主，且主要是单环芳烃，掺炼到LTAG装置，生产高辛烷值汽油和低碳烯烃。小试结果显示，抽余柴油中总芳烃质量分数小于15%，双环以上芳烃质量分数小于2%；抽出柴油中总芳烃质量分数为96%以上，单环芳烃质量分数约为60%。

对于催化裂化LCO，石科院提出了兼顾生产清洁柴油的LCO生产轻芳烃技术，即在对LCO进行以深度脱硫、脱氮为主的加氢精制处理后，将其中的烷烃组分和部分芳烃一起分离出来，作为清洁柴油调合组分，其余的芳烃组分用作加氢裂化装置生产轻质芳烃的原料，可以实现LCO利用价值的最大化。试验评价结果表明，在优化的操作条件下，抽余油十六烷值可提高20个单位以上，达到49或51，总芳烃含量可以降低到40%以下，双环及以上芳烃含量降低到8%以下，可用作柴油调合组分；抽出油中的芳烃含量达到95%以上。

二、蜡油分离技术

1. 溶剂抽提技术

在重质石油馏分分离中，溶剂抽提技术主要应用于生产润滑油基础油，称为溶剂精制工艺。该工艺以减压馏分油或轻脱沥青油为原料，采用糠醛、*N*-甲基吡咯烷酮等有机溶剂，根据溶剂对不同组分溶解度和选择性差异，将芳烃、含杂原子化合物与饱和烃进行分离。此外，为满足欧盟环保法规对芳烃型橡胶填充油稠环芳烃含量的限制要求，石科院开发了对不同环数芳烃进行分离的ARE抽提工艺。该工艺可实现单双环芳烃与多环芳烃的高选择性分离，生产满足环保要求的橡胶油产品。

石科院溶剂抽提工艺采用具有高选择性的极性溶剂和复合溶剂，针对重质馏分油，包括VGO宽馏分和窄馏分、轻脱沥青油、催化裂化回炼油、催化裂化重柴油及糠醛抽出油等各种重质油馏分，进行饱和烃与芳烃或单双环芳烃与多环芳烃分离富集，生产润滑油基础油和橡胶填充油，或为组分炼油提供优质原料。

2. VGO宽馏分饱和烃与芳烃的分离

对于VGO宽馏分，筛选适宜极性溶剂可实现饱和烃与芳烃有效分离，分离系数可达23以上。分离后饱和烃含量可从原料的45%左右提高至富饱和烃相的80%以上甚至90%以上，富芳烃相中芳烃含量可达90%以上，并可根据富饱和烃相或富芳烃相对某一组分含量的要求，调整溶剂组成及工艺参数，实现分离目标。

3. 对不同环数芳烃的分离

糠醛抽出油是润滑油生产过程中一种富含芳烃的副产物。通过不同环数芳烃分离，可以将抽出油中的稠环芳烃（多环芳烃）有效分离，富含单双环芳烃的抽余油作为环保型芳烃橡胶填充油产品，稠环芳烃组分可作为沥青调合组分。经两种不同极性复合溶剂分别抽提分离后，稠环芳烃含量由原料的25.2%分别降低至2.8%和2.5%，稠环芳烃的分离系数分别达17.6和23.1。

4. 结晶分离技术

结晶分离广泛应用于石油化工、生物医药和食品加工等领域。在炼油领域，结晶分离主要用于高碳数正构烷烃与其他组分分离，分离后的产品用于生产石油蜡。结晶分离工艺主要针对高碳数的石油蜡产品和费-托蜡产品，选择具有较高溶解性的复合溶剂，通过调控稀释工艺及结晶工艺参数，可实现高碳数正构烷烃与其他组分有效分离。对于费-托蜡原料或石油蜡原料，经结晶分离后，正构烷烃相中正构烷烃含量可达96%以上，正构烷烃分离系数可达15。

5. 吸附脱蜡

吸附脱蜡是一种精炼石油产品的关键技术，尤其在液体石蜡的生产中发挥着重要作用。该技术的核心在于利用分子筛对不同烃类分子的选择性吸附能力，主要应用于从汽油、航空燃料和柴油等石油馏分中去除正构烷烃，以改进燃料的性能和质量。

原料油(如直馏煤油)经加热后进入吸附塔，原料油中正构烷烃被吸附在筛孔内，除去正构烷烃的脱蜡油由吸附塔出来，经冷凝、冷却、沉降、切水过滤，可作为成品油。吸附蜡饱和的分子筛用水蒸气或轻质烷烃溶剂进行脱附，脱附蜡经冷凝、冷却、沉降切水并精制后，可得到液体石蜡产品。吸附脱蜡包括气固吸附和脱附的过程。在汽油、煤油和柴油中，正构烷烃分子直径约为4.9Å，且比异构烷烃、环烷烃及芳烃等组分的分子直径小，因此吸附过程采用5Å分子筛，可以选择性地吸附正构烷烃，实现分离的目的。

第五节　重油端组分炼油技术

1. 油浆分离

FCC油浆中富含大量芳烃，且多环芳烃、胶质和沥青质含量高，在FCC装置中易造成生焦。若将外甩的FCC油浆有效地分离并深度加工，可发挥良好的经济效益。分离出的饱和烃仍是优质的FCC原料，单双环芳烃是生产橡胶填充油、塑料增塑剂、导热油等的优质原料，多环芳烃、胶质和沥青可用于生产炭黑、针状焦、高等级道路沥青、碳纤维等。FCC油浆由于含有较多胶质和沥青质以及一定量的轻油组分，需蒸馏切割后再进行溶剂抽提分离不同组分。

对于富含芳烃的催化裂化回炼油馏分，石科院开发了高效抽提分离工艺。回炼油经强极性溶剂抽提后，芳烃和饱和烃的分离系数达140以上，分离后饱和烃含量约从原料的17%上升至富饱和烃相的50%，而富芳烃相中饱和烃含量降低至1%以下。

2. 溶剂脱沥青相关的组合工艺

(1) 技术现状

与蒸馏工艺相比，溶剂脱沥青能够在较低的分离温度下得到分子量更大、沸点更高的馏分。且当抽出油或馏出油收率相同时，脱沥青油中的饱和烃含量远高于蒸馏得到的馏出油中的饱和烃含量。在非理想的多环芳烃组分的脱除方面，溶剂脱沥青得到的抽出油对非理想组分的脱除率也远高于蒸馏得到的馏出油对非理想组分的脱除率，即溶剂脱沥青过程对理想组分的保留或对非理想组分的脱除具有更高的选择性。

溶剂脱沥青工艺按照产物的用途或后续加工工艺原料性质要求可以分为两类：一段溶剂脱沥青工艺和两段溶剂脱沥青工艺。在生产润滑油基础油原料时，多采用丙烷作为溶剂的两段溶剂脱沥青工艺，可以生产出三个产品，尤其是能够得到质量很好的轻脱沥青油(无沥青质和重金属)，这是生产润滑油的优质原料。生产催化裂化、加氢等深加工工艺原料时，多采用丁烷、戊烷或其混合溶剂的一段溶剂脱沥青工艺，可以生产出两个产品，得到最大收率的无沥青质、少金属的脱沥青油，为重油深加工(重油加氢、重油催化)提供优质的原料，提高炼油企业的经济效益。

在减压渣油生产润滑油基础油原料的工艺开发方面，石科院不仅开发出了丙烷两段溶剂脱沥青工艺，生产出满足要求的基础油原料，而且实现了采用丙烷一段溶剂脱沥青工艺生产润滑油基础油的原料；采用所开发的高效规整填料及进料分布器作为抽提塔内构件，实现了丁烷两段溶剂脱沥青工艺生产润滑油基础油的原料，并且已经在中海石油宁波大榭石化得到工业应用。随着原油价格的升高及FCC加氢处理等重油深加工技术的普及推广，从每桶原油中得到最大量的深加工原料的需求日益强烈。因此，为了从减压渣油中得到较多的深加工原料，或者说为了使理想组分收率最大化，石科院开发了以溶剂脱沥青技术为龙头的系列重油加工组合技术：溶剂脱沥青-催化裂化组合技术、缓和热转化-溶剂脱沥青组合技术、溶剂脱沥青-脱沥青油加氢-催化裂化-脱油沥青气化组合技术、溶剂脱沥青-脱沥青油催化裂化-脱油沥青气化组合技术以及溶剂脱沥青-焦化组合技术等。为了进一步提高重油深加工能力，石科院开发了戊烷溶剂脱沥青技术，得到脱沥青油收率高达70%~80%。以正戊烷为溶剂，把减压渣油中很难转化的沥青质和稠环化合物以及对催化裂化或加氢处理/裂化过程有害的重金属等脱除，得到的脱沥青油作为加氢处理/裂化的进料，而质量很差的脱油沥青则作为 POX 的进料，真正实现了重油零出厂。

在渣油的溶剂选择性分离方面，国外主要有 UOP 公司的 Demex 技术和 KBR 公司的 ROSE 技术。UOP 公司的 Demex 技术使用选择性较差的溶剂（较重的 C_4、C_5 轻烃），并采用超临界溶剂回收技术，可从渣油中回收芳烃和可以加工的胶质组分，将高金属含量的渣油分离成含金属相对较少的脱金属油（DMO）和脱油沥青。其主要目的是从减压渣油中分离出用于下游转化装置的原料。UOP 公司初期设计 Demex 装置的指导思想是力求装置简单，因此采用了在塔外设置静态混合器混合、塔内沉降分离的方式来完成脱沥青过程，在胶质分离中也就采用了卧式分离器。到 20 世纪 90 年代后其设计思想已有改变，开始注意提高抽提系统的分离效率，在抽提塔内部装设内构件，并采用逆流抽提来代替混合-沉降分离，胶质分离器也从卧式变为立式，同样也装有内构件。Demex 工艺新型抽提塔采用一种称为平行折流板的内构件。KBR 公司的 ROSE 技术，在超临界状态下回收脱沥青油溶液中的溶剂、在亚临界状态下进行抽提的溶剂脱沥青技术。从抽提塔底出来的沥青溶液也仍采用闪蒸的方式回收溶剂，但采用较高的蒸发温度以防止蒸发时夹带沥青粒子污染或堵塞管线。ROSE 技术早期采用逆流式挡板塔作为抽提塔，溶剂的回收采用蒸发回收。后期也采用了规整填料，开发了新型抽提（分离）塔及新型高效规整填料，解决了燃料型 ROSE 装置生产催化原料或加氢原料的特定需要，即较大幅提高了装置的处理能力；KBR 公司还开发了专门用于生产润滑油基础油的 ROSE 装置的内构件，很好地处理了轻相和重相液体的流动，减少了不利的返混。除此之外，ROSE 技术在换热系统优化及工艺模型计算方面有自己的特点，采用热油炉提供热能，使热能的有效利用得到较大幅度的提高。

（2）技术研发方向

现有的溶剂脱沥青技术，无论是燃料型还是润滑油溶剂脱沥青技术，其目的都只是脱除减压渣油中的沥青质、重金属等杂质，为后续深加工提供优质的原料，以降低后续深加工工艺的苛刻度，因此，只能算是馏分炼油的一部分。按照组分炼油的要求以及“宜烯则烯、宜芳则芳、宜材则材”的原则，将组成、结构或性质相同或相近的组分进行归集分类，按照加工能耗最低、产物转化率最高、产品品质最好的原则，将相近组分进行加工。溶剂脱沥青技术作为重油分离的重油手段之一，为充分发挥其在重油分离方面的作用，实现重油的组分分离，因此，溶剂脱沥青技术需要在今后的工作中加强如下几个方面的研发：①开发能够实现重油精细分离的抽提分离塔。目前的抽提分离塔，每个塔只能得到两个组分，不能满足组分分离的要求，因此要开发出能够实现单塔组分分离的抽提分离塔，使每个分离塔能够同时得到多个组成相近的分离产物，为组分炼油提供适合的原料；②开发高效抽提塔内构件，包括抽提塔内的规整分离填料、规整聚结填料、原料及溶剂的进料分布器、分离产物的多侧线收集器，提高重油在抽提塔内的分离效率，实现重油的组分分离；③优化换热网络，实现热能的充分利用，尤其是低温热的利用，降低溶剂脱沥青装置的能耗；④继续开发以溶剂脱沥青为龙头的重油加工系列组合技术，实现重油的高附加值利用。

实现组分炼油的基础是不同组分的有效分离。针对不同组分，开发低能耗、绿色和强化高效的分离技术是核心。

对于溶剂抽提降低能耗方面，国内相关研究采用反萃取和溶剂再生工艺(通过反萃取溶剂对溶剂反向萃取，再通过低温溶剂回收工艺)，可解决现有工艺高温反复溶剂回收问题，减少蒸汽用量，降低能耗。国外相关研究选择低沸点极性有机溶剂，通过优化工艺可实现柴油中芳烃和饱和烃分离，可在较低温度下(小于100℃)实现溶剂回收。

对于萃取分离过程中有机溶剂易挥发和低毒性等问题，离子液体具有不易挥发、热稳定性好和结构可调控等特点，在萃取分离方面具有良好分离效果且得到广泛应用。国内外针对离子液体萃取分离轻质油品中饱和烃与芳烃、饱和烃与烯烃以及脱硫脱氮等开展大量研究。近年来，石科院针对重油组分分离，开展了不同环数芳烃分离和重油脱氮的探索性研究，通过调节离子液体结构和官能团，可实现较好的分离结果。

对于萃取分离过程中强化传质方面，国内相关研究开展微液滴或微萃取设备研究，如强化分散-聚并过程以替代逆流萃取过程，可提高传质效率，降低传质单元高度；采用微通道等微萃取设备，可缩短传质距离、强化液滴内循环，缩短萃取时间和降低萃取剂用量。

第六节　基于组分炼油的低碳流程再造

以中东原油为原料，采用组分分离理念，对低碳流程再造进行研究。原油基本性质如表12-2所示，该原油氢含量仅为11.82%，在20℃下的密度为887.5kg/m^3，该原油链烷烃质量分数为23.9%，环烷烃质量分数为18.4%，芳烃质量分数高达50.6%，该原油是非理想的催化裂解原料。

通过馏分切割将该原油切割为轻馏分(馏程小于200℃)，中间馏分(馏程为200~300℃)和重馏分(馏程大于300℃)，并通过对各馏分进行组分分离使饱和分富集，为生产化工原料提供最适宜的原料组分。

表 12-2 原油基本性质

项目	数值	项目	数值
密度(20℃)/(kg/m^3)	887.5	氢质量分数/%	11.82
黏度(50℃)/(mm^2/s)	12.88	质量组成/%	
折射率(70℃)	1.49	链烷烃	23.9
碱性氮/(mg/kg)	413	环烷烃	18.4
凝点/℃	-34	芳烃	50.6
硫质量分数/%	2.631	胶质	7.1

1. 原油轻馏分组分分离生产化工原料

以该原油轻馏分为原料进行分离，轻馏分及分离出的饱和分性质如表 12-3 所示，可以看出在选定的条件下，可得到饱和烃质量分数为 95.55%的饱和分产品，且饱和分质量收率达到 90.6%，非饱和分总芳烃的质量分数达到 95%以上。

表 12-3 轻馏分及饱和分性质

项目	轻馏分	饱和分	非饱和分
质量收率/%	100	90.6	9.4
烃类组成/%			
饱和烃	87.26	95.55	4.15
环烷烃	17.05	18.59	1.69
芳烃	12.74	4.45	95.85

以轻馏分和经组分分离技术分离出的轻馏分饱和分分别作为催化裂解原料，其化工原料质量收率对比如表 12-4 所示，以饱和分为原料进行催化裂解反应，其乙烯和丙烯产品质量收率均高于直接以轻馏分为原料进行催化裂解反应，乙烯和丙烯产品质量收率合计提高 1.09 个百分点。

表 12-4 轻馏分及饱和分催化裂解产品收率对比

项目	轻馏分	饱和分
产品质量收率/%		
乙烯	基础	+0.32
丙烯	基础	+0.78
乙烯+丙烯	基础	+1.09
三烯+三苯	基础	-1.89

2. 原油中间馏分组分分离生产化工原料

以该原油中间馏分为原料进行分离，中间馏分及分离出的饱和分性质如表 12-5 所示，可以看出在选定的条件下，通过对中间馏分进行分离可得到饱和烃质量分数为 61. 8%的饱和分产品，饱和分质量收率达到83%，非饱和分的总芳烃质量分数达到90%以上。

表 12-5　轻馏分及饱和分性质

项目	中间馏分	饱和分	非饱和分
质量收率/%	100	83	17
烃类组成/%			
饱和烃	51. 8	61. 8	2. 98
环烷烃	25. 4	29. 4	5. 87
芳烃	22. 8	8. 8	91. 15

以中间馏分和经组分分离技术分离出的中馏分饱和分分别作为催化裂解原料，其化工原料质量收率对比如表 12-6 所示，以饱和分为原料进行催化裂解反应，其乙烯和丙烯产品质量收率均高于直接以中间馏分为原料进行催化裂解反应，乙烯和丙烯产品质量收率合计提高 4. 75 个百分点，三烯和三苯产品质量收率提高 6. 08%。

表 12-6　中间馏分及饱和分催化裂解产品质量收率对比

项目	中间馏分	饱和分
产品质量收率/%		
乙烯	基础	+2. 74
丙烯	基础	+2. 01
乙烯+丙烯	基础	+4. 75
三烯+三苯	基础	+6. 08

3. 原油重馏分组分分离生产化工原料

以该原油重馏分为原料进行分离，重馏分及分离出的饱和分性质如表 12-7 所示，通过重馏分组分分离技术在特定条件下可分离出沥青质质量分数小于 0. 1 的饱和分产品，且饱和分质量收率可达到 76. 2%，饱和分质量分数从重馏分的 36. 9%提高到 52. 4%。

表 12-7 重馏分及饱和分性质

项目	重馏分	饱和分
质量收率/%	100	76.2
四组分组成/%		
饱和分	36.9	52.4
芳香分	41.3	41.6
胶质	18	6
沥青质	3.8	<0.1

以重馏分和经组分分离技术分离出的重馏分饱和分分别作为催化裂解原料，其收率对比如表 12-8 所示，以饱和分为原料进行催化裂解反应，其乙烯和丙烯产品质量收率均高于直接以轻馏分为原料进行催化裂解反应，乙烯和丙烯产品质量收率合计提高 6.1 个百分点，三烯和三苯产品质量收率提高 10.76 个百分点。

表 12-8 重馏分及饱和分催化裂解产品质量收率对比

项目	重馏分	饱和分
产品质量收率/%		
乙烯	基础	+1.89
丙烯	基础	+4.20
乙烯+丙烯	基础	+6.10
三烯+三苯	基础	+10.76

4. 组分炼油低碳流程再造碳排放分析

基于前述轻馏分、中间馏分、重馏分的组分分离，可以看出基于组分炼油总流程中的高值化工产品收率显著提升，为了进一步发挥组分炼油的优势，对于重馏分分离出的非饱和分应避免其通过加氢的方式进行加工，一是其氢含量低，加氢转化能耗与氢耗较高、碳排放高；二是面向油品市场的达峰，也应避免消耗大量资源将非理想组分加工生成油品。为此，在组分炼油低碳流程再造中，设置延迟焦化装置加工重馏分分离出的非饱和分。

以千万吨级炼油厂分别通过馏分炼油和组分炼油技术进行运营数据对比，见表 12-9。可以看出得益于催化烧焦的降低以及吨油产值的提升，采用组分炼油技术方案时，全厂碳排放总量和碳排放强度可分别降低 6%和 8.2%。

表 12-9 千万吨级炼油厂馏分炼油和组分炼油总流程技术对比

	基础方案	组分炼油方案
化工产品产量/(kt/a)		
乙烯	340	890
丙烯	1480	1870
三苯	590	690
催化裂解烧焦	基准	基准×0.69
技术经济(60$ 价格体系)/(元/t)		
吨油产品产值	基准	基准+205
吨油原料成本	基准	基准-83
吨油操作费用	基准	基准+30
吨油建设投资折旧	基准	基准+11
吨油毛利	基准	基准+185
碳排放		
碳排放总量	基准	基准×0.94
万元产值碳排放强度	基准	基准×0.918

第十三章　绿氢炼化

随着碳达峰碳中和发展目标的提出，作为二次能源的氢能，受到日益广泛的关注。氢能发展目前以煤制氢为主，与电能关联性不大，但在“双碳”目标下，随着绿电电解水制绿氢技术的不断发展，未来氢能与电能的关联性将不断增强，绿氢与可再生能源、新型电力系统将紧密结合、协同互补，氢电耦合系统将成为重要发展趋势以及实现“双碳”目标的重要解决方案。因此，在炼化生产中，绿氢与绿电协同耦合替代化石能源(统称“绿氢炼化”)，将是深度脱碳、实现碳中和最直接且最重要的途径。

氢能具有来源多样、能量密度高、热值高、应用场景丰富、最终实现零排放的特点，逐渐成为全球能源转型的重要载体之一。氢能作为一种清洁能源，被认为是21世纪最具潜力的能源之一，不仅有助于电网的大规模调峰、大规模实施可再生能源及跨区域、跨季节的储能，加快工业、交通和建筑的低碳转型，也是未来建设国家能源体系、支持能源消费终端绿色低碳转型的重要载体[1]。

绿氢的需求主要来自化工、钢铁和交通领域。根据中国氢能联盟预测，我国在不久的将来氢能的需求量势必会大幅提高，见图13-1，由2020年的33.42Mt增长至2060年的130.30Mt，其中绿氢将占到100Mt。从应用领域来看，2020年我国应用在合成氨、甲醇、炼油及其他工业领域的氢能占比分别为37%、19%、10%和19%[2]。

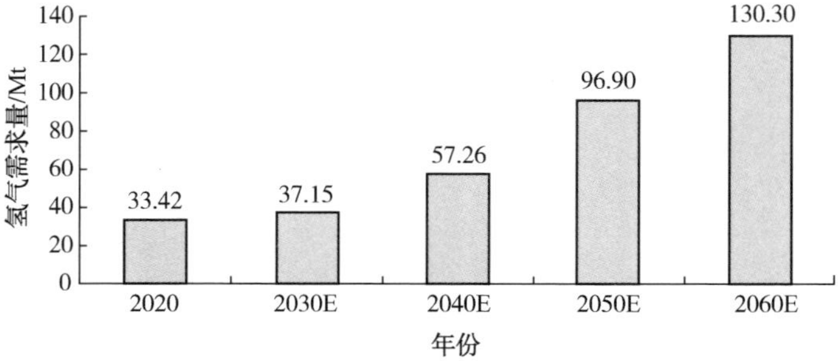

图13-1　2020—2060年中国氢气需求量

我国能源结构由高碳能源转向低碳能源推动了绿氢产业快速发展、成本不断下降。绿氢产业呈现快速增长之势。我国氢气产量在2021年达到约33Mt，从氢气来源上看，化石能源（煤和天然气）制氢和工业副产制氢占比分别约为77%和21%，绿氢占比极小。在"双碳"目标下，氢能在我国未来低碳能源体系中将发挥重要作用，我国实现碳中和的重要手段依赖于氢能产业的发展。目前，绿氢产业尚处于市场导入期，预计到2030年我国绿氢需求量将达到7.7Mt，2060年将达到75~100Mt，约占氢能总产量的75%左右。制约绿氢产业发展的关键之一是电价，目前绿氢总成本约有85%源自电价。以0.4元/kW·h电价为例，碱性电解技术下的绿氢成本约为29.93元/kg，质子交换膜电解技术下的绿氢成本约为39.87元/kg。未来随着技术不断进步和绿电价格不断下降，预计2035年绿氢成本将降至20元/kg左右，经济性开始显现；2050年绿氢成本将比目前下降80%左右，绿氢将进入大规模应用和快速发展时期。

随着绿电和绿氢产业的快速发展和成本的不断下降，中国石化正依托其炼油厂和石化基地的大规模可再生能源发电、绿色制氢和储氢项目，推动源网荷储一体化，为炼油和化工业务大规模使用绿氢和绿电提供深度脱碳解决方案。将形成系统内大规模的绿氢、绿电供应和消费，有助于加快打造中国第一氢能公司和氢能应用产业链链长。

第一节　不同来源氢气的碳排放强度

目前，在全球范围内制氢的主要技术包括化石能源（煤和天然气）制氢、工业副产品制氢等。在全球范围内，天然气制氢占主导地位，份额达62%，煤制氢占19%，工业副产品占18%，来自水电解的比例仅为0.04%[3]。从国内来看，我国氢气生产的主要来源是煤制氢，2021年的数据表明，煤制氢在我国制氢总量的占比高达64%，位居第二位的是工业副产品氢气占比约为21%，再次是天然气制氢，占比超过10%，而代表绿氢的电解水制氢仅有1.52%。煤制氢技术较为成熟、产量大且分布广、碳排放量大；天然气制氢耗水量小，氢气收率高，蒸汽重整制氢较为成熟，碳排放量较大；以焦炉煤气、轻烃利用、氯碱化工、合成氨醇等副产工艺过程中得到的氢气谓之工业副产氢气，它具有显著的碳减排效果和较高的经济性优势。

从短期来看，在炼化领域要实现用氢低碳化，CCUS将是主要途径。通过碳捕集和储存方法"蓝氢"生产过程中产生的CO_2不会进入大气，氢的生产可以大幅减少碳排放。从中长期来看，通过近零碳排放的可再生能源制取的高品质绿氢成为未来需要重点关注的制氢方式。在碳中和背景下，全球2050年氢气产量有望达到500~600Mt，其中绿氢产量180Mt以上。

一、煤制氢

作为已经有200余年发展历史的煤制氢技术，是目前经济性最佳、规模最大的制氢技术，对于我国这样多煤少油气且化石能源结构分布不均的国家尤其适合。煤制氢工艺技术的经济优势源于丰富储量的煤炭资源和生产运行成本较低两方面，但随着装置规模的扩大，该技术所需设备投资也许会增加；此外，困扰和束缚煤制氢发展的一项重要因素是其大量CO_2与含硫污染物的排放。今后该技术发展的新方向将定位于更高效且低能耗的煤超临界水气化技术[4]。

以煤为原料制氢气的方法主要有煤气化和煤超临界水气化两种，其中，煤气化制氢流程见图13-2。

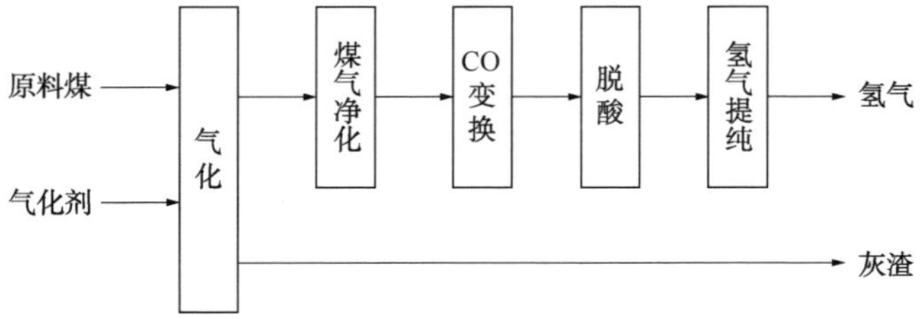

图13-2　煤气化制氢流程图

煤制氢成本优势明显，但其碳排放量高，环保压力大。2021年我国煤制氢产量约21Mt。在不考虑碳价的情况下，当前煤气化制氢的成本最低，《中国氢能产业发展报告2020》中煤气化制氢成本在6.77~12.14元/kg。在结合CCS技术的情形下每千克氢气制取成本为20元。煤气化制氢每生产1kg H_2的碳排放水平为19.94~29.01kg CO_2，远高于天然气重整制氢碳排放水平[5]。在全球碳中和的目标导向下，煤气化制氢成本优势恐难持续，据IEA预计，在考虑碳价的情况下，煤制氢的成本优势将逐渐消失，见图13-3。

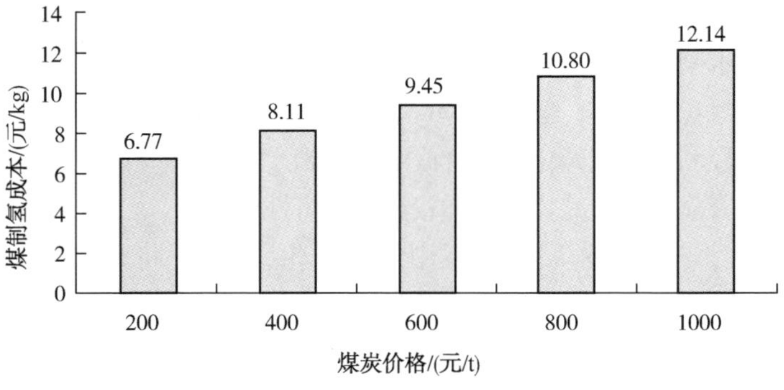

图13-3　煤炭价格对煤制氢成本的影响

煤制氢氢气成本与“碳税”关系见表 13-1。

表 13-1　煤制氢氢气成本与“碳税”的关系

碳税/(元/t)	氢气成本/(元/kg)	说明
40	0.8	某研究机构统计
100	2.0	预计 2025 年碳交易价格
500	10.0	预计 2030 年碳交易价格
1000	20.0	预计 2050 年碳交易价格

二、天然气制氢

化石能源制氢技术中天然气制氢也是一项成熟技术，其优势在于装置运行可靠、工艺流程简单、具有较低的单位投资成本等优势，全球氢气生产中约有一半的技术源于天然气制氢[6,7]。与其他国家相比，我国“富煤缺油少气”的能源资源特点使得国内天然气制氢的比例相对较低，更多源于储量更为丰富的煤炭。我国 2020 年制氢总量达到 33.42Mt，其中天然气制氢产量占比仅有 19%[8]。天然气制氢投资低于煤制氢且技术相对成熟，与甲醇制氢相比运行消耗更低，可灵活调整装置规模，在目前化石能源制氢技术领域中占有重要地位[9,10]。

天然气制氢的原料是天然气，在氧化剂水蒸气作用下，可得到富氢混合气，主要包含天然气脱硫和甲烷蒸汽转化两个过程[11]。与煤制氢相比，天然气制氢碳排放量相对较少，约为 10.11kgCO_2/kgH_2。

天然气制氢是欧美、中东等天然气资源丰富地区的主流制氢工艺。然而，我国天然气资源较贫瘠，国内目前天然气约 40%依赖进口，天然气制氢缺乏原料保障。天然气制氢成本依据天然气价格的变化约为 7.5~24.3 元/kg，经济优势不突出。

碳排放交易对天然气制氢的经济性影响较大，天然气制氢成本与“碳税”关系见表 13-2。

表 13-2　天然气制氢成本与“碳税”的关系

碳税/(元/t)	氢气成本/(元/kg)	说明
40	0.4	某研究机构统计
100	1.0	预计 2025 年碳交易价格
500	5.1	预计 2030 年碳交易价格
1000	10.1	预计 2050 年碳交易价格

三、工业副产氢

工业副产氢主要来源于钢铁行业、氯碱行业和炼油化工行业的工业合成气/

液体分离，主要包括焦炉煤气，电解氯化钠水溶液，轻质烷烃脱氢混合气以及重整混合气、FCC干气、乙苯脱氢和石脑油裂解的混合气等。主要采用PSA技术手段实现氢气提纯[12]。

工业副产氢成本主要包括生产成本和提纯成本，各类副产氢综合成本介于9~22元/kg。焦炉煤气制氢在工业副产氢中具备成本优势，单位制氢成本约9~15元/kg，由于其显著的减排效果和较高的经济性优势，在电解水绿氢成本达到或接近平价以前，副产氢是过渡阶段的较优途径。虽然"碳税"不计入工业副产氢气成本，但在计算炼油厂碳足迹时工业副产氢的碳足迹影响因素不能忽视，具体数据见表13-3。

表13-3 不同制氢工艺碳足迹

制氢工艺	碳足迹/(tCO_2/t)	制氢工艺	碳足迹/(tCO_2/t)
天然气制氢	10.063	乙烯副产氢	0.674
煤制氢	24.328	乙苯副产氢	1.634
氯碱副产氢	1.775	丙烷脱氢	1.253
重整副产氢	0.230		

绿氢炼化不仅要求炼油厂使用碳排放更低的氢气，还要求各加氢装置对氢气的高效利用，最大限度降低氢气消耗产生的碳排放，具体参见第十章第二节。

四、绿氢

"绿氢"是使用可再生能源产生的清洁电力或核能、太阳能、生物质等非化石能源生产的氢，具有在生产过程无CO_2排放和从全生命周期角度评价为零碳或负碳的特征，但在绿氢生产使用的装备生产过程中存在碳排放，如光伏发电和风电设备制造、运输、施工安装等过程消耗的能源和材料，如国内光伏发电平均碳排放是20~40gCO_2/(kW·h)，风电平均碳排放是6~9gCO_2/(kW·h)。

利用可再生能源电解水生产绿氢是今后一段时间制氢的主要发展方向。采用风电和光伏等清洁能源的电解水制氢需要协调好"源、网、荷、储"的关系，降低绿氢的成本。同时，电解水制氢技术还不能满足大规模绿氢生产的要求，需要进一步开发。当前电解水制氢技术包括碱水电解(ALK)、质子交换膜(PEM)和阴离子交换膜(AEM)纯水电解、固体氧化物(SOEC)水蒸气电解四种技术。从材料、性能、效率和成本上看，这些技术都有各自的优势和挑战[13]。

第二节 炼化转型对产用氢结构与碳排放的影响

我国石油化工产业快速发展加剧了炼油产能过剩，实施炼油产品结构转型是现有炼油厂的迫切需要。未来随着乙烯和芳烃业务的发展，我国炼油厂的碳排放量仍将呈现增长态势。

一、绿氢需求及发展应用概况

氢气需求量较大的领域为炼化、工业和交通运输等。根据 IEA 数据，在炼化领域，2021 年全球的氢需求量为 40Mt，中国占了 9Mt 以上，而且新增产能为全球最多，在 2019—2023 年贡献了新增产能的 70%左右，碳减排压力大。在交通领域零碳排放的氢能燃料可以减少传统汽柴油燃料的消费。目前氢气在交通领域的需求量较低，2021 年全球只有 30kt 左右，主要用于公路车辆。2021 年全球氢燃料电池车辆超过 5 万辆，随着燃料电池车辆的技术进步和普及推广，燃料电池有望在公路车辆、铁路、矿车、叉车、船用、航空等领域获得广泛应用，相应氢气需求将获得快速增长。

据预测，通过清洁氢气在炼油、交通、化工、制造业等领域的应用，到 2050 年每年温室气体排放量至少可减少 5000~6000Mt，约占当年全部绿色技术减排量的 15%。

在储能领域，氢能作为长周期、大规模的储能方式，可以解决可再生能源供求过程中存在的区域错配问题，从而提高电力系统灵活调节能力。电解水制氢可平抑风力、光伏等发电输出的波动性，并通过利用可再生能源发电的弃水、弃光、弃风电力，减少能源浪费，解决弃电问题。

二、加工方案对碳排放的影响

我国炼油因为产能过剩加剧致使市场供需矛盾突出。“双碳”背景下新能源领域的快速发展使得我国炼油迫切需要实施产品结构转型。成品油消费增速放缓促使化学品需求相对旺盛，致使我国现有燃料型炼油厂向炼化一体化加速转变。

以原油加工量为 11. 5Mt/a 的燃料型炼油厂的不同加工方案为例，分析炼油厂炼化转型对产用氢结构与碳排放的差异。

炼油厂现有重油加工流程采用延迟焦化+固定床渣油加氢+催化裂化的加工路线，直馏柴油、催化裂化柴油分别采用加氢精制技术和加氢转化技术生产柴油和汽油产品；直馏石脑油作为重整装置原料，生产汽油调合组分和部分芳烃产品。汽煤柴收率高达 70%左右，油品比例过高。为提升区域化工新材料和产业链发展，炼油厂拟进行“减油增化”产品结构转型，以生产低碳烯烃为主。

4 种组合加工路线，以方案 1 为基准方案进行多方案比选。

方案 1：新建溶剂脱沥青+蜡油加氢+催化裂解+柴油吸附分离+油制氢。

方案 2：新建溶剂脱沥青+蜡油加氢+催化裂解+柴油加氢改质(改造)+油制氢。

方案 3：新建溶剂脱沥青+蜡油加氢裂化+柴油吸附分离+油制氢。

方案 4：新建渣油加氢+重油催化裂解+柴油吸附分离+干气制氢。

4 种方案一体化主要产品指标对比如表 13-4 所示。

表 13-4　不同方案主要产品指标对比

项目	现状	方案 1	方案 2	方案 3	方案 4
油品收率/%	70.03	37.41	37.58	43.27	38.38
乙烯收率/%	0	13.08	13.08	13.08	13.07
丙烯收率/%	1.63	10.86	10.69	6.72	10.85
芳烃收率/%	2.86	11.68	11.02	9.89	12.34
商品率/%	92.96	86.27	85.84	86.63	87.12
轻油收率/%	85.76	79.10	78.70	79.73	80.54

由表 13-4 可以看出，各方案油品收率为 37%~43%，与现状相比均有很大降幅；低碳烯烃(乙烯、丙烯)收率为 19%~24%，芳烃收率为 9%~12%，比实施前有较大提高。其中方案 1 比方案 3 的油品收率低 5.86 个百分点，双烯(乙烯、丙烯)收率可提高 4.14 个百分点。从商品率来看，方案 4 比方案 1 提高 0.85 个百分点。

因此，该炼油厂以催化裂解技术为核心的转型方案，与以加氢裂化技术为核心的转型方案相比，可更小化地生产成品油，而更大化地生产化学品，双烯收率更高；柴油吸附分离获得的非芳烃柴油相比利用柴油加氢装置改造获得的加氢改质柴油更适宜做蒸汽裂解料；方案 4 相比方案 1 重油资源利用率和总商品率更高。

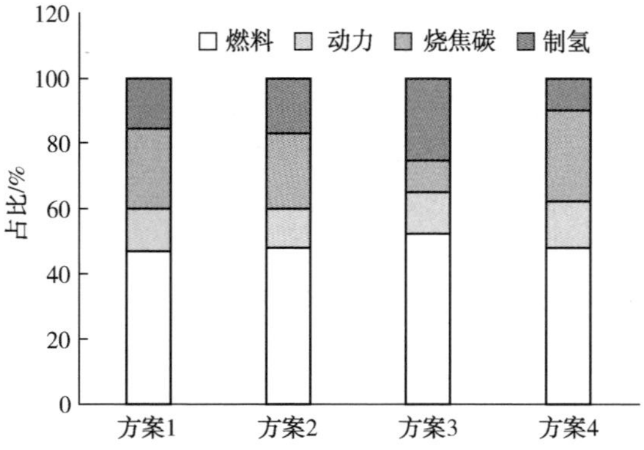

图 13-4　四种方案的碳排放来源占比

根据《碳排放核算与报告要求 第 15 部分：石油化工企业》(GB/T 32151.15—2023)，碳排放主要与加热炉和动力站燃料燃烧直接排放、电力间接排放以及催化烧焦、乙烯烧焦和制氢过程排放有关。四种方案的 CO_2 排放来源及排放量对比如图 13-4 和

图 13-5 所示。

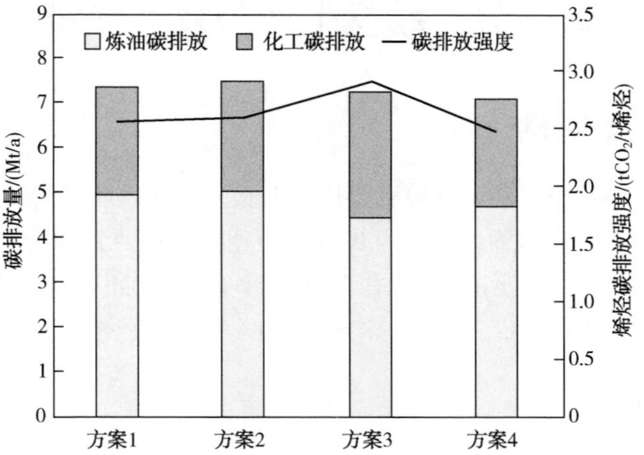

图 13-5 四种方案的碳排放对比

方案 2 与方案 1 相比燃料和制氢过程碳排放占比略高，动力和烧焦碳排放占比略低。方案 4 与方案 1 相比，由于采用干气制氢，其制氢碳排放占比比采用油制氢的方案 1 低。加氢裂化方案(方案 3)相比其他 3 个方案(催化裂解)烧焦碳排放占比低，由于氢耗大和裂解炉负荷高，其制氢和燃料燃烧碳排放占比比其他方案高。

炼油部分方案 3 碳排放最低，而化工部分则相反，方案 3 碳排放最高，一体化碳排放总量由高至低依次是方案 2>方案 1>方案 3>方案 4。每吨烯烃(乙烯、丙烯、丁烯)碳排放强度由高至低依次是方案 3>方案 2>方案 1>方案 4。因此，方案 4 不论是碳排放总量还是烯烃碳排放强度都是最低的。与方案 3 相比，方案 4 烯烃碳排放强度可减少 0.44tCO_2/t 烯烃。

该炼油厂在目标为多产低碳烯烃(乙烯、丙烯)前提下，以催化裂解技术为核心的加工路线比以加氢裂化技术为核心的加工路线，可更大幅度减少油品的生产，解决该厂成品油市场严重过剩的问题。由于催化裂解富产乙烯、丙烯，催化裂解方案总的双烯收率更高，油转化深度更高。加氢裂化方案的优点是油品生产更灵活，适合油品市场仍有一定需求的企业，同时加氢裂化方案新建装置数量少，投资强度低，综合碳排放增量不高。

采用方案 4 组合加工路线可减少制氢过程碳排放以及乙烯裂解炉燃烧碳排放，不论是碳排放总量还是折合吨烯烃的碳排放强度都是最低的。同时方案 4 重油资源得到最大化利用，总商品率最高，整体经济收益最好。

炼油厂可结合自身资源情况、目标市场需求和现有的加工结构特点优化加工路线，实现符合自身发展需要的炼油结构转型升级和绿色低碳高质量发展。

第三节　绿氢生产与技术经济

一、氢能需求分析

全球氢能市场前景可观，规模有望持续增长。全球氢能需求自 2000 年以来强劲增长，2020 年全球氢气需求大约为 90Mt。根据预测，到 2030 年，全球氢气产量将从 2021 年的 94Mt 增长至 140Mt，并于 2050 年突破 660Mt。其中我国氢气产量预计在 2030 年达到 43. 61Mt，占世界总产量的 30%左右，见图 13-6 与图 13-7[14-17]。

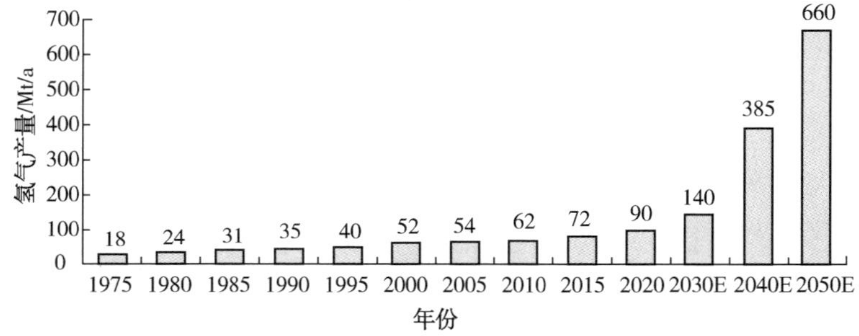

图 13-6　2030—2050 年全球氢气产量预测

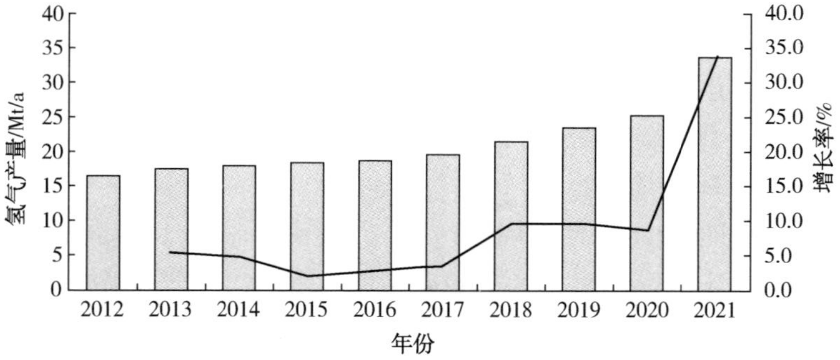

图 13-7　2012—2021 年我国氢气产量

从氢能需求上看，目前主要集中于炼油行业和工业用途。2020 年炼油化工消耗 38. 4Mt 的氢气。在化工合成领域，2020 年氢气消耗量超 30Mt，大部分作为原料使用。氢能其他领域的应用仍有较大发展潜力。

中国未来氢能工业领域的应用场景主要为氢能冶金和绿氢化工。氢能冶金是指氢代替焦炭作为钢铁冶炼的还原剂，包括高炉富氢还原炼铁和气基竖炉直接还原炼铁两种路线，氢能冶金是钢铁行业低碳转型的重要方向。绿氢化工以绿氢代替灰氢作为原料或燃料合成氨、甲醇、甲烷、尿素等化工产品，参与石油加氢精制和加氢裂化过程，可以推动化工行业深度脱碳[18-20]。

近年来，可再生能源的快速发展为绿氢制取提供了有利条件。我国在可再生能源领域具有装机量全球第一的优势，保证了我们在氢能供给能力上潜力巨大。绿氢日益成为实现“双碳”目标的行业焦点。

二、绿氢制取

绿氢可以从不同来源的可再生能源制取，制氢的方式主要包括电解水制氢、生物质能制氢、热化学循环制氢等。其中，电解水的原理简单，在高于水的分解电压的直流电下，水被分解为氢气和氧气。利用太阳能、风能等可再生电力通过电解水的方式制取绿氢是目前国内外的重点发展方向。

电解水制氢是指水分子在电流作用下解离出氧气和氢气的技术。通常由于工作原理和电解质的不同可分为：碱性电解水技术（ALK）、质子交换膜电解水技术（PEM）、固体聚合物阴离子交换膜电解水技术（AEM）和高温固体氧化物电解水技术（SOEC），这几种电解水制氢技术路线的比较见表 13-5。

表 13-5　几种电解水制氢技术路线的比较

电解水制氢方式	ALK	PEM	AEM	SOEC
电解质	KOH 溶液 5~7mol/L，聚苯硫醚（PPS）基等隔膜	全氟磺酸膜等固体电解质	碱性膜固体电解质掺 KOH 或 $NaHCO_3$（1mol/L）	氧化锆（YSZ）等
阳极催化剂	镀镍多孔不锈钢	氧化铱等	高表面积镍或 NiFeCo 合金	钙钛矿型
阴极催化剂	镀镍多孔不锈钢	Pt/C	高表面积镍	Ni/YSZ
阳极多孔扩散层	镍网	镀铂多孔钛	泡沫镍	镍网或泡沫镍
阴极多孔扩散层	镍网	碳纸	泡沫镍或碳布	无
双极板	镀镍不锈钢	镀铂钛	镀镍不锈钢	镀钴不锈钢
框架和密封	PSU、PTFE、EPDM	PTFE、PSU、ETFE	PTFE、硅材料	陶瓷玻璃
电流密度/（A/cm^2）	0.2~0.8	1~2	0.2~5	0.2~0.5
工作温度/℃	70~90	50~80	40~60	700~850
负荷范围/%	15~100	5~120	5~100	30~125
效率（LHV）/%	50~68	52~70	52~67	75~85
使用寿命/h	>60000	50000~80000	>5000	<20000
冷启动时间/min	<50	<5	<20	>600

电解水制氢单个项目规模呈逐步扩大的趋势。在 2021 年（含 2021 年）之前，

多数电解氢项目为小于 10MW 的项目，电解氢在 2021 年之后 10MW 以上的项目大幅增加，在 2022 年之后，10~100MW 的项目成为主流。据 IEA 预测，2026 年之后，大于 1000MW 的项目成为建设主流。

目前绿氢生产中电解水制氢的成本明显高于化石能源制氢成本。在成本降低的主要因素中，电解槽本身和绿电成本的降低将对绿氢制取成本的降低做出最大贡献，其他因素还包括电解系统效率的提升、电解槽寿命和可靠性的提升以及可利用绿电的效率提升等方面[21,23]。大规模产业化、提高制造的自动化和标准化是降低电解水制氢成本的有效手段。扩大电解槽模块量产制造能力，提高规模化有助于降低电解槽外围辅助和配套设备成本。

第四节　绿氢炼化碳减排模型

制取氢能过程会产生 CO_2 排放。见表 13-3，不同制氢过程的碳足迹不尽相同，以煤炭和天然气为原料的化石能源制氢碳足迹要比工业过程副产氢的碳足迹高，其中碳足迹最高的是煤制氢，而重整副产氢碳足迹最低，天然气制氢的碳足迹位居第二仅次于煤制氢[24,25]。氯碱副产氢和苯乙烯副产氢碳足迹相近。原料种类、制氢方式和制氢技术路线均会影响制氢过程碳足迹。综合考虑不同制氢路线的碳排放强度是制氢路径选择时的重要一环。

一、炼油行业碳减排情景设计与分析评价模型

炼油行业碳排放量受原油需求水平和炼油技术水平影响。碳减排情景模型中需要对影响碳排放的因素进行单因素分析和多因素分析，包括构建原油需求预测情景中需要对炼油产品的需求现状进行分析；构建行业结构调整预测情景中应该考虑落后产能淘汰的影响；对 2020 年低碳技术结构进行分析评价，构建技术进步与替代情景中应该考虑低碳技术的进步与替代、推广、使用和政策激励因素；并对各种情景下的经济效益、环境效益和社会效益进行综合评价分析，具体流程如图 13-8 所示。

二、炼油企业碳减排潜力模型预测

碳减排途径依托于炼油厂生产过程可分为三类：源头降碳、工艺降碳和排放位点碳减排。源头降碳可通过技术替代、能源节约来降低碳排放，也可通过新能源代替传统能源，减少间接排放[25,26]。工艺降碳可用“绿电”生产“绿氢”来代替“灰氢”来降低碳排放，采用 CCUS 技术可以实现碳减排治理，具体见图 13-9 和图 13-10。

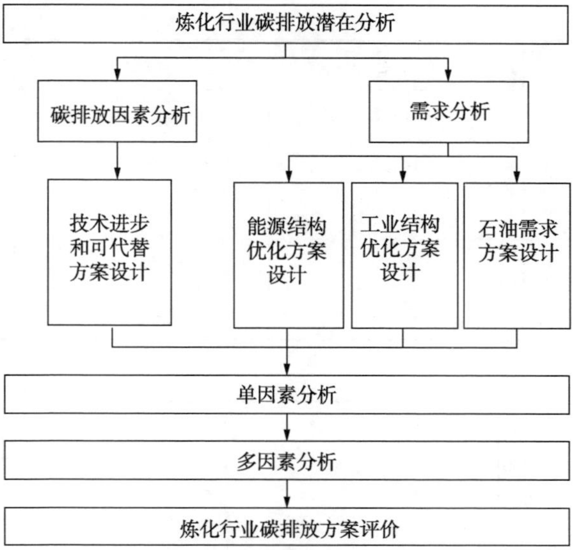

图 13-8　碳减排情景设计分析评价流程

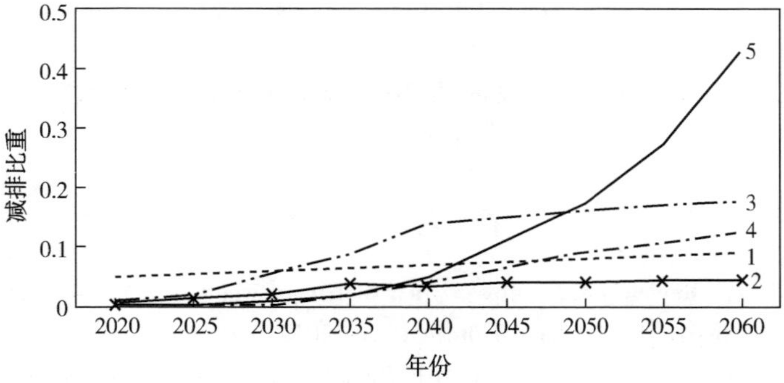

图 13-9　2020—2060 年不同碳减排方式的减排比重

1—节能降耗；2—绿电(外购)；3—绿电(自产)；4—绿氢；5—CCUS

绿电、绿氢和 CCUS 在碳减排方面的成本变化预测如表 13-6 所示。

表 13-6　三种碳减排方式的成本变化预测　　元/tCO_2

年份	绿电	绿氢	CCUS 碳捕集
2020	1083.3	1458.3	200.0
2025	1015.6	1354.2	175.0
2030	776.6	1250.0	150.0
2035	665.7	937.5	125.0

续表

年份	绿电	绿氢	CCUS 碳捕集
2040	517.8	625.0	100.0
2045	494.2	562.5	90.0
2050	472.7	500.0	80.0
2055	462.9	458.3	85.0
2060	453.4	416.7	70.0

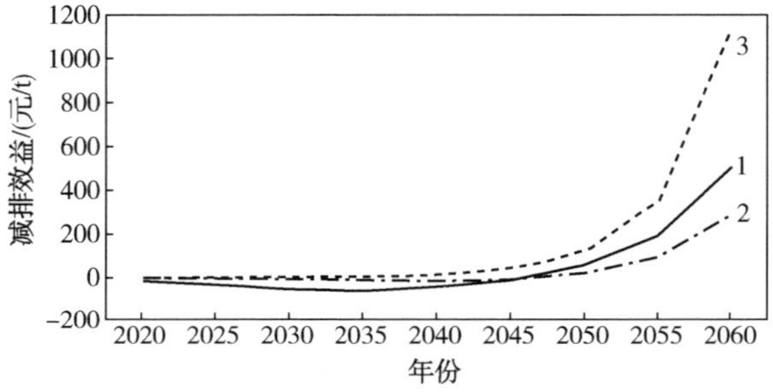

图 13-10　2020—2060 年不同碳减排方式减排效益比较

1—绿电；2—绿氢；3—CCUS

参 考 文 献

[1] Global Hydrogen Review 2022. https://iea.blob.core.windows.net/assets/c5bc75b1-9e4d-460d-9056-6e8e626a11c4/GlobalHydrogenReview2022.pdf

[2] 王红霞，徐婉怡，张早校．可再生电力电解制绿色氢能的发展现状与建议[J]．化工进展，2022，41(S1)：118-131.

[3] Li Dongguo, Andrew R M, Chulsung B, et al. Durability of anion exchange membrane water electrolyzers[J]. Energy Environ. Sci., 2021(14): 3393 - 3419.

[4] Lin Shiying, Harada M, Suzuki Y, et al. Process analysis for hydrogen production by reaction integrated novel gasification (HyPr-RING)[J]. Energy Conversion and Management, 2005, 46(6): 869-880.

[5] 王彦哲，周胜，周湘文，等．中国不同制氢方式的成本分析[J]．中国能源，2021，43(5)：29-37.

[6] 王奕然，曾令志，娄舒洁，等．天然气制氢技术研究进展[J]．石化技术与应用，2019，37(5)：361-366.

[7] 李子烨，劳力云，王谦．制氢技术发展现状及新技术的应用进展[J]．现代化工，2021，41(7)：86-89，94.

[8] 中国氢能联盟．中国氢能源及燃料电池产业白皮书[R]. 2020.

[9] 张彩丽．煤制氢与天然气制氢成本分析及发展建议[J]．石油炼制与化工，2018，49(1)：94-98.
[10] 姬存民，杨威．制氢工艺的比较[J]．氯碱工业，2019，55(8)：32-33.
[11] 姬存民，陈健，周强，等．天然气蒸汽转化制氢工艺二氧化碳排放计算与分析[J]．天然气化工(C1 化学与化工)，2022，47(2)：103-108.
[12] 曹军文，张文强，李一枫，等．中国制氢技术的发展现状[J]．化学进展，2021，33(12)，2215-2244.
[13] 万年坊．质子交换膜水电解制氢膜电极研究进展[J]．化工进展，2022，41(12)：6394-6403.
[14] 徐东，刘岩，李志勇，等．氢能开发利用经济性研究综述[J]．油气与新能源，2021，33(1)：50-56.
[15] 沈威，杨炜樱．考虑碳排放的化石能源和电解水制氢成本[J]．煤气与热力，2020，40(3)：A30-A33.
[16] 张斌，倪维斗，李政．考虑减排 CO_2 的几种大规模制氢系统技术经济分析(上)[J]．天然气工业，2004，24(1)：101-106.
[17] 张斌，倪维斗，李政．考虑减排 CO_2 的几种大规模制氢系统技术经济分析(下)[J]．天然气工业，2004，24(2)：104-108.
[18] 崔翔宇，徐双庆，李兴春．我国石油炼化制氢装置碳排放因子的修正建议[J]．石油与天然气化工，2015，44(2)：48-50.
[19] 陈博，廖祖维，王靖岱．烃类蒸汽重整制氢装置及碳排放分析[J]．石油学报(石油加工)，2012，28(4)：662-669.
[20] 谢欣烁，杨卫娟，施伟．制氢技术的生命周期评价研究进展[J]．化工进展，2018，37(6)：2147-2158.
[21] 李家全，刘兰翠，李小裕．中国煤炭制氢成本及碳足迹研究[J]．中国能源，2021，43(1)：51-54.
[22] 林婷，吴烨，何晓旖．中国氢燃料电池车燃料生命周期的化石能源消耗和 CO_2 排放[J]．环境科学，2018，39(8)：3946-3953.
[23] 李庆勋，刘晓彤，刘克峰．大规模工业制氢工艺技术及其经济性比较[J]．天然气化工(C1 化学与化工)，2015，40(1)：78-82.
[24] 田涛，曹东学，黄顺贤，等．石化行业不同制氢过程碳足迹核算[J]．油气与新能源，2021，33(6)：39-45.
[25] 刘贞，朱开伟，阎建明，等．以炼油行业为例对石油化工行业碳减排进行情景设计与分析评价[J]．石油学报(石油加工)，2013，29(1)：137-144.
[26] 王文堂．化工企业节能技术进步的障碍与对策[J]．现代化工，2008，28(1)：2-7.

第十四章　CO_2 捕集与化学利用

第一节　CO_2　捕　集

一、炼油厂中的 CO_2 来源

炼油厂作为工业生产中的重要环节，其碳排放对于全球气候变化具有一定影响。炼油厂的 CO_2 排放点数量多而且相对比较分散，其直接排放主要包括化石燃料的燃烧排放、工艺过程排放和逃逸排放。化石燃料的燃烧排放量最大，主要包括蒸汽锅炉、工艺加热炉、火炬等固定源的 CO_2 排放；工艺过程排放以催化剂烧焦、制氢装置生产工艺过程中的 CO_2 排放为主；逃逸排放主要指生产过程中因泄漏导致的排放，逃逸排放量较小，一般可忽略。

燃料燃烧：炼油厂在生产过程中使用各种燃料，如燃料油、天然气、煤等，这些燃料的燃烧将会产生大量的 CO_2。据研究，炼油厂燃料燃烧所产生的碳排放量占炼油厂总排放量的 50%～60%。

工艺过程：炼油厂在加工原料的过程中，需要进行各种化学反应和物质转化，这些过程中可能会产生包含 CO_2、SO_2 等在内的一些副产物，炼油厂工艺过程中的化学反应和物质转化过程所产生的 CO_2 排放量占总排放量的 30%左右。

由排放源的分析可知，炼油厂 CO_2 排放主要包括上述燃烧排放和工艺过程排放，表 14-1 为我国炼油厂典型烟道气组成。总体来讲，我国炼油厂烟道气特点主要表现为：①燃烧后排放；②气流量大；③CO_2 分压低，除制氢装置尾气中 CO_2 体积分数较高外，其他气源的体积分数均小于 20%；④含有 N_2、O_2、SO_2 等气体。

表 14-1　炼油厂典型烟道气组成　　%

组成	CO_2	N_2	O_2	H_2	CO	$SO_2(10^{-6})$	烃类
催化裂化尾气	16.6	82.0	0.8	—	0.6	20.0	—
制氢尾气	50	—	—	30	—	—	20

二、CO_2捕集技术

一般来说，CO_2捕集类型主要包括燃烧前捕集、燃烧后捕集和富氧燃烧。燃烧后捕集技术应用最为广泛，其具有吸收剂再生能耗低、易于在现有工厂中改造实施等特点，在实现高效捕集CO_2的过程中具有广阔的应用前景。目前燃烧后碳捕集技术主要包括吸收剂法、吸附法、低温分离法、膜分离法等几种技术路线。

1. 燃烧前捕集

燃烧前捕集技术主要应用于煤气化联合循环发电系统(IGCC)中，IGCC 技术是一种煤炭清洁利用技术。煤首先经过高压富氧气化变成煤气，再经过水煤气变换后形成CO_2和氢气的混合气，此时气体压力和CO_2浓度都很高，对CO_2进行捕集比较容易。脱除CO_2后的氢气作为清洁燃料使用。

IGCC 工艺过程拥有高压高浓度的CO_2气源，因此CO_2捕集成本低，然而，IGCC 技术存在投资高和可靠性差等不足。

2. 富氧燃烧

富氧燃烧技术采用氧气与主要含CO_2气体的烟气的混合气(氧气浓度可调)来代替燃料燃烧用的空气，该过程不仅可以提高燃烧效率，而且得到的烟气中CO_2浓度高，对CO_2进行捕集比较容易。该技术虽然增加了制氧过程，但CO_2捕集成本大幅降低。

国外已有对小型电厂进行改造的富氧燃烧项目。目前，制氧技术的投资和能耗太高，限制了富氧燃烧技术的大规模应用。

3. 燃烧后捕集

燃烧后捕集即在燃烧排放的烟气中捕集CO_2，适用于任何一种烟气。然而，普通烟气的CO_2浓度低，压力小，而且含有大量的氮气，因此捕集系统庞大，能耗较高。

CO_2捕集技术是一种用于减少CO_2排放的重要手段，目的是降低CO_2的排放量，应对全球气候变暖。该技术主要包括以下几种形式：

① 吸收剂法：吸收剂法是一种通过引入吸收剂将CO_2从燃烧废气中吸收的技术。常见的吸收剂包括氨、胺类溶液等。这些吸收剂可以与CO_2发生化学反应或进行物理吸收，从而实现CO_2的分离和捕集[1]。

② 膜分离法：膜分离法利用适用于CO_2分离的膜材料，将CO_2从废气中分离出来。这种技术基于CO_2分子在膜材料上的渗透性差异，通过选择性渗透来实现

CO_2的分离。膜分离法具有结构简单、操作稳定等优点，适用于小规模 CO_2 捕集[2]。

③ 吸附剂法：吸附剂法是利用特定材料吸附和富集 CO_2的技术。常用的吸附剂材料包括分子筛、碳基材料、有机金属框架材料等[3]。这些材料对 CO_2 具有较高的吸附能力和选择性，可以将 CO_2从气体流中吸附并在适当条件下释放。

④ 化学反应法：化学反应法利用化学反应将 CO_2转化为其他有用的化合物或材料，从而实现 CO_2的转化和利用。例如，将 CO_2与水或氢在催化剂的作用下反应生成甲醇和甲酸等化合物，可以为其他工业过程提供重要的原料。

对于 CO_2 浓度低的烟气的 CO_2 捕集国内外均采用化学吸收法，对于 CO_2 浓度高的工艺尾气的 CO_2 捕集通常采用低温分离法。膜分离法比较适合空间受限的场景，发展潜力较大。

CO_2捕集技术的研究和应用是全球范围内的热门课题。许多科研机构和企业致力于开发更高效、经济可行的 CO_2捕集技术，并进行实际应用。不过，目前仍然存在一些挑战和限制，如能源消耗、捕集效率、捕集成本等。因此，进一步的研究和创新仍然是推动 CO_2捕集技术发展的关键。

第二节　CO_2 加氢制燃料及化学品

一、CO_2加氢制甲醇

CO_2加氢制甲醇是一条原子经济性较高的绿色化工路线[4]。甲醇是重要的平台化工原料，可直接与燃料混合使用，可作为储氢材料之一，也可进一步转化为高价值化工原料(如 MTO、MTP、MTA 和 MTG 等)。

国外 CO_2加氢制甲醇已经进行了数十年的持续深入研究，有些已经完成中试验证和商业化应用。丹麦托普索公司和德国鲁奇公司完成了 CO_2 加氢制甲醇的中型试验和工业装置设计。日本关西电力公司和三菱重工开发了一种新型金属氧化物催化剂，甲醇收率最高达到 95%[5]。2009 年，日本三井化学株式会社建成全球首套 100t/a CO_2 制甲醇中试装置[6]。冰岛碳循环利用公司开发了 CO_2 加氢制甲醇的 ETL 技术并成功实现了工业化生产，2012 年甲醇产能 1300t/a，2014 年甲醇产能扩大到 4000t/a。碳循环利用公司生产的甲醇产品面向欧洲市场销售，可与汽油混合用于生产甲醇汽油。

国内，中科院上海高等研究院与上海华谊集团合作开发了 CO_2 加氢制甲醇技术，在实验室完成了近1200h的连续运转试验，并在此基础上于2016年合作完成了100～300kt/a CO_2制甲醇技术工艺包的编制，并通过了技术鉴定，具备了工业示范应用的条件[7]。2020年，中海油富岛公司、上海高等研究院和中国成达工程有限公司合作开发的CO_2加氢制甲醇技术通过技术评议，并在中海油富岛公司建成了全球规模最大的CO_2加氢制甲醇工业试验装置，加工规模达到5000t/a，该项目采用的催化剂是上海高等研究院自主研发的新型纳米非贵金属催化剂，装置累计运行超过600h，并通过了现场考核[8]。根据文献报道[9]，在单程转化率10%的情况下，甲醇选择性在86%～91%。该团队进一步开发的液态太阳燃料合成示范项目，采用光伏发电和电解水制氢技术生产绿色甲醇产品。该项目总占地约289亩，总投资约1.4亿元，每年可生产1440t绿色甲醇产品[10]。

石科院已完成CO_2加氢制甲醇催化剂小试研发工作，CO_2单程转化率≥12%，甲醇选择性≥90%，分离后的有机相甲醇含量≥99.5%，催化剂完成1000h稳定运行。后续将采用工艺及反应器创新突破热力学限制，实现CO_2单程转化率≥36%，开发出先进的CO_2加氢制甲醇技术并进行中试验证。预计2024年完成技术开发，2025年进行工业示范实施。

国内外已开发出多种CO_2制甲醇催化体系，并且已有一些工业示范实例。但现有催化体系仍存在单程转化率低，产品选择性低，整体能效低的问题[11]。该技术领域需进一步提升CO_2加氢制甲醇催化剂、工艺及反应器创新设计，提升技术原子经济性和能效，开展万吨级CO_2加氢制甲醇工业示范项目。产业领域需进一步验证CO_2加氢制甲醇作为电储能和氢能储运的经济性，未来应用场景需要根据技术进展和政策变化调整。

二、CO_2制合成气

1. CO_2热催化制合成气

合成气是工业合成过程中的重要原料，如羰基合成、制甲醇、费-托合成等。从CO_2出发通过热催化制备合成气一般有两种方式：①CO_2与甲烷进行干重整(DRM)反应；②与氢气经逆水煤气变换反应(RWGS)。相比从化石能源制备合成气，从CO_2出发制备合成气不仅绿色可循环，还可以减少碳排放。

CO_2与甲烷DRM目前尚未工业应用，在高温反应过程中催化剂易烧结和积炭是甲烷DRM反应所面临的重要问题，限制了其工业应用[12]。目前，国际上取得较大突破的主要是Linde公司和巴斯夫公司合作，开展了甲烷DRM技术中试，而其本质也是将传统蒸汽重整反应原料中一部分水替换为CO_2，实际进行的是甲烷联合重整反应，不是纯粹的甲烷DRM反应。国内已取得较大突破的主要是上海高等研究院与壳牌合作在山西潞安完成的万方级中试试验，其本质是将传统自热重整原料中的一部分水替换为CO_2，通过在燃烧室甲烷燃烧放出的大量热带入重整室供甲烷蒸汽重整和甲烷 DRM 反应用，因而该工艺也不是纯粹的甲烷 DRM 反应。真正的甲烷 DRM 反应尚未迈出工业应用的第一步，仍面临着巨大挑战。目前基础和小试研究主要集中在提升 Ni 基催化剂的稳定性。中国石油大学通过 1000h 沼气 DRM 转化工业侧线试验[13,14]，证明了 DRM 催化剂和工艺技术的可靠性，技术指标较先进：CH_4转化率为 95%以上，CO_2转化率为 92%以上，产品干气中 CO~49%，H_2~46%，CH_4~1.5%，CO_2~2.5%。基于此技术，焦炉气转化为高 CO 合成气装置已在山西左权开工建设，它是世界上首个甲烷 DRM 工业化项目，用于 300kt/a 气基直接还原铁装置的还原气生产，CO_2排放量将大幅度降低，预计仅约为传统高炉炼铁的 1/3。

与CO_2甲烷 DRM 反应类似，逆水煤气变换反应生成 CO 也是吸热反应，高温条件有利于CO_2转化。当反应温度高于 700℃后，CO 成为主要产物，甲烷化反应趋弱。由于高温反应能耗较高，因此如何提高该反应的低温选择性及活性是目前工艺研究的主要难点。目前，大多研究仍处于基础和小试阶段，催化剂稳定性仍是亟待解决的技术难题。研究者尝试了贵金属催化剂如 Pt、Pd、Ru 和 Au 以及非贵金属的 Cu、Ni 和 Fe 等用于逆水煤气变换反应[15,16]。贵金属催化剂具有高的反应速率，但价格昂贵，限制了其大规模应用。研究表明非贵金属催化剂稳定性仍不能满足工业要求，失活原因主要有金属烧结、积炭以及硫中毒等。

石科院的CO_2与甲烷干重整技术已经完成了中试实验(常压和带压)，中试结果表明催化剂性能达到同类技术先进水平，但仍需进一步完善数据形成工艺包，后续根据市场需求适时开展技术示范。

合成气后续转化产物种类繁多且技术成熟，因此CO_2制合成气技术是未来CO_2利用的重要途径之一，将CO_2作为碳源制备合成气，作为化石能源的替代，可以减少碳排放，实现绿色可循环的工业生产。

2. CO_2电化学还原制合成气

CO_2电化学还原是一种清洁高效的生产方法，可以在常温常压下将其成功转化成不同氢碳比的合成气。与传统的热催化转化CO_2相比，电化学还原CO_2的方法具有工艺简单、催化效率高和反应条件温和等特点[17]。

目前，基础研究主要集中在电催化剂的研发，高效CO_2电还原催化剂主要包括过渡金属单原子催化剂、纳米单金属催化剂以及纳米合金催化剂等。研究发现，当过渡金属元素(Fe、Co、Ni 等)以单原子形式均匀分散在载体上时，其具有极强的电催化CO_2和H_2O生成合成气的活性[18]。例如，Ni 单原子催化剂电化

学还原 CO_2 产生 CO 的法拉第效率接近 100%[19]。Gong 等[20]制备的 Ni 单原子的 N 配位材料，CO 法拉第效率高达 97%，同时，转化频率也高达 $1622h^{-1}$。此外，采用双(多)金属掺杂来精准调控催化活性位点 d 带电子结构的方法也广泛应用于提高 CO_2 电催化效率和调控合成气的氢碳比。Han 等[21]研究了一种 Cu-Co 合金电催化剂，CO 的法拉第效率最高可达 97.4%，而且通过改变 Cu 和 Co 的比例可以调节合成气的氢碳比。另外，过渡金属(Fe、Co、Ni 等)与 Au 的合金催化剂同样能够催化 CO_2 还原产合成气，并且可以调节 H_2 和 CO 比例。

近年来，电催化反应体系开发进展较快，电极开发了玻碳电极和气体扩散电极，电解池类型开发了 H 型电解池、流动池和兼具两者优点的膜电极体系(MEA)，而实验规模也从实验室小试、中试示范到工业应用不断发展。目前工业化的 CO_2 电还原电流密度可在 0~1000mA/cm^2 范围内变化，对应的合成气氢碳比可在 1~4 范围内调节。德国 Sunfire-SynLink 公司开发了一种基于高温固体氧化物电解槽电还原 CO_2 制合成气的方案，该电解槽使用蒸汽和 CO_2 作为原料，只需一步即可生产含多种氢碳比的合成气。在 2890kW 的交流功率下，合成气的生产效率为 82%，产量可达 750Nm^3/h。2024 年，该电解槽扩展至 2000Nm^3/h，并与下游化学转化技术进行整合。预计到 2029 年，可在 2000Nm^3/h 规模的 CO_2 电解厂实现工业应用。另外，西门子公司通过 10 个总输出功率约为 25kW 的电解槽实现将 CO_2 和水转化为 CO 和氢气。该合成气随后流入容量为 2000L 的赢创(Evonik)生物反应器用于生产丁醇和己醇。

碳能科技(北京)有限公司和内蒙古伊泰化工有限责任公司等单位在内蒙古联合设计、研制和建设了一套 CO_2 电解制合成气中试装置，该装置自 2020 年开工以来一直平稳运行，能够稳定产出碳氢比为 0.52 的合成气，电耗为 6.69kW·h/m^3。此装置每年可生产 45km^3 合成气，同时处理 30tCO_2，副产 22.5km^3 氧气[22]。该装置已通过了专家组的现场考核。

CO_2 电催化制合成气也是最具经济性的 CO_2 电催化还原技术。合成气是一种重要的化工平台气原料，可以制备一系列的高价值精细化学品，同时也最易实现大规模电解生产。然而，目前工业化电解 CO_2 制合成气还存在一些问题，主要包括：

① 为了提高电催化还原的反应速率，确保连续规模化生产，在工业化过程中需要在较高的电压条件下生产，并提高在高电流密度下 CO 产物的选择性，降低产物的分离难度。

② CO_2 电催化还原和水电催化还原反应同时进行，电解过程既要保持两个反应的活性，同时又要灵活调节合成气的碳氢比。

③ 阳极析氧半反应影响着阴极 CO_2电催化还原的效率，整个电解体系中阳极上的电能损耗可达 90%[23]，需要解决电催化析氧反应的动力学制约问题，并进一步提高电解整体能源效率。

三、CO_2加氢制汽油

2017 年，中国科学院大连化学物理研究所设计了一种新型多功能复合催化剂，首次实现了 CO_2 直接加氢制取高辛烷值汽油[24]。该催化剂实现了汽油馏分的高选择性，汽油馏分($C_5 \sim C_{11}$)的选择性高达 78%，生产的汽油馏分主要为高辛烷值的异构烷烃和芳烃。该催化剂的稳定性好，据称可连续稳定运转 1000h 以上。同年，中国科学院上海高等研究院开发了一种氧化物-分子筛双功能催化剂，氧化物是 10nm 左右的高比表面 In_2O_3，分子筛选择介孔 HZSM-5，实现了 CO_2加氢高选择性制取汽油馏分[25]。在 340℃、3MPa 的反应条件下，CO_2转化率最高达到 13.1%，在碳氢化合物产物中，C_5^+产物达到 78.6%，同时仅有 1%的甲烷。

2020 年，中国科学院大连化学物理研究所与珠海市福沺能源科技有限公司联合开发了 1000t/a CO_2 加氢制汽油中试装置，生产出符合国Ⅵ标准的清洁汽油产品。该装置 CO_2 和氢气的转化率达到 95%，汽油选择性优于 85%，辛烷值超过 90。该技术采用 $Na-Fe_3O_4$/Zeolite 固定床催化剂，每生产 1t 汽油需要消耗 4.3t CO_2 和 0.6t H_2，并可副产 0.3t 轻烃[26]。

CO_2 加氢转化为汽油，基础研究及工业示范验证了技术可行性，但是在大规模商业应用场景中却仍存在一些问题。CO_2 转化为汽油，主要是 CO_2和 H_2 反应，目前获得洁净 CO_2 和氢气的成本都较高。目前，高昂的氢气尤其是绿氢生产成本仍是 CO_2加氢技术难以实现商业应用的重要原因。随着技术的不断进步，目前人类正逐步发展大规模可再生发电+电解水制氢的技术，制氢的成本在不断下降，未来获取廉价的氢气将变成现实。

四、CO_2加氢制航煤

目前，CO_2加氢制航煤技术领域研究较少，尚无大规模示范。2005 年，美国海军申请了一篇制航煤馏分和汽油馏分的专利(US 7420004)[27]，通过核能电解水或热解水产生氢气，从海水中或空气中分离得到 CO_2，再将 CO_2与 H_2通过费-托合成反应路径得到航煤馏分和汽油馏分。2014 年，有报道称，美国海军研究实验室(NRL)利用电解阳离子交换模块从海水中获得 CO_2，并通过电解水制取 H_2，在 Fe 基催化剂上进行 CO_2加氢制取低碳烯烃，副产物甲烷的产量低。然后经低碳烯烃齐聚制取液态烃($C_9 \sim C_{16}$)，可直接替代石油基喷气燃料，但从其相关研究结果来看，喷气燃料的选择性较低。2019 年，东北石油大学申请了使用双功能核壳结构催化剂用于 CO_2加氢制备航煤的专利[28]，实现了高 CO_2转化率下航煤选择性的提升。

2020 年，英国牛津大学 Peter Edwards 教授和肖天存教授[29]等人采用有机燃烧方法制备了新型廉价的 Fe-Mn-K 催化剂，实现了 CO_2直接转化制备航煤。其中，CO_2转化为碳氢化合物的收率为 17.2%，航煤(C_8～C_{16})选择性为 47.8%。

2020 年，美国空军作战能源部批准 Twelve 碳转化公司启动"E-Jet"项目，该项目于 2021 年 8 月取得里程碑式进展，通过从空气中捕获并电解 CO_2，成功制造出了世界上第一种碳中和喷气燃料，其核心发明是一个名为 O12 的新型催化剂装置，从技术原理来看，O12 是一种由新型聚合物电解质膜(PEM)构成的电解槽。该装置可以利用风能、太阳能等可再生资源产生的绿电，将 CO_2和水转化为航空燃料等有价值的产品。在阴极上添加特制的金属催化剂，应用可再生电力将 CO_2 还原成 CO，进而制成乙醇、乙烯、甲烷、聚乙烯和航空燃料等产品。

2021 年，中国科学院上海高等研究院开发了钠改性的新型钴铁合金(CoFe)催化剂，成功实现了逆水煤气变换(RWGS)反应与费-托合成反应(FTS)的接力、功能匹配和优化，在较温和的反应条件下(240℃、3MPa)，实现了 CO_2加氢直接转化制备航煤，其中 CO_2转化率为 10.2%，航煤(C_8～C_{16})选择性高达 63.5%，副产物 CH_4与 CO 的选择性分别为 17.8%和 5.2%[30]。此外，该催化剂展现出良好的催化稳定性，工业应用前景广阔。

2021 年，萨索(Sasol)和开普敦大学催化研究所(UCT)的研究人员合作使用商业铁催化剂，实现了将 H_2 和 CO_2转化为绿色喷气燃料和化学品的目标，其中 CO_2转化率可以超过 40%，且该催化剂在 Sasol 的 Secunda 工厂进行了大规模廉价生产。一般认为，有两种途径可以将 CO_2转化为一系列有用的产品：一种是间接途径，即 CO_2和绿色氢气首先通过共电解或催化剂作用转化为合成气，然后，合成气在合适的费-托催化剂(Sasol 的钴催化剂)上发生反应，生成碳氢化合物和水；另一种途径是利用"串联"催化作用，在单个催化剂上直接将 CO_2和氢气转化为一系列有用的产品，这就是该报道中铁催化剂的优势所在。

2021 年，清华大学在 CO_2制绿色航煤技术开发方面取得重要进展[31]，通过设计工艺路线增产含芳环的航煤馏分(C_8～C_{15})，并从热力学上实现了 CO_2加氢的自发反应路径；通过构造金属氧化物-分子筛的酸碱异质结催化剂，利用界面耦合催化实现 80%以上的航煤烃类(C_8～C_{12}芳烃)选择性。该技术将多相催化与多相流反应器有效结合，为 CO_2制绿色航煤从概念到产业化奠定了坚实的基础。

石科院研究了 CO_2加氢 Fe 基催化剂，可高选择性地生成 C_2～C_{16}烃类，其中低碳烯烃比例高，有利于后续叠合；同时开发了 TEAOH 改性 ZSM-22 催化剂，通过将开发的CO_2加氢Fe基催化剂与分子筛叠合催化剂串联，并配合中间除水过程，实现了CO_2转化率41.6%和航煤馏分占烃类选择性为51.1%的反应性能。目前主要结果为小试研究，后续需要进行催化剂稳定性研究和规模放大试验。

无论是从基础研究还是工业项目上来看，将CO_2直接催化转化为航煤的研究都偏少，而推进该技术的关键是开发具有工业应用前景的高性能催化剂，可以在温和的反应条件下实现一步法直接制备目标产物。未来，CO_2将直接催化转化为航煤应用于某些特殊领域，如航母或偏远军事要塞等可能具备应用前景。

五、CO_2加氢制低碳烯烃

烯烃是重要的化工原料，其中以低碳烯烃(C_2~C_4烯烃)市场需求量巨大，低碳烯烃中乙烯和丙烯的年市场需求均在千万吨以上。CO_2加氢制低碳烯烃尚无中试或工业示范，主要以小试基础研究为主。

CO_2加氢制烯烃的技术路线主要有两条：①CO_2先通过逆水煤气变换反应(RWGS)生成CO，再通过费-托合成路线生成低碳烯烃，即RWGS-FT路线；②CO_2先加氢形成甲醇中间体，然后在酸性分子筛催化下经甲醇制烯烃(MTO)路线生成低碳烯烃。通过RWGS-FT路线制备低碳烯烃时，由于费-托反应的产物遵从ASF分布，生成的烃类产物分布广，难以高选择性获得低碳烯烃或单一烯烃。通过甲醇路线生成低碳烯烃采用的是复合双功能催化剂策略，将CO_2加氢制甲醇金属催化剂与MTO催化剂复合。由于MTO反应主要生成低碳烯烃，因此该路线可以高选择性获得低碳烯烃(烃类中低碳烯烃选择性大于80%)。但是由于CO_2加氢生成甲醇与MTO反应的温度区间无法完全匹配，导致副反应-逆水煤气变换(RWGS)生成大量副产物CO，进而导致烯烃的收率比较低。采用Na和Zn助剂改性的铁基催化剂，可获得了78%的C_2~C_{12}烯烃的选择性，烯烃的时空收率高达3.4g/(h·gcat)[32]。添加Na可以提高催化剂表面碱性，促进铁的碳化，从而有利于烯烃的生成[33]。如添加1.18%的Na后可获得40.5%的CO_2转化率，46.6%的低碳烯烃选择性。另有研究表明在铁基催化剂中添加ZnO后，C_4~C_{20} α烯烃收率能够提升2.4倍，在CO_2转化率为43.5%时，C_4~C_{20}烯烃选择性为60.7%。其中，α烯烃占比89.3%[34]。李灿院士团队采用双功能催化剂锌锆(ZnZrO)与锌改性的SAPO-34催化剂，获得了12.6%的CO_2转化率，烃类产物中C_2~C_4低碳烯烃占比80%~90%[35]。樊卫斌团队发现RTH结构的HRUB-13，调变分子筛催化剂的酸性，可以抑制MTO过程中的芳烃循环，促进了烯烃循环，进而降低乙烯选择性，提高丙烯和丁烯的选择性，低碳烯烃收率高达16.1%(丙烯和丁烯占90%)[36]。

CO_2加氢直接制烯烃不仅可以减少碳排放，并且制备的烯烃化学品可以作为化石能源路线制烯烃的补充甚至替代，具有非常重要的意义。未来CO_2加氢直接制烯烃最具有前景的应该还是低碳烯烃，由于其巨大的市场需求，目前主要来源仍是煤路线的MTO和石油路线。作为不可再生资源，化石能源的利用从长远来看是有限的，可循环的绿色低碳烯烃合成技术路线是未来发展的方向。目前，CO_2加氢直接制烯烃距离工业化应用有着非常大的差距。一方面是低成本氢的来源问题，目前制氢的成本使得CO_2加氢制烯烃技术并不具有经济性；另一方面是技术路线本身的问题，相对于目前工业MTO技术水平，直接法的目标烯烃选择性和收率提升空间较大，是未来技术研究的难点和重点。

六、CO_2制甲酸

甲酸是一种重要的化学中间体和储氢材料，以CO_2为原料制备甲酸目前尚处于基础研究阶段。电化学还原CO_2制甲酸是近年来的研究热点，与热催化的高温高压反应不同，电催化反应条件温和，有望实现CO_2的高效、清洁转化。通过CO_2电化学还原技术生产如甲酸的小分子化学产品是目前最具实用性的方案之一。将CO_2转化为甲酸是原子经济性最优的技术路线，也是最有希望实现产业化的技术之一。

文献报道[37]铋、锡、铟、铅和钯催化剂在CO_2电化学还原反应中表现出高的选择性，但其催化活性较低，偏电流密度普遍低于500mA/cm^2，寿命一般低于20h，远未达到商业化要求。相比之下，金属铜在CO_2电化学还原反应中表现出高的催化活性，而且催化剂成本低，如果能解决选择性的问题，将有望于实现CO_2电还原低成本制备甲酸。中国科学技术大学曾杰等采用铅、铋、铟单原子修饰的方法提高了铜基催化剂在CO_2电化学还原中的选择性。研究发现[38]，甲酸法拉第效率可以提高到96%，偏电流密度可以达到800mA/cm^2，此外，当进一步提高甲酸偏电流密度到1A/cm^{2}时，其甲酸法拉第效率仍保持在90%以上。此外，苏州大学李彦光等合成了一种高度缺陷的金属铋纳米管催化剂，其催化CO_2还原产甲酸盐的电流密度达到210mA/cm^2，甲酸法拉第效率达到98%，首次满足了工业化应用的技术要求(即电流密度大于200mA/cm^2，甲酸法拉第效率超过95%，寿命达到1000h)。

中国科学技术大学曾杰团队基于固态电解质，配合所研制的低成本、高活性的Pd-Cu合金催化剂，由CO_2和水直接制备得到无须分离的纯甲酸产品。催化剂可在100mA/cm^{2}的电流密度条件下连续180h制得纯度为96%的甲酸水溶液，实现了公升级产品的制备。该成果将大幅降低CO_2电化学还原工艺中的甲酸产物分离成本，加快CO_2转化的产业化进程。

厦门大学王野团队[39]成功合成了一种硫掺杂的铟催化剂，在25~100mA/cm^{2}电流密度范围内，该催化剂的甲酸选择性达到85%以上。在93%的甲酸选择性下，甲酸的生成速率可达1449μmol/(h·cm^2)。

电化学还原CO_2制甲酸尚处于基础研究阶段。一些初创公司VoltaChem、TNO、TU Delft、Coval Energy、Team Fast、CE Delft和Mestverwerking Friesland正在合作创建一个1MW的发电厂来生产甲酸。

目前，CO_2电催化还原体系工业化应用的技术要求包括常温常压、电流密度大于200mA/cm^2、甲酸法拉第效率大于95%以及催化剂寿命大于1000h。当前电化学还原CO_2制甲酸仍面临着诸多挑战，包括生成速率和甲酸选择性较低等。近年来的研究显示，绝大多数电化学还原CO_2制甲酸的电流密度普遍较低，距离商业化应用的技术要求仍存在一个数量级的差距。针对上述问题，应从电催化剂材料的合成和电解池的优化设计两个方面出发，开发经济高效的CO_2电化学还原制甲酸的电催化体系。

七、CO_2合成碳酸酯

碳酸酯是一种可生物降解且应用广泛的高附加值化学品。碳酸酯常被用作非质子极性溶剂、聚合物合成的单体和添加剂，还用于二次电池(锂电池)、化妆品、树脂、清洁用具等材料中。此外，环状碳酸酯在生物医学和制药工业中用作中间体化合物，在除草剂和消毒剂的合成中起着关键作用，也用作燃料添加剂。将CO_2转化为碳酸酯的技术路线是CO_2资源化利用的重要方向。CO_2制备碳酸酯的主要方法有两种：①CO_2与环氧化合物(如环氧丙烷等)发生环加成反应合成环状碳酸酯；②CO_2直接与甲醇反应生成碳酸二甲酯和副产物水。

研究者们已对CO_2环加成反应进行了大量研究，并开发了很多催化系统。按照催化剂相态可分为均相和多相两大类。其中，均相催化剂主要有：金属复合物、有机碱、卟啉、离子液体等；多相催化剂主要有：金属有机框架(MOFs)、共价有机框架(COFs)、氮碳材料、聚合物、层状双氢氧化物(LDH)、缺陷金属氧化物、离子交换树脂、聚离子液体、负载化离子液体等。由于CO_2与环氧化合物的环加成反应是热力学有利的反应，产物碳酸酯的收率很容易达到90%以上。如利用季铵盐[$(CH_3)_4NBr$、$(CH_3CH_2)_4NBr$和$n-Pr_4NBr$等]作为催化剂时，CO_2与环氧丙烷合成碳酸丙烯酯的收率都在95%以上；利用Mg-Al双金属氧化物为催化剂，在5MPa、100℃的条件下，各种碳酸酯的收率基本也都在90%以上。

CO_2可直接与甲醇反应生成碳酸二甲酯。该反应工艺路线短，原料廉价易得，生产过程绿色，已成为碳酸酯合成中最具吸引力的路线之一。但是受限于CO_2的热力学稳定性，该反应为吸热反应，平衡转化率极低。在常压和25℃条件下的反应平衡常数仅为7.0×10^{-5}；而当压力提升到10MPa时，平衡转化率也仅为8%。通常该反应的碳酸酯的收率只有1%~4%，因此为了提升产物收率，研究者往往采用原位除水的技术，拉动反应平衡。此外，甲醇和碳酸二甲酯会形成恒沸溶液，产物分离困难。

CO_2与环氧化合物(如环氧丙烷等)通过环加成反应合成环状碳酸酯及聚碳酸酯具有广阔的应用前景，是CO_2化学转化最重要的路线之一。该反应的产物仅为环状碳酸酯，无其他任何副产物，符合绿色化学的思想，是“原子经济”的反应[40]。以此工艺制备的碳酸乙烯酯和碳酸丙烯酯目前已经实现工业化。环状碳酸酯的全球年产量约为80kt，而其中约一半都来自CO_2的环加成反应，可见此反应的重要程度。

CO_2和甲醇合成碳酸酯是目前国内外已知的CO_2利用最经济的工艺技术，该工艺技术原料成本低，同时还能减碳，将成为最有发展前景的技术之一。开发高效的原位除水技术和产物分离技术是该反应未来研究的主要方向。

第三节　CO_2基材料

目前高分子材料大多以石油为原材料，但是石油资源不可再生，未来石油可能面临枯竭，市场对于可持续替代品的需求很大。20世纪60年代，日本科学家首次实现CO_2与环氧丙烷共聚制得高分子化合物。自此，化学固定CO_2合成高分子材料引起了广泛关注和研究。经过五十余年的研究，CO_2基塑料(聚碳酸酯PC)和CO_2基聚氨酯被认为是最有实际应用价值的两类CO_2共聚物。因此，以下简要介绍目前关于CO_2合成高分子材料的两个重要领域——CO_2基塑料和CO_2基聚氨酯。

一、CO_2基塑料

CO_2生产聚合材料主要有两种途径：一种是以CO_2为原料生成低碳烯烃，由低碳烯烃生产聚合材料；另一种途径是以CO_2和其他单体为原料共聚而成的CO_2基聚合物，其中CO_2含量占20%~50%。废弃的CO_2基聚合物可以在回收后进行再利用。CO_2与环氧化物共聚所合成的CO_2基塑料，可在自然环境中完全生物降解。

《化工新材料产业“十四五”发展指南》提出：2025年，工程塑料及特种工程塑料的自给率力争提升到85%。聚碳酸酯(PC)是一种热塑性树脂，韧性强，由于其特殊的结构，已成为发展最快的通用工程塑料。

PC 工业化生产技术主要包括光气法和非光气法。2022 年是光气法和非光气法 PC 的产能平衡的分水岭，预计到 2025 年，非光气法 PC 将成为主流。其中，聚碳酸亚丙酯（PPC）因生产技术成熟、应用领域广泛，是最具有工业化价值的 CO_2 基塑料。PPC 中 CO_2 含量最高可达 40%，也是目前最有发展前景的环保塑料之一，特别是在"双碳"的背景下，具有重要意义。

经过了 30 多年的发展，目前全球已拥有多套 PPC 工业化装置，在可降解塑料行业中占据了一定的市场份额。全球拥有 PPC 生产技术储备的公司主要有 DOW 化学、沙特阿拉伯国家石油公司（Sabic Innovative Plastics）、中科院长春化学研究所、中山大学环境材料研究所、埃克森美孚、巴斯夫、三井、韩国 SK 等。

中国是全球 PPC 最大的供应国，产能占全球总产能的 80%以上。目前，中国 PPC 主要生产企业包括博大东方新型化工、中科金龙化工、蒙西高科技技术集团、浙江温岭邦丰有限公司等，总产能为 110kt/a 左右。据统计，"十四五"期间规划建设的 PPC 生产能力达到 630kt/a，其中博大东方新型化工有限公司 PPC 总规划产能为 300kt/a，建成后将成为中国最大规模的 PPC 项目，目前已投产的为一期工程，PPC 年生产能力为 50kt/a。另外，中化泉州、茂名天源石化规划产能均为 100kt/a。

利用 CO_2 生产可降解塑料，在降低石油资源消耗的同时可使温室气体"变废为宝"，面对"双碳"战略目标，CO_2 基可降解塑料发展前景广阔。

二、CO_2 基聚氨酯

聚氨酯（PU）一般由高毒性的多异氰酸酯和多元醇聚合得到，在涂料、泡沫、黏合剂、纤维、弹性体和医疗服务等领域应用广泛。目前，世界上 PU 产销量主要集中在西欧、北美和亚太地区，亚太地区已成为全球最大的 PU 市场，占全球市场的 45%左右，其次是北美和西欧，占全球市场的 40%左右。

生产 PU 的原料主要包括多异氰酸酯、多元醇以及扩链剂，其中多元醇占 60%~80%。以 CO_2 为原料合成聚氨酯可替代异氰酸酯化合物，避免高毒物的使用，与此同时可实现 CO_2 的资源化利用，减少 CO_2 排放。CO_2 用于制备聚氨酯合成所需原料和 CO_2 本身作为制备聚氨酯的原料是 CO_2 在聚氨酯生产中的主要应用途径。其中，CO_2 用于制备聚氨酯合成所需原料包括 CO_2 生产聚合物多元醇、环状碳酸酯化合物以及扩链剂。

目前，大多数多元醇来源于石油化工，市场对于可持续替代品的需求很大。利用 CO_2 和环氧化合物可以合成 CO_2 基多元醇。CO_2 基多元醇制备的聚氨酯泡沫与传统聚氨酯在力学性能、耐热性能等方面相当；同时还有易于生物降解、绿色无污染等优点。作为两端各含羟基的低分子量聚醚碳酸多元醇，CO_2基多元醇允许醚单元和碳酸单元在主链中随机分布。这些多元醇合成的聚氨酯称为CO_2基PU，既具有经济效益又具有生态效益。

CO_2还可用于合成聚氨酯生产中常用的扩链剂，如二元醇类1,4-二(2-羟基乙氧基)苯(HQEE)等。HQEE由于其结构中存在苯环，可以提高聚氨酯的回弹性及耐热性等。

CO_2作为制备聚氨酯的原料，生产聚氨酯的方式主要包括CO_2与环氮化合物共聚和CO_2与环氧化合物、异氰酸酯化合物共聚。但由于催化剂具有生产效率低、选择性差等问题，其目前还处于研究阶段。

CO_2基聚氨酯已有一些工业应用。科思创在市场上以Cardyon品牌推广CO_2基多元醇以及以Desmopan品牌推广CO_2基热塑性聚氨酯。其中Cardyon中的CO_2含量为20%。而Desmopan的应用范围涵盖了硬度相当的传统热塑性聚氨酯弹性体等级的典型应用，包括鞋底和鞋帮部件、运动服、手柄、把手以及敏感电子产品的包装等。江苏中科金龙化工股份公司推出CO_2基聚氨酯包装材料，成本低、应用广，可以替代市场上的普通包装材料。在2020年1月初举办的德国科隆国际家具展上，瑞克塞尔(Recticel)公司展示了其用CO_2基聚氨酯生产的床垫，力图使床垫更加绿色环保，助力循环经济。

使用CO_2作为原材料实现了CO_2的循环利用，从而降低了石油资源消耗，使生产更具可持续性，并符合节能减排、绿色经济的原则，在未来聚氨酯产业中势必会得到积极和迅速的发展。

第四节　微藻固碳技术

微藻是效率极高的、由阳光驱动的“活的化工厂”，它是地球上将CO_2与无机氮(NO_x、硝酸盐等)高效转化为有机质(主要为糖类、脂质和蛋白质)的一类生物。微藻可以产生高价值的碳水化合物、蛋白质、油脂，以及多种生物活性物质，是21世纪生物经济的原动力。部分种类的微藻蛋白质含量高达50%~70%，具有非常好的饲用蛋白替代前景。微藻通过光合作用积累蛋白质需要足够的CO_2(碳肥)和氮肥，二者是“微藻细胞工厂”的主要原料，也是微藻养殖的主要原料如何廉价地获得CO_2和氮元素就成为降低微藻养殖成本、提高微藻蛋白应用经济性的重要问题。化石能源的广泛使用会释放出大量CO_2和NO_x(氮氧化物)，这就为微藻养殖所需的主要原料提供了理想的来源。微藻有望同时解决碳氮排放问题和蛋白质需求，见图14-1。

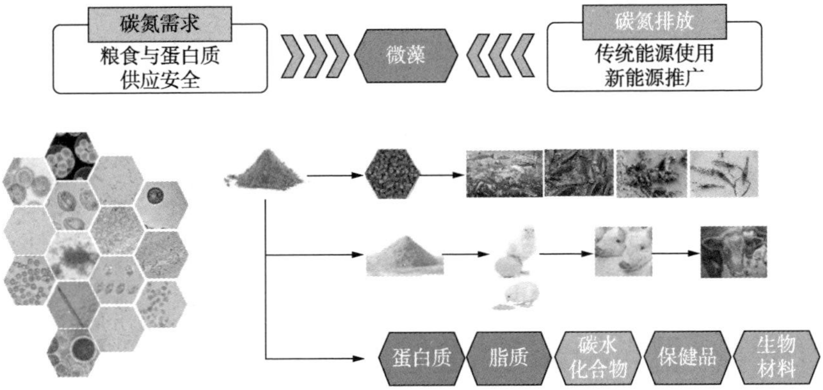

图 14-1　微藻有望同时解决碳氮排放问题与蛋白质需求

微藻一方面能够生产大量高价值的富含蛋白质的微藻生物质，另一方面能够将 CO_2 与 NO_x 进行吸收与固定，努力实现“双碳”目标和大气污染治理目标。每生产 1t 高蛋白微藻，就能够消耗大约 1.83t CO_2 与 0.2t NO_x 等无机氮污染物。微藻生物技术的开发与应用能够通过做足“加法”和“减法”，将粮食安全、新能源与环境保护这几项国家战略有机结合起来，形成微藻减排污染物兼产饲料蛋白的变革性、颠覆性技术，并最终建立循环经济新体系。一家千万吨规模的炼化厂，每年的 CO_2 排放也在千万吨级，排放 NO_x 约 1000t。如果利用微藻对这些 CO_2 和 NO_x 进行吸收与固定，就可以获得高蛋白微藻约 5Mt，市场价值超过 500 亿元，同时还可获得可观的环保效益。

石科院研发的“微藻脱硝兼产高价值蛋白质技术”是国家 973 重大科研项目成果之一。石科院科研团队经过十余年不懈科技攻关，开发了“微藻脱硝组合工艺”，在微藻藻种筛选、微藻大规模养殖、烟气吸收与固定、微藻高效低成本采收及微藻高价值产品与应用等技术开发方面开展了大量工作，核心技术业已取得重大突破，使得微藻养殖成本大幅降低，为微藻进入饲料蛋白市场铺平了道路。该研究将“CO_2/NO_x 吸收固定技术”与“微藻养殖技术”进行技术集成，为成功构建高价值微藻生物产品生产与微藻 CO_2/NO_x 减排的循环经济体系奠定了基础。

目前，研究团队已完成成套技术研发，正在山西朔州与江西南昌分别建设养殖规模为 $3000m^2$ 与 $20000m^2$ 的微藻 CCUS 与高蛋白生物质生产示范基地，进一步验证研究成果的技术经济性。远期，研究团队计划在海南建设万吨级微藻 CCUS 与生物质生产项目，对海南炼化产生的 CO_2 进行吸收，高蛋白微藻生物质生产能力为 5400t/a，吸收 CO_2 10kt/a，并开展微藻生物质在水产动物饲料等领域的应用，真正实现微藻碳氮减排的工业化实施。

微藻 CO_2减排与蛋白质生产技术将生物技术应用于新能源、绿色环保产业，实现环保和绿色低碳可持续发展。2022 年发布的国家“十四五”生物经济发展规划中指出：“着眼保障粮食等重要农产品生产供给，适应日益多元的营养健康食物等消费需求，重点围绕生物育种、生物肥料、生物饲料、生物农药等方向，推出一批新一代农业生物产品，推动高效固碳和固氮产品等技术的创制与产业化，提高土地和资源利用效率，运用功能型微生物、酶制剂等生物技术，推动实现水体脱氮除磷、重金属土壤修复、固体废物利用处置。”规划中的这些表述，都为微藻生物技术在碳减排与环境保护、生物能源生产、替代饲用蛋白生产等领域的应用指出了发展方向，也对技术研发工作提出了更高的要求。微藻减排 CO_2 示范装置与微藻开放池养殖分别见图 14-2 和图 14-3。

图 14-2　微藻减排 CO_2示范装置

图 14-3　微藻开放池养殖

第五节　CO_2 化学利用生命周期碳减排分析

以 CO_2 加氢制甲醇为例进行 CO_2 化学利用碳减排分析，对比路线为煤制甲醇。目前，国内甲醇生产大部分采用煤制甲醇路线，原料煤通常要经过气化及多次变换过程后，以净化气作为生产甲醇的原料。在变换气的净化过程中，脱碳处理会产生大量 CO_2 气体，除了小部分作为原料参与合成甲醇，其余大部分作为排放气排出。另外生产过程还会用到蒸汽、电、水等，这些物质的使用会产生间接的 CO_2 排放。CO_2 加氢制甲醇原料采用 CO_2，每生产 1t 甲醇大约消耗 1.46t CO_2，如果采用天然气制氢或煤制氢，制氢过程也会产生大量的 CO_2 排放。煤制甲醇和 CO_2 加氢制甲醇碳排放情况见图 14-4，从图 14-4 中可以看出，煤制甲醇的碳排放为 2.49tCO_2/t 甲醇，CO_2 加氢(绿氢)制甲醇碳排放为-0.91tCO_2/t 甲醇，氢气采用天然气制氢和煤制氢，CO_2 加氢制甲醇碳排放分别为 1.05tCO_2/t 甲醇和 3.65tCO_2/t 甲醇。CO_2 加氢（绿氢）制甲醇碳排放比煤制甲醇碳排放减排 3.40tCO_2/t 甲醇。而如果采用煤制氢获得氢气，CO_2 加氢制甲醇碳排放比煤制甲醇碳排放高 1.16tCO_2/t 甲醇。

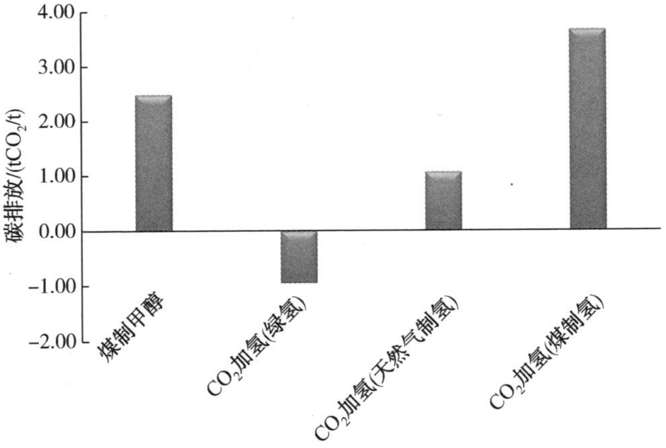

图 14-4　不同路线生产甲醇碳排放情况

第六节　不同碳价下的 CO_2 化学利用技术经济分析

在原料及操作成本不变的情况下，煤制甲醇和 CO_2 加氢制甲醇的甲醇成本随碳价变化关系见图 14-5。从图中可看出随着碳价的增加，煤制甲醇与 CO_2 加氢

（绿氢）制甲醇两条路线甲醇成本趋于接近，当碳价达到 440 元/t 时，两条路线成本持平。当碳价高于 445 元/t 时，CO_2加氢（绿氢）制甲醇更有优势。而如果不采用绿氢，CO_2加氢（天然气制氢或煤制氢）制甲醇与煤制甲醇经济上不具备优势。

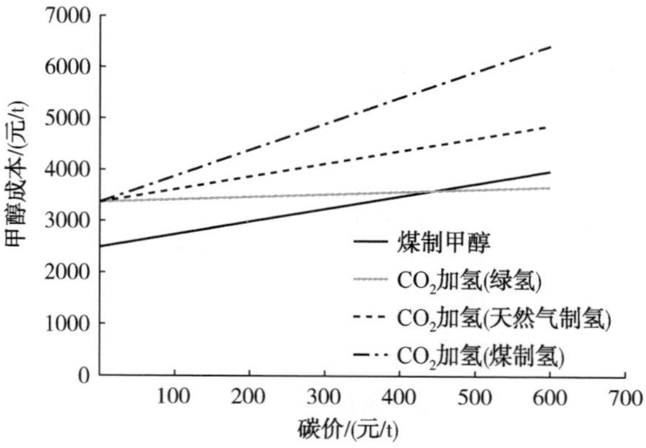

图 14-5 甲醇成本随碳价变化关系

参 考 文 献

[1] Lydonrochelle M T. Amine Scrubbing for CO_2 Capture.［J］. Science，2009，325（5948）：1652-1654.

[2] Merkel T C，Lin H，Wei X，et al. Power Plant Post-combustion Carbon Dioxide Capture：an Opportunity for Membranes［J］. Journal of Membrane Science，2010，359（1-2）：126-139.

[3] Christopher，A，Trickett，et al. The Chemistry of Metal-organic Frameworks for CO_2 Capture，Regeneration and Conversion［J］. Nature Reviews Materials，2017，2（8）：17045.

[4] Aresta M，Dibenedetto A，Angelini A. Catalysis for the Valorization of Exhaust Carbon：from CO_2 to Chemicals，Materials，and Fuels. Technological Use of CO_2［J］. Chemical Reviews，2014，114（3）：1709-1742.

[5] 王献红，王佛松．二氧化碳的固定和利用［M］．化学工业出版社，2011：67-72.

[6] 全球首套 CO_2制甲醇装置中试成功［C］//中国无机盐工业协会钙镁盐分会．2011 年全国镁盐行业年会暨环保·阻燃·镁肥研讨会论文集．2011：1.

[7] 中科院二氧化碳甲醇技术完成工艺包编制［J］．天然气化工（C1 化学与化工），2016，41（3）：15.

[8] 武永光．二氧化碳加氢制甲醇暨新能源制氢工业化进展［J］．化学工业，2021，39（02）：36-39.

[9] Wang J，Li G，Li Z，et al. A Highly Selective and Stable ZnO-ZrO_2 Solid Solution Catalyst for CO_2 Hydrogenation to Methanol［J］. Science Advances，2017，3（10）：1701290.

[10] 叶知远，饶娜，夏菖佑，等．CO_2加氢制甲醇催化剂与项目进展研究［J/OL］．洁净煤技术，1-12［2024-08-17］.

[11] 何聂燕，李学琴，刘鹏，等．二氧化碳加氢合成甲醇技术现状及催化剂研究进展[J/OL]．洁净煤技术：1-9[2024-07-06].

[12] 吕随明．Ni/AC 催化剂催化 CH_4-CO_2 重整制合成气性能研究[D]．西安：西北大学，2023.

[13] 李然家，余长春，代小平，等．钙钛矿型 $La_{0.8}Sr_{0.2}FeO_3$ 中的晶格氧用于甲烷选择氧化制取合成气[J]．催化学报，2002，(6)：549-554.

[14] 李然家，余长春，代小平，等．以晶格氧为氧源的甲烷部分氧化制合成气[J]．催化学报，2002，(4)：381-387.

[15] 乔婷婷，栗怡，赵玺乐，等．逆水煤气变换反应催化剂的研究进展[J]．农村经济与科技，2020，31(18)：273-275.

[16] 李鹏阳，王改荣，牛佳星，等．逆水煤气变换反应机理及催化剂研究进展[J/OL]．燃料化学学报(中英文)，1-14[2024-08-18].

[17] 李鑫，曾少娟，彭奎霖，等．CO_2电催化还原制合成气研究进展及趋势[J]．化工学报，2023，74(01)：313-329.

[18] 李亚斐．铁基过渡金属催化剂的制备及电解水性能研究[D]．新疆：石河子大学，2022.

[19] Huang J R , Qiu X F , Zhao Z H, et al. Single-Product Faradaic Efficiency for Electrocatalytic of CO_2 to CO at Current Density Larger than 1. 2 Acm^{-2} in Neutral Aqueous Solution by a Single-Atom Nanozyme[J]. Angewandte Chemie, 2022, 61(44): e202210985.

[20] Xiaokang G , Yuying J , Bo W , et al. Boron Bridged $NiN_4B_2C_x$ Single-atom Catalyst for Superior Electrochemical CO_2 Reduction[J]. Materials Today, 2022, 5463-5471.

[21] Guo W W, Bi J H, Zhu Q G, et al. Highly Selective CO_2 Electroreduction to CO on Cu-Co Bimetallic Catalysts[J]. ACS Sustainable Chemistry & Engineering, 2020, 8(33): 12561-12567.

[22] 邵斌，孙哲毅，章云，等．二氧化碳转化为合成气及高附加值产品的研究进展[J]．化工进展，2022，41(3)：1136-1151.

[23] Verma S, Lu S, Kenis P J A. Co-electrolysis of CO_2 and Glycerol as a Pathway to Carbon Chemicals with Improved Technoeconomics due to Low Electricity Consumption[J]. Nature Energy, 2019, 4(6): 466-474.

[24] Wei J , Ge Q , Yao R , et al. Directly Converting CO_2 into a Gasoline Fuel[J]. Nature Communications, 2017, 8(1): 15174.

[25] Gao P , Li S , Bu X , et al. Direct Conversion of CO_2 into Liquid Fuels with High Selectivity over a Bifunctional Catalyst[J]. Nature Chemistry, 2017, 15174.

[26] 千吨级 CO_2加氢制汽油示范装置通过科技成果评价[J]．煤化工，2022，50(2)：67.

[27] Hardy R D , Coffey T . Process and System for Producing Synthetic Liquid Hydrocarbon Fuels [P]. US 20050108149, 2008-09-02.

[28] 张健，赵欢欢，王以臣，等．一种用于二氧化碳加氢制航空煤油的双功能核-壳催化剂的制备方法[P]. CN 201911232685. 1，2023-03-24.

[29] Yao B , Xiao T , Makgae O A , et al. Transforming Carbon Dioxide into Jet Fuel Using an Or-

ganic Combustion－synthesized Fe－Mn－K Catalyst [J]. Nature Publishing Group, 2020, 11: 6395.

[30] Zhang L, Dang Y, Zhou X, et al. Direct conversion of CO_2 to a Jet Fuel over CoFe Alloy Catalysts[J]. The Innovation, 2021, 2(4): 100170.

[31] Lu F, Zhang C, Wang Y, et al. Phase Coexistence in Fluidization [J]. AIChE Journal, 2021, e17530.

[32] Cheng K, Gu B, Liu X, et al. Direct and Highly Selective Conversion of Synthesis Gas into Lower Olefins: Design of a Bifunctional Catalyst Combining Methanol Synthesis and Carbon-Carbon Coupling[J]. Angewandte Chemie International Edition, 2016, 55(15): 4725-4728.

[33] Wei J, Sun J, Wen Z, et al. New Insights into the Effect of Sodium on Fe_3O_4-based Nanocatalysts for CO_2 Hydrogenation to Light Olefins [J]. Catalysis Science & Technology, 2016, 6: 4786-4793.

[34] Zhang C, Xu M, Yang Z, et al. Uncovering the Electronic Effects of Zinc on the Structure of Fe_5C_2-ZnO Catalysts for CO_2 Hydrogenation to Linear α-olefins[J]. Applied Catalysis B: Environmental, 2021, 295: 120287.

[35] Li Z, Wang J, Qu Y, et al. Highly Selective Conversion of Carbon Dioxide to Lower Olefins [J]. 2017, 7 (12): 8544-8548.

[36] Sen W, Li Z, Wenyu Z, et al. Selective Conversion of CO_2 into Propene and Butene[J]. Chem, 2020, 6(12): 3344-3363.

[37] 柴秋改．铋系催化剂用于二氧化碳电化学还原的研究[D]．广州：华南理工大学，2021.

[38] Tingting Z, Chunxiao L, Chenxi G, et al. Copper-catalysed Exclusive CO_2/sub to Pure Formic Acid ConverSion via Single-atom Alloying. [J]. Nature Nanotechnology, 2021, 16(12): 1386-1393.

[39] Ma W, Xie S, Zhang X G, et al. Promoting Electrocatalytic CO_2 Reduction to Formate via Sulfur-boosting Water Activation on Indium Surfaces [J]. Nature Communications, 2019, 10: 892.

[40] 谭颖．二氧化碳与环氧化合物合成环状碳酸酯的新型催化剂制备与研究[D]．南昌航空大学，2016.

第十五章　智能炼油厂助力企业降碳

第一节　智能炼油厂发展现状

一、智能炼油厂的背景及概念

当前，炼油行业面临着产能过剩、国际环境错综复杂、市场竞争激烈等问题，伴随着国家“双碳”政策的日益趋严，炼油厂面临越来越大的生产经营和节能降碳的双重压力。加快推进智能炼油厂建设是提高炼油企业生产效率、降低生产成本以及维持可持续发展的重要手段。智能炼油厂是指在炼油厂现有自动控制的基础上形成的一种更先进的生产范式，其核心是将炼油厂的生产经营方式与各种信息技术融合起来，通过对炼油装置的生产运行等数据的获取、分析，建立单装置或全流程的过程模型，依托模型开展运营优化、智能实施等[1]。

二、智能炼油厂发展情况

2022 年 4 月，工业和信息化部等六部委联合印发《关于“十四五”推动石化化工行业高质量发展的指导意见》，提出了到 2025 年，建成 30 个左右智能制造示范工厂、50 家左右智慧化工示范园区的目标，要求包括石化在内的重点领域企业生产装置的自控率达到 95%以上[2]。

中国石化自 2012 年便启动了智能工厂 1.0 版建设，选择旗下 4 家炼化企业作为首批建设对象。燕山石化、镇海炼化、茂名石化、九江石化 4 家炼化企业在几年的时间里数字化水平显著提升，实现了先进控制系统使用率提升 10%、生产数据自动采集率提升 20%的目标，自动控制投用率均达到 90%以上。2018 年，中国石化以 6 家成熟的炼化企业为试点，启动智能工厂 2.0 版建设。与智能炼化 1.0 版的试点企业相比，2018 年试点炼化企业的装置自控率达到 95%，生产数据的自动化采集率达到 97%，各项指标提升明显[3]。

中国石油亦积极部署智能炼油厂建设，旗下的广东石化、广西石化、长庆石化等炼化企业，通过引入信息化、数字化改造措施，实现了计划管理、调度管理、生产管理、设备管理、安全管理、能源管理等板块的智能化升级，有效提高了产品效益，降低了能耗物耗，产生了可观的经济效益。除了积极部署炼油厂的智能化建设，中国石油还在上游的油气勘探、下游的产品销售领域大力推进智能化改造，实现信息化与自动化集成，大幅提升了劳动生产率和资源利用效率。

中国海油于2020年发布数字化转型整体蓝图，通过数字化工程落实“1534”总体发展思路，提升中国海油的生产经营能力，促进降本增效，助力公司从传统模式向现代化、数字化、智能化跨越。中海石油炼化有限责任公司积极拥抱智能化发展潮流，大力推进大数据、物联网、知识图谱、人工智能等新技术在安全风险监控、生产操作优化、设备运行监测等领域的应用，显著提高了企业的生产效率和安全管理水平[4]。

国外先进炼化企业在智能化方面的建设较早，形成了整套完备的体系。这些炼化企业近年来以降本提质增效措施为切入口，通过生产运营优化、生产操作优化、能源管理优化和老旧设备改造等手段，进一步提升了企业的盈利能力。该阶段炼油厂智能化实施的显著特征是将石油加工过程中所涉及的反应、分离、公用工程系统进行机理建模或大数据建模等，再将模型与优化方法、先进控制系统等结合起来，为生产和管理人员的决策提供重要的科学依据。国外先进炼化企业重点围绕“生产优化、智能运营、能源管控”三个环节，对智能化技术开展了大量的应用。

生产优化方面，埃克森美孚、壳牌、bp等大型炼化巨头将闭环实时优化(Real-Time Optimization，RTO)技术引入到炼油厂生产装置。例如，20世纪90年代，壳牌Martinez炼油厂在常减压蒸馏、催化裂化、加氢裂化、烷基化等生产装置上应用先进的在线控制技术(APC)，实现了关键装置的闭环优化，原油加工效益提升了约10美分/bbl。Thai Oil以常减压蒸馏装置为试点，开展闭环实时优化技术，由于该装置生产效益的显著提升，该企业于2010年开始在整个炼油厂部署闭环实时优化。

智能运营方面，埃克森美孚合理调配资源供应和产品销售，积极实施全球业务链优化战略。壳牌通过整合油气供应、炼化生产和产品销售的上中下游业务，制定了全球17家炼油厂统一的生产调度和排产，实现了基于效益最大化的全局优化；通过分析原油价格、船期、生产运行、销售的动态数据，获取当期计划或调度的盈亏点，迅速调整生产运营方案，实现生产效益最大化。

能源管控方面，埃克森美孚旗下部分炼油厂利用Visual MESA软件部署了公用工程系统的闭环实时优化系统[5]。Valero公司旗下的休斯敦炼油厂实施了全厂公用工程在线优化系统，余热锅炉的热效率提高0.6%、燃料气的成本降低1%，年节省费用约270万美元，并以该系统为基础，建立了适用于企业的能源管控系统。美国 Flint Hill 炼油厂投用了以公用工程优化为核心的能源管理系统，该系统实施后，全厂的能源成本下降了 1%，能源成本的下降意味着能源使用总量与碳排放的降低。

三、智能炼油厂现有不足分析

炼油厂主要由工艺、设备、仪表、控制系统组成。对于国内炼油厂而言，智能仪表、集散控制系统(DCS)、先进控制、流程模拟、调度优化、油品调合、MES、ERP 等自动化和 IT 技术已有使用。在新技术应用方面，炼油厂正在积极部署物联网、云计算等新兴技术，在设备故障远程诊断、安全生产管理、企业数据治理等方面进行应用尝试。

但是，炼油厂的智能化程度总体仍不尽人意。究其原因，有六个方面的内容有待提升。一是仪表自动化程度有待提高，生产装置仪表的自动化率存在局部分化，部分自动化程度高，部分自动化程度低。二是企业计划优化软件的应用率有待提升，实施原料的调度和排产，可以最大化提升生产过程的效率。三是装置级模拟优化技术(流程模拟、原油调合、先进控制、实时优化)待大幅推广，相比国外炼油厂，国内炼油厂使用流程模拟类优化技术明显偏少。四是远程诊断监测系统待普及。安全生产是炼油厂效益的保证，广泛实施远程监测系统，有利于及时发现装置内潜在的隐患，减少非计划停工的发生。五是设备质量良莠不齐。高质量设备是炼油厂平稳运行的保障，也是提升智能化水平的重要支撑。六是自动化信息管理水平偏低，全厂的信息资源管理较为分散，未形成互联互通，部分区域还存在信息孤岛，有待进一步的完善和加强。

基于以上分析，国内炼油厂需要在深刻分析行业特点的前提下，紧紧围绕国家“双碳”政策，提出合理的建设模式，以适应时代发展的需求。

四、智能炼油厂节能降碳对策

炼油工艺过程涉及大量的能量消耗，在节能降碳方面有着巨大的潜力。围绕整个炼油工艺，其降碳的潜力点主要体现在智能控制系统、工艺流程系统、能量系统三个部分。

1. 提高智能控制系统的使用率

智能炼油厂的基础来自高度自动化的控制系统和相应的支撑设备。其中，智能控制系统衔接炼油厂所有工艺，关乎整个炼油厂的平稳运行。装置平稳率越高，生产过程中损耗的能量越小，节能降碳效果越明显[6]。

在智能控制系统方面，某炼化公司将 PID 智能回路整定系统和 APC 先进控制系统融入到生产层面的各个环节，使得企业自控率和运行效益大幅提升。经过PID智能回路整定系统的接入，使有效回路整定达到93%，平稳率达到90%，报警率和人为干预率大幅降低。该企业利用APC先进控制系统对连续重整装置和气分装置进行预测控制，提高了装置平稳率及目标产品收率，提升了装置整体的生产运行水平，有效避免了人为干扰和非计划性停工。APC先进控制系统的介入，降低了装置的能耗，提升了产品的收率。该项目的实施显著提升了全厂的智能化水平，为企业实现低碳高效、安全生产的目标打下了坚实的基础。

2. 推进炼油装置的模拟优化

在智能炼油厂发展的过程中，工艺过程会产生大量的碳排放，因此，开展以工艺流程为主的过程降碳十分关键。石科院以推进低碳化发展、数字化转型和智能化提升为目标，结合工艺机理、人工智能与过程集成技术，对炼油厂反应装置、分离系统建立过程模型，围绕企业产品结构调整、挖潜增效、节能环保等要求开展模拟与优化。

在炼油厂反应装置模拟优化方面，石科院在柴油加氢、蜡油加氢、渣油加氢、加氢裂化、延迟焦化等反应工艺模拟上做了较为深入的研究，其中包括模拟原料性质、操作条件的变化对产品分布和性质的影响规律；根据原料性质和产品质量要求，确定最优的操作条件；对装置运行状态进行分析与诊断，评估装置脱瓶颈措施的实施效果。在技术研发阶段，评估能耗及碳排放水平；在工业应用阶段，以最大化高附加值产品产量和最小化装置能耗为目标，通过模型测算，得到反应装置运行的整体优化方案，部分研究成果已经在石家庄炼化、塔河炼化等企业的工业装置上得到了应用。

在炼油厂分离系统优化方面，石科院开展了覆盖离线-在线与开环-闭环的优化研究，主要包括依赖专家经验的运营优化、基于过程模型的操作优化、数据和知识耦合的智能化优化以及实时在线优化技术。随着炼油水平的进步和信息技术的提升，炼化企业向信息化、数字化和智能化方向转型发展，业内逐步推进智能化手段在生产流程优化层面的应用，实现装置精细化操作和效益最大化。

尽管炼油装置模拟优化取得了一定的进展，但仍需要进一步的发展和加强。主要发展方向体现在如下三个方面：

① 提高炼油工艺模拟优化的深度。进一步推动原料端到反应、分离再到产品端的全过程分子模拟；构建以揭示化学反应本质为底层架构的机理模型、推动数据模型与机理模型的深度融合；加快推动满足炼油厂全方位需求的智能化模型应用。

② 加强炼油工艺反应和分离部分的协同。反应系统作为分离系统的上游单

元，为分离部分提供进料，反应效果的好坏直接影响着分离系统的产品质量；而分离系统作为最终体现产品价值的单元，其运行效果的好坏也直接影响着反应过程的有效性。因此，对反应部分和分离部分开展协同模拟优化将产生更为显著的经济效益。

③ 扩大炼油工艺模型的推广应用。尽管国外大型炼油厂应用炼油工艺模型对生产进行优化已十分普遍，但国内炼油厂由于智能化建设起步晚，采用炼油工艺模型对生产进行优化仍相对较少。因此，有必要加大炼油工艺模型的推广应用，推动智能化技术在炼油厂的普及。

3. 加大能量系统的优化

能量系统优化主要包含换热网络优化、蒸汽动力系统优化、低温余热系统优化、氢气系统优化等。其中，换热网络优化和蒸汽动力系统优化在炼油行业的应用较早，夹点理论的提出极大促进了换热网络优化技术的发展；国内在总结用能过程热力学的基础上，创立了用能分析的“三环节”理论[7]。线性规划(LP)求解软件及技术的应用促进了能量系统的优化和求解，同时生产过程信息管理系统软件、化工工艺模拟计算软件、大型通用流程模拟系统软件等商业流程模拟软件的应用也推动了智能化手段在炼油节能领域的进步[8]。

未来，智慧能源将与炼油行业低碳发展深度融合。一是能量利用的跨尺度集成优化。能量作为推动物质运动变化的动力，其作用的尺度包括分子级、设备级、工厂级和区域级等多个层级。构建从反应热、分离热、公用工程热三位一体的能量优化系统，并接入区域级能量集成体系，实现区域能量系统的联合调度和优化，可大幅提高能量的利用效率。二是模拟优化技术的应用。模拟优化技术的应用不仅体现在单装置能量优化，也体现在全厂能量系统优化以及新建炼油厂公用工程的整体布局和高效节能设备的设计等方面。三是国家的“双碳”战略已正式接入国际体系，低碳发展将成为未来炼油厂智能化进程的主旋律。以智能化手段进行能量系统优化，更合理地进行公用工程布局、建设更完善的能量利用体系，必将成为炼油厂实现“双碳”目标的重要路径。

第二节　分离系统智能化应用

炼油过程中包含复杂多样的分离系统，如常减压蒸馏装置、催化裂化、加氢裂化和延迟焦化等装置的分馏系统等，这些分馏系统处理量大、结构复杂、易受原料变化和市场需求等因素影响，存在较大的装置运营优化和节能降碳潜力。据统计，分离系统能耗大约占据炼油厂总能耗的30%~50%，其中常减压蒸馏装置能耗就占炼油总能耗约15%，是炼油厂的能耗大户，更是炼油企业节能减排的关键环节。

针对已投用的分离系统，无论生产工艺设计先进与否，面对不断变化的生产状况，预设的固定方案很难保证装置始终处于最优运行状态，且依赖人工调整很难保证在各操作参数、产品质量均不超出工艺边界条件的前提下，做到全局、实时最优。虽然当前国内石油化工过程的硬件设备、工艺技术等方面已经达到国际先进水平，但在优化运行方面尚有较大提升空间。在设计、运行和管理等方面，我国炼化行业仍以经验或半经验为主，智能化水平尚处于初级阶段。借助多学科多领域交叉融合，尤其是过程模型与自动化控制的集成开发，可为分离系统的绿色低碳智能优化与实施提供坚实保障。

一、基于过程模型的模拟优化

近年来，企业、高校和研究机构运用成熟的流程模拟软件，如KBC公司的Petro-SIM、Aspen Tech公司的Aspen Plus和Simulation Science公司的PRO Ⅱ等对炼油分离系统过程模型进行模拟计算，为分离系统的智能优化、智能实施提供了工具支撑。流程模拟的核心是机理模型，通过对物料平衡、热量平衡、化学平衡、相平衡等进行严格计算，可以获取准确性较高的模型。此外，人工智能、机器学习、数字孪生、大数据等技术也是构建分离系统过程模型不可或缺的建模手段，相较于机理模型、流程模拟等适应性更强，且鲁棒性和时效性更佳。

某公司[9]通过调整常减压蒸馏装置中常压塔及减压塔的中段循环，合理分配高低温位的取热比例，实现CO_2减排3473t/a。Mamdouh Gadalla等[10]提出了一种基于严格模拟和优化框架的新方法，同时在兼顾节能减排和能效提升的前提下对埃及某炼油厂原油蒸馏装置进行优化，最终降低能耗17%，减少CO_2排放33%。

以节能降碳为目标，综合优化精馏塔的物料性质、操作条件、回流比、塔板数、塔板效率以及能耗等，研发、应用和推广分离系统智能优化技术在炼油工业实现绿色低碳转型进程中具有重要意义。通过运用机理模型、流程模拟、人工智能、数字孪生等技术，对炼油工业的复杂分离过程进行模拟和优化，可以有效助力炼油企业实现提质增效、节能减排和技术创新。

二、数据与知识耦合的智能优化

为了进一步提升模型收敛性和运算时效性，石科院研发了基于数据与知识耦合的分离系统智能优化技术，该技术通过收集炼油厂分离系统完备的操作参数及油品化验分析数据等，建立与炼油厂实际生产流程相匹配的数字孪生模型，对炼油厂工况进行实时的稳态判断和精准跟踪，在明确工艺约束和操作目标(如节能降碳、经济效益等)的条件下，可实现操作参数的全局优化。与传统方案不同，如图 15-1 所示，分离系统智能优化技术结合当前“双碳”背景，将工艺机理模型、数字孪生模型与非线性高效优化算法有机结合，可以在确保模型精确度、稳定性和收敛性的情况下，提高运算效率，快速适应生产条件的变化和优化目标的调整，提出增加经济效益和降低 CO_2 排放的优化方案。

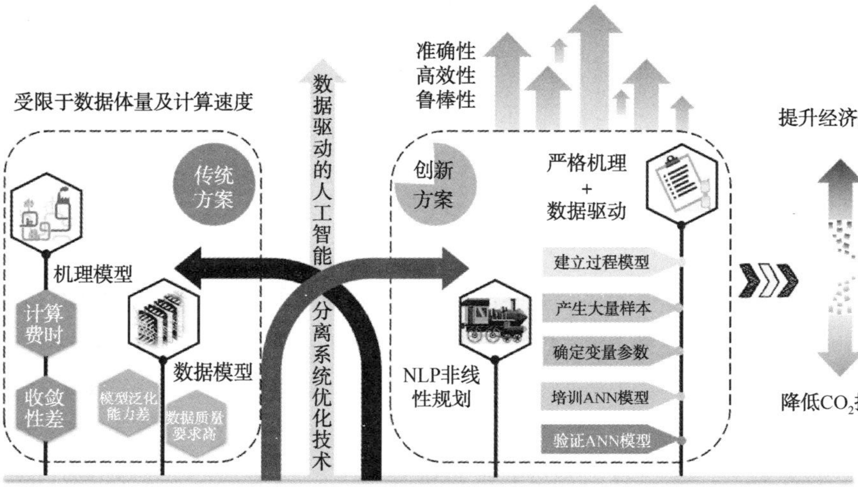

图 15-1 “双碳”背景下分离系统智能优化技术

在整个解决方案过程中，传统流程模拟是数据生成的基础。首先建立可靠的、完整的、符合现场工艺特征的流程模拟模型，通过收集装置的操作参数和化验分析数据等，对工业装置进行精确流程模拟，并结合数据校正保障模型精度，使模型结果与现场实际数据相匹配。由于传统流程模拟方法在计算速度和收敛性上的不足，不宜将传统流程模拟模型直接用于指导操作生产，而是将流程模拟模型作为基础模型，生成大量不同工况条件下的生产操作数据和性能数据。通过对机理模型进行多维度、多工况的组合，结合现场数据补充，产生大数据池，确保其数据范围覆盖企业日常运行的工况范围，进而较为完整地体现现场装置的基本特征。随后，将这些数据作为输入进行人工神经网络模型(ANN)自动训练。人工神经网络模型的原理是模拟人脑神经元网络结构以及信息处理方式，采用大量神经元之间相互连接构成的多层网络结构，可以实现对分离过程输入输出等复杂关系的描述。经过充分训练，人工神经网络模型可准确映射流程模拟搭建的机理模型，且可以较为精准地描述分离系统的关键操作参数和性能参数。通过对传统流程模拟模型输入、输出参数的学习，即可将其转化或者孪生为人工神经网络模型。

人工神经网络模型可以较为准确地描述真实装置场景下的运行特征，根据现场数据输入，结合优化目标完成模拟计算最终得到输出变量。在维持工艺指标安全、稳定和高效的前提下，实现企业节能降碳和经济效益提升的目标。

总体而言，数据与知识耦合的分离系统智能优化技术，既能够借鉴传统流程模拟模型在工艺准确性及机理可扩展性上的优势，也能充分发挥人工神经网络在学习精度与运算速度上的优势，从而兼顾准确性、高效性、鲁棒性，使炼油行业分离装置操作的实时优化变成可能。

以千万吨级的常减压蒸馏装置为例，通过实施分离系统智能优化技术，可以显著提升装置的整体运行效率和经济效益。具体而言，该平台的应用能提高换热终温 4~6℃，降低装置综合能耗 0.5~2kgoe/t，减少碳排放 10~40kt/a，提高装置轻收/总拔 0.5~1.5 个百分点[11]。

三、实时在线优化技术

分离系统实时在线优化技术的系统结构如图 15-2 所示，该系统的核心部分涵盖多个关键模块，包括分离系统智能优化技术及系统、APC 系统、实时数据库、DCS 系统、原料及产品分析数据。

其中，分离系统智能优化技术是核心应用平台，基于灵活开放的设计理念和建模机制，融合在线实时的开环与闭环优化技术，构成高度集成、效能优化的先进优化系统，可极大地提升工业过程的智能化水平。分离系统智能优化系统可为分离装置实施 RTO 提供模型支撑，进而实现装置的经济效益提升或能耗、碳排放降低。

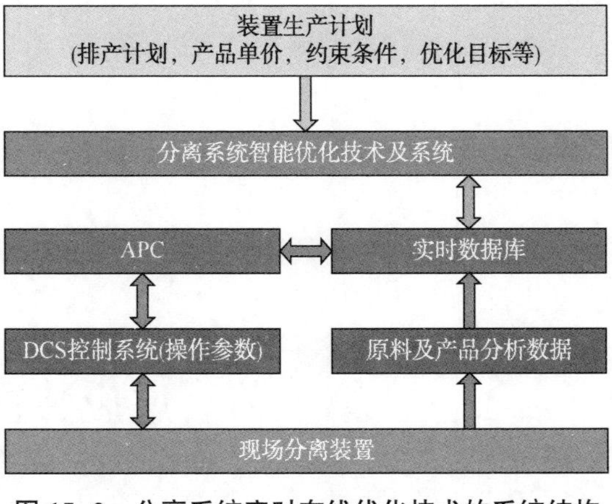

图 15-2 分离系统实时在线优化技术的系统结构

实时数据库可实时采集、获取生产装置运行过程中的各类参数，并且作为在线优化系统的基础数据平台，存储优化过程中的数据，在 RTO 系统与 DCS 系统之间完成数据传输。

DCS 系统主要负责调节和控制操作参数，操作人员可以在该系统上输入产品控制指标、产品价格等关键数据。此外，该系统也允许用户操控优化开关、设置约束变量上下限，并查看优化结果，从而实现人机交互。

APC 系统有效利用了 DCS 系统和传统控制系统的优势，采用多变量协调与约束控制技术，确保受控变量维持在预设范围内。执行 RTO 计算时，系统会考虑被控制变量和控制变量，并在设定的上下限范围内进行运算。实时优化模型会定期使用现场化验分析数据对计算得到的产品质量数据进行校准和修正，确保模型计算准确性。RTO 系统与 APC 系统集成，有助于对装置出现的运行波动进行实时调整。为适应装置原料性质及产品分布的动态变化，有研究者开发了装置实时在线优化(RTO)技术的相关方法论[12]。该技术以现场实时数据为基础，以机理模型为核心，对生产过程进行持续的工况跟踪与优化计算。装置操作数据、油品分析数据通过 DCS 系统传递至 RTO 系统，RTO 系统再对输入数据进行稳态判断后进行装置模型整定计算，最后在此工况模型基础上结合优化目标进行全局优化计算，并将最终优化结果通过 DCS 传递至 APC 系统，作为 APC 中被控变量的目标值。APC 通过多变量模型预测控制算法实现对装置多变量动态最优稳定控制，最终推动装置向最优工况运行。

近年来，国内炼油领域也开始进行 RTO 的探索与尝试，中国石化某炼油厂[13]5Mt/a 常减压蒸馏装置部署 RTO 系统后，提升经济效益约 4050 万元/年，另外一家炼油厂[14]常减压蒸馏装置部署 RTO 系统后，提升经济效益约 1500 万元/年。某石化企业[15]针对 2Mt/a 催化裂化装置，开发了催化主分馏塔和吸收稳定系统的实时优化系统，在保证产品指标的前提下优化产品分布及核验水力学结果，系统实施后每年增效 600 万~1800 万元。

当前，炼油行业面临能源转型和碳减排的双重挑战，技术创新将以提升效率和节能减排为主要目标。分离系统智能化技术采用先进的人工智能技术对装置进行模拟，将机理模型、数据模型与高效优化算法相结合，同时兼具了机理模型的准确性和数据模型的高效性，推动了炼油分离系统以多目标优化为核心的技术创新，助力炼油企业实现“降本、增效、减碳”。

第三节　反应装置模拟优化

“双碳”背景下炼化企业提质增效迫在眉睫，面对工业装置原料变化频繁、产品结构多变的现实，对炼油厂反应装置进行模拟优化来指导工业生产，受到各研发机构和生产企业的高度重视[16]。

目前针对炼化生产过程的模拟优化大致形成了两类方法：一类是通过建立炼油过程机理模型实现优化，称为机理模型优化，另一类是通过分析炼油过程的大量数据实现优化，称为数据驱动优化。其中机理模型优化需要建立在对炼油单元技术深刻理解的基础上，该方法通过数学的方法对炼油过程机理进行分析，运用炼油过程中所遵循的机理，构建描述过程变量之间关系的数学模型。与机理模型优化相比，数据驱动优化可以在不清楚生产过程或生产过程无法准确获知的条件下，通过收集并处理生产过程的输入、输出数据直接建立模型，进而实现操作优化[17]。

对反应装置进行模拟优化，其反应动力学模型是准确预测反应装置性能的关键，而反应动力学模型参数对催化剂性能的描述更是重要的研究课题。催化剂存在丰富多样的结构组元，可以为分子吸附转化的精准调控提供众多的选择和广阔的空间。活性位点作为催化剂的最核心组元，其特性对催化活性的影响一直是众多研究工作者关注的热点。因此在反应装置模拟优化过程中，要充分考虑催化剂对装置性能的影响规律。

过程建模、先进控制、大数据分析等技术是保证反应装置高效、安全、长周期稳定运行的重要手段，是炼化企业走向精准管理与控制的基础与保障，在操作优化实现资源最大化利用等诸多方面起到无可替代的作用。炼油厂中涉及转化的装置对优化产业布局、提升炼化一体化程度至关重要，因此重点围绕催化裂化装置、加氢裂化装置、催化重整装置及延迟焦化装置展开介绍。

（1）催化裂化装置的模拟与优化

催化裂化是炼油厂重油轻质化的重要手段，在石油炼制过程中发挥很大的作用。原料重质化、劣质化趋势加剧，以及对产品结构调整的新要求，对催化裂化装置提出了新挑战。针对催化裂化装置进行模拟研究是应对上述挑战的有效措施，可实现装置操作模式和条件的优化，达到调控产品分布、提质增效的目标[18]。

目前的催化裂化反应动力学模型主要有三类，分别为关联(半经验)模型、集总动力学模型和分子尺度动力学模型。其中关联(半经验)模型适应范围较小且外推性差；分子尺度动力学模型复杂，要求原料和产品分析精细度较高；集总动力学模型是基于反应机理的模型，需深入研究催化裂化复杂的反应网络并进行合理简化。对比三类模型，集总动力学模型发展最为成熟，建模简捷，求解分析手段简便，可以准确的预测催化裂化装置性能(产品产率、性质等)[18]。操作优化的独立变量应选择可以独立进行操作调节且影响反应结果的变量。除了通常的进料量、汽提蒸汽量、原料预热温度外，还包括反应器温度(通过催化剂循环量进行调节)等。关于催化剂活性，可以通过排出一定量的平衡催化剂而多补充一些新鲜催化剂或用不同品种、不同活性的催化剂进行掺兑，在一定幅度内进行适当调节[17]。

目前对催化裂化装置进行模拟优化主要基于集总动力学模型，预测调控操作条件后催化裂化装置的催化性能(产品分布、性质等)[18]。某炼油厂应用流程模拟技术，以柴油收率最小化作为生产目标，预测第一反应器出口温度、第二反应器出口温度及回炼油量。以软件预测结果为基础开展分析研究，结果表明，调节反应器出口温度后，原料性质和催化剂活性无明显变化，回炼比略有提升，产品分布变化明显，干气、液化气、汽油产率均有提升，柴油产率下降明显，整体经济效益提升。

催化裂化装置吸收稳定系统中的吸收和解吸过程的工艺条件完全相反，低温高压的工艺条件利于烃分子的吸收，高温低压的工艺条件利于烃分子的解吸。某炼油厂采用流程模拟软件对催化裂化装置吸收稳定系统进行了模拟优化，实现了对单塔吸收稳定系统向双塔吸收稳定系统的技术改造，解决了干气带 C_3、C_4，分离效果差的问题，提升了 C_2 的解吸率及 C_3 和 C_4 的吸收率，此外，吸收稳定系统中汽油和液化气质量均得到了提升[19]。

以某炼油厂 0.65Mt/a 重油催化裂化装置生产数据为依据，应用流程模拟软件对该装置进行流程模拟，结果显示在最大化装置收益情况下，装置收益和液收比工况值分别提高 11.82 元/t 与 0.92 个百分点；在最大液收情况下，装置收益和液收比工况值分别提高 7.41 元/t 与 1.76 个百分点[20]。

某炼油厂通过对催化裂化装置反再、分馏、吸收稳定及烟气余热回收系统建模，模型结合 MES、LIMS 数据进行实时计算。通过降低减温减压器蒸汽流量，提高主风机组汽轮机蒸汽流量，催化裂化装置机组发电机功率可提升 7.18%[21]。

某研究将工艺过程机理模型与数据驱动模型集成，提出了可用于预测催化裂化装置产品产率的软测量混合建模方法。产率软测量混合建模方法使得模型的预测性能提高，能较好地适应原料与催化剂性质的变化[22]。

（2）加氢裂化装置的模拟与优化

加氢裂化装置作为重要的加氢工艺，为炼油厂创效明显。加氢裂化装置是基于临氢条件进行的大分子烃转化为小分子烃的工艺装置，反应主要涉及烷烃的裂化反应（C—C 键断裂）、烯烃的加氢饱和反应、异构化反应、环化反应等过程[17,23]。考虑到加氢反应装置原料组成复杂、反应类型繁杂，借助模拟优化工具可更好地指导生产。

某浆态床加氢裂化装置加工高硫混合油体系，针对其所产气体、汽油、柴油、蜡油、减压渣油和焦炭，构建了六集总动力学模型，采用四阶龙格库塔法和最小二乘法进行最优化求解，模型相对误差均小于 5%[24]。

某研究采用 Petro-SIM 软件中的加氢裂化反应模块 HCR-SIM 对蜡油加氢裂化装置分馏过程建立优化模型，分析确认最佳工艺运行参数，实现综合效益最大化，为同类的生产装置优化及改造升级提供良好示范经验[23]。

某研究基于 Petro-SIM 软件中的 HCR-SIM，构建了中压加氢裂化装置的反应模型，并对模型进行校正更新。基于上述模型拟合出不同催化柴油掺炼比例下中压加氢裂化装置混合原料与设计值之间的偏差情况，以此确定掺炼催化柴油的最高比例。结果表明：当催化柴油掺炼比例达到 9.5%时，装置的新氢耗量只有在两台压缩机满负荷运行下才能满足反应所需，因此掺炼比例需要做较严格的控制。该模型为装置解决生产瓶颈、提高产品收率和质量、实现降本增效提供了理论依据，可用于指导装置生产[25]。

某炼油厂应用PRO Ⅱ流程模拟软件，通过Excel VBA编程与遗传算法相结合，对3.60Mt/a煤柴油加氢裂化分馏系统进行操作优化研究。针对四种工况进行了单目标和多目标优化，四个优化方案均寻得最优解，过程㶲损最小方案实现了㶲损降低28.55%、单元能耗最小方案实现了能耗降低23.48%、单元收益最大方案实现收益增加0.09%、单元能耗最小加系统轻油收率最大优化方案实现增效547.8万元/年[17]。

（3）催化重整装置的模拟与优化

催化重整装置主要用于生产高辛烷值汽油和芳烃，其反应主要涉及六元环烷烃、五元环烷烃、烷烃的脱氢反应、异构脱氢反应、脱氢环化反应等，反应过程副产氢气[26-29]。针对催化重整装置自身工艺流程的复杂性和独特性，模拟优化过程要考虑多方因素，例如优化变量的选择，产品收率、装置能耗的统筹兼顾及经济效益最大化等。深入调研分析催化重整过程的反应网络和反应动力学模型，强化构建催化重整反应动力学的基础理论是开展该装置模拟优化的必要条件[28]。

某炼油厂应用Aspen HYSYS流程模拟软件对其连续重整装置进行流程模拟，得到了与装置实际操作接近的理想模型。在此模型基础上进行优化，优化后连续重整装置效益增加1358万元/年[26]。

某炼油厂采用Aspen HYSYS对催化重整装置C_6精馏塔进行了模拟优化，根据模拟优化结果确定了最优操作条件及优化方案，提高了重整产品中苯的回收率[23]。

某研究采用Petro-SIM的催化重整模块REF-SIM对连续重整装置中除催化剂连续再生以外的预处理、重整反应和产品分离三个单元进行模拟，以简单经济效益变化为目标函数，验证模型的准确度和可靠性。基于此模型进行目标优化，优化后氢油比减小，重整装置各反应器入口温度依次降低，预分馏塔的塔底温度升高，对实际操作具有指导意义[28]。

某研究以炼油厂逆流连续重整装置中的再生器为研究对象，根据积炭燃烧反应过程建立数学模型，得到描述再生器的微分方程。目前，实时优化广泛地应用于化工生产中，其对计算时间的要求较高，而联立方程法将所有描述模型的方程一起求解，计算时间少，能够满足实时优化的要求。本研究结合正交配置和差分法离散微分方程，采用序列二次规划求解代数方程组，获得燃烧反应动力学参数，为再生过程的实时优化奠定基础[29]。

(4) 延迟焦化反应装置的模拟与优化

延迟焦化过程主要是实现渣油的热裂化，在高温下生成富气、石脑油、柴油、蜡油和石油焦。延迟焦化装置模拟优化运行的目标通常为提升液体产品收率、降低气体产品收率。

某研究应用Petro-SIM软件对某炼油厂1.50Mt/a延迟焦化装置建立流程模拟模型，确定了装置经济效益最优的工艺条件。首先对反应系统的反应压力、反应温度和循环比进行灵敏度分析，考察主要操作参数对延迟焦化装置产品分布的影响规律，其次为解决该炼油厂干气质量的问题，考察补充吸收剂流量和温度对干气质量的影响。最后综合多个关键操作变量对能耗、产品收率和产品质量的影响，建立了单目标优化问题，确定了最优操作点[30]。

参 考 文 献

[1] 路守彦. 石油化工智能工厂建设[J]. 炼油技术与工程，2016，46(3)：27.
[2] 曹湘洪. 炼油行业碳达峰碳中和的技术路径[J]. 炼油技术与工程，2022，52(1)：1-10.
[3] 李农，李国旗，李金华，等. 炼化企业智能化转型升级的研究与应用[J]. 当代化工研究，2020 (23)：165-166.
[4] 陈淳，刘学刚，武铁峰. 炼厂智能化转型升级加速[N]. 中国石油报，2022-9-28.
[5] 陈明，梁乃明. 智能制造之路数字化工厂[M]. 北京：机械工业出版社，2017：1-5.
[6] 陈卫新. 面向中国制造2025的智能工厂[M]. 北京：中国电力出版社，2017：4-6.
[7] 龚燕，王弘历，游晓艳，等. 炼化企业能源管控系统应用进展研究[J]. 石油石化绿色低碳，2016，1(4)：9-12.
[8] 孙丽丽，蒋荣兴，魏志强. 创新系统化节能方法与应用方案研究[J]. 石油石化节能与减排，2015，5(4)：1-5.
[9] 王子健，刘烜辰，杨川京，等. 常减压装置中段取热优化的碳排放驱动效果分析[J]. 石油石化绿色低碳，2021，6(2)：13-17.
[10] Gadalla M，Kamel D，Ashour F，et al. A New Optimisation based Retrofit Approach for Revamping an Egyptian Crude Oil Distillation Unit[J]. Energy Procedia，2013，36：454-464.
[11] 李明丰，吴昊，李延军，等. 我国炼油行业低碳发展路径分析[J]. 石油炼制与化工，2023，54(1)：1-9.
[12] De Souza G，Odloak D，Zanin A C. Real Time Optimization (RTO) with Model Predictive Control (MPC)[J]. Computers and Chemical Engineering，2010，34(12)：1999-2006.
[13] 龙有，蒋宇，林健. 基于原油快速评价及机理模型实现原油加工优化[J]. 现代化工，2020，40(S1)：260-263.
[14] 于江涛. 在线实时优化技术在常减压装置的应用[J]. 齐鲁石油化工，2022，50(1)：63-68.

[15] 王耀伟，宋佳，沈体峰，等．催化裂化分馏工段实时优化系统与水力学核验模型的开发[J]．计算机与应用化学，2019，36(5)：509-512.
[16] 王子宗，高立兵，索寒生．未来石化智能工厂顶层设计：现状、对比及展望[J]．化工进展，2022，41(7)：3387-3401.
[17] 周泽腾．基于流程模拟技术的煤柴油加氢裂化装置分馏系统操作优化研究[D]．广州：华南理工大学．2020.
[18] 闫鸿飞，孙世源，孟凡东，等．催化裂化模拟优化软件的工业应用[J]．当代化工，2018，47(6)：1246-1250.
[19] 袁东艳．Aspen Plus 软件在吸收稳定系统技术改造中的应用[J]．石油化工设计，2004(1)：56-61.
[20] 魏彬．重油催化裂化装置全流程模拟与优化[D]．青岛：中国石油大学(华东)，2021.
[21] 李秋蓉，马时霖，马明亮，等．基于严格机理的催化裂化装置在线流程模拟与运行优化分析平台[J]．广东化工，2024，51(13)：73-77.
[22] 魏彬，谭硕，周华．融合深度学习与过程机理的 FCC 关键参数软测量模型[J]．石油学报，[网络首发 2024-08-23].
[23] 曹爱珍．关于蜡油加氢裂化装置分馏工段过程模拟分析[J]．山西化工，2022，42(3)：99-101.
[24] 耿若然．浆态床加氢裂化集总动力学模型的研究[D]．北京：中国石油大学(北京)，2023.
[25] 金冠斌．模拟优化软件在加氢裂化装置中的应用[J]．石油化工技术与经济，2024，40(03)：46-50.
[26] 宋举业，贺黎明，杨彩娟，等．连续催化重整装置流程模拟与优化[J]．石油炼制与化工，2021，52(1)：111-117.
[27] 李凤岭，胡云峰．连续重整装置脱 C_6 精馏塔工艺模拟与优化[J]．石化技术与应用，2021，39(5)：326-329.
[28] 汤瀚源．连续重整装置流程模拟与目标优化[D]．北京：中国石油大学(北京)，2016.
[29] 江树宝．逆流连续重整再生器模拟优化[D]．上海：华东理工大学，2021.
[30] 刘自力．延迟焦化装置模拟优化研究[D]．北京：中国石油大学(北京)，2016.

第十六章 管理降碳

随着碳中和进程的推进，碳排放将是企业重要的成本之一，据清华大学张希良教授的团队预测，我国到2050年碳排放成本将超100$/t，2060年达到400$/t[1]。因此，实现碳减排的最终目标，除了依靠科学的手段，还必须加强机制的建设，完善财务、税务、法律法规，确保企业能够有效地实施碳减排，同时，相关企业也必须严格遵守全国碳市场的有关规定，即按照一年一度的要求，及时向相关部门报告其碳排放情况，并接受第三方核查机构的核查。为了有效地实施碳排放管理与交易，企业必须构建一套完善的机构架构，并聘请合适的技术、财务、法律等相关人员，这样才可以有效降低运行成本。另外，由于政府正在采取更严格的措施来减少温室气体排放，因此，企业还必须承担更高的履行责任。根据预测，欧盟燃煤电厂的碳税支出占其总成本的30%~40%，而未来中国企业承担的责任和负担可能会越来越大。

通过替代传统燃料、开展碳捕集、实行碳交易，以及优化技术手段，减少碳排放的进程可谓一个艰巨的挑战，而提高现有装置的能源效率是石化企业短期内更具改善空间的方式，因此石化企业在其短期战略中应将碳排放管理、提高装置能效作为一项重要任务[2]。由于我国传统产业高耗能、高碳排放的特性，石油与石化工厂目前正处于极其紧迫的环境保护压力之下。碳资产管理是减排道路上的关键支柱，通过使用碳排放监测、碳交易、碳金融等措施有助于石油石化企业实现对资产的有效管控，企业通过参与降低价值链碳排放强度，实现可持续发展。

第一节 碳 资 产

1997年签署，2005年正式生效的《京都议定书》是一个重大的里程碑。这是人类历史上第一个限制温室气体排放的国际法规，由此导致碳排放权和碳信用(减排量额度)成为一种有价值的产品，企业获得的这些碳排放权或碳信用称为碳资产。目前国内外对碳资产的定义还有争议，尚未达成一致。国内有学者将碳资产定义为强制碳排放权交易或者自愿减排交易机制下，产生的可以直接或间接影响组织温室气体排放的配额排放权、减排信用额及其与此相关的活动。根据当前的碳资产交易制度可分为配额资产和减排资产。

配额碳资产是指在碳排放权交易机制下，政府或相关机构为企业或组织设定的允许其排放的温室气体（主要是二氧化碳）的总量限制，即排放配额。这些配额可以在市场上进行交易，从而形成了配额碳资产。若控排企业的实际碳排放量超过政府免费分配的配额，对于超出的部分控排企业则需要在碳排放权交易市场上进行购买；若控排企业有多余的配额，则可在碳市场上出售。企业可以在国内碳交易市场上购买或出售碳排放配额，也可以通过联合国碳减排机制（如清洁发展机制、联合实施机制）和各国政府的碳交易项目获得。政府根据企业的历史排放量、行业基准、减排潜力等因素，通过免费分配或拍卖的方式向企业发放碳排放配额。

配额碳资产是碳排放权交易体系的核心组成部分，旨在通过市场机制实现温室气体排放的总量控制和成本效益优化。政府或管理机构首先确定一个承诺期内的碳排放总量上限，这个上限通常基于国家减排目标和经济发展需求。在总量上限范围内，配额会被分配给受管制的企业。分配方法可以是免费分配，如历史排放法、基准法，或者是通过拍卖进行。配额通常有固定的有效期限，企业在期限内需用完或交易其配额，过期作废。配额的市场价格受多种因素影响，包括政策调整、经济情况、气候条件、市场预期等。

减排碳资产指企业通过节能技改、投资开发零排放或减排项目等方式，减少的碳排放量所形成的减排信用额。这些减排信用额在通过相关机构认证后，可在碳交易市场上进行交易或转让。这些减排项目可以是清洁能源项目、森林碳汇项目、工业过程改进等，其核心在于通过实施这些项目减少了二氧化碳或其他温室气体的排放，从而产生了可以出售或用于遵守排放限制的碳资产。

通过中国核证自愿减排量（CCER）或清洁发展机制（CDM）等方式可获得减排资产。清洁发展机制是《京都议定书》制定的减少温室气体排放的三种灵活机制之一，旨在帮助发达国家更经济有效地完成其量化的强制减排任务，同时促进非附件一国家的可持续发展，最终达到双赢效果。尽管《京都议定书》后续承诺期有所调整，但 CDM 机制作为国际碳市场的重要组成部分，其理念和运作模式对后续的全球气候治理和碳市场建设产生了深远影响。其目的是协助发展中国家实现碳减排，通过引入清洁技术和资金，改善能源效率，减少温室气体排放。CDM 的核心是允许发达国家获得发展中国家在 CDM 机制下产生的碳减排量来消减本国承诺的碳排放量。CDM 机制遵循"共同但有区别的责任"原则，发达国家由于其工业化进程较早，对全球气候变暖负有更大的历史责任。

CCER 是指对可再生能源、林业碳汇、甲烷利用等项目的温室气体减排效果进行量化核证，并在国家温室气体自愿减排交易注册登记系统中登记的温室气体减排量。CCER 起源于国际 CDM 项目，随着中国加入《京都议定书》，CDM 项目在中国得到快速发展。后来，随着国际市场需求减少，中国开始发展国内自愿减排碳交易市场，并逐渐形成 CCER 市场。CCER 旨在通过资金投入到可持续的技术开发、环保设施建设、清洁能源技术应用以及其他低碳技术开发领域，以实现延缓全球变暖、环境保护技术改造、清洁能源技术应用、清洁水技术应用、绿色低碳技术应用、清洁燃料技术应用等。

第二节　碳资产管理

碳排放权具有重要的经济和社会意义，它可以被视为一种资产，并且随着市场的变化而发生变化。企业的碳排放量会根据其运营方式、节能技术的实施情况而发生变化，随着行业碳排放管理水平得到持续改善，碳排放量也会逐步减少。随着全球气候变暖的加剧，政策和消费者对低碳的要求也发生了巨大的变化，这给企业带来了巨大挑战。因此，企业必须采取有效措施，以确保碳资产的最佳利用率。通过碳资产管理，企业可以实现碳资产的保值和增值。碳资产管理包括三个步骤：摸清家底、企业行动以及保值增值，见图 16-1。

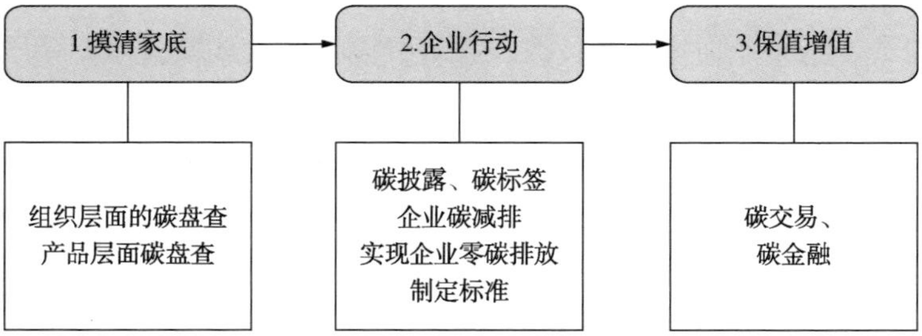

图 16-1　碳资产管理步骤

摸清碳家底是碳资产管理的基础，首先需要对碳排放数据进行准确的统计与核算。基于碳家底可以快速识别关键排放源，再根据识别的关键排放源制定碳减排战略决策，有针对性地开展各项碳减排工作，最终实现“双碳”目标。智能化的碳资产管理工具可以帮助企业快速地分析碳减排潜力并及时制定碳减排计划，充分发挥碳资产的价值。中国石化石科院开发的 VISPRO 软件系统可以建立基于炼油厂总流程的碳排放评估和优化模型，实现全厂碳排放量和产品碳足迹的核算以及全厂碳流的优化。基于 VISPRO 系统的流程优化和碳排放模型，可同时实现炼油厂物流与碳流的优化，为碳资产管理和碳履约提供技术保障。VISPRO 系统主要特点见图 16-2。

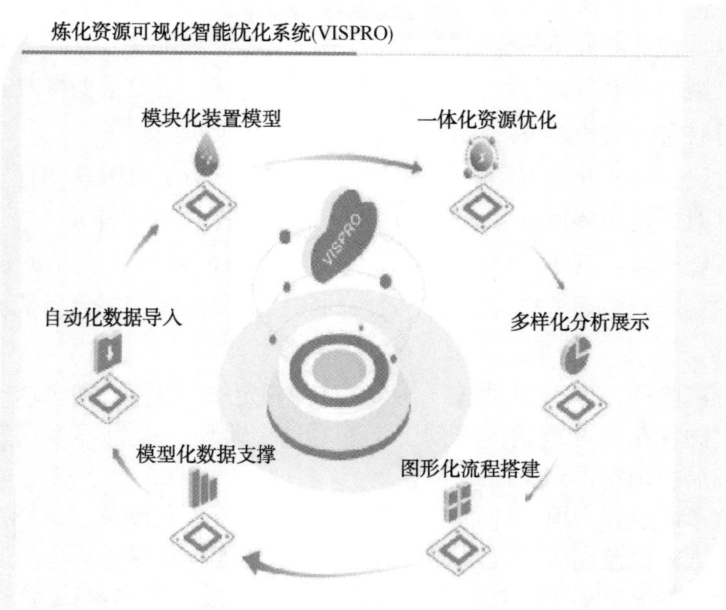

图 16-2 VISPRO 系统主要特点

企业完成碳盘查后，除选择信息公开外，还可对盘查的碳排放数据实施全面的管理，从碳排放数据中发现问题，找到碳排放的关键点及关键制约因素。优化工艺流程、工艺技术以及管理，同时基于碳排放数据为碳交易和预测模型提供依据，减少管理和运营成本。开发减排碳资产，实现碳资产增值。企业可结合行业特点开展碳排放核算与产品碳足迹核算工作，不断完善行业碳排放统计核算方法，并参与标准体系建设和行业碳减排计划的顶层设计。

另外，在碳市场上，企业很难获得碳减排的资金，金融机构可以发挥活跃市场、资金流通的重要作用，可以为企业提供绿色金融服务，帮助企业降低融资成本。随着碳排放权交易市场的不断完善和发展，以及碳排放权金融属性的不断提高，碳金融发挥的作用会越来越大，可以为支持和推动绿色低碳经济的发展提供更多的动力和工具[3-5]。

第三节 碳 定 价

碳定价是一个复杂的经济政策工具，其目的是通过为碳排放设定价格以及发挥价格信号作用，来减少温室气体排放并推动全球向绿色低碳转型，同时还可以增加一定的财政收入，用于支持可再生能源、节能减排等方面的投资。因此各个国家和地区普遍认为，碳定价是应对气候变化的有效手段。碳定价通过两种主要方式实现：碳税和碳排放交易体系。

碳税是一种针对温室气体排放的经济手段，通过对排放 CO_2 的企业和个人征收税费，来减少温室气体排放并推动低碳经济的发展。碳税根据排放者的 CO_2 排放量来进行收费。碳税的发展进程可以分为以下几个阶段：

探索阶段：一些北欧国家在 20 世纪 70 年代就开始了对碳税的探索。这时的碳税主要针对的是对环境有害的含碳物质，而不是针对 CO_2 排放。

初步实施阶段：到了 20 世纪 90 年代，随着人们对气候变化的认识不断加深，碳税的实施范围逐渐扩大。这个阶段的碳税征收范围主要包括能源消耗和交通工具领域。

全球推广阶段：进入 21 世纪，随着《京都议定书》的签署和全球气候治理体系的建立，碳税在全球范围内得到了推广。这个阶段的碳税不仅在发达国家实施，也在发展中国家得到应用。

深化改革阶段：当前，许多国家都在对碳税进行深化改革，试图通过提高碳税税率、扩大征税范围等方式来进一步提高碳税的实施效果。

在碳税的发展进程中，欧盟国家一直是主要的推动者和实践者。早在 20 世纪 90 年代，欧盟就开始在丹麦、芬兰等国家实施碳税。进入 21 世纪后，欧盟又推广了欧盟碳排放交易体系(EU ETS)，与碳税一起成为欧盟国家控制温室气体排放的主要手段。

芬兰是世界上首个实施碳排放税的国家。1990 年，政府开始根据化石燃料的碳排放量向公众征收 1.62$/$tCO_2$的税款。随着时间的推移，芬兰政府于 1997 年开始实施新的税率政策，并且使用了更加科学的征税方式。芬兰政府已将碳税征收范围扩大至各种燃料，从汽油、柴油到煤炭、天然气，以及其他能源。这项政策旨在推动芬兰的低碳经济。目前包括美国、英国、加拿大、澳大利亚等 20 多个国家均实施了碳税。

政府需要加强国际合作，共同推动全球碳税的实施。同时，政府还需要制定合理的碳税体系，以平衡不同利益相关方的需求。此外，政府还需要加强宣传和教育，提高公众对气候变化和碳税的认识和理解。

截至 2023 年 1 月，已有 28 个碳排放交易体系生效。另有 8 个正在开发中，预计在未来几年将投入运行。其中包括哥伦比亚、印度尼西亚和越南。12 个国家正在积极探索碳排放交易体系，以期在应对全球气候变化挑战时发挥重要作用，其中，尼日利亚尤为突出。排放交易覆盖的全球温室气体排放份额超过 17%，约为 2005 年欧盟排放交易体系启动时的 3 倍。

按照碳交易的分类，中国已经实施了两种不同类型的碳交易，包括政府免费分配的碳排放配额和中国核证自愿减排量。中国在 2011 年开始在 7 个省市开展碳交易试点工作，并在 2021 年 7 月 16 日仅针对火电的全国碳排放权交易市场开始运行。上海环境能源交易所承担全国碳排放权交易系统账户开立和运行维护等工作，全国碳排放权注册登记结算系统，由湖北碳排放权交易中心负责。我国碳排放权交易市场启动两年半以来，总体运行平稳，目前已覆盖的 CO_2 年排放量为 5.1×10^9t，成为全球覆盖温室气体排放量最大的碳市场。截至 2024 年 6 月底，全国碳排放权交易市场累计成交量 4.65×10^8t，成交额约 270 亿元。

第四节　炼油企业碳资产管理体系建设

综合不同公司的碳资产管理经验，碳资产管理模式通常可分为三种[6]：第一种模式是集团层面成立碳资产管理部门，负责统筹协调整个集团企业的碳交易各个环节，确保碳资产管理的统一性和高效性，通过集中管理碳资产，可以更好地控制碳交易中的价格变动风险，降低企业的履约成本，例如英国石油、中国石化；第二种模式则是建立相对独立的碳资产管理公司，碳资产管理公司在财务、人事和业务上独立运行，能够更灵活地应对市场变化，制定更具针对性的碳资产管理策略，除了碳交易外，还可以开展碳资产托管、碳资产拆借、碳债券、碳资产质押融资等多种业务，拓宽企业的融资渠道和盈利空间，例如中国华能集团和法国电力集团；第三种模式则是总部部门与专业碳资产管理公司共同管理，该模式结合了前两种模式的优点，既能够发挥总部部门的统筹协调作用，又能够借助专业公司的专业性和灵活性，然而，由于该模式涉及职能的重复，容易给公司增加额外的管理和运营成本。同时，如何高效协调总部部门与专业公司之间的关系也是需要考虑的问题。

大型石油公司，如中国石油、中国石化及中国海油，正在努力提高其碳资产管理能力[7-8]。

中国石油于 2010 年初步建立了温室气体统计核算体系[9]，2015 年 12 月正式加入油气行业气候倡议组织(Oil & Gas Climate Initiative，简称 OGCI)，成为该组织在中国的唯一成员[10]。2021 年，中国石油与 OGCI 成员公司共同签发了《OGCI 战略改革原则》，承诺在《巴黎协定》规定的时间内实现所管辖经营活动碳中和(净零排放)，并更新了 2025 年油气业务碳排放和甲烷排放强度目标。2022 年，中国石油碳资产集中管控平台项目开始实施，2024 年投入运行[11]。

中国石化于 2012 年开始开展碳排放专业化管理，依据 ISO 14064 标准和《2006 年 IPCC 国家温室气体清单指南》，启动全集团公司的碳盘查。2013 年，中国石化成立能源管理与环境保护部，这是央企首次专门成立负责绿色低碳、能源与环境管理的部门[12]，同年建立了碳资产管理信息系统。2014 年 5 月，中国石化颁布了《中国石化碳资产管理办法(试行)》，这是中国石化在碳资产管理方面的重要举措，对于提升企业的碳资产管理水平、推动绿色低碳发展以及提升市场竞争力具有重要意义。通过制度建设、技术创新、碳交易参与、节能减排项目以及碳资产管理人才培养，中国石化在碳资产管理方面取得了显著成效[13-14]。

公司不仅实现了碳排放量的有效控制，还通过碳交易和节能减排项目等方式增加了碳资产储备和收益。

中国海油于2010年正式启动了温室气体排放盘查项目，成为国内第一个按照相关标准完成碳盘查的大型央企[15]。中国海油成立了专门的项目领导小组和工作组，由计划部、质量健康安全环保部、新能源公司和节能减排监测中心等相关部门人员组成。举办了温室气体排放国际标准培训班，对业务人员进行培训，为后续工作的顺利开展奠定了良好的基础。2014年10月，发布《关于加强中国海油温室气体减排及碳资产管理的通知》[12]，这一通知的发布，体现了中国海油在加强温室气体减排及碳资产管理方面的决心和行动。2017年发出《关于对固定资产投资建设项目开展碳排放影响评估工作的通知》，明确要求对新建、改扩建固定资产投资项目实行碳排放影响评估和审查制度。

中国石化碳资产管理体系主要包括四个方面的内容[16]，如图16-3所示。实物管理包括碳排放核算、碳的利用等的管理，是价值管理的基础；价值管理主要包括开发碳减排项目、碳排放权交易以及碳金融的管理，价值管理主要是最大化的实现碳资产的价值；技术管理包括绿色低碳技术、能效提升技术等的管理，技术管理主要是通过采取低碳技术将碳资源转变为碳资产；综合管理包括计划、管理制度、业务流程、技术培训、咨询服务、经营风险等的控制，是碳资产管理系统的基石。

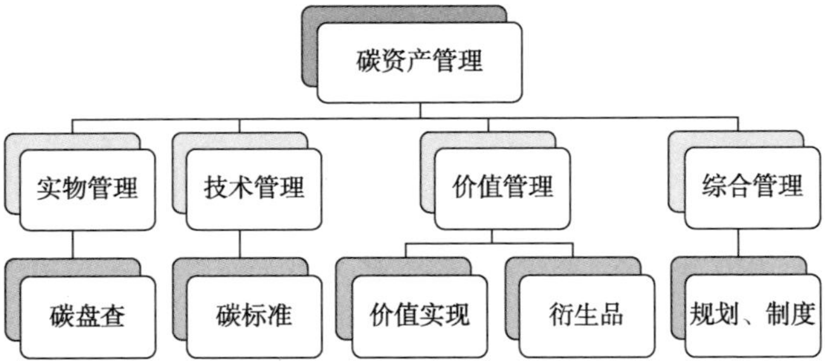

图16-3　中国石化碳资产管理体系架构

在碳资产管理过程中，上中下游企业须从产业链整体入手，全方位降低碳排放。2024年7月，中国石化联合中国石油、中国海油、国家管网、国家能源集团、中国中化、万华化学、浙江石化等8家企业成立能源化工产业链碳足迹联盟[17]。联盟的宗旨是通过成员间技术、经验的共享与合作，推动我国能源化工产业链碳足迹精准化核算与应用，推进国际合作与互认，助力行业碳减排。随着能源化工产业链碳足迹联盟的不断发展壮大，其将在推动行业碳减排、构建绿色低碳供应链等方面发挥更加重要的作用。同时，联盟也将积极与国际接轨，为我国能源化工行业的绿色发展贡献智慧和力量。

碳资产管理将贯穿碳达峰、碳中和全过程，是一个系统性和复杂性的管理体系，涉及企业碳排放相关的全方位工作，是未来石油和石化企业甚至是所有企业必备的管理体系。开展碳资产管理工作，对企业而言挑战和机遇并存。三大石油公司在学习借鉴国内外做法的基础上形成了“集团统一领导、相关业务部门具体牵头、下属企业配合参与”的碳资产管理方法。国内企业的碳资产管理水平在实践中不断提升。建议相关企业加强完善碳资产管理体系建设，从碳排放监测与核算、碳减排策略、碳交易、人才培养、国际合作等方面入手，全面提升企业的碳资产管理水平，从而更好地支撑企业绿色低碳发展，为实现低碳转型和可持续发展奠定坚实基础。

参 考 文 献

[1] 张希良，黄晓丹，张达，等．碳中和目标下的能源经济转型路径与政策研究[J]．管理世界，2022，38(1)：35-51.
[2] 孙志斌．应对气候变化与碳资产管理[J]．石油石化节能与减排，2015(1)：1-8.
[3] 陈江宁，夏苇，刘晟铭，等．从“双碳”目标认知到碳资产管理[J]．企业管理，2021(11)：58-80.
[4] 袁谋真．“双碳”战略目标下碳资产专业化管理研究[J]．暨南学报：哲学社会科学版，2022，44(8)：122-132.
[5] 张彩平．碳资产管理相关理论与实践问题研究[J]．财务与金融，2015(3)：60-64.
[6] 黄锦鹏，齐绍洲，姜大霖．全国统一碳市场建设背景下企业碳资产管理模式及应对策略[J]．环境保护，2019，47(16)：13-17.
[7] 马亚男，高学明，吴杰．油气企业碳资产管理体系构建研究[J]．财会通讯，2022(20)：109-113.
[8] 王丹，孙舫，吴苏祥．中海油碳资产管理初探[C]// 中国石油石化节能减排技术交流大会．2015.
[9] 陈发晓，徐文佳，许萍，等．加强石油企业碳资产管理的若干思考[J]．中国石油企业，2017，(05)：42-45.
[10] 企业案例：OGCI 的中国声音[EB/OL]. http：//news. cnpc. com. cn/system/2022/06/07/030069910. shtml.
[11] 中国石油碳资产集中管控平台上线[EB/OL]. https：//www. cnpc. com. cn/cnpc/jtxw/202407/02eccc56d6df4f43bbbc89dee65ffc34. shtml.
[12]贾睿，孟蕾．国内石油公司碳资产管理的实践及建议[J]．商业会计，2015，(12)：7-9.
[13] 张亚连，张夙．构建企业碳资产管理体系的思考[J]．环境保护，2013(8)：46-47.
[14] 刘江波．中国石化加快推进碳资产管理[J]．中国石化，2013(12)：46-47.
[15] 陈一然，姜海凤．中国海洋石油总公司 温室气体盘查项目工作实践与经验[J]．低碳世界，2013(2)：54-59.
[16] 王燕．石化行业碳资产管理系统设计及应用[J]．石化技术，2018，25(02)：176-178.
[17] 向炎涛．能源化工产业链碳足迹联盟成立加速行业低碳转型[N]．证券日报，2024-07-25(B03).

第十七章　炼油行业碳达峰、碳中和实现路径

炼油行业是我国交通能源和基础化工原材料的重要保障行业，在国民经济发展中发挥着不可替代的作用，但在此过程中也排放了大量二氧化碳。我国每年在石油炼制与基础化学品生产过程中的碳排放量近6亿吨，占全国碳排放总量近6%。为了应对全球气候变化及实现"双碳"目标，炼油行业亟须采取有效行动。下面从节能降耗、能源结构调整、资源循环利用、技术创新、低碳流程再造、末端治理及政策支持等7个方面对我国炼油行业实现"双碳"目标的路径做出总结。

第一节　节能与能效提升

国际能源署指出，要实现既定的碳中和目标，要求节能与能效提升对全球二氧化碳减排的贡献率达到37%。多方测算显示，节能与能效提升对我国2030年前实现碳达峰目标的贡献更是要达到70%以上。根据《高耗能行业重点领域节能降碳改造升级实施指南(2022年版)》，截至2020年底，我国炼油行业能效优于标杆水平的产能约占25%，能效低于基准水平的产能约占20%，整体能效水平相较于世界先进水平偏低，通过节能相关改造升级实现降碳的潜力巨大，亟须通过优化能量转换、利用和回收等环节来提升能量利用效率。

炼油厂因能源使用产生的碳排放占全厂碳排放的60%以上，因此开展节能与能效提升是降低炼油厂碳排放的重要手段。目前一些工业生产装置已在换热网络优化、蒸汽动力系统优化、低温热高效利用等方面取得较好的降碳实践。以换热网络优化为例，采用夹点分析与数学规划相结合的算法，进行换热网络的严格模拟，再结合装置用能特点和限制条件，提出节能操作优化与改造优化建议，可实现能量介质的优化分配和综合利用。

第二节　能源结构调整

中共中央、国务院在《关于加快经济社会发展全面绿色转型的意见》中明确

指出，推动能源绿色低碳转型，要持续加大非化石能源供给，加快推动能源结构调整优化。具体到炼油行业，可以从以下几方面重点突破。

1. 绿电替代

在炼油厂的能源消耗结构中，电力扮演着至关重要的角色，是生产过程中的主要能源消耗之一。随着可再生能源技术的快速发展，尤其是绿电上网、并网技术以及储能技术的进步，能够推动炼油厂通过绿电规模化应用实现碳减排。绿电技术的核心在于提高可再生能源发电的并网稳定性和储存能力，尽管初期成本较高，但长远来看，其经济效益和环境效益是显著的。随着可再生能源成本的逐渐降低，预计绿电在替代外购电力和自发电方面的比重将迅速增加。

2. 绿氢炼化

《氢能产业发展中长期规划(2021—2035 年)》中明确指出，氢能是未来国家能源体系的组成部分，对构建清洁低碳安全高效的能源体系、实现碳达峰碳中和目标，具有重要意义。氢具有两个极具竞争力的特点：首先，它具有高质量能量密度，其单位质量的热值约为煤炭的 4.0 倍、汽油的 3.1 倍以及天然气的 2.6 倍；其次，氢具有可存储的特性，且在存储过程中无碳排放，并能够与多种能源进行耦合，相较于电力，实现了跨时间和跨地域的灵活运用。因此，在能源转型的过程中，氢能被视为最为理想的碳中和能源媒介，将在打造未来能源体系、实现能源变革方面扮演关键角色，更是在深度减碳方面的有力工具[1]。绿氢炼化主要采用以绿电制取的绿氢，充分发挥氢能清洁低碳的特点，生产绿色低碳石化产品，从而推动炼油工业低碳发展。

3. 电气化替代技术

炼油厂通常使用燃料进行加热和驱动设备，而燃料燃烧会产生大量的二氧化碳。炼油厂提升电气化后，可以使用电力代替燃料，减少燃料燃烧排放，而电力的产生过程通过使用清洁能源，如风能、太阳能等，可以进一步减少二氧化碳排放。同时，炼油厂通过使用电力驱动设备，能够实现能源的更加高效利用，相比于燃料驱动设备，电力驱动设备的能源转换效率更高。通过提高能源利用效率，可以减少能源的消耗量并降低碳排放。

4. 多能耦合低碳能源技术

炼化生产过程的特点决定其能源系统必须连续、稳定、可靠，间歇性、随机性的可再生能源无法满足其要求[2]。多能耦合低碳能源技术是指将可再生能源、储能技术和能源转换技术进行耦合，实现新能源的稳定、多样化供应和碳排放的降低。未来多能耦合低碳能源技术将率先在以下几个方面实现突破。

（1）可再生能源与储能技术的耦合

可再生能源如太阳能和风能具有间断性和不稳定性，而储能技术可以将多余的能量储存起来，在需要时释放出来。通过将可再生能源和储能技术相结合，可以实现能源的平稳供应，减少对传统能源的依赖。

（2）炼油厂与小型核堆的耦合

小型核堆具有供电供热灵活的特点，稳定性和可靠性优于其他可再生能源，与炼油厂能源系统契合度较高。目前应用于炼油厂的小型核堆尚无具体的建设及使用标准，若沿用核电领域压水堆的系列标准，在规划、建设、监管等环节存在诸多约束，因此需要通过开展小型核堆与炼化产业能源系统耦合的安全性与经济性研究，制定炼化企业用能与小型核电供能耦合的法规标准。

（3）多能耦合系统的优化管理

通过对能源系统进行优化管理，可以实现能源的高效利用和碳排放的减少。例如，可以通过智慧能源管理系统对能源供应、储存和转换进行优化调度，实现能源的产用平衡和高效利用。此外，还可以通过智能监测和控制技术实时监测能源系统的运行情况，及时调整能源供应和使用策略，减少能源浪费和碳排放。

第三节　资源循环利用

1. 废塑料化学循环技术

针对废塑料的资源化利用，主要包括物理回收和化学回收两条路径，物理回收利用通常是将废塑料收集、清洗后直接加工或改性加工成产品，往往伴随着材料性能的降低和应用领域受限；而化学回收利用途径，是通过热解、裂解、醇解或其他化学处理方法转化为油品或单体，解决了传统的处理方式带来土地的大量占用与污染或者经焚烧产生大量 CO_2 等问题，不仅可以降低废塑料处理过程的碳排放与新塑料生产的碳足迹，还可以缓解我国原油的对外依存度。因此，废塑料化学循环技术是发展循环经济、实现绿色降碳的重要措施。石科院近年来开发了废塑料热解（RPCC）技术并完成中试验证，基于实际生产流程耦合废塑料化学循环开展了炼油厂碳排放与产品碳足迹的研究，无论是以废塑料为原料生产油品，还是废塑料化学循环生产聚烯烃，碳排放和产品碳足迹都会大幅降低，减排效果明显。

2. 生物质燃料技术

生物柴油和生物喷气燃料是通过将植物油或动物脂肪经过酯化、脱氧、加氢和异构等步骤制成的燃料，可以替代传统柴油和喷气燃料。生物乙醇是通过发酵植物糖或淀粉制成的燃料，可以与汽油混合使用。生物气体是通过生物质的厌氧发酵产生的，主要成分是甲烷，可以用于发电和供热。

与传统的石油基燃料相比，生物质燃料在燃烧过程中产生的污染物更少，碳排放更低，对环境的影响更小，具有清洁、高效、可再生的特点。近年来，国家有关部门发布了一系列的政策法规以推动国内生物质燃料健康、有序发展，为石化企业提供了新的发展机遇，帮助石化企业实现多元化发展，降低对传统石油资源的依赖。这不仅可以提高石化企业的产值和利润，还可以增强其抵御市场风险的能力，同时为我国实现“双碳”目标提供动力。

第四节 关键技术创新

1. 新型催化材料研发

现代炼油行业广泛采用了多种催化技术，如催化裂化、催化重整、催化加氢等。催化剂是炼化过程中的关键材料，能够加速反应速率，降低反应温度和能耗，从而减少碳排放。因此，催化剂新技术及催化新材料的研发是降低炼化过程碳排放的重要手段之一。

催化剂研发包括新型活性组分研发、催化剂结构改性、催化剂表面修饰及新型支撑材料的获取等方面，以提高催化剂的活性、稳定性、选择性及抗毒性等为目标，最终实现催化反应过程效率及反应产物质量的提升。传统的炼油催化剂通常使用铁、镍、钼等金属作为活性组分，但这些材料在催化过程中存在一些问题，比如活性低、耐热性差等。因此，需要寻找新的材料来替代或优化传统的催化剂。

在催化新材料和新型催化剂技术的研发过程中，逐渐开发出新型固定床渣油加氢催化剂、浆态床渣油加氢催化剂、新型催化裂化催化剂、新型分子筛催化剂，以及限域催化、单原子催化、金属有机骨架催化、离子液体催化技术及催化剂。催化新材料和新型催化剂技术的进步，可以提高催化剂的活性和选择性，降低反应过程能耗及氢耗，实现降低碳排放的作用。不断改进催化剂的配方和制备工艺，将成为改变反应过程、推进产业技术革新和生产过程降碳的重要支撑。

2. 新型反应、分离设备研发

随着炼油技术的不断发展和创新，除了传统的反应器和分离设备，一些新型的反应器和分离设备正在被研发和应用于炼油过程中。现代反应器和分离设备采用了新型材料、新型结构和新型工艺，具有更高的效率、更低的能耗和更长的使用寿命。

3. 炼化过程智能化

炼化过程智能化通过应用人工智能和物联网等技术，对炼化过程进行智能化管理和优化。炼化过程智能化的主要目标是提高生产效率、降低能耗和碳排放，同时确保产品质量和生产安全。

4. 低碳炼油工艺技术开发

低碳炼油工艺技术的开发是通过技术创新在满足炼油厂转型发展需求的同时实现低碳可持续发展。催化裂化和制氢过程是炼油厂工艺碳排放的主要来源。低生焦催化剂、富氧再生与在线碳捕集技术、高效汽提器的开发与应用将大幅降低催化裂化装置的碳排放。高选择性加氢精制催化剂与工艺技术将大幅降低反应过程低效用氢，进而降低制氢过程碳排放。

第五节　低碳流程再造

1. 优化原油供给结构

原油选择优化工作与炼油厂的原油贸易、生产加工、安全环保、产品质量控制等环节息息相关，对炼油厂降本增效有重要意义，而且炼油厂的原料选择对炼化碳排放也有重要影响。通过选择适合企业加工且相对优质的原料，可以减少炼油厂在生产过程中所需的能源消耗和碳排放，使用低硫高质原油替代高硫劣质原油可以减少硫氧化物的排放及降低加工过程的能耗，从而降低碳排放。

2. 组分炼油技术

组分炼油技术是提升石油炼制效率、降低炼油能耗的技术路线，其核心是采用先进的分离技术对原油或其不同馏分进行烃组分分离，然后对分离后的组分进行炼制。利用分馏、吸附、抽提等组分分离技术，不仅可以直接获取高价值化工产品，还可以为上述化工转型关键技术提供更为合适的原料，有利于提高石油组分的转化效率和转化选择性，有利于节省氢气资源和公用工程资源消耗，有利于减少全厂 CO_2排放量。目前已经发展相对成熟的组分分离技术，能够针对不同馏分段的组分特点，完成特定组分分离，并对分离后组分分别进行加工方案设计，有效优化蒸汽裂解、连续重整和催化裂解等装置原料，实现局部流程化工原料生产最大化，提高用氢装置加氢效率，降低氢气消耗和原料成本，在全厂经济效益得到明显提升的同时有效降低全厂总二氧化碳排放量，助力炼化企业的低碳转型发展。

3. 炼化资源可视化智能优化系统(VISPRO)的开发与应用

由石科院开发的炼化资源可视化智能优化系统(VISPRO)，能够针对炼化企业便捷开展“碳流”评估与优化。该系统可以基于炼油厂实际生产数据开展全厂碳排放量、装置碳排放量以及产品碳足迹核算，使企业能够及时掌握炼油厂碳排放总量和碳配额剩余情况；与此同时，系统也可以针对指定的生产计划方案或炼油厂规划方案进行全厂碳排放量、装置碳排放量以及产品碳足迹评估，帮助企业选择合适的低碳生产方案或低碳发展路线。系统还具备多维度企业碳足迹分析展示功能，便于企业及时、直观了解碳足迹情况，为炼油行业低碳发展提供工具支撑。

第六节　末端治理技术

末端治理作为炼油行业碳减排的最终手段，承担着严峻的减排压力。需要明确的是：末端治理是碳减排的最后关卡，但不是炼化行业肆意增加碳排放的“免死金牌”，应该作为其他降碳技术的补充，而不是作为解决所有碳减排问题的万全之策。

末端治理环节最核心是 CCUS 技术，涵盖从利用吸收、吸附和膜分离等将二氧化碳从工业排放源或燃烧过程中捕获，到将捕获的碳流资源化利用以合成化学品、培养藻类及微生物、增强油田采油，最后到二氧化碳的地下封存或海洋封存的全过程。不局限于炼油行业，CCUS 技术的应用可以有效减少各类工业和能源行业的碳排放。

但 CCUS 技术仍面临一些挑战，包括技术成本高、能源消耗大、储存安全性差等问题，若使用化石能源对 CCUS 技术运行过程供能，会极大地影响该技术在降碳方面的影响力。因此，可以考虑 CCUS 技术与地热能、风光能、氢能、生物质能等新能源的耦合，结合特定场景，围绕技术耦合的经济性、适用性开展研究并取得突破，最终形成规模化及产业化应用。

第七节　政策支持与引导

炼油行业的碳排放水平与多个因素密切相关，包括原油性质、流程配置、产能规模、产品质量以及管理水平。实施科学的政策考核和引导对于降低碳排放至关重要，可采取以下一系列措施：

① 出台碳减排相关政策和考核指标，为炼油行业指明减排方向，鼓励现有炼油企业实施低碳技术改造、采用清洁能源，以减少碳排放。加强节能减排制度建设，提升管理水平，限制高强度碳排放技术的应用。结合碳减排考核指标，淘汰落后产能、过时的工艺及产品，推动企业和装置达到碳排放标准。

② 加大对炼油行业的资金支持，用于技术创新、设备升级等方面。加大科技投入，积极研发节能提效和替代能源技术，夯实发展基础，加速低碳技术的应用。通过引入新技术改造传统产业，引领新兴产业的发展，充分利用国家发展战略性新兴产业的机遇，加速新能源、化工新材料等新兴产业的发展，提升产品价值链，增强行业整体竞争力。

③ 优化国家的能源税收体系，针对不同碳排放强度制定差异化税收优惠政策，鼓励企业减少碳排放。通过补贴或一定比例退税等手段，促进低碳能源和低碳技术的发展和推广，助力能源结构转型。建立完善的碳排放交易市场机制，鼓励企业将碳资产管理纳入经营管理，引导企业自身主动降低碳排放。

④ 加强国际合作，同时充分考虑自身实际，制定适合我国国情的实施路径。炼油行业是全球性产业，我国炼油行业可以与国际炼油企业开展技术交流和合作，学习借鉴其他国家的经验和做法，共同推动炼油行业的低碳化和清洁化。我国在实施碳达峰和碳中和方面面临紧迫的时间压力，需要结合自身社会经济特点，统筹考虑发展与减排，积极稳妥、科学有序推进碳达峰与碳中和。

参 考 文 献

[1] 刘佩成．我国石化工业推进绿氢炼化的思考[J]．当代石油石化，2022，30(04)：36-42.
[2] 魏志强，曹建军，孙丽丽，等．中国炼化产业实现碳达峰与碳中和路径及支撑技术[J]．石油学报(石油加工)，2024，40(01)：1-11.